化 學

洪鼎惟、吳思霈、沈睿思

編著

全華圖書股份有限公司

元素週期表

週期	1 IA	2 IIA	3 IIIB	4 IVB	5 VB	6 VIB	7 VIIB	8 VIIIB	9 VIIIB	10 VIIIB	11 IB	12 IIB	13 IIIA	14 IVA	15 VA	16 VIA	17 VIIA	18 VIIIA
1	1 氫 H 1.008																	2 氦 He 4.003
2	3 鋰 Li 6.941	4 鈹 Be 9.012											5 硼 B 10.81	6 碳 C 12.01	7 氮 N 14.01	8 氧 O 16.00	9 氟 F 19.00	10 氖 Ne 20.18
3	11 鈉 Na 22.99	12 鎂 Mg 24.31											13 鋁 Al 26.98	14 矽 Si 28.09	15 磷 P 30.97	16 硫 S 32.07	17 氯 Cl 35.45	18 氬 Ar 39.95
4	19 鉀 K 39.1	20 鈣 Ca 40.08	21 鈧 Sc 44.96	22 鈦 Ti 47.88	23 釩 V 50.94	24 鉻 Cr 52.0	25 錳 Mn 54.94	26 鐵 Fe 55.85	27 鈷 Co 58.93	28 鎳 Ni 58.69	29 銅 Cu 63.55	30 鋅 Zn 65.39	31 鎵 Ga 69.72	32 鍺 Ge 72.59	33 砷 As 74.92	34 硒 Se 78.96	35 溴 Br 79.90	36 氪 Kr 83.80
5	37 銣 Rb 85.47	38 鍶 Sr 87.62	39 釔 Y 88.91	40 鋯 Zr 91.22	41 鈮 Nb 92.91	42 鉬 Mo 95.94	43 鎝 Tc 98.91	44 釕 Ru 101.1	45 銠 Rh 102.9	46 鈀 Pd 106.4	47 銀 Ag 107.9	48 鎘 Cd 112.4	49 銦 In 114.8	50 錫 Sn 118.7	51 銻 Sb 121.8	52 碲 Te 127.6	53 碘 I 126.9	54 氙 Xe 131.3
6	55 銫 Cs 132.9	56 鋇 Ba 137.3	57-71 鑭系元素	72 鉿 Hf 178.5	73 鉭 Ta 180.9	74 鎢 W 183.9	75 錸 Re 186.2	76 鋨 Os 190.2	77 銥 Ir 192.2	78 鉑 Pt 195.1	79 金 Au 197.0	80 汞 Hg 200.6	81 鉈 Tl 204.4	82 鉛 Pb 207.2	83 鉍 Bi 209.0	84 釙 Po 210	85 砈 At 210	86 氡 Rn 222
7	87 鍅 Fr 223	88 鐳 Ra 226	89-103 錒系元素	104 鑪 Rf 261	105 𨧀 Db 262	106 𨭎 Sg 263	107 𨨏 Bh 262	108 𨭆 Hs 265	109 䥑 Mt 268	110 鐽 Ds 269	111 錀 Rg 272	112 鎶 Cn 285	113 鉨 Nh 286	114 鈇 Fl 289	115 鏌 Mc 289	116 鉝 Lv 293	117 鿬 Ts 294	118 鿫 Og 294

鑭系元素	57 鑭 La 138.9	58 鈰 Ce 140.1	59 鐠 Pr 140.9	60 釹 Nd 144.2	61 鉕 Pm 144.9	62 釤 Sm 150.4	63 銪 Eu 152.0	64 釓 Gd 157.3	65 鋱 Tb 158.9	66 鏑 Dy 162.5	67 鈥 Ho 164.9	68 鉺 Er 167.3	69 銩 Tm 168.9	70 鐿 Yb 173.0	71 鎦 Lu 175.0
錒系元素	89 錒 Ac 227	90 釷 Th 232.0	91 鏷 Pa 231	92 鈾 U 238	93 錼 Np 237	94 鈽 Pu 239.1	95 鋂 Am 243.1	96 鋦 Cm 247.1	97 鉳 Bk 247.1	98 鉲 Cf 252.1	99 鑀 Es 252.1	100 鐨 Fm 257.1	101 鍆 Md 256.1	102 鍩 No 259.1	103 鐒 Lr 260.1

periodic table of elements

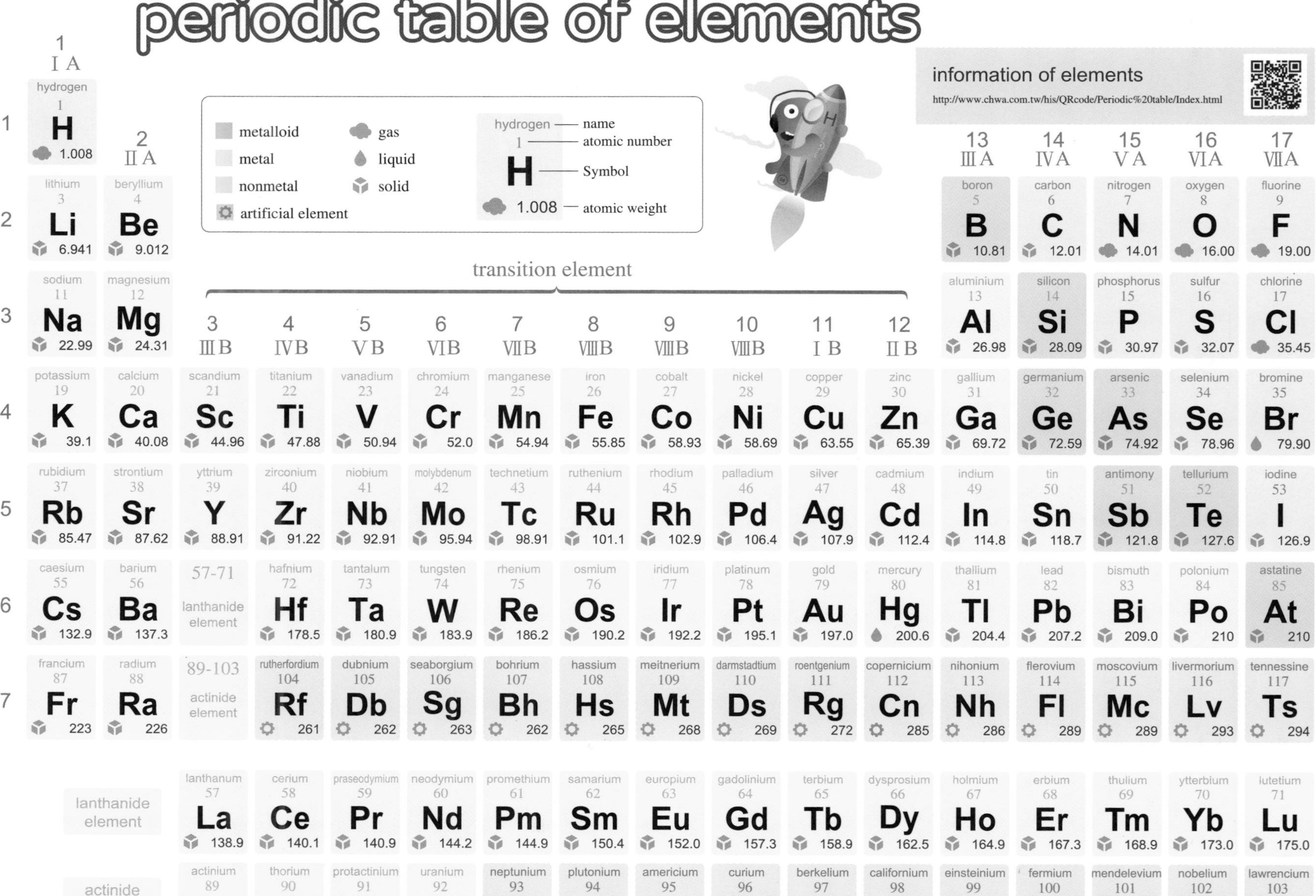

序言

本書共 11 章，內容包含：緒論、原子構造與週期表、化合物、化學反應與計量化學、氣態、溶液、反應速率與化學平衡、酸鹼鹽、氧化還原與電化學、核化學、有機化學等，系統性講述化學各領域理論，深入淺出，引導讀者掌握基本概念，適合一般普通化學課程。

作者利用簡單的文字及生動的彩色圖像，來輔助讀者了解化學現象，將易混淆的觀念以統整的方式進行比較，以增進學習效果。為了提高學習興趣，章節開頭以日常生活實例，導引讀者進入相關主題；並於內容中穿插「充電小站」專欄融合科學新知與科學小常識，以「Life+」專欄呈現生活周遭的化學應用，讓讀者能夠輕鬆的探索化學世界。

各章節內附有「例題」與「練習」，讓讀者可以立即驗證學習成效；每章最後的「重點回顧」，幫助讀者摘要各章重點概念；書末的「學後評量」方便讀者進行檢測及複習。

本書之編撰雖經嚴謹校對，唯仍不免疏漏及錯誤，尚祈先進不吝賜教與指正，不勝感激！

目錄

Chapter 1
緒論

Chapter 2
原子構造與週期表

Chapter 3
化合物

Chapter 4
化學反應與化學計量

Chapter 5
氣態

Chapter 6
溶液

Chapter 7 反應速率與化學平衡

Chapter 8 酸鹼鹽

Chapter 9 氧化還原與電化學

Chapter 10 核化學

Chapter 11 有機化學

附錄

Chapter

1

緒論 Introduction

化學是一門實驗的科學，藉由化學家不斷的實驗，逐漸改善人類的生活，也對於許多的物質現象提出見解，如水具有不同的形態與樣貌，利用不同的溫度及壓力可以得到不同的冰晶。實驗的日益精確，也使得科學家開始重視實驗結果的準確度、精密度與有效數字，自此，化學研究開始蓬勃發展。

1-1 化學對人類文明的貢獻
1-2 物質的種類與性質
1-3 物質的狀態與變化
1-4 物質的分離
1-5 準確度與精密度
1-6 有效數字

1-1 化學對人類文明的貢獻 (The contribution of chemistry to human civilization)

一、化學與生活 (Chemistry and life)

化學發展的目的主要是為了滿足人類的需求，自古以來，化學產品的開發帶給人類生活上許多的便利，也解決人類生活上遭遇的問題。隨著科學的進步，近二百年來所製造的物質種類，遠大於過去人類文明史中所製造的總和。我們生活週遭的食、衣、住、行各方面皆與化學息息相關。

食

人體藉呼吸作用，將氧氣吸入體內，與消化得到的養分進行氧化反應，供給人類活動所需的能量。食物在人體內的消化過程中，牽涉到複雜的化學變化。在食品加工方面，為了防止腐敗且使食物在視覺及味覺上更吸引消費者，亦添加了防腐劑、色素或調味料。

衣

由於天然纖維和皮革的匱乏且昂貴，人造纖維、人造皮革等化學產品的發明逐漸變為衣著材料的主流，特別是在衣著材料上的精進，包含防水、防火、抗紫外線等具功能性的材料也都陸續研發成功。

住

為了使人類有安全和舒適的居住環境，人類開始使用磚瓦、水泥、鋼筋等材料來建造堅固的房子，除了這些材料都是化學產品外，製造與建造過程中也隱藏了許多化學現象，例如：冶煉鋼鐵、凝固混凝土、燒結磚瓦。

行

路上跑的汽機車和天上飛的飛機為現代人主要的交通工具，它們的能源都來自於劇烈的化石燃料燃燒反應。目前地球遇到的能源危機問題也與化學有密切的關係，如何發展一個能替代化石燃料的能源，成為科學家著重的方向。其他仍有許多化學與生活有關的例子，例如：可分解的塑膠袋、綠色能源等，可見化學與現代生活已到達密不可分的地步。

二、化學與汙染 (Chemistry and pollution)

科學的進步雖能帶來幸福，但也有不良的後果，例如：酸雨、溫室效應、臭氧層的破壞和各式各樣的汙染都對地球環境造成嚴重的破壞。

人類大量使用化石燃料使得空氣中二氧化碳的濃度升高而造成**溫室效應** (green house effect)。溫室效應增強後會造成全球氣溫變暖，進而使海平面上升，人類能居住的面積也因此變少，此外，溫室效應還將造成北半球冬季縮短，並更加濕冷，而夏季則變長且更乾熱，溫帶地區的天候則將更乾，而熱帶地區則更濕。

大型火力發電廠燃燒石油或煤所排放的二氧化硫造成酸雨；內燃機所產生的氮氧化合物造成嚴重的空氣汙染、使用氟氯碳化物使臭氧層破洞；化學工廠排放工業廢水或家庭清潔劑的使用造成河川的水汙染，甚至是重金屬汙染；農藥的使用和垃圾隨意丟棄會造成土壤汙染；濫用抗生素則直接影響到人體健康。

例題 1-1

1. 關於化學汙染之敘述，何者錯誤？
   (A) 水源受到汙染，即使魚類不死亡，人類也可能因食用這些受汙染的魚貝類而中毒
   (B) 重金屬的汙染會累積在人體體內，對人體的傷害很大
   (C) 工廠排放的熱水不能算是水汙染的來源
   (D) 家庭廢棄物和清潔劑都會造成水汙染。
2. 有關生活與化學的敘述，何者不正確？
   (A) 蓋房子用的磚瓦也屬於化學的範疇
   (B) 目前所吃的食物，大多為天然物質，與化學無關
   (C) 空氣中過多的二氧化碳，會因吸收太陽光中的紅外線而產生溫室效應
   (D) 汽車排放的廢氣，也與化學相關。

解 1. (C) 2. (B)

1. (C) 熱汙染也屬於汙染的一種。
2. (B) 天然物質也屬於化學物質。

磚瓦為常見的建築材料

三、化學與永續發展 (Chemistry and sustainable development)

永續發展 (sustainable development) 是近年來逐漸形成之一重要思潮。依據 1987 年聯合國「世界環境與發展委員會 (World Commission on Environment and Development，WCED)」報告書的定義，能滿足當代所需而不損及後代滿足其所需的發展稱為永續發展。為了永續發展，阿納斯塔斯 (Paul Anastas) 和華納 (John Warner) 於 1988 年提出綠色化學的理論，利用化學原理，研究如何在製造產物的過程中，從源頭來控制廢物的產生，充分利用原料以減少有害物質的產生，同時降低對環境的汙染。其基本原則包含：減少廢棄物產生，使用較安全的化學藥品、可再生的原料、催化劑、更安全的溶劑和反應條件，並使原子經濟最大化、提高能源效率、設計可降解的化學製品。在製造過程中，全程分析並防止汙染發生，使汙染事故的可能性降至最低 (圖 1-1)。

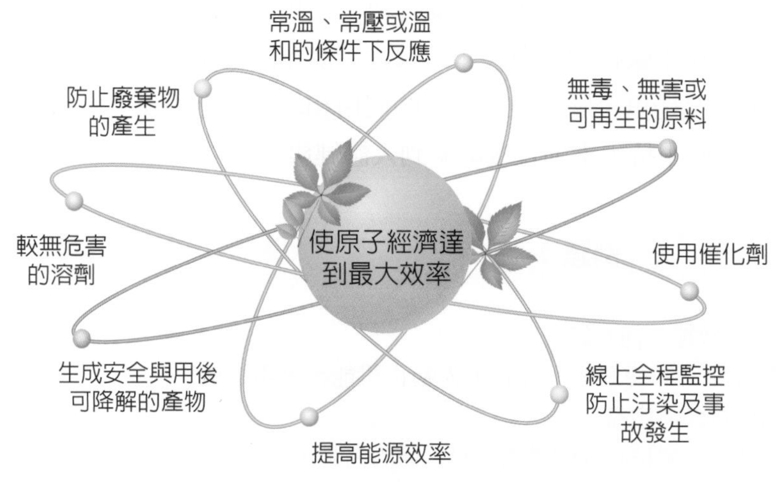

圖 1-1　綠色化學概念示意圖

練習

1. 關於大氣汙染物的敘述，何者錯誤？
   (A) 形成酸雨的原因是硫的氧化物過多
   (B) 溫室效應是因為二氧化碳的濃度過高
   (C) 氟氯碳化物會破壞臭氧層
   (D) 形成光煙霧的主要原因是二氧化碳產生的紅色氣體。
2. 綠色商品是指具有可回收、低汙染、省資源的商品。下列商品中何者不能稱為綠色商品？
   (A) 無鉛汽油　(B) 無氟利昂冰箱　(C) 無碘食鹽　(D) 無汞電池。
3. 在生活中處處充滿與化學相關的知識廣泛應用於生產和生活中，下列敘述何者錯誤？
   (A) 食用皮蛋時，加點食醋可以去除氨的氣味
   (B) 液態氯罐洩漏時，可將其移入水塘中，並同時向水塘中加入生石灰
   (C) 食用鹽中是否有加碘鹽只要以澱粉溶液測試就可以知道
   (D) 棉花和木材的主要成分為纖維素。

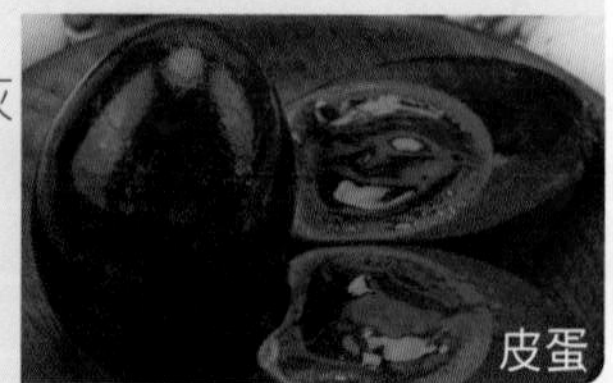

1-2 物質的種類與性質 (Types and properties of matter)

化學是一門討論物質的科學，世界上凡佔有空間、體積、且有質量者皆可泛稱為物質。為了瞭解這些物質，我們將其做有效的分類並逐一探討其性質。

一、物質的種類 (Types of matter)

物質主要可以分為**純物質** (pure substances) 與**混合物** (mixtures) 兩大類 (圖 1-2)。

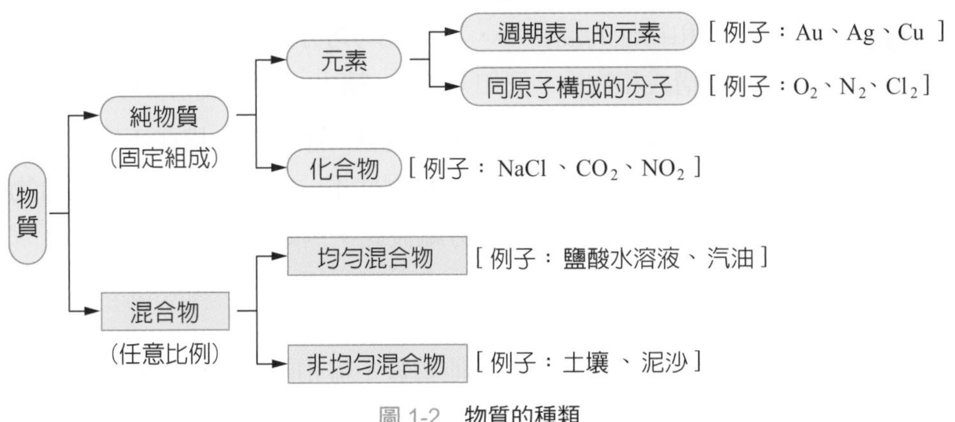

圖 1-2　物質的種類

1. 純物質

只由一種原子、分子化合物或離子化合物所組成的物質，無法以物理方法再分離出它種物質，包含**元素** (elements) 和**化合物** (compounds) 兩種，具有一定的物理、化學性質，例如：一定的**熔點** (melting point)、**沸點** (boiling point)、**密度** (density) 等。

硫元素

食鹽

元素是指只由單一種原子組成的純物質，無法以普通的化學方法再分解成更簡單的物質。例如：鐵 (Fe)、銀 (Ag)、銅 (Cu)、硫 (S) 等。現已發現的元素共 118 種，88 種存在於自然界，30 種為人造元素。元素除了週期表上所列的之外，還包含同樣原子所構成的分子，例如：氧氣 (O_2)、氫氣 (H_2)、臭氧 (O_3)。

化合物是指兩種或兩種以上的元素以一定的比例組合而成。例如：水 (H_2O)、二氧化碳 (CO_2)。化合物具有其特性，不再具有成分元素的特性，不能用一般的物理方法 (例如：過濾、蒸餾、萃取) 分離，但可以用常見的化學方法 (燃燒、電解) 分解成兩種或兩種以上的純物質，例如：電解水可產生氫氣與氧氣。

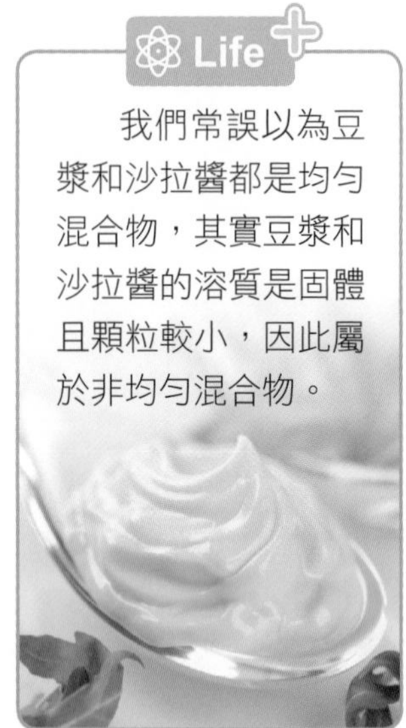

相同的兩種元素可能化合成兩種以上的純物質，例如：碳(C)和氧(O)可結合成一氧化碳(CO)及二氧化碳(CO_2)；氮(N)和氧(O)可結合成一氧化氮(NO)、二氧化氮(NO_2)及一氧化二氮(N_2O)。

2. 混合物

混合物由兩種或是兩種以上的純物質以任意比例混合而成，所含的純物質保有原來的化學性質，可以利用物理方法分離所含純物質。

混合物又可依混合後的狀態分為**均勻混合物**(homogeneous mixtures)與**非均勻混合物**(heterogeneous mixtures)。均勻混合物是混合後形成單相(固體、液體、氣體，三者其中之一)且有一致的構成和物性的混合物，其微粒均勻分布，混合物的任一部分皆有同樣構成和物性。例如：汽油、糖水、食鹽水、空氣和K金。

非均勻混合物是混合物混合後含二相以上，構成不均勻的混合物，混合物任一部分的構成和物性不一定相同。非均勻混合物構成的部分可用物理性方法分離彼此。例如：土壤和礦石。

二、物質的性質 (Properties of matter)

每一種物質都具有與其他物質不盡相同的特性，這樣的特性統稱為物質性質，物質性質可分為**物理性質**(physical properties)和**化學性質**(chemical properties)兩大類。

1. 物理性質

物理性質是物質不需發生化學變化就表現出來的性質，簡稱為物性。物理性質可由人體的感官辨識或是由儀器量測所得數值。常見的物理性質包含顏色、型態、密度、熔點、沸點、溶解度等。

2. 化學性質

化學性質是指物質發生化學變化所表現出來的性質，簡稱為化性。常見的化學性質包含可燃性、助燃性、氧化性、還原性、酸鹼性、光分解性等。

例題 1-2

1. 下圖(甲)～(戊)五種以微觀圖示的物質中，屬於純物質的為哪幾種？

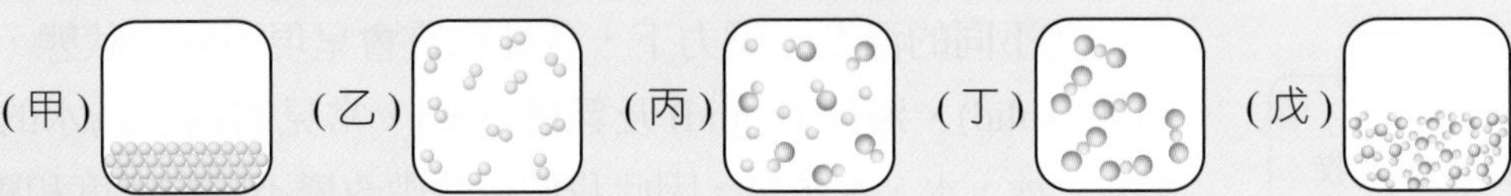

2. 物質的分類方式如圖所示，下列敘述何者正確？

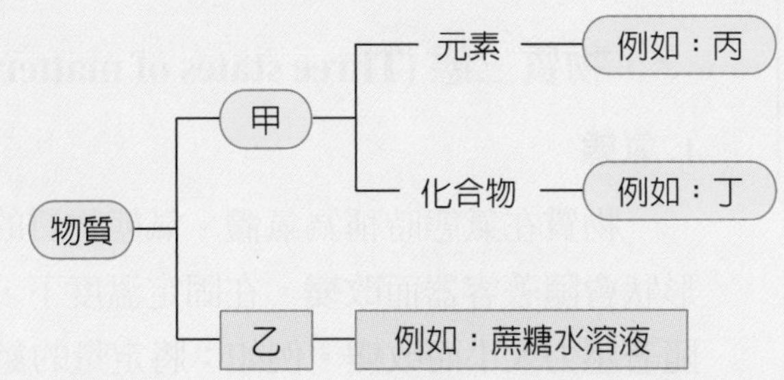

(A) 甲為混合物 (B) 乙為純物質 (C) 丙可能為臭氧 (D) 丁可能是鹽酸。

解 1. 甲、乙、丁、戊 2. (C)

1. 甲、乙、丁、戊為純物質，丙為混合物。
2. (A) 甲為純物質，可以分為元素及化合物。
   (B) 乙為混合物，蔗糖水溶液為混合物。
   (C) 鹽酸為混合物，是氯化氫＋水。

練習

1. 下列何者是混合物的特性？
   (A) 具有固定的熔點 (B) 具有固定的沸點
   (C) 可使用化學方法分離出純物質 (D) 由兩種以上的純物質所形成。
2. 下列何種液體在一大氣壓時，沒有固定的沸點？
   (A) 液態氨 (B) 98 無鉛汽油 (C) 乙醇 (D) 汞。
3. 下列物質中，何者屬於混合物？
   (A) 氯化鈉 (B) 二氧化碳 (C) 臭氧 (D) 市售雙氧水。
4. 下列何者屬於物質的物理性質？
   (A) 導電性 (B) 可燃性 (C) 助燃性 (D) 溶解度。
5. 下列何者屬於物質的化學性質？
   (A) 溶解度 (B) 重量 (C) 氧化性 (D) 顏色。

1-3 物質的狀態與變化 (The state and change of matter)

充電小站

吸熱：物質本身吸收熱量，環境溫度下降。

放熱：物質本身放出熱量，環境溫度上升。

Life

液晶？是固態還是液態？

液晶不僅是顯示器代名詞，也是指一種介於液態和結晶型之間的狀態，通常是層狀排列的結構，分子在層內可四處移動，改變位置和空間排列，因此造成各種變化。

在不同的溫度、壓力下，各種物質會呈現不同的狀態，包含**固態** (solid)、**液態** (liquid) 及**氣態** (gas)，常見的例子為水的三態變化：冰、水、水蒸氣。因此我們可藉由改變不同的溫度和壓力，得到物質的不同狀態。

一、物質三態 (Three states of matter)

1. 氣態

物質在氣態時稱為氣體。氣態物質的質量固定，但其體積、形狀會隨著容器而改變。在固定溫度下，氣態物質的體積也容易隨著壓力大小而改變。例如：將定量的氮氣裝入 50 mL 的圓柱容器中，此時氮氣的體積為 50 mL；將同量的氮氣裝入 100 mL 的錐形容器中，此時氮氣的體積為 100 mL，兩者的質量相同、但體積與形狀皆不同。

2. 液態

物質在液態時稱為液體。液態物質的質量、體積固定，但其形狀會隨著容器而改變具有流動性。例如：將定量的水在室溫下倒入圓柱狀的水杯，其形狀即為圓柱形；將水倒入錐形瓶中，其形狀即為錐形，兩者形狀不同但質量與體積是相同的。

3. 固態

物質在固態時稱為固體。固體內部分子或原子的排列無法隨意變動。固態物質的質量、體積、形狀皆固定。例如：黃金、氯化鈉。

二、三態變化 (Three-state change)

物質間的三態通常可藉由改變不同的溫度、壓力而轉換，三態之間的轉變通稱為**相變化** (phase change)。常見的相變化如圖 1-3。

三、物質的變化 (The change of matter)

生活周遭無時無刻都有很多的物質發生變化，例如：鐵生鏽、米煮成飯、水沸騰、泡牛奶等，這些變化可以用**物理變化** (physical change) 與**化學變化** (chemical change) 做為區分。

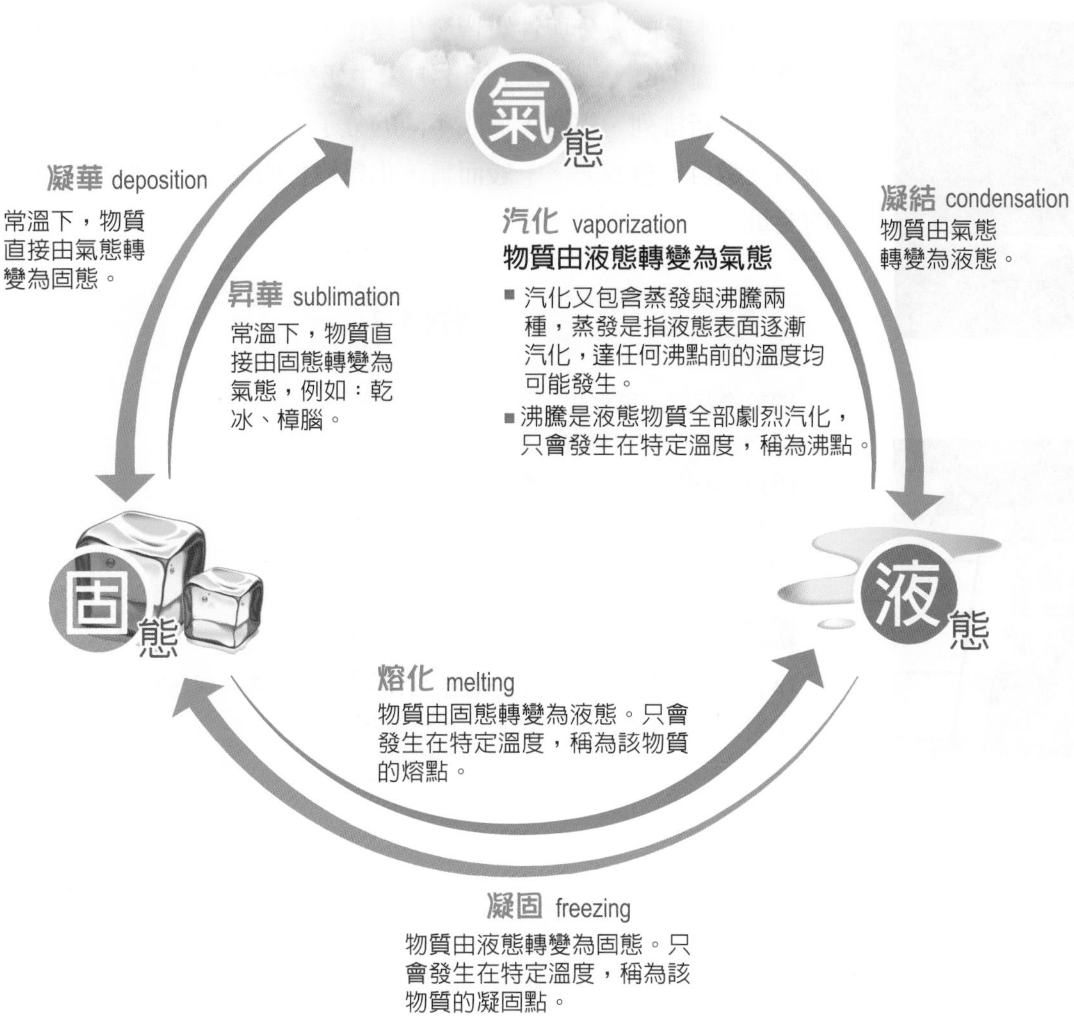

氣態
固態
液態
凝華 deposition
常溫下，物質直接由氣態轉變為固態。
昇華 sublimation
常溫下，物質直接由固態轉變為氣態，例如：乾冰、樟腦。
汽化 vaporization
物質由液態轉變為氣態
■ 汽化又包含蒸發與沸騰兩種，蒸發是指液態表面逐漸汽化，達任何沸點前的溫度均可能發生。
■ 沸騰是液態物質全部劇烈汽化，只會發生在特定溫度，稱為沸點。
凝結 condensation
物質由氣態轉變為液態。
熔化 melting
物質由固態轉變為液態。只會發生在特定溫度，稱為該物質的熔點。
凝固 freezing
物質由液態轉變為固態。只會發生在特定溫度，稱為該物質的凝固點。

圖 1-3　物質的三態變化

1. 物理變化

物質的組成成分沒有改變，也未產生新的物質，只是外觀與粒子間的距離改變。例如：糖溶於水 (圖 1-4)、咖啡豆磨成粉 (圖 1-5) 等，此外，相變化皆屬於物理變化。

同一水平線
水
糖溶解
糖水
糖塊

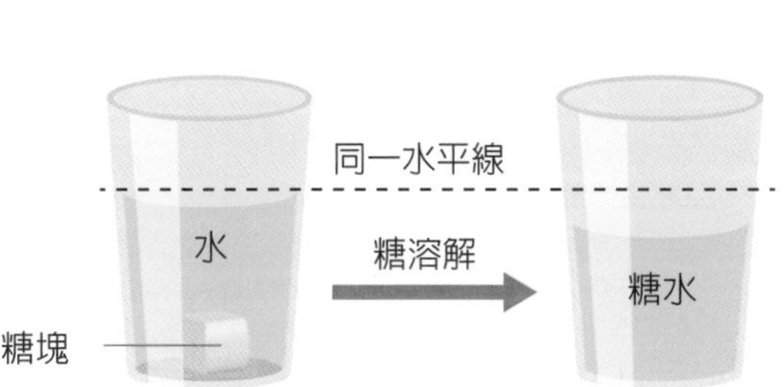

圖 1-4　糖溶於水

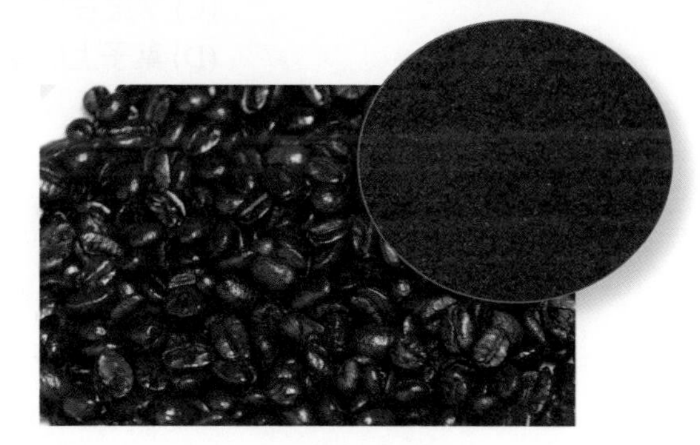

圖 1-5　咖啡豆磨成粉

圖 1-6　火柴燃燒

圖 1-7　鐵生鏽

2. 化學變化

物質本身的成分與性質皆發生變化，形成新物質。例如：火柴燃燒 (圖 1-6)、鐵生鏽 (圖 1-7)、牛奶變酸等。化學變化時，原子會重新排列、組合，形成不同的分子。但反應前後，原子的種類及數目不會改變。一般而言，化學變化的能量大於物理變化的能量。

例題 1-3

關於物質的三態變化，下列敘述何者正確？
(A) 物質只有在特定的溫度會蒸發
(B) 物質由液態變氣態稱為凝結
(C) 乾冰在常溫、常壓下，會由固態變成氣態
(D) 物質由固態變成液態稱為凝結。

解 (C)

(A) 物質在任何的溫度皆會蒸發；(B) 氣態變液態，稱為凝結；(D) 固態變液態，稱為熔化。

練習

1. 下列何者為化學變化？
   (A) 汽油在空氣中揮發
   (B) 氫氧化鈉與鹽酸的酸鹼中和
   (C) 乾冰昇華成二氧化碳
   (D) 玻璃燒杯掉落摔破
2. 水於下列各種狀態的變化過程中，何者會放出熱量？
   (A) 北極的冰山熔化成水
   (B) 大氣中水氣的凝結成雲
   (C) 水潑在地上後蒸發變成水蒸氣
   (D) 葉子上的露珠變成水蒸氣消散掉。

1-4 物質的分離 (The separation of matter)

在日常生活中，很多物質往往是混合在一起的狀態，我們必須藉由適當的分離方法將需要的物質與其他物質分開。

一、混合物的分離 (The separation of mixture)

混合物是由元素或化合物混合而成，經由適當的方法，可以將混合物中的組成成分加以分離。常見的混合物分離法如下：

1. 傾析 (decantation)

傾析是混合物分離中最簡單的方法。混合物如果是液態且含有不溶解的固體沉澱，可緩慢將上層澄清液倒出，使固體與溶液分離，此種方法必定有少量液體殘留在容器內。為了增加分離效果，傾析前，通常會用離心機 (圖 1-8) 離心，加速固體的沉降。

圖 1-8　離心機

2. 過濾 (filtration)

過濾法是利用物質溶解度的差異來分離不同的物質，若液體中含有沉澱，可以透過過濾的方式分離。過濾時，宜選用適合的濾紙，濾紙有多種不同的濾孔大小，須依據欲濾物的粒徑大小選擇。過濾法可分為重力過濾法 (圖 1-9) 及抽氣過濾法 (圖 1-10)。

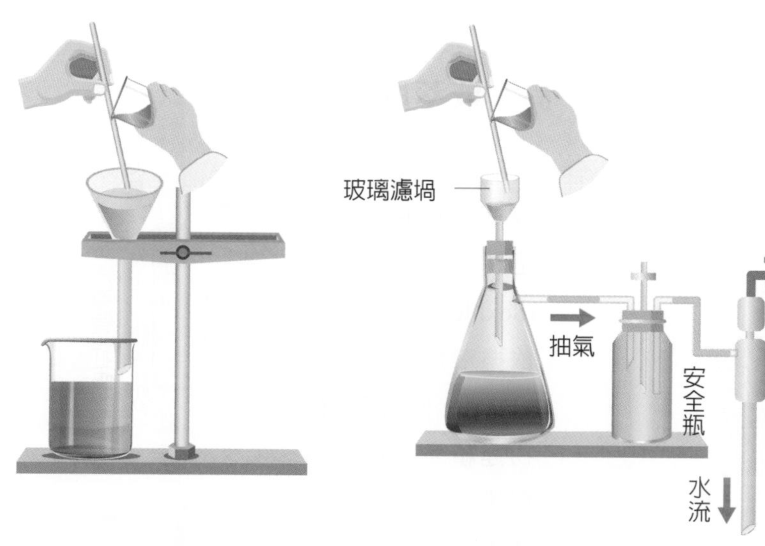

圖 1-9　重力過濾法

圖 1-10　抽氣過濾法

3. 蒸餾 (distillation)

蒸餾法是利用混合物中沸點的不同來分離物質，加熱混合物液體時，在特定溫度時，沸點較低的物質會先蒸發出來。常見的蒸餾裝置如圖 1-11。

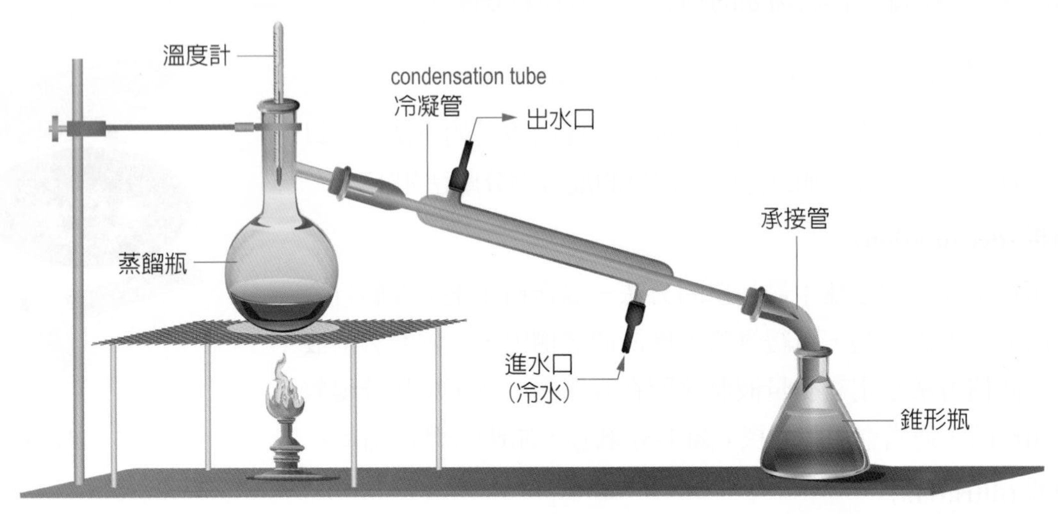

圖 1-11　蒸餾裝置

4. 萃取 (extraction)

利用溶質在兩不互溶的溶劑中溶解度的不同來分離物質。通常利用分液漏斗進行萃取。常見的萃取方式有液 – 液萃取與固 – 液萃取。

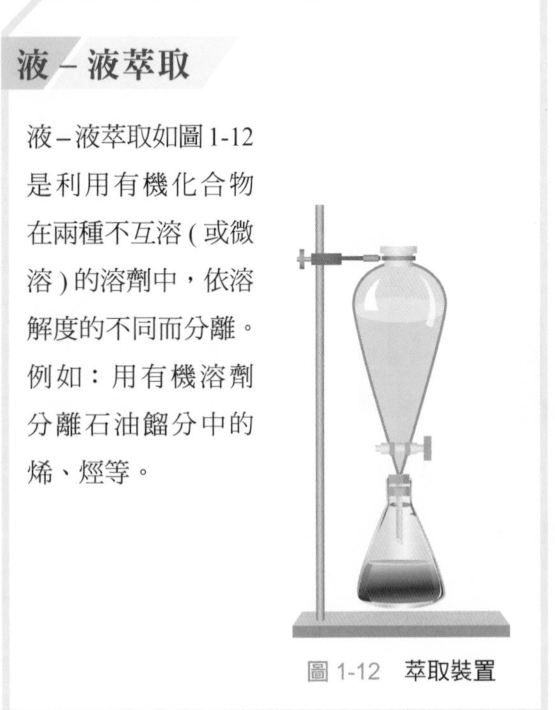

液 – 液萃取

液 – 液萃取如圖 1-12 是利用有機化合物在兩種不互溶 (或微溶) 的溶劑中，依溶解度的不同而分離。例如：用有機溶劑分離石油餾分中的烯、烴等。

圖 1-12　萃取裝置

固 – 液萃取

固 – 液萃取又稱浸取。如圖 1-13 通常是利用索氏萃取器 (Soxhlet extractor)，依據溶劑迴流及虹吸原理，使固體有機物連續多次被純溶劑萃取，它具有萃取效率較高的特點及節省溶劑的優點。

冷凝器
蒸汽導管
提取器
虹吸管
蒸餾瓶

圖 1-13　索氏萃取器

5. 層析 (chromatography)

層析法又稱為色譜法，如圖 1-14。層析法的特點是具備兩個相：不動的相，稱為**固定相** (stationary phase)；另一相是攜帶樣品流過固定相的流動體，稱為**流 (移) 動相** (mobile phase)。層析的原理是溶液中的各成分對某一固定相及 (移) 動相的附著力和溶解度不同，加入溶劑後，在固定相間移動時，成分的移動速率就會有差異，利用此特性即可將成分分離。

層析有很多種，可依流動相區分為氣相層析與液相層析。氣相層析主要包含氣體 - 固體層析和氣體 - 液體層析；液相層析主要包含液體 - 固體層析和液體 - 液體層析兩種，其中液體 - 固體層析可分為濾紙色層層析、薄層色層分析、離子交換層析及分子篩層析等數種。

以濾紙色層分析為例，先利用丙酮從植物汁液中萃取出光合色素後，點一滴在濾紙上原點，以乙醚為流動相展開劑，待一段時間，可得兩種色線，較高的是葉黃素，較低的是葉綠素。

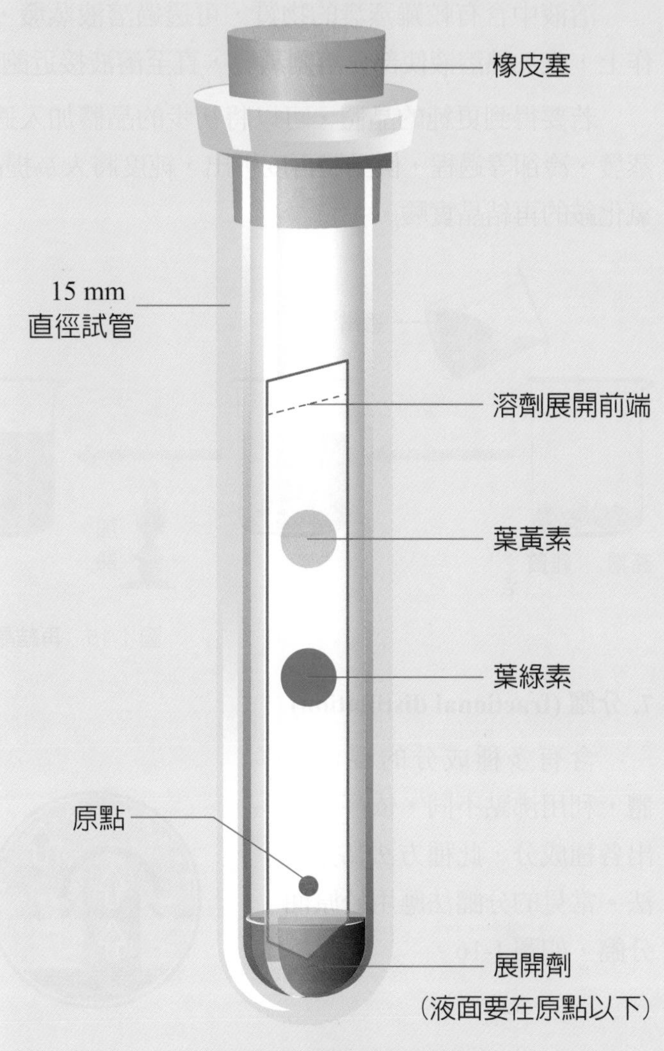

圖 1-14　濾紙色層分析裝置

6. 結晶 (crystallization) 或再結晶 (recrystallization) 法

溶液中含有較難蒸發的物質，可透過溶液蒸發，得到此物質，這種方法即為結晶。在操作上，先加熱溶液使部分溶劑蒸發，直至溶液接近飽和時，再進行冷卻，使晶體析出。

若要得到更純的晶體，可以將初步的晶體加入適量的溶劑並加熱使溶解，再經過過濾、蒸發、冷卻等過程，使晶體再度析出，純度將大為提高，此方法稱為再結晶 (圖 1-15)。例如：氯化銨的再結晶實驗。

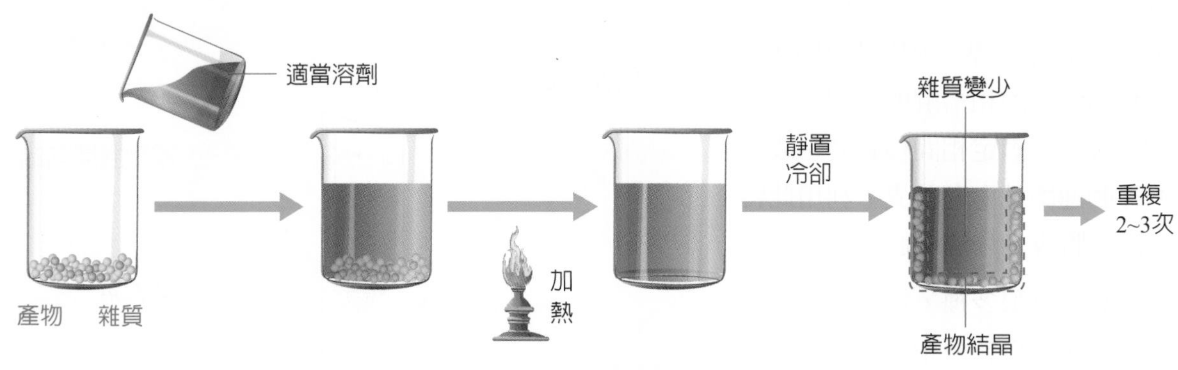

圖 1-15　再結晶

7. 分餾 (fractional distillation)

含有多種成分的混合液體，利用沸點不同，依序分離出各種成分，此種方法為分餾法。常見的分餾法應用於原油分餾，如圖 1-16。

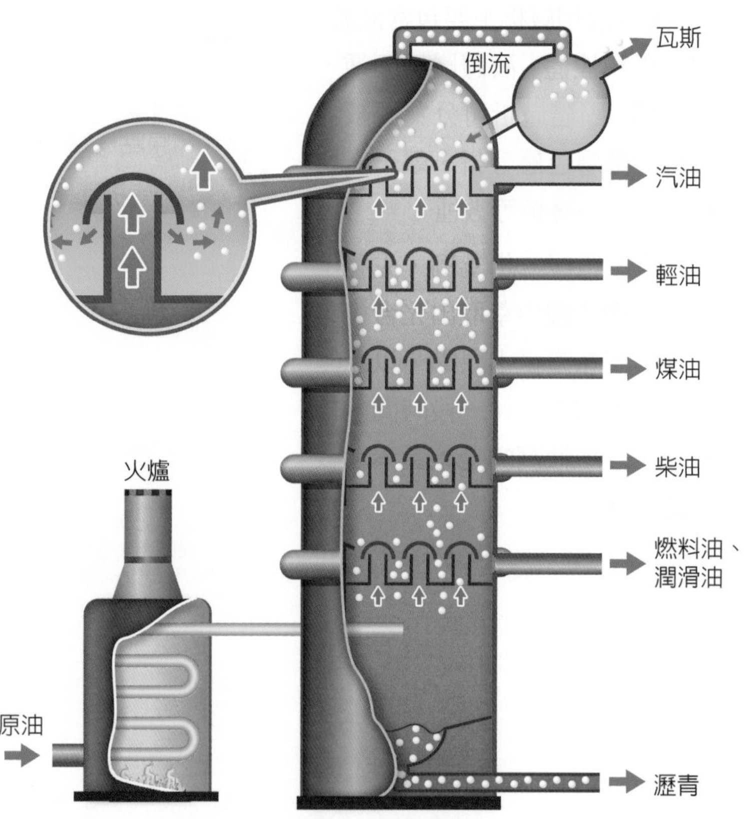

圖 1-16　原油分餾

8. 昇華 (sublimation)

利用含有昇華特性的物質 (例如：乾冰、樟腦、碘、對 - 二氯苯) 加熱，使有昇華特性的成分和其他成分分離，此方法稱為昇華法，可應用於樟腦、碘的精製。

圖 1-17 乾冰昇華

二、化合物的分解 (The decomposition of compounds)

要將化合物分離通常要使用化學方法才能分解出其成分，常用的化學方法為電解法及加熱法。

1. 電解法

通直流電源於化合物的熔融態中，化合物會發生氧化還原反應，而分解出其成分元素或其他化合物。例如：電解氯化鈉熔融液時，陽極發生氧化反應，得到氯氣；陰極發生還原反應，得到鈉 (圖 1-18)。

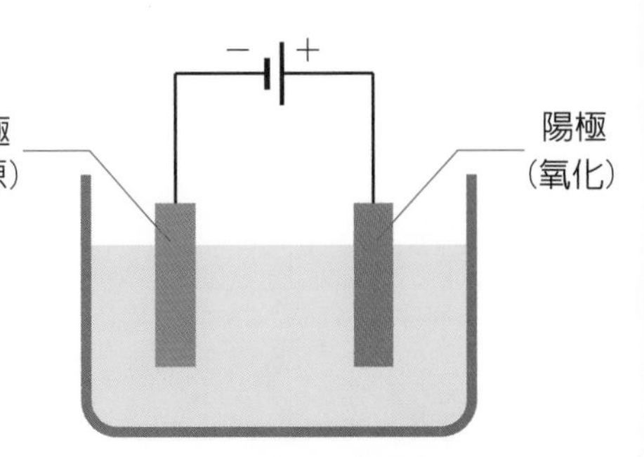

圖 1-18 電解氯化鈉熔融液

2. 加熱法

利用高溫加熱可以使化合物分解得到元素或化合物。例如：在150℃，加熱二氧化氮 (NO_2) 可以得到一氧化氮 (NO) 與氧氣 (O_2)。

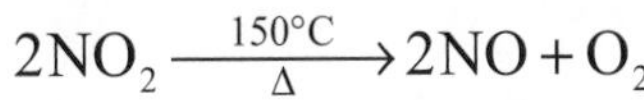

$$2NO_2 \xrightarrow[\Delta]{150°C} 2NO + O_2$$

例題 1-4

1. 蒸餾法是利用什麼原理達到物質分離的目的？
2. 關於各種分離物質方法的敘述，何者錯誤？
   (A) 蒸餾法可將溶液中的高沸點溶質與溶劑分離
   (B) 洗米時將水倒出留下米粒，是一種傾析法
   (C) 層析法為利用不同物質在固定相中的移動速度不同而分離
   (D) 過濾法可將咖啡中的咖啡因分離。

解 1. 沸點高低不同 2. (D)

1. 蒸餾法是利用沸點高低不同的原理，將沸點低的物質先餾出。
2. (D) 咖啡因需使用萃取的方式，方能使咖啡中的咖啡因分離。

練習

1. 下列何種動作是屬於萃取程序？
   (A) 烤肉 (B) 蒸饅頭 (C) 煮飯 (D) 泡茶。
2. 早期臺灣南部的鹽田，是利用哪一種方法自海水中得到粗鹽？

1-5 準確度與精密度 (Accuracy and precision)

一、準確度 (Accuracy)

準確度是指重複多次的實驗所得平均值與**真值** (true value) 接近的程度，平均值與真值很接近表示準確度很高。真值實際上是無法獲得的，通常是以多次測定結果的平均值、國家標準局提供的標準參考物質的數值或理論值來當作真值。

二、精密度 (Precision)

精密度又稱精確度，是指重複多次的實驗所得測定值之間彼此接近的程度，每次測定時所得的數值很接近時，表示實驗結果的精確度很高。

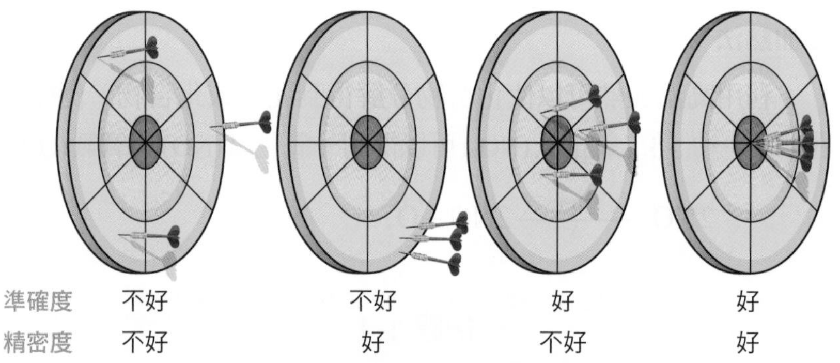

準確度	不好	不好	好	好
精密度	不好	好	不好	好

圖 1-19　準確度與精密度的比較圖

練習

1. 下列四組數據，何者精密度最差？
(A) 48.8，50.0，50.2　(B) 53.8，54.0，54.0
(C) 45.6，47.6，50.2　(D) 52.0，53.8，54.2。

2. 某水果醋中醋酸實際含量為 3.56%，甲、乙兩位學生分別對此水果醋的醋酸含量進行四次分析，甲同學所得的結果為 3.55%、3.58%、3.54%、3.56%，乙同學所得的結果為 4.59%、4.57%、4.61%、5.60%，比較二位同學分析結果的準確度與精密度，下列敘述何者正確？
(A) 甲的準確度與精密度皆較高
(B) 乙的準確度及精密度皆較高
(C) 甲的準確度較高而精密度較低
(D) 乙的準確度較高而精密度較低。

1-6 有效數字 (Significant figures)

一、有效數字的定義 (Definition of significant figures)

實驗時常需以儀器進行各種測量，並記錄測量所得數據。有效數字是指**準確數值** (certain digits) 之後，再加一位**估計數值** (uncertain digit)，合稱為**有效數字**。在測量時，測量值應記錄到量具最小刻度的下一位。最小刻度下一位的數值是由估計而來，因此不會是精確的，但應盡量合理。

以量筒為例，一般量筒的最小刻度為 0.1 mL，因此體積應該記錄到小數第二位。圖 1-20 所示，量筒中的液體體積應記為 21.65 mL。

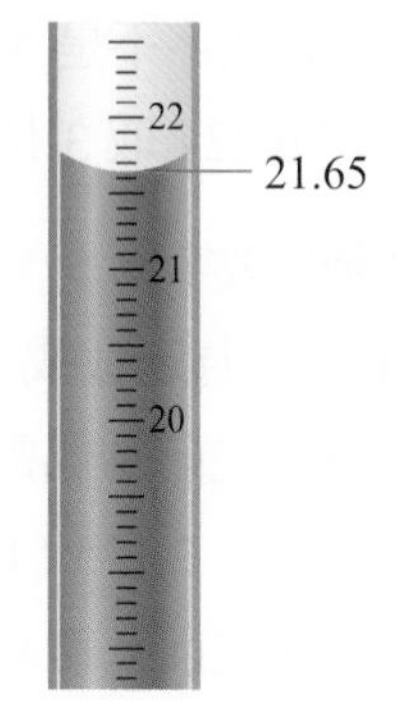

圖 1-20　量筒的刻度

二、有效位數 (Significant digits)

量測物品所得的測量值中，有效數字的位數即為有效位數。有效位數不會因單位改變，而有所改變。例如：22 g 的水，測量有效為數為兩位，若單位改為公斤則表示為 0.022 kg，其有效位數仍為二位。又如體積為 145.20 mL，其有效位數為五位，最後一位的 0 是測量時的估計值，因此屬有效數字。但若不是測量值的數值則沒有有效數字。例如：3 枝鉛筆，7 倍重量。

三、有效位數的判定 (The determination of significant digits)

要判定有效位數，需要依據下列的準則：

1. 最後一位不為零，有效位數 = 所含數字的位數，和小數點的位置無關。例如：365.2、36.52、3.652 的有效數字均為 4 位。
2. 含小數點的數值，由左往右數，小數點右邊非零的數字開始才是有效數字。

   例 (1)　0.00019、0.0019、0.019 的有效數字皆為 2 位。

   例 (2)　0.8700 (4 位)、0.560 (3 位)、0.050 (2 位)。

3. 整數中，後面的每一個零，可能為有效數字，也可能不是，若要表明其有效數字的位數，須改用科學記號表示。

   例　9.2×10^4 (2 位)、9.20×10^4 (3 位)、9.200×10^4 (4 位)。

四、有效數字的進位法 (The decimal method of significant digits)

運算所得的數字，通常必須經過進位，捨去多餘的數字，才能得到有效數字。捨去多餘的數字一般是採用四捨五入法，但捨去的數字為 5 時，則依規則處理。

1. 捨棄的數字不是 5 時，採四捨五入法。

   例 76.22 (取 3 位) 得 76.2； 7.3378 (取 3 位) 得 7.34。

2. 捨棄的數字為 5

   (1) 若 5 為尾數或 5 以後皆為 0：

   - 5 之前為偶數，則不進位。

     例 2.125 (取 3 位) 得 2.12，9.650 (取 2 位) 得 9.6。

   - 5 之前為奇數，則進一位。

     例 246.35 (取 4 位) 得 246.4，47.75 (取 3 位) 得 47.8。

   (2) 捨棄的數字為 5 時，若 5 不是尾數，則進一位。

   例 53.6152 (取 4 位) 得 53.62，791.58 (取 3 位) 得 792。

五、有效數字的運算法則 (The algorithms for significant digits)

1. 加減法：加減運算後所得的和或差，取小數點後位數最少者。

例 (1) 0.2835 + 1.433 + 42.17 = 43.8865

0.2835 (小數點之後有 4 位)

1.433 (小數點之後有 3 位)

+ 42.17 (小數點之後有 2 位)

43.8865 (小數點之後應取 2 位)

有效數字為 43.89

例 (2) $4.21 \times 10^{-3} + 2.613 \times 10^{-3} = 6.823 \times 10^{-3}$

4.21×10^{-3} (小數點之後有 2 位)

$+ 2.613 \times 10^{-3}$ (小數點之後有 3 位)

6.823×10^{-3} (小數點之後應取 2 位)

有效數字為 6.82×10^{-3}。

2. 乘除法：乘除運算後所得的積或商，取有效位數最少者。

例 (1) 23.14 × 42.147 = 975.28158

(有效數字 4 位) × (有效數字 5 位) = 有效數字應取 4 位，為 975.3。

例 (2) $(7.43 \times 10^{14}) \div (2.2 \times 10^{6}) = 3.3772727 \times 10^{8}$ (有效數字應取 2 位)

(有效數字 3 位) ÷ (有效數字 2 位) = 有效數字為 3.4×10^{8}。

六、單位介紹 (SI 制) 與字首符號 (The introduction of unit (SI Unit) and prefix symbol)

1. SI 制基本單位與導出單位

表 1-2 國際單位制共有七個基本單位

物理量	常用符號	單位名稱	單位符號
長度	l	公尺 (米)	m
質量	m	公斤 (千克)	kg
時間	t	秒	s
電流	I	安培	A
熱力學溫度	T	克耳文	K
物量	n	莫耳	mol
光強度	I_V	燭光	cd

表 1-3 常用國際單位制導出單位 : 從七個國際單位制基本單位導出

物理量	符號	單位名稱	單位符號	其他單位表示法	國際單位制基本單位表示法
頻率	f	赫茲	Hz	s^{-1}	
力 ; 重力	F	牛頓	N	$m \cdot kg \cdot s^{-2}$	
壓力 / 壓強 / 應力	p	帕斯卡	Pa	$N \cdot m^{-2}$	$= m^{-1} \cdot kg \cdot s^{-2}$
能量 / 功 / 熱量	能量為 E，功為 W，熱量為 Q	焦耳	J	$N \cdot m$	$= m^2 \cdot kg \cdot s^{-2}$
功率 / 輻射通量	P	瓦特	W	$J \cdot s^{-1}$	$= m^2 \cdot kg \cdot s^{-3}$
電荷量	Q	庫侖	C	$A \cdot s$	
電位 / 電壓 / 電動勢	U	伏特	V	$J \cdot c^{-1}$	$= m^2 \cdot kg \cdot s^{-3} \cdot A^{-1}$
電阻	R	歐姆	Ω	$V \cdot A^{-1}$	$= m^2 \cdot kg \cdot s^{-3} \cdot A^{-2}$
電導		西門子	S	$A \cdot V^{-1}$	$= m^{-2} \cdot kg^{-1} \cdot s^{-3} \cdot A^2$
放射性活度		貝克	Bq	s^{-1}	

參自：Steven S. Zumdahl, Susan A. Zumdahl, Chemistry (sixth edition), Houghton Mifflin, 2004.

2. SI 制字首與符號

國際單位制字首表示單位的倍數和分數，目前有 20 個字首，大多數是千的倍數或分數。

1000^m	10^n	字首	英文	符號	十進制數
1000^8	10^{24}	佑	yotta	Y	1000000000000000000000000
1000^7	10^{21}	皆	zeta	Z	1000000000000000000000
1000^6	10^{18}	艾	exa	E	1000000000000000000
1000^5	10^{15}	拍	peta	P	1000000000000000
1000^4	10^{12}	兆	tera	T	1000000000000
1000^3	10^9	吉	giga	G	1000000000
1000^2	10^6	百萬	mega	M	1000000
1000^1	10^3	千	kilo	k	1000
$1000^{2/3}$	10^2	百	heeto	h	100
$1000^{1/3}$	10^1	十	deca	da	10
1000^0	10^0	無			1
$1000^{-1/3}$	10^{-1}	分	deci	d	0.1
$1000^{-2/3}$	10^{-2}	厘	centi	c	0.01
1000^{-1}	10^{-3}	毫	milli	m	0.001
1000^{-2}	10^{-6}	微	micro	μ	0.000001
1000^{-3}	10^{-9}	奈	nano	n	0.000000001
1000^{-4}	10^{-12}	皮	pico	p	0.000000000001
1000^{-5}	10^{-15}	飛	femto	f	0.000000000000001
1000^{-6}	10^{-18}	阿	atto	a	0.000000000000000001
1000^{-7}	10^{-21}	介	zepto	z	0.000000000000000000001
1000^{-8}	10^{-24}	攸	yocto	y	0.000000000000000000000001

參自：Steven S. Zumdahl, Susan A. Zumdahl, Chemistry (sixth edition), Houghton Mifflin, 2004.

例題 1-5

1. 將下列各數字取 4 位有效數字
   (1) 0.873326 (　　　　)
   (2) 2.65423 (　　　　)
   (3) 74.1235 (　　　　)
   (4) 26.414 (　　　　)
   (5) 100.2 (　　　　)
2. 將下列運算結果以適當的有效位數表示
   (1) $12.407 + 1.28 + 0.033 =$ (　　　　)
   (2) $3.4567 - 2.012 =$ (　　　　)
   (3) $15.12 \times 0.0092 \times 577 =$ (　　　　)
   (4) $5.8865 \times 1.08 \div 0.8765 =$ (　　　　)。

解

1. 0.8733、2.654、74.12、26.41、100.2
2. (1) 取小數點後，位數最少者，∴取小數點後二位。
   $\therefore 12.407 + 1.28 + 0.033 = 13.72$，取小數點後二位 $\Rightarrow 13.72$。
   (2) 取小數點後，位數最少者，∴取小數點後三位。
   $\therefore 3.4567 - 2.012 = 1.4447$，取小數點後三位 $\Rightarrow 1.445$。
   (3) 取各數值有效位數最少者，∴取二位有效數字。
   $\therefore 15.12 \times 0.0092 \times 577 = 80.263\cdots$，取二位 $\Rightarrow 80$。
   (4) 取各數值有效位數最少者，∴取三位有效數字。
   $\therefore 5.8865 \times 1.08 \div 0.8765 = 7.2531\cdots$，取三位 $\Rightarrow 7.25$。

練習

1. 關於有效數字的敘述，何者正確？
   (A) 有效數字都是精確數字，不包含估計值
   (B) 測量值 0.0032 cm 為四位有效數字
   (C) 測量值 11.080 kg 為四位有效數字
   (D) 兩測量值 35.13 g 與 2.307 g 的總和為 37.44 g。
2. 計算下列式子，並將結果取適當之有效數字，
   $4.267 \times 3.14 \div 0.8627 =$ ？
3. 測量某未知固體其體積為 42.25 cm^3，重量為 57.1234 g。此固體的密度 (g/cm^3) 若依有效數字運算應為何？
4. 根據有效數字運算規則，計算 $14.20 + 6.134 + 0.0047 =$ ？

重點回顧

1-1 化學對人類文明的貢獻

1. 生活周遭的食、衣、住、行各方面皆與化學息息相關。
2. 內燃機所產生的氮氧化合物造成嚴重的空氣汙染。使用氟氯碳化物使臭氧層破洞。

1-2 物質的種類與性質

1. 物質主要可以分為純物質與混合物。
2. 純物質是由一種分子、原子或離子化合物所組成的物質，無法以物理方法再分離出它種物質，包含元素和化合物兩種。
3. 元素是由單一種原子組成的純物質，無法以普通的化學方法再分解成更簡單的物質。
4. 化合物是指兩種或兩種以上的元素以一定的比例組合而成。混合物由兩種或是兩種以上的純物質以任意比例混合而成，所含的純物質保有原來的化學性質，可以利用物理方法分離所含純物質。
5. 物理性質是指物質不需發生化學變化就表現出來的性質，簡稱為物性。化學性質是指物質發生化學變化所表現出來的性質，簡稱為化性。

1-3 物質的狀態與變化

1. 物質會呈現不同的狀態，包含：固態、液態及氣態。
2. 氣態物質的質量固定，但其體積、形狀會隨著容器而改變。
3. 液態物質的質量、體積固定，但其形狀會隨著容器而改變具有流動性。
4. 固態物質的形狀、體積、質量固定，固體內部分子或原子的排列無法隨意變動。
5. 物理變化：物質的組成成分沒有改變，也未產生新的物質，只是外觀與粒子間的距離改變。化學變化：物質本身的成分與性質皆發生變化，形成新物質。

1-4 物質的分離

1. 傾析是混合物分離中最簡單的方法。
2. 蒸餾法是利用混合物中物質沸點的不同來分離物質。
3. 結晶法是利用溶液中含有較難蒸發的物質，透過溶液蒸發，得到此物質。
4. 化合物分離通常要使用化學方法才能分解出其成分，常用的化學方法為電解法及加熱法。

1-5 準確度與精密度

1. 準確度是指重複多次的實驗所得平均值與真值接近的程度。
2. 精密度是指重複多次的實驗所得測定值之間彼此接近的程度。

1-6 有效數字

1. 有效數字是指準確數值之後，再加一位估計數值。
2. 有效數字的加減法是運算後所得的和或差，取小數點後位數最少者。
3. 有效數字的乘除法是運算後所得的積或商，取有效位數最少者。

Chapter

2

原子構造與週期表
Atomic structure and Periodic Table

原子是元素能保持其化學性質的最小單位，原子的構造包含原子核與帶負電的電子，原子核內又包含帶正電的質子與不帶電的中子。元素的化學性質取決於原子序，原子序即質子數，因此想了解每個元素的特性必須先了解原子的構造，再藉由類似化學性質的元素排出有次序性的元素週期表。

2-1 原子學說的演進 (The evolution of the atomic theory)

圖 2-1 留基伯

一、古時代的原子論 (The atomic theory in ancient times)

在西元前 400 年左右，古希臘人留基伯 (Leukippos)(圖 2-1) 是率先提出原子論的哲學家，他認為原子是在虛空中做漩渦運動而產生萬物。留基伯的弟子也是希臘人的德謨克利特 (Democritus) 認為宇宙萬物皆由極小的、不可再分的原子構成，原子沒有性質上的不同，只有次序、形狀和位置的不同，因而形成形形色色的萬物。

圖 2-2 盧克萊修

古羅馬人盧克萊修 (Lucretius)(圖 2-2) 的物性論 (De Rerum Natura) 對於原子學說做了較完整與系統化的整理，他認為原子有各種各樣的形狀，例如：流體的原子是光滑的圓形微粒，因此易於流動，同時強調原子是無色的，也沒有熱、聲音、氣味、感覺、色覺、熱感、聽覺和嗅覺等，一切視乎原子的大小、姿態、排列和運動而定，甚至愉快和痛苦乃是由原子的形狀決定的。

中國古代也有這類物質組成的學說，即陰陽五行的觀點，通過對自然界的觀察，逐漸發覺宇宙萬物會按照一定的規則不斷變化更替，如：日夜交替、月象盈缺、四季變化，起初是用陰陽的邏輯來解釋這些事物，後來逐漸擴充發展成五行學說。五行學說藉由研究各種演化過程、性質及自然現象發展而成，並賦予事物木、火、土、金、水五種性質，通過五行的相生相剋來解釋事物變化消長的現象。陰陽五行學說後來被廣泛應用到政治及生活層面，對中國的政治文化影響甚鉅。

圖 2-3 道耳頓

二、道耳頓原子說 (Dalton's atomic theory)

英國化學家道耳頓 (John Dalton) 在 1803 年依據實驗結果提出原子說，在當時的科學界是一種革命性的理論，對科學的發展起了促進作用，也因此被後人尊稱為原子之父。道耳頓的原子說 (Dalton's atomic theory) 內容如下：

1. 一切物質都是由稱為原子的微小粒子所組成，這種粒子不能再分割。
2. 相同元素的原子，其原子質量與原子大小均相同；不同元素的原子，其原子質量與原子大小均不同。

3. 化合物是由不同種類的原子以固定的比例組成的。
4. 進行化學反應時，原子間彼此以新的方式重新結合成另一種物質，在反應的過程中，原子不會改變它的質量或大小，也不會產生新的原子，或使任何一個原子消失。

三、陰極射線實驗 (Cathode ray experiment)

19 世紀末，科學家不斷地探討和研究，逐漸了解原子結構的奧祕。英國物理學家湯姆森 (Joseph John Thomson)(圖 2-4) 在 1897 年利用**陰極射線** (cathode ray) 實驗，發現電子，修正道耳頓原子不可分割的理論，並提出新的原子模型。

圖 2-4 湯姆森

湯姆森的實驗是先抽掉玻璃管內大部分的氣體，使其內部壓力低至約 10^{-4} ～ 10^{-2} atm，通電後，陰極射線射在螢光幕上產生淡綠色螢光。未加電場前，陰極射線以直線進行，遇障礙物會被阻擋而產生陰影 (圖 2-5)。湯姆森也在玻璃管中放上小轉輪，通電後可使風車狀的小轉輪轉動，因此也證明陰極射線是粒子流，具有動能 (質量)(圖 2-6)。

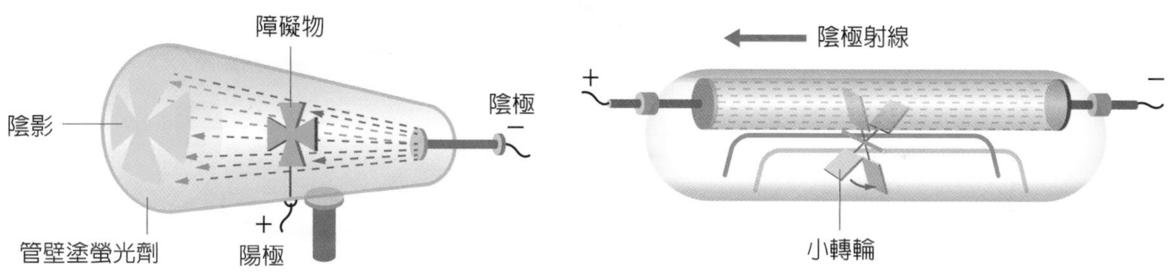

圖 2-5 陰極射線以直線進行的證明

圖 2-6 陰極射線為粒子流的證明

湯姆森後來證明陰極射線就是電子，打破道耳頓的原子不能分割的概念。湯姆森更利用陰極射線在電場和磁場中的偏轉，測出電子的荷質比 (e/m) 為 1.76×10^8 庫侖 / 克或 1.76×10^{11} 庫侖 / 公斤。除了荷質比，湯姆森認為電子是均勻分布在帶正電的原子中 (圖 2-7)，就像是葡萄乾分布在布丁中，俗稱葡萄乾布丁模型。

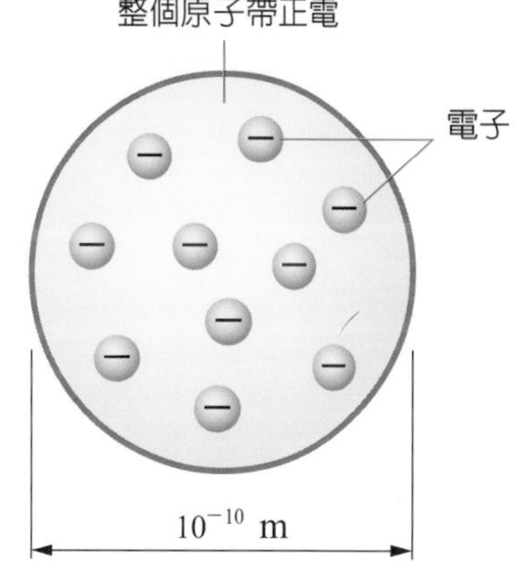

圖 2-7 電子均勻分布在原子中

四、油滴實驗 (Oil-drop experiment)

圖 2-8　密立坎

美國物理學家密立坎 (Robert Millikan)，如圖 2-8，在 1909 年由油滴實驗測得電子電量，利用噴霧器噴入油滴於上方電極板，再利用 X 射線照射正、負極板之間的空氣粒子，使其游離形成電子與陽離子，而油滴會受重力作用而落下，通過正極板的小孔後，吸附電子或陽離子而帶電，再以顯微鏡觀察油滴，並調整電壓，使油滴所受之重力與靜電力恰好互相抵消，靜止於正、負極板之間 (圖 2-9)。

密立坎經過數千次實驗發現，油滴所帶的電量皆為 1.6×10^{-19} 庫侖的整數倍，因此猜想這個最小單位 e 就是電子的帶電量，再利用陰極射線實驗所測出電子的荷質比 (e/m) 及油滴實驗測出電子的電量，算出 1 個電子的質量約為 9.11×10^{-28} 克。

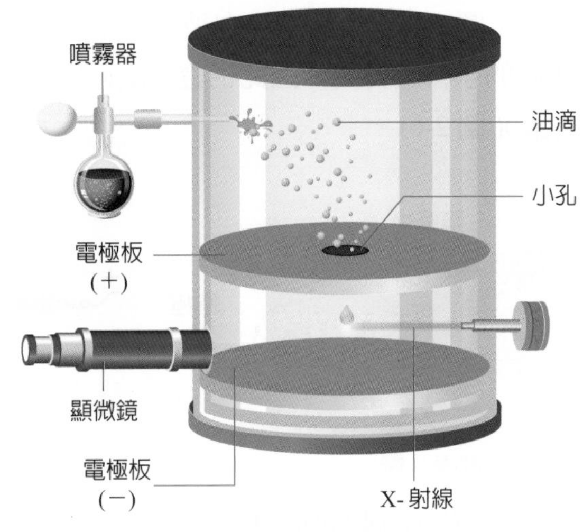

圖 2-9　油滴實驗

例題 2-1

下列哪幾種實驗的結果組合後，可以推導出電子的質量？
(甲) 拉塞福的 α 粒子散射實驗、(乙) 密立坎的油滴實驗、
(丙) 湯姆森的陰極射線實驗、(丁) 道耳頓的原子學說。
(A) 乙丙　(B) 甲乙丙　(C) 乙丙丁　(D) 甲乙丙丁。

解 (A)

(A) 由湯姆森的陰極射線可以得到電子的荷質比，再由密立坎的油滴實驗得到電子的帶電量，因此可以導出電子的質量。

五、α- 粒子散射實驗 (α-particle scattering experiment)

英國物理學家拉塞福 (Ernest Rutherford)，如圖 2-10，在 1911 年以 α 粒子散射實驗發現原子核。拉塞福利用由鐳衰變放射的 α 粒子 ($^{4}_{2}He^{2+}$) 撞擊金箔 (圖 2-11(a))，由實驗結果發現，大多數的 α 粒子穿透金箔後，仍按原方向前進，擊中螢光幕產生螢光，僅少數 α 粒子會產生偏折，甚至以 180° 反彈 (圖 2-11(b))。因此拉塞福推論原子內部極大部分區域應該是空的，但中心有一個體積極小且帶正電的原子核，且整個原子的質量大部分集中在原子核。而核外空間散布著質量極輕的電子，核外電子就像行星繞太陽般旋轉，也就是俗稱的行星模型 (圖 2-12)。

圖 2-10　拉塞福

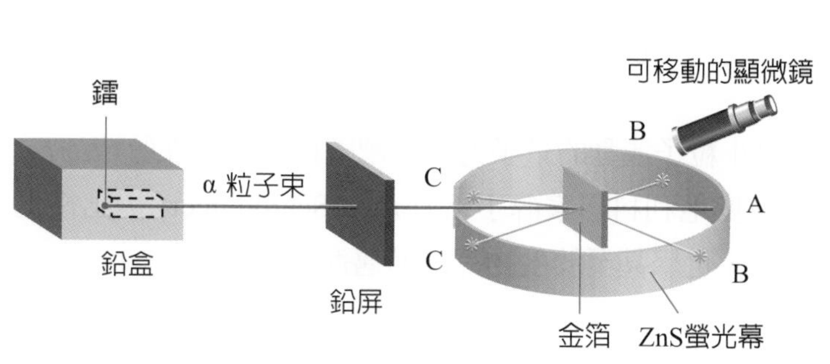

(a) α 粒子撞擊金箔

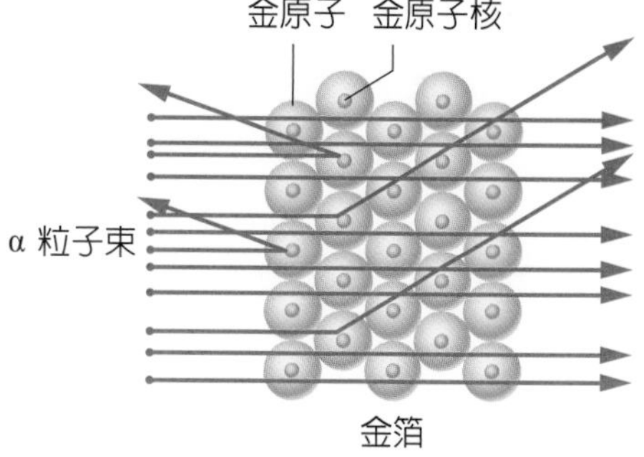

(b) α 粒子撞擊金箔，大部分仍直線前進。

圖 2-11　α 粒子散射實驗

例題 2-2

關於拉塞福的 α 粒子散射實驗，何者不正確？

(A) 拉塞福的散射實驗，證實中子的存在　(B) 拉塞福發現大部分撞擊的粒子皆穿透過金屬箔片，只有少數粒子有偏折　(C) 拉塞福的實驗顯示出原子核與原子的半徑比相差很多　(D) 拉塞福的實驗證實原子核帶正電，且原子絕大部分質量集中在此。

解 (A)

(A) 拉塞福的 α 粒子散射實驗，是證實原子核的存在。

圖 2-12　行星模型

六、質子的發現 (The discovery of protons)

圖 2-13　查兌克

拉塞福在 1919 年以 α 粒子撞擊氮原子 ($^{14}_{7}N$)，產生一種長射程的粒子，由荷質比的測定可知為氫的原子核，也就是質子。質子帶一單位正電荷，其電量為 1.602×10^{-19} 庫侖，質量為 1.673×10^{-24} 克，約為電子的 1836 倍。

$$^{14}_{7}N + ^{4}_{2}He \rightarrow ^{17}_{8}O + ^{1}_{1}H \text{ (質子)}$$

七、中子的發現 (The discovery of neutrons)

英國物理學家查兌克 (James Chadwick)(圖 2-13) 在 1932 年從 α 粒子撞擊鈹原子 ($^{9}_{4}Be$) 的實驗，發現中子。中子不帶電，因此最晚被科學家發現，中子的質量為 1.675×10^{-24} 克，約為電子的 1840 倍。

$$^{9}_{4}Be + ^{4}_{2}He \rightarrow ^{12}_{6}C + ^{1}_{0}n \text{ (中子)}$$

爾後，更小粒子運動的量子力學在德國科學家海森堡 (Werner Heisenberg) 及奧地利科學家薛丁格 (Erwin Schrödinger) 提出後誕生，使得物理、化學甚至於生物都向前邁進了一大步。

練習

1. 有關原子及原子核的實驗或理論，何者正確？
   (A) 拉塞福以 β 粒子撞擊金屬箔的實驗，確定原子核模型
   (B) 查兌克以 α 粒子撞擊鈹原子而發現中子
   (C) 密立坎以油滴實驗測得電子的質量
   (D) 湯姆森以陰極射線實驗，測得電子的電量。
2. 下列有關質子、中子、電子之敘述，何者不正確？
   (A) 最早被發現的是電子
   (B) 最晚被發現的是中子
   (C) 拉塞福以 α 粒子撞擊金屬箔的實驗，確定原子核模型
   (D) 拉塞福以 α 粒子撞擊鈹原子，發現質子。
3. 下列敘述，何者錯誤？
   (A) 湯姆森從陰極射線實驗中，測出電子的荷質比為 1.76×10^{11} 庫侖 / 克
   (B) 拉塞福由 α 粒子散射實驗結果，提出核原子模型
   (C) 道耳頓的原子說認為原子是最小的單位不可以再分割
   (D) 質子、中子、電子中，電子是最早被發現，中子因不帶電最晚被發現。
4. 請配對道耳頓、湯姆森、拉塞福及查兌克四位科學家所提出對於原子的概念 (原子核、原子、中子、電子)。

2-2 原子構造 (Atomic structure)

一、原子的組成 (The composition of atoms)

原子的構造可列出以下四點：

1. 由原子核與核外的電子所組成，原子核中有質子與中子。所有元素中只有氫 (${}^{1}_{1}H$) 沒有中子，其餘元素均有電子、中子及質子。
2. 電子帶負電在原子核外旋轉，質子帶正電，而中子不帶電。
3. 原子的直徑約為 10^{-10} 公尺，而原子核的直徑約為 10^{-15} ～ 10^{-14} 公尺。
4. 電子質量很輕，因此整個原子的質量約等於原子核的質量。

原子
- 電子：帶負電 (繞原子核旋轉)
- 原子核
  - 質子：帶正電
  - 中子：不帶電

Life+

負離子？陰離子？還是電子？

陰離子是帶負電的離子，本質上就是負離子，而市面上熱賣的「負離子」吹風機，則是利用電子產生器，讓空氣或頭髮攜帶電子，同性相斥讓頭髮蓬鬆好梳理！

表 2-1 電子、質子、中子的比較

	電子	質子	中子
發現者	1897 年，湯姆森	1919 年，拉塞福	1932 年，查兌克
實驗	陰極射線實驗	以 α 粒子擊氮原子	以 α 粒子擊鈹原子
符號	${}^{-1}_{0}e$	${}^{1}_{1}P$ 或 ${}^{1}_{1}H$	${}^{1}_{0}n$
電荷	–1	+1	0
質量	9.11×10^{-28} 克	1.673×10^{-24} 克	1.675×10^{-24} 克
	1 個氫原子質量的 $\frac{1}{1840}$	約與 1 個氫原子相等	約與 1 個氫原子相等

二、現代原子模型 (Modern atomic model)

在歷經多位科學家提出的原子模型後，原子的結構逐漸清晰，電子雖然質量輕，但占有原子大部分的體積，並參與化學反應；質子的數目也就是原子序，決定了元素的種類；中子雖不帶電，但是同一個元素若含有不同的中子數，則會形成**同位素** (圖 2-14)。

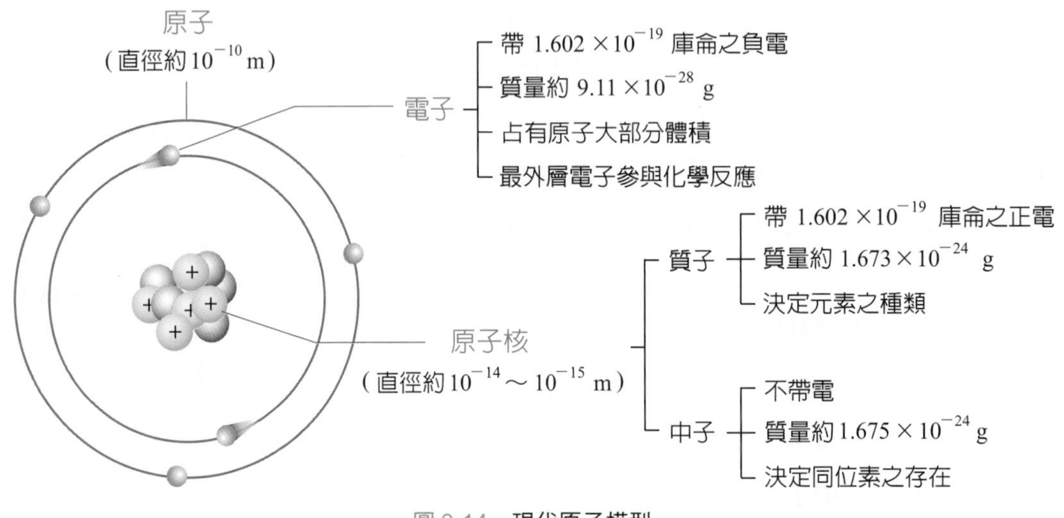

圖 2-14　現代原子模型

例題 2-3

1. 下列有關原子構造的敘述，何者正確？ (甲) 質子和中子的數目一定相等，(乙) 原子的質量均勻分布於整個原子之中，(丙) 電子和質子的數目一定相等，(丁) 原子的質量絕大部分集中在原子核。
   (A) 甲丙　(B) 丙丁　(C) 乙丙　(D) 乙丁。
2. 下列關於原子結構的敘述，何者正確？
   (A) 質子是查兌克以 α 粒子撞鈹原子而發現
   (B) 拉塞福是第一個提出原子模型的人
   (C) 原子核的直徑約 $10^{-15}\sim10^{-14}$ 公尺
   (D) 構成原子的基本粒子中最晚發現的是質子。

解　1. (B)　2. (C)

1. (甲) 質子和中子的數目不一定相等。
   (乙) 原子的質量集中在原子核。
2. (A)質子是拉塞福以 α 粒子撞擊氮原子而發現。
   (B)拉塞福並非第一個提出原子模型的，在拉塞福之前湯姆森也提出葡萄布丁模型。
   (D)最晚發現的是不帶電的中子。

三、原子符號標示法 (The atomic symbolic designation)

質量數 (A) ＝中子數 (n) ＋質子數 (p) ＝最接近原子量的整數

原子序 (Z) ＝質子數 (p) ＝中性原子的核外電子數 (e)

A － Z ＝中子數

□：元素所帶正 (負) 電荷數，電中性省略不寫。

質量數← A　X　□
原子序← Z
↓
元素符號

例如：

(1) $^{12}_{6}C$：表示 C 的原子序為 6，質子數為 6，質量數為 12，中子數為 6，電子數為 6 且不帶電。

(2) $^{23}_{11}Na^{+}$：表示 Na 的原子序為 11，質子數為 11，質量數為 23，中子數為 12，電子數為 10，因為 Na^{+} 帶一個正電。

(3) $^{16}_{8}O^{2-}$：表示 O 的原子序為 8，質子數為 8，質量數為 16，中子數為 8，電子數為 10，因為 O^{2-} 帶兩個負電。

例題 2-4

關於 $^{35}_{17}Cl^{-}$ 的敘述，下列何者正確？

(A) 質量數為 52

(B) 中子數為 18

(C) 電子數為 17

(D) 質子數為 18。

解 (B)

(A) 質量數為 35。

(C) 不帶電的 Cl 原子有 17 個電子，但題目為氯離子，因此電子數多一個，所以電子數為 18。

(D) 質子數為 17。

四、同位素 (Isotope)

同位素是指原子序相同，但質量數或中子數不同的元素。常見的同位素，如下表 2-2 及圖 2-15 所示。

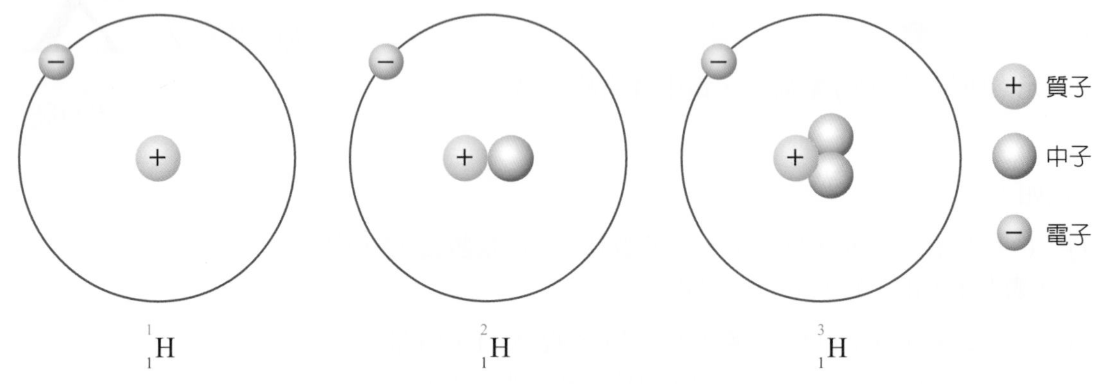

圖 2-15　氫原子的同位素

表 2-2　同位素比較表

元素	同位素	名稱	電子數	質子數	中子數
氫	$^{1}_{1}H$	氕或氘	1	1	0
	$^{2}_{1}H$ 或 $^{2}_{1}D$	氘	1	1	1
	$^{3}_{1}H$ 或 $^{3}_{1}T$	氚	1	1	2
碳	$^{12}_{6}C$	碳 -12	6	6	6
	$^{13}_{6}C$	碳 -13	6	6	7
	$^{14}_{6}C$	碳 -14	6	6	8

同位素具有相同的原子序、質子數、電子數 (電中性原子)，且因為核電荷和電子的排列方式相同，所以同位素具有相似的化學性質。但因質量數不同，同位素具有不同的物質性質，所以同位素能用物理方法分離。

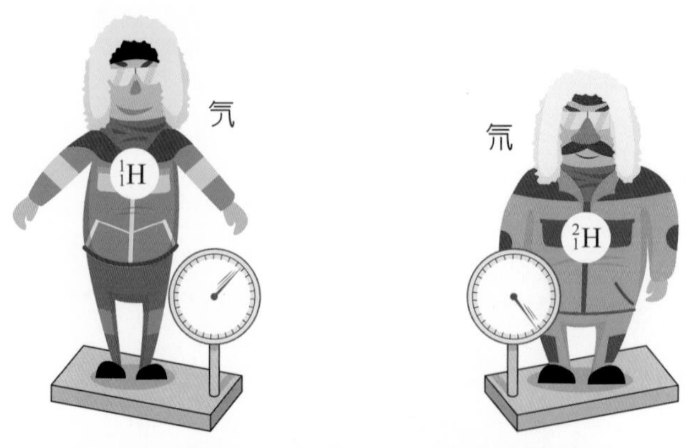

同位素的發現，打破了當時科學家對於相同元素之原子質量與原子大小均相同的思維。

Life

同位素的應用

同位素的運用範圍很廣，例如用碳和氧同位素分析貝類生物殼體，以研究古環境及氣候；經由人骨中碳和氮同位素的分析，提供考古學家探討古代攝食系統的方法；可以藉由鍶同位素分析了解人群的來源與遷移過程等。

同位素的應用最常見的是 C-14 定年法，岩石中的化石成份會含有一些有機物，利用碳的放射性同位素 C-14 的衰變，可做為測定岩石年齡的方法。一般而言，自然界中的碳 99% 以上為穩定的 C-12，然而自然界也存在很微量的 C-14，會藉著生物的呼吸作用進入生物體內，因此生物體內會保持著定量的C-14，當生物死亡後，其遺骸無法繼續獲得 C-14，隨著時間會逐漸衰變愈來愈少，而 C-14 同位素的半衰期約為 5730 ± 40 年，也就是說，C-14 同位素經過了 5730 ± 40 年後只剩下其原有量的一半，因此，可藉由測定生物遺骸中 C-14 含量來確認樣品之年份。

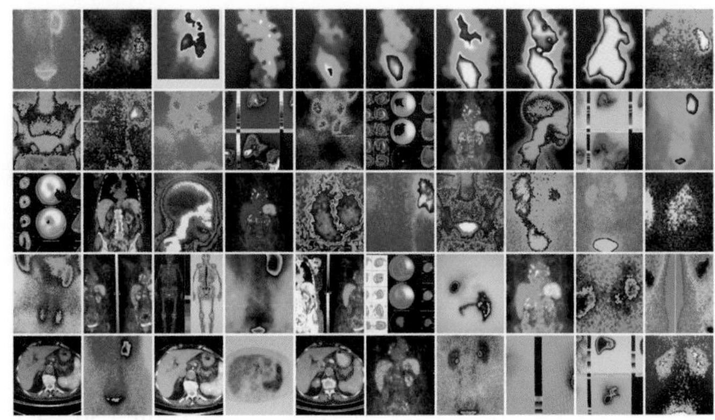

核子醫學 (nuclear medicine) 也是利用放射性同位素的方法作臨床診斷與研究，包含心臟、甲狀腺、腎臟、骨骼、肝臟等的檢查。

例題 2-5

1. 硫有 4 種同位素：S-32、S-33、S-34、S-36，它們四個具有相同的
   (A) 電子數 (B) 質量數 (C) 中子數 (D) 物理性質。
2. 關於氫元素的下列敘述，何者正確？
   (A) 氫有三種同素異形體，學名分別為氕、氘、氚
   (B) 氫有三種同位素，中子數依序為 1、2、3
   (C) 氫的三種同位素原子，核外電子排列均相同
   (D) 氫元素的三種同位素原子，物理性質均相同。

解 1.(A) 2.(C)

1. 同位素具有相同的質子數、電子數及相近的化學性質；但中子數不同，因此質量數、物理性質也不同。
2. (A) 氫有三種同位素，學名分別為氕、氘、氚。
   (B) 氫有三種同位素，中子數依序為 0、1、2。
   (D) 同位素的物理性質不同。

充電小站

1. 1961 年前，IUPAC 是以 ^{16}O 為原子量的標準。
2. 同位素：原子序相同而質量數不同的元素，例如：碳有三種同位素 ^{12}C、^{13}C、^{14}C，原子序皆為 6，但質量數分別為 12、13、14。

五、原子量 (Atomic weight)

一個原子的真正質量很小，以氫原子為例，其質量約為 1.66 × 10^{-24} 克，很難直接測量，1961 年國際純粹及應用化學聯合會 (International Union of Pure and Applied Chemistry，IUPAC) 決議以碳同位素 ^{12}C 的原子量為 12.0000，做為現行相對**原子量**的基準。其他原子的原子量是與 ^{12}C 比較所得的相對質量，因此原子量為比較質量，無單位。

$$\frac{\text{某原子的原子量}}{^{12}\text{C 的原子量}}=\frac{\text{某原子的質量 (與碳原子同數目)}}{^{12}\text{C 的質量}}$$

例題 2-6

元素 X 與等數目的 ^{12}C 元素進行質量測定時，測得兩者的質量比為 3：2，則元素 X 的原子量為何？

解

^{12}C 的原子量為 12，假設元素 X 的原子量為 m

$\therefore \frac{m}{12} : \frac{3}{2} \Rightarrow 2m = 36 \Rightarrow m = 18$

原子的質量很小，不適合用「克」來表示原子的質量，因此使用原子的質量單位 (atomic mass unit，簡稱 amu) 來描述原子的質量，一個 ^{12}C 的質量為 12 amu，所以一個 amu = $\frac{1}{12}$ 個 ^{12}C；1 amu = 1.66 × 10^{-24} g。

元素在自然界中均有同位素，若以某個同位素表示該元素的原子量並不合理，因此可依其個別含量計算出平均原子量。例如：若 ^{12}C 在自然界的存量 99 %，^{13}C 在自然界的存量 1%，則碳的平均原子量 ＝ 12 × 99 % + 13 × 1 % = 12.01。

平均原子量
＝各同位素之原子量 × 各同位素在自然界中所占的百分率
＝ $M_1 \times X_1 \% + M_2 \times X_2 \% + \cdots\cdots$

例題 2-7

1. 一個原子質量單位 (amu) 等於下列何項？

   (A) C 原子質量的 $\frac{1}{12}$　(B) O 原子質量的 $\frac{1}{16}$

   (C) ^{12}C 原子質量的 $\frac{1}{12}$　(D) H 原子質量。

2. 已知硼的原子量為 10.81 amu，且自然界中的硼是由原子量 10.01 的 ^{10}B 和原子量 11.01 的 ^{11}B 兩種同位素組成，則 ^{10}B 所占硼原子的百分率為何？

解 1. (C)　2. 20%

1. 依據定義，一個 ^{12}C 的質量為 12 amu，所以一個 amu 為 ^{12}C 原子質量的 $\frac{1}{12}$。
2. 假設 ^{10}B 硼原子的百分率為 x%，則 ^{11}B 硼原子的百分率為 (1 – x%)

   $\therefore 10.01 \times \frac{x}{100} + 11.01 \times \frac{100-x}{100} = 10.81 \Rightarrow x = 20$

   故 ^{10}B 占硼原子的百分率為 20%。

六、元素符號 (Element symbol)

道耳頓時代已經開始用圖形符號來表示元素，到了 1811 年瑞典科學家貝吉里斯 (Jöns Jacob Berzelius) 首先建立了化學命名體系，用元素拉丁文做為元素符號，以英文或拉丁文的第一字母印刷體大寫表示，若第一字母相同時，在後面另加一小寫的字母來識別。

元素的中文命名，大致可分為三種：第一種依古代俗稱沿用至今，例如：金，銀，銅；第二種是依常溫常壓時，不同的元素狀態用不同的部首，例如：液體從「水」、氣體從「气」、固體金屬從「金」、固體非金屬從「石」；最後一種以其特徵、外觀或原文的讀音命名，例如：氯表示黃綠色的氣體、鈉的拉丁文第一音節讀音接近「納」、氫則是表示其為最輕的氣體，整理如表 2-3。

表 2-3　原子序 1 ～ 36 元素的中英文名稱及符號

原子序	中文名稱	元素符號	元素英文名稱	原子序	中文名稱	元素符號	元素英文名稱
1	氫	H	Hydrogen	19	鉀	K	Potassium(德文 Kalium)
2	氦	He	Helium	20	鈣	Ca	Calcium
3	鋰	Li	Lithium	21	鈧	Sc	Scandium
4	鈹	Be	Beryllium	22	鈦	Ti	Titanium
5	硼	B	Boron	23	釩	V	Vanadium
6	碳	C	Carbon	24	鉻	Cr	Chromium
7	氮	N	Nitrogen	25	錳	Mn	Manganese
8	氧	O	Oxygen	26	鐵	Fe	Iron(拉丁文 Ferrum)
9	氟	F	Fluorine	27	鈷	Co	Cobalt
10	氖	Ne	Neon	28	鎳	Ni	Nickel
11	鈉	Na	Sodium(拉丁文 Natrium)	29	銅	Cu	Copper(拉丁文 Cuprum)
12	鎂	Mg	Magnesium	30	鋅	Zn	Zinc
13	鋁	Al	Aluminum	31	鎵	Ga	Gallium
14	矽	Si	Silicon	32	鍺	Ge	Germanium
15	磷	P	Phosphorus	33	砷	As	Arsenic
16	硫	S	Sulfur	34	硒	Se	Selenium
17	氯	Cl	Chlorine	35	溴	Br	Bromine
18	氬	Ar	Argon	36	氪	Kr	Krypton

練習

1. 下列有關原子的敘述，何者錯誤？
   (A) 原子序為 12 的原子，具有 12 個質子
   (B) 一個原子內所有中子和質子的質量總和，可決定一個原子的約略質量
   (C) 原子得到一個電子則帶負電
   (D) 原子核由帶正電的質子和帶負電的電子所構成。
2. 下列選項中何者所含的電子數多於中子數？
   (A) $^{32}_{16}W^{2-}$　(B) $^{26}_{12}X$　(C) $^{72}_{33}Y^{2-}$　(D) $^{61}_{29}Z^{+}$。
3. 已知某元素之原子序為 76，質量數為 190，則其原子核內的質子數為何？
4. 某原子 W，其原子序為 13，質量數為 26。當其形成＋3 價陽離子時，所具有的中子數為若干？
5. 科學家發現了一種新元素，它的原子核內有 153 個中子，質量數為 282，該元素的原子序為何？

2-3 原子軌域與能階 (Atomic orbital and energy level)

一、拉塞福原子模型 (Rutherford atomic model)

拉塞福認為電子必須不斷地繞核運動，否則電子會受核電荷的吸引而被吸進原子核中，依據古典電磁學理論，當電子繞原子核做圓周運動時，會不斷放出電磁波而失去能量，最後墜落在原子核上，但事實上大部分的原子均呈現穩定的狀態。此外，電子輻射能量接近原子核，應放出頻率愈高之電磁波並產生**連續光譜** (continuous spectrum)，但實際上，氫原子光譜為**線光譜** (line spectrum)。

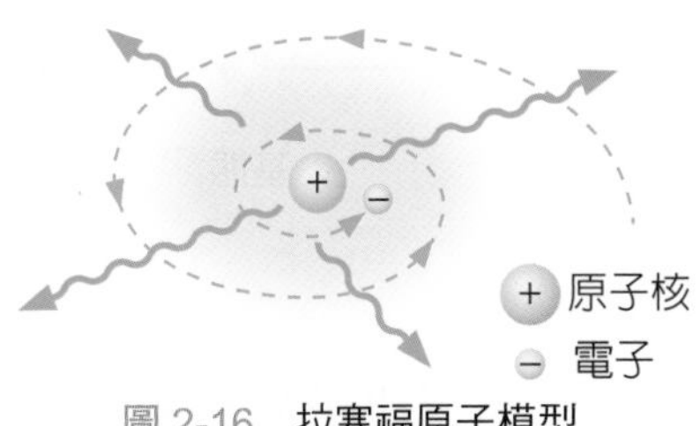

圖 2-16 拉塞福原子模型

二、波耳原子模型 (Bohr model of atom)

丹麥物理學家波耳 (Niels Henrik David Bohr) 在 1913 年為了解釋氫原子的穩定，保留了行星模型，認為電子有如行星般環繞原子核運轉，其向心力源於電子與原子核之間的庫侖作用力（圖 2-17），並大膽在古典物理法則內加入兩個假設：

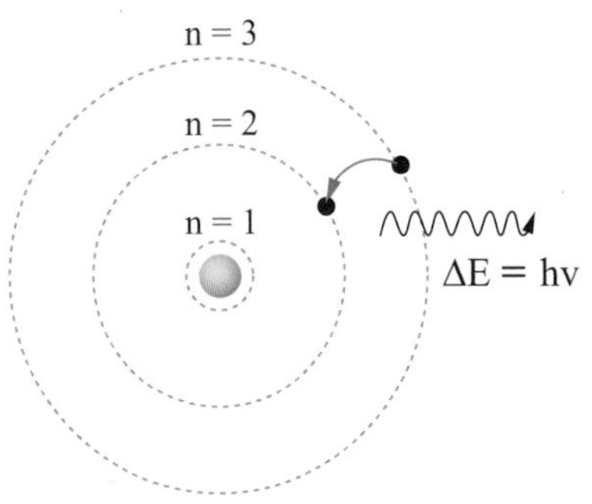

圖 2-17 波耳原子模型

1. 氫原子的電子只能在某些特定半徑的軌道上運動，當電子在這些軌道運行時，電子將不輻射能量也不吸收能量而成穩定態。
2. 氫原子的電子吸收特定能量後，能夠躍遷至較高能階，其吸收的能量等於兩能階的能量差，也就是電子所吸收能量不足以到次一高能階時，則會回到原低能階，中途不停留。當電子由一個較高能階躍遷至較低能階時，電子會將兩能階的能量差以光或熱的形式放出；若以光的形式放出時便產生光譜。

這些軌道自原子核由內而外分別為 n = 1、2、3、4、5 等，在軌道上運動的電子，都具有一定的能量，這些能量的高低以能階表示。氫原子的電子在 n = 1 的軌道上時，半徑最小，能量最低，稱為**基態** (ground state)，電子在此層時最穩定；當電子吸收能量 (例如：電、光、熱等)，會躍遷至較高的能階 (即 $n > 1$)，此時電子的能量較高，稱此原子處在**激發態** (excited state)（圖 2-18）。

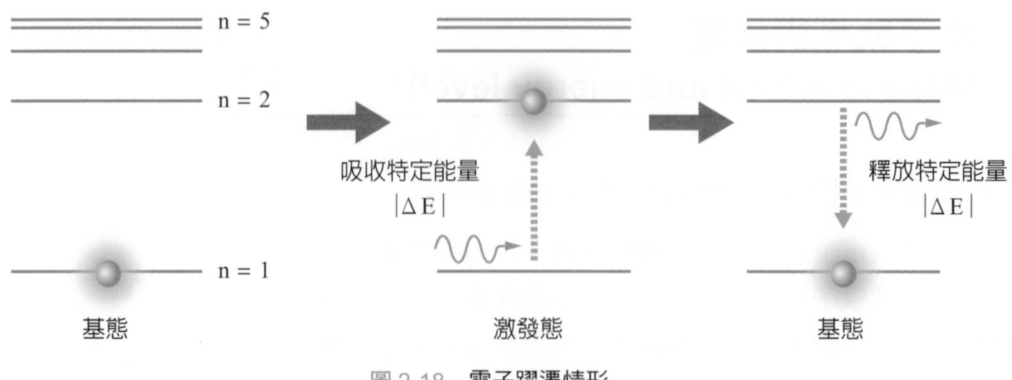

圖 2-18 電子躍遷情形

三、氫原子光譜系列 (Hydrogen spectral series)

氫原子內的電子吸收能量後，會躍升至較高能階，形成激發態的電子，此類的電子不穩定，會回至較低能階，同時放出兩能階的能量差之能量，此能量會以電磁波的形式釋出，因此產生光譜中的譜線，其光譜如圖 2-19 所示。

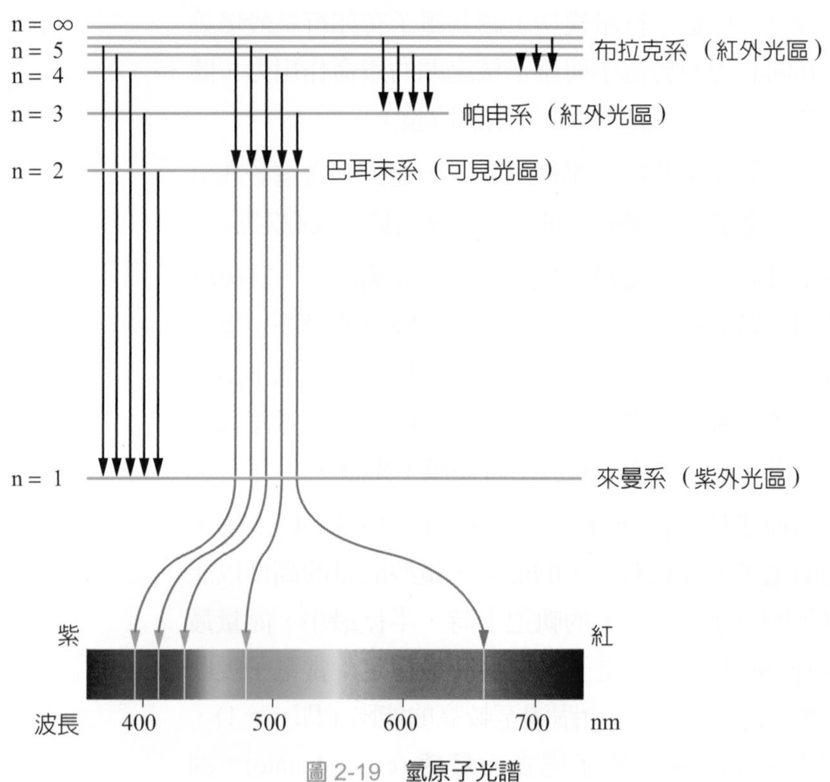

圖 2-19 氫原子光譜

各譜線的名稱是由發現者名字來命名：

1. **來曼系** (Lyman) 屬於紫外光區，電子是由高能階 (n_H) 躍遷至低能階 (n_L) = 1 時所放出的光譜線。
2. **巴耳末系** (Balmer) 屬於可見光區，電子是由高能階 (n_H) 躍遷至低能階 (n_L) = 2 時所放出的光譜線。
3. **帕申系** (Paschen) 屬於紅外光區，電子是由高能階 (h_H) 躍遷至低能階 (n_L) = 3 時所放出的光譜線。
4. **布拉克系** (Brackett) 屬於紅外光區，電子是由高能階 (n_H) 躍遷至低能階 (n_L) = 4 時所放出的光譜線。

充電小站

各系列光譜線的始末譜線

線系	來曼系 (Lyman series)		巴耳末系 (Balmer series)		帕申系 (Paschen series)	
光區	紫外光區		可見光區		紅外光區	
譜線	第一條	最後一條	第一條	最後一條	第一條	最後一條
電子躍遷	$n=2 \downarrow n=1$	$n=\infty \downarrow n=1$	$n=3 \downarrow n=2$	$n=\infty \downarrow n=2$	$n=4 \downarrow n=3$	$n=\infty \downarrow n=3$
光子能量 (kJ/mol)	984	1312	182.2	328	63.8	145.8
波長 (nm)	121.6	91.2	656.6	364.8	1876.1	820.8

例題 2-8

巴耳末系和來曼系皆為氫原子譜線系列，下列敘述何者正確？

(A) 巴耳末系第一條譜線頻率為來曼系第一條譜線頻率的 $\frac{1}{4}$ (B) 來曼系為最高頻率的譜線，表示電子由無限遠跳至基態 (C) 氫原子除此之外已無其他譜線系列 (D) 巴耳末系為可見光，來曼系則為紅外光。

解 (B)

(A) 巴耳末系第一條譜線頻率：來曼系第一條譜線頻率 $= R(\frac{1}{2^2}-\frac{1}{3^2})：R(\frac{1}{1^2}-\frac{1}{2^2}) = \frac{5}{36}：\frac{3}{4} = 5：27$

(C) 尚有許多紅外光譜區 (如帕申系、布拉克系)。

(D) 來曼系是紫外光。

四、原子軌域與能階 (Atomic orbital and energy level)

原子核外的電子不像行星繞太陽一樣有固定的軌道，而是在原子核附近的空間快速運動，因此電子的運動軌跡無法被預測，無法知道電子下一瞬間會出現在何處，但能預測電子在空間中某一點出現的機率。將電子在原子核外出現的機率高低以點狀的密疏來表示，此種點狀圖稱為電子雲，由原子核往外延伸，將電子雲出現機率 90% 以上的空間範圍涵蓋出來，稱為該電子於特定能階的**軌域** (orbital)。

原子軌域可分為數層，在各層軌域上的電子具有不同的能量，電子在最靠近原子核的第 1 主層軌域 (n = 1，又稱 K 層) 的能量最低，依序第 2 主層 (n = 2，稱 L 層)、第 3 主層 (n = 3，稱 M 層)、第 4 主層 (n = 4，稱 N 層)，當 n 值愈大時，電子所具有的能量愈大，相對應的軌域範圍愈大，電子距離原子核的平均半徑也愈大，代表電子可以出現的空間愈廣 (圖 2-20)。

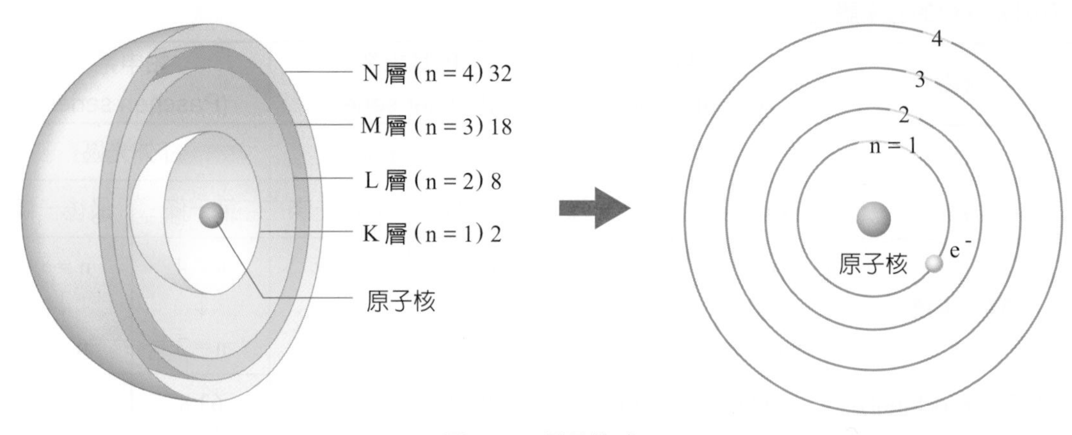

圖 2-20　原子軌域

各主層軌域又分別分成幾個副層軌域，例如：第一主層有 1s 副層 (圖 2-21)；第二主層有 2s、2p 副層 (圖 2-22)；第三主層有 3s、3p、3d 副層 (圖 2-23)；第四主層有 4s、4p、4d、4f 副層 (圖 2-24)。此副層軌域決定了軌域的種類、數量與形狀，s 軌域為球形、p 軌域為啞鈴形、d 軌域為花瓣形而 f 軌域的形狀則較複雜。

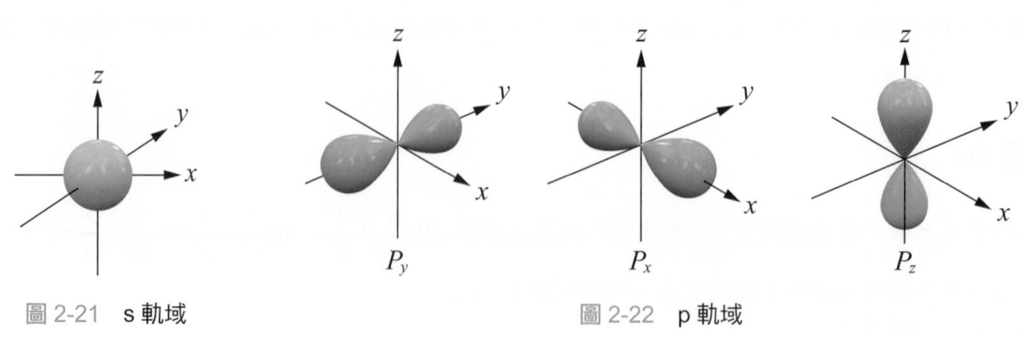

圖 2-21　s 軌域

圖 2-22　p 軌域

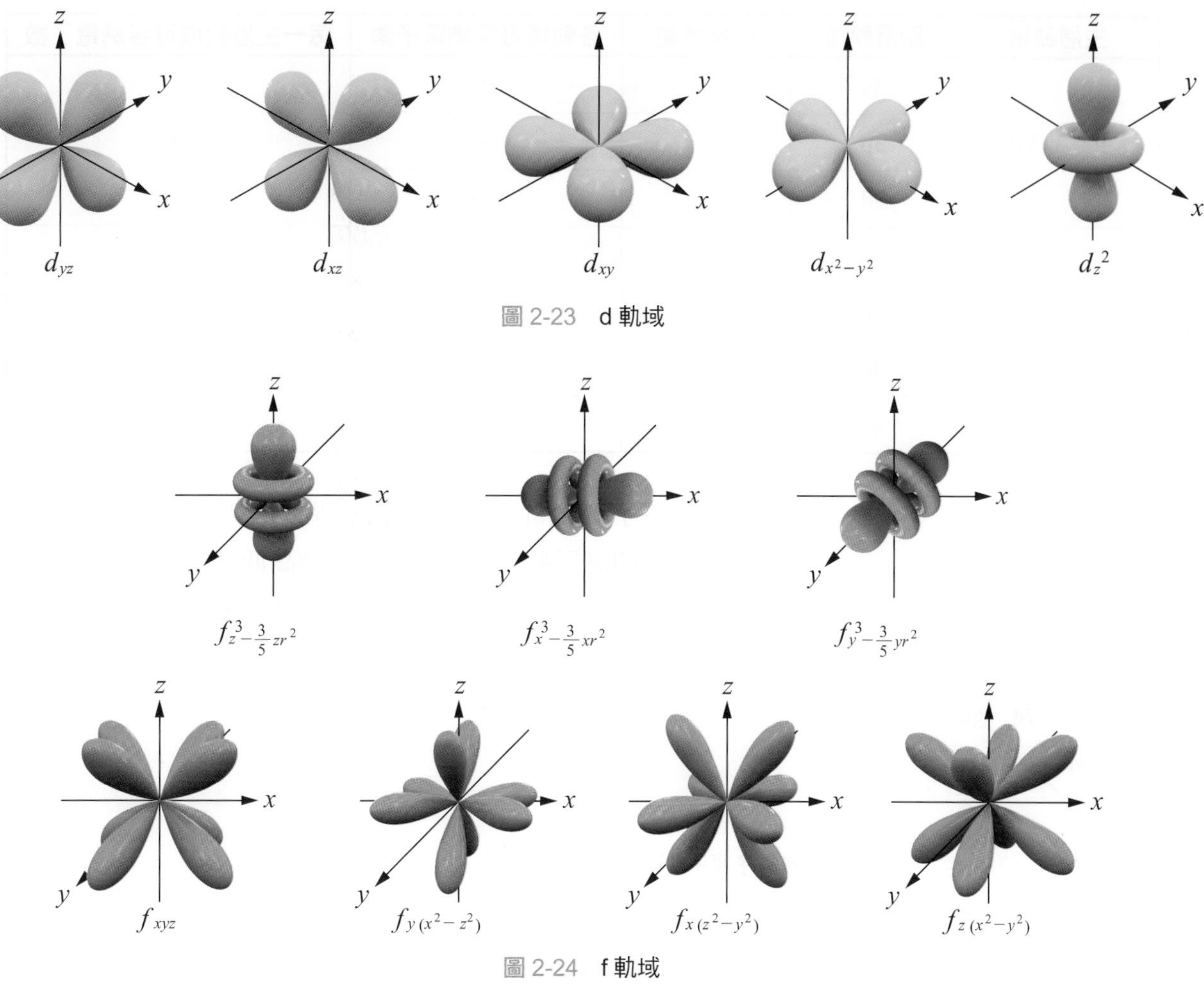

圖 2-23 d 軌域

圖 2-24 f 軌域

此外，各副層軌域所含的軌域個數並不相同，且每個軌域可容納 2 個不同自轉方向的電子，如表 2-4 所示。

表 2-4 副層軌域比較表

副層軌域	s	p	d	f
軌域數目	1	3	5	7
所含電子數	2	6	10	14

將殼層軌域種類與電子分布整理如表 2-5：

表 2-5 各主層軌域可容納電子數

主層軌域	副層軌域	軌域總數	各軌域可容納電子數	每一主層軌域可容納電子數
n = 1 (K)	1s	1	2	2
n = 2 (L)	2s	1	2	8
	2p	3	6	

主層軌域	副層軌域	軌域總數	各軌域可容納電子數	每一主層軌域可容納電子數
n = 3 (M)	3s	1	2	18
	3p	3	6	
	3d	5	10	
n = 4 (N)	4s	1	2	32
	4p	3	6	
	4d	5	10	
	4f	7	14	

電子與原子核之間及電子與電子之間的交互作用，故軌域能量由主層軌域與副層軌域共同決定。能階高低依序為：

1s < 2s < 2p < 3s < 3p < 4s < 3d < 4p <5s < 4d < 5p < 6s。(圖 2-25)

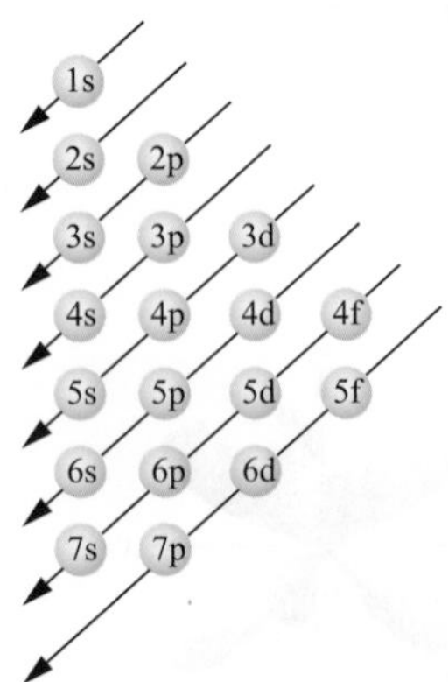

圖 2-25　多電子原子能階速記法

例題 2-9

1. 原子軌域 5f 最多可容納若干個電子？
2. 下列哪一個軌域的形狀近似球形？　(A) s　(B) p　(C) d　(D) f。

解　1. 14 個　2. (A)

1. f 軌域的軌域總數是 7 個，每個軌域可容納 2 個電子，因此總共是 14 個電子副層軌域的電子數與主層軌域沒有直接關係。
2. s 軌域的形狀近似球形。

練習

1. 對多電子原子而言，下列軌域能量大小，何者正確？
   (A) 2s = 2p　(B) 2p ＞ 3s　(C) 3d ＞ 4s　(D) 3d ＞ 4p
2. 主量子數 n = 4 的能階 (包含 4s、4p、4d、4f)，其電子最大容量為多少？
3. 試比較氫原子及氦原子之 3s、3p、3d、4s、4p、4d 軌域能量，由小至大排列。

2-4 電子組態 (Electron configuration)

一、電子組態基本概念 (The basic concepts of electron configuration)

原子中，所有電子占有軌域的排列方式。一般是指基態原子的電子排列方式（圖 2-26）。

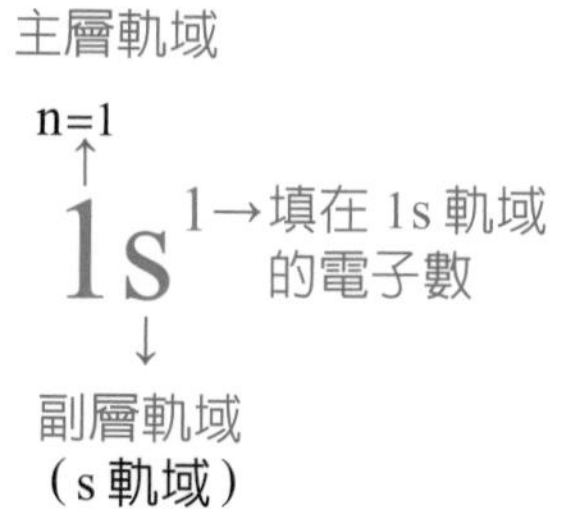

主層軌域
n=1
$1s^1$ → 填在 1s 軌域的電子數
副層軌域（s 軌域）

圖 2-26 基態電子組態寫法

二、電子組態表示法 (The electronic configuration notation)

按電子填入軌域的規則，依序將電子填入各軌域中，按照主層軌域由小至大的順序，即同一 n 值 s、p、d、f 的次序來書寫，再將各軌域中所含的電子數目寫在其符號的右上角。例如：$_{21}Sc$：依能階順序先寫成 $1s^2\ 2s^2\ 2p^6\ 3s^2\ 3p^6\ 4s^2\ 3d^1$，最後需書寫成：$1s^2\ 2s^2\ 2p^6\ 3s^2\ 3p^6\ 3d^1\ 4s^2$。

例題 2-10

下列原子的電子組態何者不正確？

(A) $_4Be$：$1s^22s^2$ (B) $_8O$：$1s^22s^22p^4$ (C) $_{11}Na$：$1s^22s^22p^63s^1$
(D) $_{24}Cr$：$1s^22s^22p^63s^23p^63d^44s^2$。

解 (D)

$_{24}Cr$ 的電子組態應該為 $1s^22s^22p^63s^23p^63d^54s^1$，因為 3d 和 4s 軌域的能量就非常相近，再加上 3d 軌域全部半填滿會使其能量降低，因此 Cr 的基態電子組態為 $1s^22s^22p^63s^23p^63d^54s^1$。

練習

1. 下列原子或離子中，何者的電子組態為基態？
   (A) $_{12}Mg$：$[Ne]3s^13p_x^1$ (B) $_{25}Mn$：$[Ar]3d^7$
   (C) $_{30}Zn^{2+}$：$[Ar]4s^23d^8$ (D) $_6C$：$[He]2s^22p_x^12p_y^1$。
2. 下列各組物種，何組的各物種電子組態全部相同？
   (A) $_{17}Cl^-$、$_8O^{2-}$、$_{11}Na^+$、$_{12}Mg^{2+}$
   (B) $_9F^-$、$_{11}Na$、$_{12}Mg^{2+}$、$_{13}Al^{3+}$
   (C) $_{17}Cl$、$_{18}Ar$、$_{19}K$、$_{20}Ca^{2+}$
   (D) $_8O^{2-}$、$_9F^-$、$_{10}Ne$、$_{12}Mg^{2+}$。

2-5 週期表的發展 (Development of the Periodic Table)

週期表的先驅者是德國化學家德貝萊納 (Johann Döbereiner)，在 1829 年將當時已知 54 種元素的原子量和化學性質分成三個一組，這些三個一組的物理及化學性質近似，其最重要的特徵是居中元素的原子量是兩邊元素的原子量平均。直到 1850 之後，陸續發現許多新元素，對原子量的測定亦有更新且精確的方法，這時科學家認為這些元素間應該有某種程度的規律性。

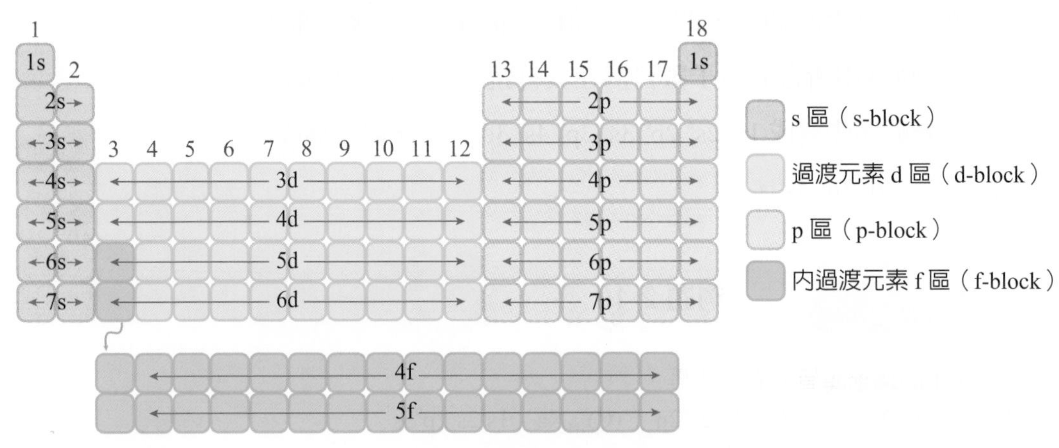

圖 2-27 電子組態與週期表的關係

圖 2-28 門得列夫

俄國化學家門得列夫 (Dmitri Mendeleev)，圖 2-28，仔細研究大量資料和前人工作的基礎，在 1869 年提出週期律的基本論點，他認為元素的性質為原子量之週期函數，即把元素按照原子量由小到大排列成所謂的週期表。

門得列夫所排列的週期表具有下列的優點：

1. **能預測當時尚未發現的元素：**門得列夫根據提出週期表的規律性及週期表的空位，預測尚未被發現的元素及其性質，後來在 1874、1879、1885 年分別發現門得列夫預測的鎵 (Ga)、鈧 (Sc)、鍺 (Ge) 等元素。
2. **修訂錯誤的原子量：**在當時認為鈾的原子量為 120，但門得列夫認為週期表中原子量 118 的錫與 122 的銻之間沒有鈾的可能，因此認為鈾的原子量應該是 240；銦的原子量也並非當時的公認值 76，而是 113。隨著量測原子量技術的進步，也證實了門得列夫的修訂是正確的，因此被公認為週期表之父。

今日週期表是由英國科學家莫斯利 (Henry Moseley) 在 1913 年根據門得列夫所創的週期表修正而得，元素性質為原子序之週期函數，即把元素按照原子序由小到大排列成所謂的週期表，以此方式來排週期表是因為同位素的質子數是相同的，即原子序相同，因此不必考量自然界中的存量。

20 世紀，科學家藉由精密儀器，開始探討原子內部構造和原子間互相結合的原理。在實驗室裡製造出自然界不存在的**人造元素** (artificial elements)，例如：鎝 (Tc)、鍅 (Fr)、砈 (At) 等，並從分子的觀點預測物質的性質，進而控制化學變化，製造出新的物質，發展出新的科技，包含奈米科技與基因圖譜等跨時代的技術。

充電小站

一般而言，原子序愈大，原子量也就愈大，但是在現今的週期表中，有四組元素剛好相反，原子序愈大，原子量反而愈小。

$_{18}$Ar(39.95) > $_{19}$K(39.10)

$_{27}$Co(58.93) > $_{28}$Ni(58.69)

$_{52}$Te(127.6) > $_{53}$I(126.9)

$_{90}$Th(232) > $_{91}$Pa(231)

例題 2-11

下列哪位化學家依原子量由小而大排列成週期表，並在表中留出若干空位置，預言此空位為一些尚未發現的元素；且預言這些尚未發現的元素性質？

解 門得列夫

門得列夫的週期表具有預測性及修定當時錯誤的原子量。

Life

奈米？是奈及利亞產的米嗎？

不是不是，奈是數量級，英文是 nano，代表 10^{-9}，米是公尺。奈米等於 10^{-9} 公尺，這是一個極其微小的尺度，比病毒細菌還小，比蛋白質、DNA 還小，僅僅相當於分子的大小。要觀察奈米級這麼微小的東西，只能借助電子顯微鏡來幫忙。

練習

1. 下列何者為現今週期表模型？

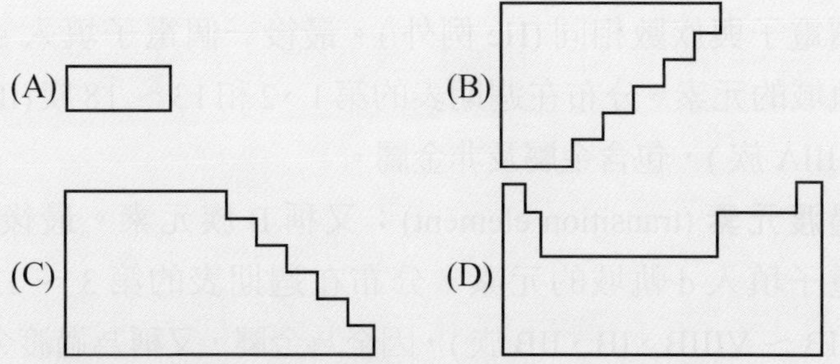

2. 在週期表上與氧同族的是下列何者？
   (A) 矽 (B) 氮 (C) 磷 (D) 硫。
3. 現今使用的週期表是依照元素的何種量值排列而成？
4. 1869 年，門得列夫所提出的週期表是將元素按照什麼排列？
5. 請依序寫出鎘、鉛、鉻、鍺、氙的元素符號。

2-6 元素的分類與週期表趨勢 (Classification of elements and trends of Periodic Table)

一、週期表中元素的分類 (The classification of the elements)

週期表的元素可依照不同的分類方式，而有不同的分類結果，常見的分類方法如下：

1. 按物理性質之不同分類

(1) **金屬元素** (metal elements)：位在週期表左邊，具有金屬光澤、不透明，富有延展性，易於導電、導熱。

(2) **非金屬元素** (non-metallic elements)：位在週期表右邊，對電和熱的傳導性很差 (例外：石墨可導電)，固態的非金屬也沒有延展性，是很脆的物質。

(3) **類金屬元素** (metalloid elements)：位在金屬和非金屬之間，性質也介於金屬與非金屬之間，例如：硼 (B)、矽 (Si)、鍺 (Ge)、砷 (As)、銻 (Sb)、碲 (Te)、砈 (At) 等。

2. 以常溫 (25℃) 常壓 (1 atm) 時的狀態分類

(1) 氣態元素：氫、氮、氧、氟、氯、氦、氖、氬、氪、氙、氡。

(2) 液態元素：只有溴和汞兩種。

(3) 固態元素：除了氣、液態元素之外，其餘為固態元素。

3. 依電子組態分類

(1) **主族元素** (main group element)：又稱典型元素或 A 族元素，價電子與族數相同 (He 例外)。最後一個電子填入 s 或 p 軌域的元素。分布在週期表的第 1、2 和 13 ～ 18 族 (IIIA ～ VIIIA 族)，包含金屬及非金屬。

(2) **過渡元素** (transition element)：又稱 B 族元素。最後一個電子填入 d 軌域的元素。分布在週期表的第 3 ～ 12 族 (IIIB ～ VIIIB、IB、IIB 族)，因全為金屬，又稱為過渡金屬。

(3) **內過渡元素** (inner transition element)：最後一個電子填入 f 軌域的元素。類鑭元素：第六週期從 $_{58}$Ce (鈰) 到 $_{71}$Lu (鎦) 共 14 個元素，其價電子填入 4f 軌域；類鑭元素與 $_{57}$La (鑭) 合稱為**鑭系元素** (lanthanide elements)。類錒元素：第七週期從 $_{90}$Th (釷) 至 $_{103}$Lr (鐒) 共 14 個元素，其價電子填入 5f 軌域，與 $_{89}$Ac (錒) 合稱為**錒系元素** (actinide elements)。鑭系與錒系兩系元素位於週期表底部，化性分別與鑭及錒相似。

例題 2-12

下列關於元素週期表的性質與敘述，何者正確？
(A) 在週期表左下方的元素其氧化物若可溶於水，則水溶液呈酸性 (B) 類金屬的化學性質介於金屬與非金屬之間，所以列在週期表的正中央，統稱為過渡元素 (C) 就元素的物理性質來分類，大體上可分為金屬、類金屬與非金屬三大類 (D) 現在的週期表是依元素的原子序，由大至小排列。

解 (C)

(A) 在週期表左下方的元素是金屬，金屬的氧化物若可溶於水，則水溶液成鹼性。
(B) 類金屬的化學性質介於金屬與非金屬之間，但是並非在週期表的正中央，且過渡金屬與類金屬的定義不同，兩者所含的金屬不同。
(D) 現在的週期表是依元素的原子序，由小至大排列。

二、原子半徑與離子半徑 (Atomic radius and ionic radius)

1. 原子半徑：原子的核外電子在軌域上不停的運動，一般以其出現的機率來描述軌域，軌域的分布空間無明確界限，故無法測得氣態原子的實際半徑。物質在自然界以不同的形式存在，因此各元素原子半徑的定義略有不同，通常以下列三種表示：

(1) 共價半徑：通常以共價半徑表示非金屬元素的原子半徑，例如：碘分子中兩個碘原子核之間的距離為 266 pm，所以碘的共價半徑為 133 pm (圖 2-29)。

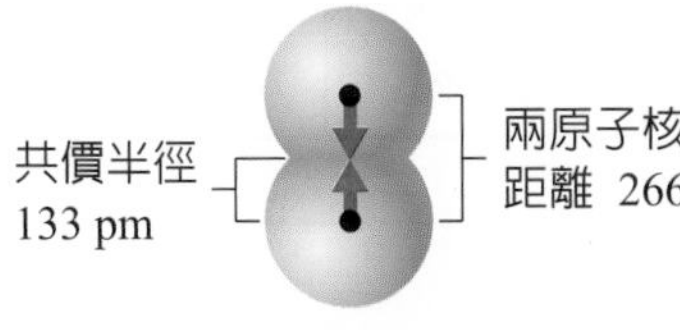

圖 2-29 共價半徑

(2) 金屬半徑：通常以金屬半徑表示金屬元素的原子半徑，例如：鋁晶體中，兩個鋁原子核之間的距離為 286 pm，所以鋁的金屬半徑為 143 pm (圖 2-30)。

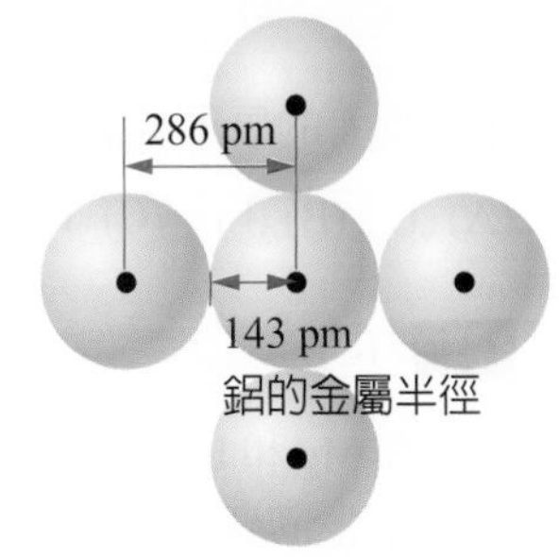

圖 2-30 金屬半徑

(3) 離子半徑：原子得到或失去電子形成陽離子或陰離子的半徑。同一元素的陽離子半徑小於中性原子半徑，因為陽離子的電子數較中性原子少，而核電荷相同，因此電子雲會縮小，例如：Na^+ 半徑 (99 pm) 小於 Na 半徑 (186 pm)；同一元素的陰離子半徑大於中性原子半徑，因為陰離子具有的電子數較其中性原子多，增加的電子與其他電子間產生的斥力使電子雲變大，例如：Cl^- 半徑 (181 pm) 大於 Cl 半徑 (99 pm)。

2. 原子半徑的規則性：影響原子的半徑大小，主要是兩種力的競爭，分別是核電荷的引力效應及電子間產生的斥力效應。

(1) 電子間斥力效應：原子的電子按照規律性排列，隨著電子數愈多，電子佔據的殼層數目逐漸增加，離原子核的距離也愈來愈遠，因此同一族的元素半徑隨原子序增加而漸增。

(2) 核電荷引力效應：隨著原子的原子序增加，核內的質子數也愈來愈多，核電荷增加，造成吸引電子的引力愈來愈大，原子的半徑減小，同一週期的元素半徑隨原子序增加而減小。

充電小站

半徑大小規則性

情形	週期性	原理
同族元素	隨原子序之增加而漸增	電子數增多，電子殼層總數增加，原子半徑增大
同週期典型元素	隨原子序之增加而減小(不包含第 18 族)	價殼層相同，質子數愈多，有效核電荷對電子的吸引力增大，原子半徑減少
同週期過渡元素	原子半徑相近	核電荷增加的同時，遮蔽效應亦漸增，有效核電荷變化不明顯，故半徑變化不明顯
同電子數	質子數多者，半徑較小，如 $Na^{+} < Ne < F^{-}$	質子數愈多，有效核電荷較大，對電子吸引力變大
同一元素，帶正電荷	正電荷數愈大者，半徑較小，如 $Cr^{3+} < Cr^{2+} < Cr^{+}$	正電荷數愈大者，質子數愈多於電子數，吸引力變大，故原子半徑變小
同一元素，帶負電荷	負電荷數愈大者，半徑較大，如 $O^{-} < O^{2-}$	負電荷數愈大者，電子數愈多於質子數，電子排斥力變大，故原子半徑變大

例題 2-13

下列何者的原子或離子半徑最小？

(A) $_{9}F$　(B) $_{3}Li$　(C) $_{9}F^{+}$　(D) $_{12}Mg$。

解 (C)

先比較 Mg 和 Li，兩者屬於不同週期，週期愈大的，半徑愈大，所以 Mg > Li。接著比較同週期，Li 和 F 為同週期，同週期的原子序愈大，半徑愈小，因此 Li > F。再比較 F 與 F^{+}，帶正電荷數的半徑較小，因為質子數多於電子數，吸引力變大，半徑變小。所以順序為 $Mg > Li > F > F^{+}$

三、游離能 (Ionization energy，IE)

游離能是指氣態原子 (離子) 移去一個最外層電子或氣態原子 (離子) 的最外層電子從基態軌域能階提升至 $n = \infty$ 能階時所需的能量，稱為該原子 (離子) 的游離能，必為吸熱反應。

同一元素中，連續游離能依序增大，也就是 $IE_1 < IE_2 < IE_3 < \cdots$，當被移走的電子數目愈多，相對形成陽離子所帶的正電荷愈大，對外層電子的吸引力也愈大；而電子數減少，電子間的排斥力減小，所需的游離能會漸增。

同一元素，若 $IE_{n+1} \gg IE_n$ 表示此元素有 n 個價電子。當元素失去所有 n 個價電子時，就會形成安定的鈍氣電子組態，當再移去下一個電子時，此第 n + 1 個電子為核心電子，受原子核的引力較大，因此游離能會急速增加，因此可以藉由原子的游離推估價電子。

表 2-6　第二週期元素的連續游離能 (kJ/mol)

	IE_1	IE_2	IE_3	IE_4	IE_5	IE_6	IE_7	IE_8
Li	520	7297	11810					
Be	900	1757	14840	21000				
B	800	2430	3659	25020	32810			
C	1086	2352	4619	6221	37800	47300		
N	1402	2857	4577	7473	9443	53250	64340	
O	1314	3391	5301	7468	10980	13320	71300	84050
F	1680	3875	6045	8418	11020	15160	17860	92000

同族元素，原子序愈大，半徑愈大，游離能愈小，例如：Li (520 kJ) > Na (496 kJ) > K (419 kJ) > Rb (403 kJ) > Cs (376 kJ)。

同一週期之典型元素，第一游離能隨著原子序變大，游離能呈鋸齒狀漸增，因 IIA 族 (ns^2) 的 s 軌域全滿、VA 族 (ns^2np^3) 的 p 軌域半滿因此具有較穩定電子組態的特性，而出現偏高的現象，例如：$_{18}Ar > _{17}Cl > _{15}P$ (p 軌域半滿) $> _{16}S > _{14}Si > _{12}Mg$ (s 軌域全滿) $> _{13}Al > _{11}Na$。

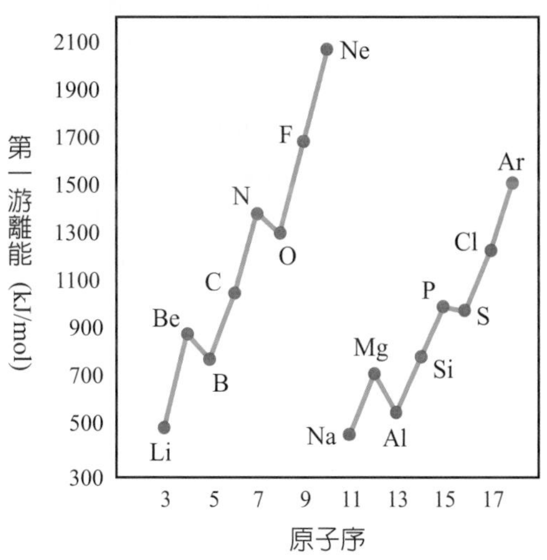

圖 2-31　同週期元素的第一游離能比較

例題 2-14

1. 有關游離能的敘述，哪一項錯誤？
   (A) 週期表中，同列元素的游離能隨原子序之增加而作鋸齒狀的遞增
   (B) 同一原子的第二游離能常大於第一游離能
   (C) 游離能是原子獲得電子形成離子時所釋放的能量
   (D) 第一游離能 B < C < O。
2. 某元素的第一至第五游離能，依序列出為 138、434、656、2767、3547 kcal/mol，下列何者最有可能為此元素？
   (A) 鋁　(B) 磷　(C) 矽　(D) 硫。

解 1.(C)　2.(A)

1. 游離能是指移去電子所吸收之能量。
2. 此元素的第三游離能與第四游離能差距很大，可知此元素有三個價電子，因此選擇第三族的元素，鋁 (Al) 為第三族的元素。

四、電子親和力 (Electron affinity，EA)

電子親和力是指將一個帶負電荷的氣態陰離子移除一個電子成為中性原子時，所需的能量變化，亦可視為該氣態原子對外加電子的吸引能力，常見元素的電子親和力如圖 2-32。

$X^-_{(g)} \rightarrow X_{(g)} + e^-$　　　ΔH = X 元素的電子親和力

H +73							He (−50)
Li +60	Be (−50)	B +27	C +122	N −7	O +141	F +328	Ne (−120)
Na +53	Mg (−40)	Al +42	Si +134	P +72	Si +200	Cl +348	
K +48	Ca +2	Ga +29	Ge +119	As +78	Se +195	Br +325	
Rb +47	Sr +5	In +37	Sn +107	Sb +101	Te +190	I +295	

(　　) 表示為預測值

圖 2-32　常見元素的電子親和力 (單位：kJ/mol)

電子親和力為正值時，表示陰離子較原子穩定，不易失去電子。從逆反應來看，表示氣態原子易接受電子形成穩定的陰離子，即氣態原子獲得一個電子時放出能量。

$Cl^-_{(g)} \rightarrow Cl_{(g)} + e^-$ $\Delta H = +348\ kJ/mol$

$Cl_{(g)} + e^- \rightarrow Cl^-_{(g)}$ $\Delta H = -348\ kJ/mol$

電子親和力為負值時，表示陰離子較原子不穩定，易失去電子。從逆反應來看，表示穩定的氣態原子不易接受電子，即氣態原子獲得一個電子時吸收能量。

$N^-_{(g)} \rightarrow N_{(g)} + e^-$ $\Delta H = -7\ kJ/mol$

$N_{(g)} + e^- \rightarrow N^-_{(g)}$ $\Delta H = +7\ kJ/mol$

影響電子親和力的主要因素包含有效核電荷、原子大小和電子組態，一般有效核電荷愈小，原子半徑愈大，電子組態愈穩定，電子親和力愈小。非金屬元素一般具有較高的電子親和力，金屬元素的電子親和力則較小。大多數原子的電子親和力為正值，但 IIA、VIIIA 和 N 為負值。

同一族的元素電子親和力大致由上至下遞減。同一週期元素的電子親和力大致由左至右遞增，VIIA 族 (ns^2np^5) 得到 1 個電子之後形成穩定的鈍氣組態 (ns^2np^6)，不易失去電子，因此電子親和力最大；電子親和力第二大為 VIA 族，因為 VIA 族的有效核電荷仍大，半徑也較小；電子親和力第三大為 IVA 族，因為 IVA 族得一電子後的電子組態為 ns^2np^3，為半填滿軌域，比較穩定，故移除一個電子需吸收較大的能量 (圖 2-33)。

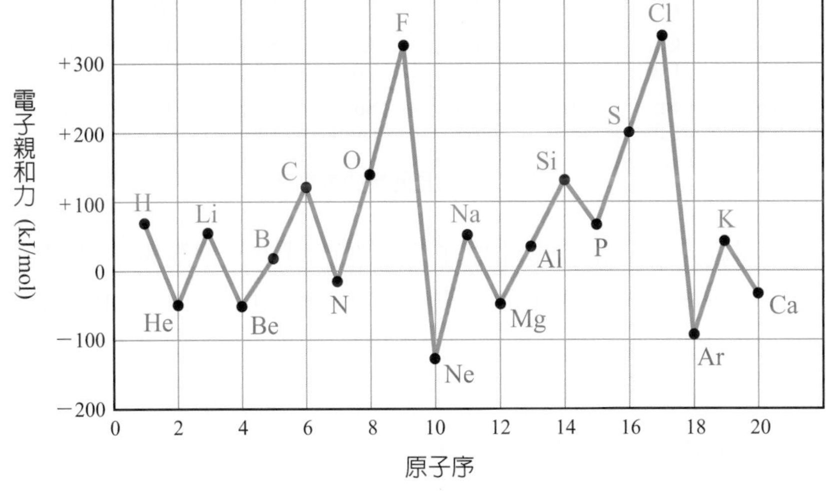

圖 2-33 原子序與電子親和力關係

例題 2-15

關於電子親和力的敘述，何者正確？
(A) 當鹵素獲得一個電子放出的能量，隨原子序之增加而減少
(B) 游離能大的中性原子，其電子親和力也大
(C) 中性原子得到一個電子成帶負電陰離子時必放出能量
(D) 電子親和力：F > O > N。

解 (D)

(A) 鹵素的電子親和力為 Cl > F > Br > I，非隨原子序之增加而減少。
(B) 沒有直接關聯性，舉例來說，游離能：N > O，電子親和力：O > N。
(C) 中性原子得到一個電子成帶負電陰離子時，未必放出能量。例如：$Be + e^- \rightarrow Be^-$為吸熱。

五、電負度 (Electronegativity，EN)

電負度又稱為陰電性，是原子的化學特性之一，用來描述原子吸引電子的能力；電負度愈大，原子吸引電子的能力愈強。當不同元素之間有電負度差異時，形成鍵結的共用電子對之電子雲分佈也會出現不均勻分布現象。F 原子的電負度最大，規定為 4.0，其他元素原子的電負度是以 F 為標準訂出的相對值，因此電負度沒有單位 (圖 2-34)。

H 2.1							He –
Li 1.0	Be 1.5	B 2.0	C 2.5	N 3.0	O 3.5	F 4.0	Ne –
Na 0.9	Mg 1.2	Al 1.5	Si 1.8	P 2.1	S 2.5	Cl 3.0	Ar –
K 0.8	Ca 1.0	Ga 1.6	Ge 1.8	As 2.0	Se 2.4	Br 2.8	Kr –
Rb 0.8	Sr 1.0	In 1.7	Sn 1.8	Sb 1.9	Te 2.1	I 2.5	Xe –

圖 2-34 常見元素的電負度

同族元素的電負度隨原子序增加而減小，因為原子半徑遞增，原子核對共用電子的吸引力漸弱，例如：F > Cl > Br > I > At。同週期元素的電負度隨原子序增加而增加 (VIIIA 族惰性氣體除外)，有效核電荷遞增，原子半徑變小，原子核對共用電子的吸引力漸強，例如：Li < Be < B < C < N < O < F。

電負度 2.0 以下絕大部分為金屬元素，電負度愈低，金屬性愈強；電負度 2.0 以上絕大部分為非金屬元素，電負度愈高，非金屬性愈強；類金屬元素的電負度則約為 2.0，常有半導體特性。

半導體是哪一半導電？

半導體的導電性介於導體與絕緣體之間，利用溫度、光、甚至摻入雜質可控制其電性。半導體的材料，常見的有元素矽、鍺和化合物砷化鎵、磷化銦等。矽帶有四個價電子，當摻雜三個價電子的元素如硼時，就是 p 型半導體，又稱電洞型半導體。當摻雜五個價電子的元素如磷時，就是 n 型半導體，帶有多餘電子提供傳導。

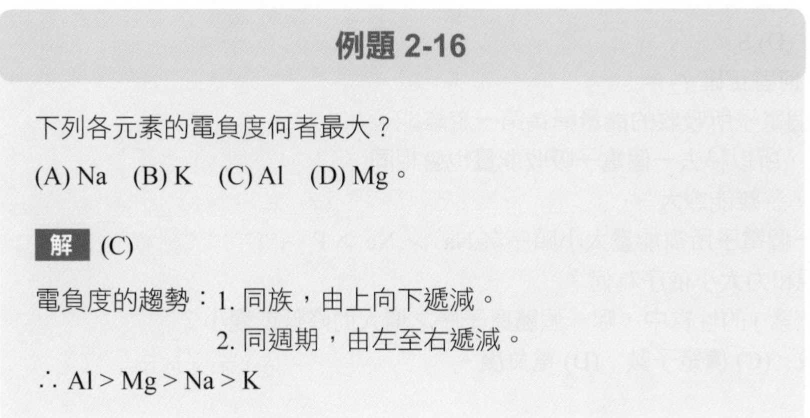

例題 2-16

下列各元素的電負度何者最大？

(A) Na　(B) K　(C) Al　(D) Mg。

解 (C)

電負度的趨勢：1. 同族，由上向下遞減。
2. 同週期，由左至右遞減。

∴ Al > Mg > Na > K

六、活性 (Activity)

活性是指元素與其他物質進行化學反應的難易程度，容易反應者為活性大的元素。同一族的金屬元素，其活性由上而下遞增，例如：Li < Na < K < Rb；同一族的非金屬元素，其活性由上而下遞減，例如：F > Cl > Br > I。同一週期的活性則較無規律性，因此不多做討論。

充電小站

元素性質綜合比較

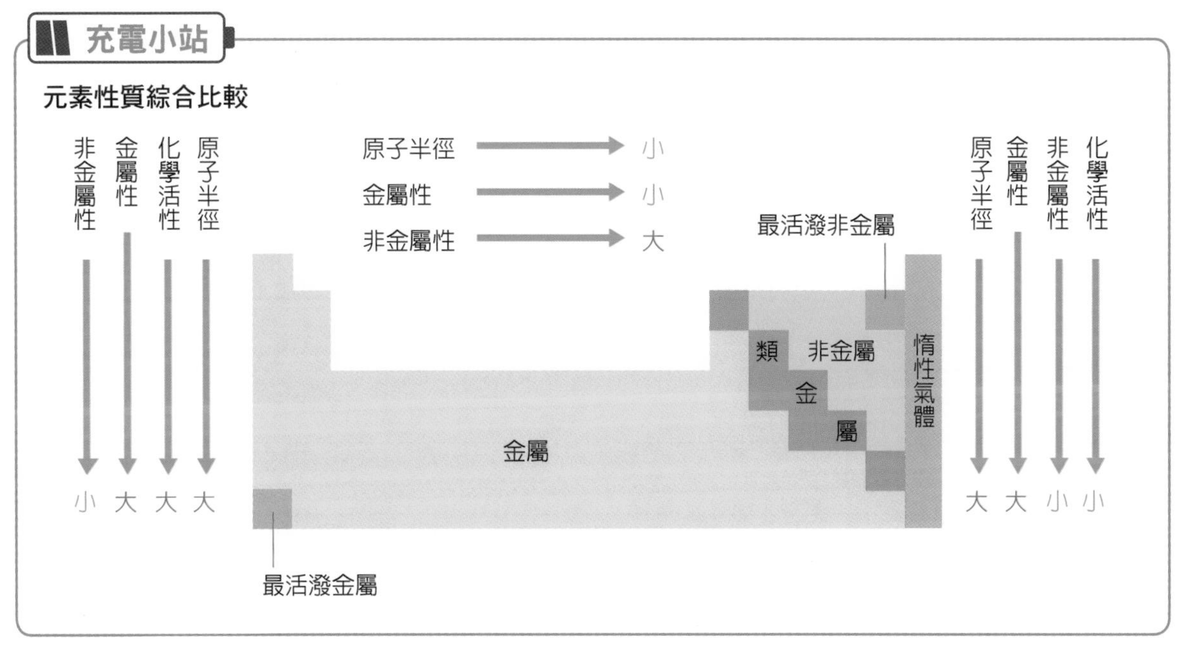

練習

1. 下列元素，何者不是類金屬元素？
   (A) As (B) Ge (C) Si (D) P。
2. 下列元素何者的元素半徑最大？
   (A) Na (B) Mg (C) Al (D) S。
3. 下列關於游離能的敘述，何者正確？
   (A) 從中性原子移去第一個電子所吸收的能量稱為第一游離能
   (B) K^+、Ar 電子組態相同，所以移去一個電子吸收能量也會相同
   (C) 同族元素原子序愈大，游離能愈大
   (D) F^-、Na^+、Ne 各移去一個電子所需能量大小順序為 $Na^+ > Ne > F^-$
4. O、S、N 三元素的電子親和力大小依序為何？
5. 下列有關第 17 族元素 (鹵素) 的性質中，哪一個隨原子序之增大而降低或變小？
   (A) 原子半徑 (B) 質子數 (C) 價電子數 (D) 電負度。

NOTE

重點回顧

2-1　原子學說的演進

1. 道耳頓原子說：
   (1) 一切物質都是由稱為原子的微小粒子所組成，這種粒子不能再分割。
   (2) 相同元素的原子，其原子質量與原子大小均相同；不同元素的原子，其原子質量與原子大小均不同。
   (3) 化合物是由不同種類的原子以固定的比例組成的。
   (4) 進行化學反應時，原子間彼此以新的方式重新結合成另一種物質，在反應的過程中，原子不會改變質量或大小，也不會產生新的原子，或使任何一個原子消失。
2. 湯姆森利用陰極射線實驗證明陰極射線就是電子，並測出電子的荷質比(e/m)為 1.76×10^{8} 庫侖 / 克。
3. 密立坎經由油滴實驗測得電子電量為 1.6×10^{-19} 庫侖，並導出電子的質量為 9.11×10^{-28} 克。
4. 拉塞福以 α 粒子散射實驗發現原子核。
5. 拉塞福以 α 粒子撞擊氮原子發現質子。
6. 查兌克以 α 粒子撞擊鈹原子的實驗，發現中子。

2-2　原子構造

1. 原子由原子核與核外的電子所組成，原子核中有質子與中子。
2. 電子帶負電在原子核外旋轉，質子帶正電，而中子不帶電。
3. 原子的直徑約為 10^{-10} 公尺，而原子核的直徑約為 $10^{-15} \sim 10^{-14}$ 公尺。
4. 原子符號標示法：

質量數← A　　X　□
原子序← Z
↓
元素符號

質量數 (A) ＝中子數 (n) ＋質子數 (p) ＝最接近原子量的整數
原子序 (Z) ＝質子數 (p) ＝中性原子的核外電子數 (e)
A － Z ＝中子數
□：元素所帶正 (負) 電荷數，電中性省略不寫。

5. 同位素具有相同的原子序、質子數、電子數 (電中性原子) 及相似的化學性質。
6. 同位素的中子數不同，因此質量數也不同，故同位素具有不同的物質性質，能用物理方法分離。

2-3　原子軌域與能階

1. 來曼系屬於紫外光區，電子是由高能階 (n_H) 躍遷至低能階 $(n_L) = 1$ 時所放出的光譜線。
2. 巴耳末系屬於可見光區，電子是由高能階 (n_H) 躍遷至低能階 $(n_L) = 2$ 時所放出的光譜線。

3. 帕申系屬於紅外光區，電子是由高能階 (n_H) 躍遷至低能階 (n_L) =3 時所放出的光譜線。
4. 電子在最靠近原子核的第 1 主層軌域 (n = 1，又稱 K 層) 所具有的能量最低，依序第 2 主層 (n = 2，稱 L 層)、第 3 主層 (n = 3，稱 M 層)、第 4 主層 (n = 4，稱 N 層)，當 n 值愈大時，電子所具有的能量愈大。

2-4 電子組態

電子組態表示法：按電子填入軌域的規則，依序將電子填入各軌域中，按照主層軌域由小至大的順序，再將各軌域中所含的電子數目寫在其符號的右上角。

2-5 週期表的發展

1. 門得列夫提出週期律的基本論點，把元素按照原子量由小到大排列成所謂的週期表。
2. 今日週期表是莫斯利把元素按照原子序由小到大排列而成。

2-6 元素的分類與週期表趨勢

1. 類金屬元素位在金屬和非金屬之間，性質也介於金屬與非金屬之間，例如：硼 (B)、矽 (Si)、鍺 (Ge)、砷 (As)、銻 (Sb)、碲 (Te)、砈 (At) 等。
2. 原子半徑：
   (1) 同一族的元素隨原子序之增加而漸增。
   (2) 同一週期的元素隨原子序之增加而減小。
3. 游離能是指氣態原子 (離子) 移去一個最外層電子所需的能量。
4. 游離能必為吸熱反應。
5. 電子親和力是指將一個帶負電荷的氣態陰離子移除一個電子成為中性原子時所需的能量。
6. 電負度是用來描述原子吸引電子的能力；電負度愈大，原子吸引電子的能力愈強。
7. F 原子的電負度最大，規定為 4.0。

Chapter

3

化合物 Compound

化合物是純物質的一種，隨著科學儀器的發展，化學家對於化合物的結構也逐漸清晰，鍵結的方式也造就不同種化合物呈現出不同的物理與化學性質。氯化鈉晶體是以離子鍵方式結合而得的離子固體，氯化鈉 (食鹽) 亦是生活中常見的物質。

- 3-1 基本定律
- 3-2 化學式
- 3-3 化學鍵
- 3-4 離子鍵與離子固體
- 3-5 金屬鍵與金屬固體
- 3-6 共價鍵與共價分子、網狀固體
- 3-7 凡得瓦力
- 3-8 氫鍵

3-1 基本定律 (The fundamental laws)

一、質量守恆定律 (Mass conservation law)

圖 3-1　拉瓦節

1774 年法國科學家拉瓦節 (Antoine Laurent Lavoisier)，如圖 3-1，藉由鐘罩實驗的結果推翻了燃素說，並建立了氧化理論，再以定量的實驗方法提出**質量守恆定律**，又稱為質量不滅定律。拉瓦節認為無論物質經過何種化學變化，反應前各物質的總質量恆等於反應後各物質之總質量。例如：

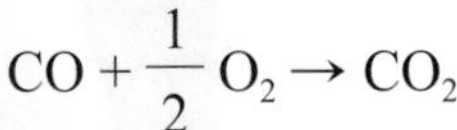

$$CO + \frac{1}{2}O_2 \rightarrow CO_2$$

28 g 的 CO 與 16 g 的 O_2 完全作用時，必可得 44 g 的 CO_2。

除了推翻燃素說與提出質量守恆定律，拉瓦節還建立了化合物的命名系統，使得化學這門學科更加條理化與系統化。因此拉瓦節被後人尊稱為近代化學之父。

例題 3-1

已知氫氣和氧氣完全反應後會生成水，依據質量守恆定律，1 克的氫氣和 8 克的氧氣完全反應後，會生成幾克的水？

解

依據質量守恆定律，反應物的總重等於生成物的總重，因此產生的水重為 1 + 8 = 9 (克)。

充電小站

燃素說

在 17 世紀以前，人類對於物質燃燒充滿疑惑，不清楚物質燃燒前後的型態為何不同。1703 年，德國化學家格奧爾格．恩斯特．史塔耳 (Georg Ernst Stahl) 提出燃素說，認為燃素為一切可燃物體的根本要素，油、脂、木、炭及其他燃料含有特別多的燃素。當物質燃燒時，燃素便釋放，或是進入大氣，或是進入可與它化合的物質中，例如：燃燒金屬，燃素被釋放出來，金屬就變成了灰渣。

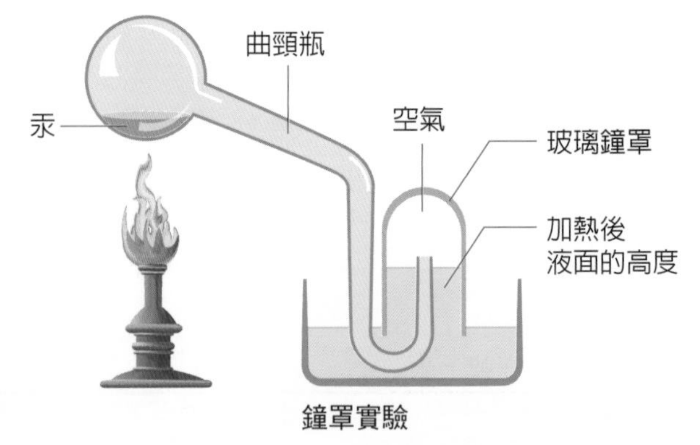

鐘罩實驗

17 ～ 18 世紀，歐洲普遍盛行燃素說，直至 1774 年拉瓦節做了一系列金屬在空氣中燃燒的實驗，並為了確定空氣是否參與反應，設計了著名的鐘罩實驗，如附圖，此實驗證明燃素並不存在，物質在空氣中燃燒後會增加重量，是因為吸收空氣中的氧，進一步證實了金屬生鏽與氧有關。

二、定比定律 (Law of definite proportions)

1799 年法國科學家普魯斯特 (Joseph Louis Proust)，如圖 3-2，由實驗結果得知，一化合物無論其來源或製備方法如何，其組成的各成分元素的質量比恆為定值，而提出**定比定律**，例如：氫燃燒生成的水、酸鹼中和生成的水、酯化反應產生的水，其中氫與氧的質量比恆為 1：8。

定比定律確認了化合物與混合物的差異。化合物中各組成元素具有一定質量比，但混合物則沒有一定的質量比。

圖 3-2 普魯斯特

例題 3-2

已知 44 克二氧化碳 (CO_2) 中含碳重 12 克，試問 7.2 克碳欲完全反應生成二氧化碳，共需氧若干克？

解

CO_2 44 g 有碳 12 g，所以有氧 44 – 12 = 32 g

因此 $\frac{12\text{ g 碳}}{7.2\text{ g 碳}} : \frac{32\text{ g 氧}}{x\text{ g 氧}} \Rightarrow 12x = 7.2 \times 32 \Rightarrow x = 19.2$ ∴需要氧 19.2 克

三、倍比定律 (Law of multiple proportions)

倍比定律也是由道耳頓在 1803 年提出。道耳頓由實驗得知，兩種元素可形成兩種或兩種以上化合物時，在這些化合物中，若將其中一個元素的質量固定時，則另一個元素在不同化合物中的質量恆為一簡單的整數比。

由氮和氧所形成的化合物：NO_2 和 N_2O，若氮皆為 28 克，則所需氧質量分別為 64 克和 16 克，故氧的質量比為 4：1，而氧的原子個數比亦為 4：1；若氧皆為 32 克，則所需氮質量分別為 14 克和 56 克，故氮的質量比為 1：4，而氮的原子個數比亦為 1：4。

例題 3-3

由 A、B 兩元素所組成的甲、乙兩化合物，經元素分析得知 2.8 克甲中含 A 元素 1.6 克，6.4 克乙中含 A 元素 1.6 克；已知甲的化學式為 AB，則乙的化學式為何？

解

依題意可整理如下表

	A	B	化學式
甲	1.6 g	1.2 g	AB
乙	1.6 g	4.8 g	?

因為 A 元素的重量固定，則 B 元素的重量比為 1.2：4.8 = 1：4，所以乙的化學式為 AB_4。

四、氣體反應體積定律 (Law of combining volumes of gases)

圖 3-3　給呂薩克

1808 年法國科學家給呂薩克 (Joseph Louis Gay-Lussac)，如圖 3-3，提出**氣體反應體積定律**。在同溫同壓下，氣體物質相互反應時，反應和生成的氣體體積間恆成簡單的整數比。氣體反應體積定律又稱為氣體化合體積定律。例如：$N_{2(g)} + 3H_{2(g)} \rightarrow 2NH_{3(g)}$，反應體積比 N_2：H_2：NH_3 = 1：3：2。

給呂薩克提出氣體反應體積定律，此理論無法以道耳頓的原子說解釋，因為當時道耳頓等科學家認為某些氣體、物質是以單一原子相組合，如氫氣為 H，水為 HO，所以與原子說中原子不可分割相矛盾。以 $H_{2(g)} + Cl_{2(g)} \rightarrow 2HCl_{(g)}$ 為例，如圖 3-4 所示。

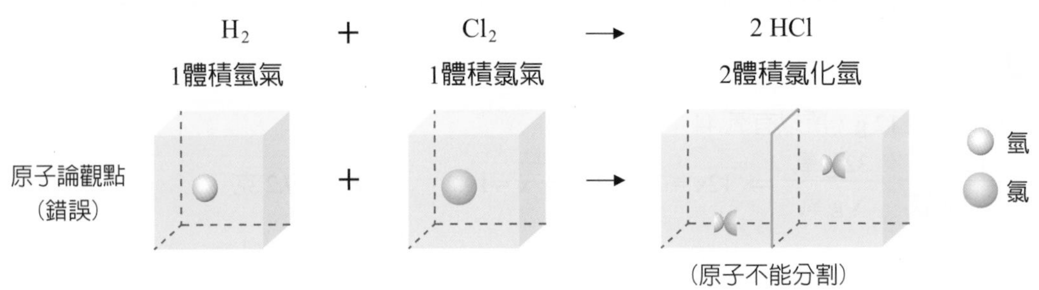

圖 3-4　氣體反應體積定律

例題 3-4

常溫、常壓下，下列各項反應何者可用來説明氣體反應體積定律？

(A) $C_{(S)} + O_{2(g)} \rightarrow CO_{2(g)}$，各物質反應體積比為 1：1：1

(B) $2NO_{2(g)} \rightarrow N_2O_{4(g)}$，各物質反應體積比為 2：1

(C) $Zn_{(s)} + 2HCl_{(aq)} \rightarrow ZnCl_{2(aq)} + H_{2(g)}$，各物質反應體積比為 1：2：1：1

(D) $2Mg_{(s)} + O_{2(g)} \rightarrow 2MgO_{(s)}$，各物質反應體積比為 2：1：2。

解　(B)

氣體反應體積定律的適用條件為反應物與生成物皆為氣體，(A) 中的 $C_{(s)}$ 為固體，(C) 中的 $Zn_{(s)}$ 為固體，$HCl_{(ag)}$、$ZNCl_{(ag)}$ 為水溶液，(D) 中的 $Mg_{(s)}$、$MgO_{(s)}$ 為固體，故皆不符合氣體反應體積定律。

五、亞佛加厥定律 (Avogadro's law)

圖 3-5 亞佛加厥

1811年義大利化學家亞佛加厥(Amedeo Avogadro)，如圖3-5，為解釋氣體反應體積定律而提出**亞佛加厥定律**。亞佛加厥認為決定氣體化學性質之最小粒子為分子，而分子是由原子所構成。同溫同壓時，同體積的任何氣體含有相同數目的分子。

亞佛加厥定律可以解釋氣體反應體積定律，以 $H_{2(g)} + Cl_{2(g)} \rightarrow 2HCl_{(g)}$ 為例，如圖 3-6 所示。

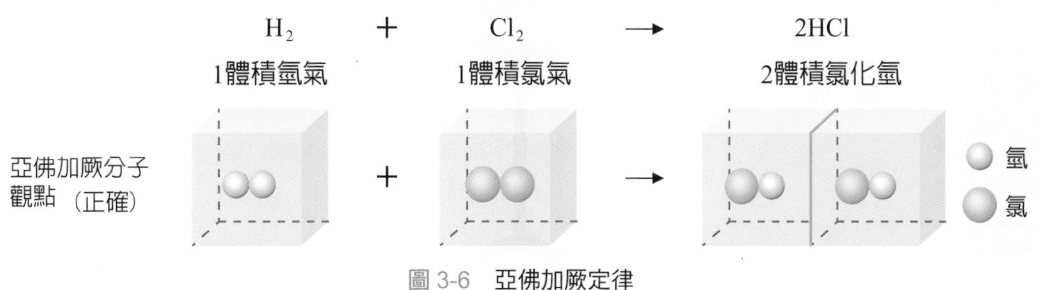

圖 3-6 亞佛加厥定律

例題 3-5

在 25℃、1 atm 時，4 升的氧氣含有 n 個原子，則在同狀況下，24 升的二氧化氮氣體含有若干個分子？

解

4 公升的氧氣含有 n 個原子，表示有 $\frac{n}{2}$ 個氧分子，在相同情況下，依亞佛加厥定律：

$$\frac{4\text{ 公升}}{24\text{ 公升}} : \frac{\frac{n}{2}\text{ 個分子}}{x\text{ 個分子}} \Rightarrow 4x = 12n \Rightarrow x = 3n$$

所以 24 升的二氧化氮氣體有 3n 個分子。

六、基本定律間的關係 (The elationship between fundamental laws)

基本定律間的關係，由質量守恆定律與定比定律可以推導出原子說，原子說可以和倍比定律相互印證，但是原子說無法解釋氣體化合體積定律，因此亞佛加厥提出亞佛加厥定律解釋。

化學基本定律及發展關係

1774 質量守恆定律

化學反應前後物質的總質量不變。

拉瓦節

1799 定比定律

普魯斯特

不管來源如何，一化合物的成分元素的質量比，恆為一定。

1803 原子說

一切物質均由不能分割之原子構成。

- 同元素之原子，具有相同的質量與性質，不同元素之原子其質量與性質不同。
- 化合物是由異種原子以一定比例結合而成。
- 化學變化，只是原子重排，原子不滅。

1804 倍比定律

A 與 B 二元素可生成 2 種以上化合物，則與一定量元素 A 相化合的元素 B 的質量間，成簡單整數比。

1808 氣體反應體積定律

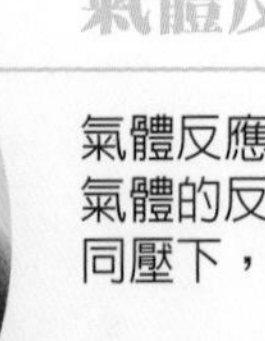

給呂薩克

氣體反應，反應氣體與生成氣體的反應體積間，在同溫同壓下，成簡單整數比。

1811 分子假說

代表氣體化性的最小微粒是分子，分子是由更小的某些原子構成，如 H_2、O_2。

同溫同壓下，同體積的氣體，含有同數目的分子。

亞佛加厥

練習

1. 下列何項敘述可說明定比定律呢？
   (A)氫氧燃燒產生的水分子，與以氫氧化鈉中和鹽酸產生的水分子均相同
   (B)氫氧化鈉與氫氧化鉀均可溶於水，在水中均可產生氫氧根離子
   (C)燃燒碳，可得二氧化碳或一氧化碳
   (D)葡萄糖與半乳糖的分子式均為 $C_6H_{12}O_6$。
2. 下列哪一組化合物可以用來說明倍比定律？
   (A) NO 和 NO_2 (B) CH_4 和 CO_2 (C) ZnO_2 和 $ZnCl_2$ (D) NH_3 和 NH_4Cl。
3. 下列各項定律中，何者無法以原子說解釋？
   (A) 質量守恆定律 (B) 定比定律 (C) 氣體化合體積定律 (D) 倍比定律。
4. 道耳頓的原子學說，是由一些定律歸納、推論所得，不包含下列哪一個定律？
   (A) 定比定律 (B) 倍比定律 (C) 亞佛加厥定律 (D) 質量守恆定律。
5. 道耳頓的原子說中包含以下三個論點：①原子是不能再分割的粒子；②同種元素的原子，其各種性質和質量都相同；③原子是微小的實心球體。從現代的觀點看，已經被推翻的有哪些？
   (A) 只有① (B) 只有② (C) 只有②③ (D) ①②③均不正確。

NOTE

3-2 化學式 (Chemical formula)

用元素符號來表示物質的組成的式子稱為**化學式**，化學式通常分為實驗式(簡式)、分子式、結構式、示性式、電子點式五種。

一、實驗式 (Empirical formula)

實驗式又稱為簡式，表示組成物質的原子種類和原子數簡單整數比的化學式。實驗式中各元素的原子量和稱為式量。例如：葡萄糖的實驗式為 CH_2O，表示葡萄糖是由 C、H、O 三種原子構成，且 C、H、O 的原子數目比為 1：2：1，但一個葡萄糖分子實際上是由幾個 C 原子、H 原子以及 O 原子組成，由實驗式並無法得知。

通常以實驗式表示的物質為金屬(例如：Na、K、Fe 等)、離子化合物(例如：NaCl、KNO_3、NaOH)、網狀共價固體(例如：C、SiO_2、SiC) 及尚未確定分子量的分子化合物。

二、分子式 (Molecular formula)

表示組成物質的原子種類和實際原子數目的化學式，稱為**分子式**。**分子量** (molecular weight) 是純物質的分子中，各原子的原子量總和。

例如：葡萄糖的分子式為 $C_6H_{12}O_6$，表示葡萄糖分子由 C、H、O 三種原子組成，碳的原子量 12，氫的原子量 1，氧的原子量 16，而且一個分子中含 6 個 C、12 個 H 及 6 個 O，葡萄糖的分子量為 $6 \times 12 + 12 \times 1 + 6 \times 16 = 180$。原子量與分子量並沒有單位，但是為了計量方便，規定絕對原子量、絕對分子量的單位為克 / 莫耳。

分子化合物通常以分子式表示，常見的分子化合物有：氦 (He)、氮氣 (N_2)、臭氧 (O_3)、氯氣 (Cl_2)、甲烷 (CH_4)、氨 (NH_3)、二氧化碳 (CO_2)、二氧化氮 (NO_2)、硫酸 (H_2SO_4)、葡萄糖 ($C_6H_{12}O_6$) 等。

三、結構式 (Structural formula)

表示組成物質的原子種類、原子數目及結合（排列）情形的化學式稱為**結構式**，式中的短線代表化學鍵。結構式無法表示分子的立體結構，即無法顯示真正的分子形狀，因為結構式是平面的，但分子是立體的。

分子式相同，但結構式不同的化合物，稱為同分異構物。例如：乙醇和甲醚。

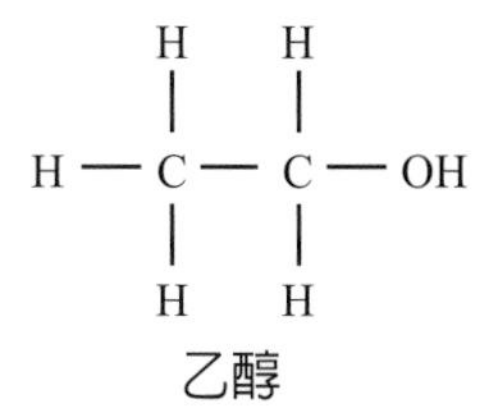

乙醇

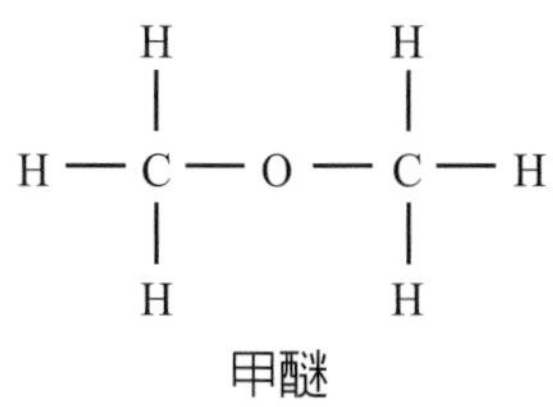

甲醚

四、示性式 (Rational formula)

表示組成物質的原子種類、數目以及**官能基** (functional group) 而簡示其特性的化學式。官能基為取代氫原子的別種原子或原子團，使該分子具備特有的物性與化性，同時該分子也具有特殊的化學反應特性。示性式常用來表示有機化合物，例如：某物質的分子式為 $C_2H_4O_2$，很難由分子式知道是何種化合物，若以示性式 CH_3COOH 表示，具有 COOH 的官能基，就知道是羧酸類，所以此化合物為乙酸。由示性式可以辨別有機化合物的類別。

有些化合物具有相同的實驗式，但卻有不同的示性式，例如：乙酸 CH_3COOH 與甲酸甲酯 $HCOOCH_3$，實驗式皆為 CH_2O，示性式卻不同。

例題 3-6

已知硫酸的分子式為 H_2SO_4，則其分子量為若干？ (H =1.008，O =16.000，S = 32.065)

解

硫酸的分子式為 H_2SO_4，表示有二個氫、一個硫和四個氧所構成，所以硫酸的分子量 = 2 × 1.008 + 1 × 32.065 + 4 × 16.000 = 98.081。

五、電子點式 (Electron dot structure)

元素或化合物之原子種類、原子數目、原子與原子間的化學鍵結情形，以電子分布 (electron-dot formula) 方式表示的化學式。以點代表電子，經由電子點的位置來描述分子中電子的分布情形，可顯示共用電子對和未共用電子對。

以電子點式表示時，氫原子的周圍要滿足 2 個電子，其他原子的周圍要滿足 8 個電子，此稱為**八隅體規則** (octet rule)。

表達電子點式只需表示原子最外層軌域的電子（價電子），如表 3-1 所示。

表 3-1 電子點式表示法

化學式	Cl_2	NF_3	CH_4
電子點式	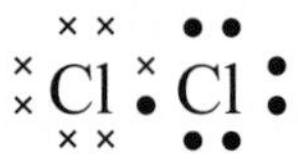 Cl Cl	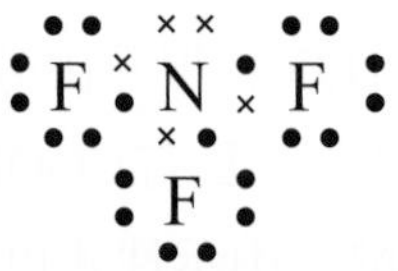 F N F F	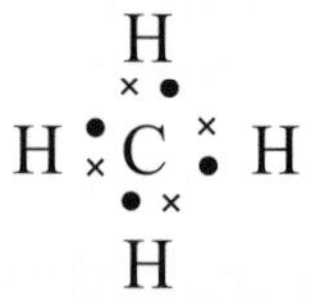 H H C H H

原子最外層軌域的電子，稱為**價電子** (valence electron)，可以決定該元素的化學性質，通常具有相同價電子的元素具有相似的化學性質。電子分布是將各個元素的電子依每個主層軌域所能含有的電子數依序填上，而路易士符號僅表示各元素的價電子。

例題 3-7

下列原子的價電子數何者有誤？
(A) $_{13}Al$：3 個 (B) $_{8}O$：6 個 (C) $_{7}N$：6 個 (D) $_{11}Na$：1 個。

解 (C)

(C) $_{7}N$ 應該是 5 個價電子。

六、化學式的種類比較 (Comparison of types of chemical formulas)

以乙酸為例，比較各種化學式的寫法 (圖 3-7)：

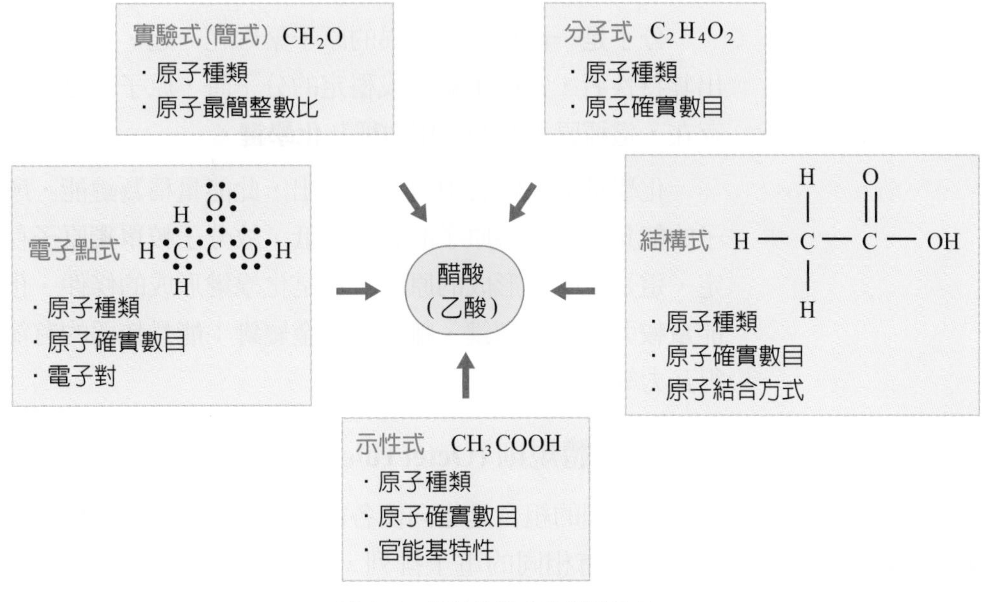

圖 3-7 各種化學式的寫法比較

練習

1. 關於化學式的敘述，何者正確？
   (A) 離子化合物通常以分子式表示
   (B) 分子式相同的化合物，其實驗式必定相同
   (C) 實驗式可表明化合物的官能基
   (D) 示性式相同的化合物，其分子式未必相同。
2. 下列各物質的化學式，何者為示性式？
   (A) 乙酸 $C_2H_4O_2$ (B) 乙醇 C_2H_6O (C) 乙酸甲酯 CH_3COOCH_3 (D) 硫酸銅 $CuSO_4$。
3. 已知蔗糖的分子式為 $C_{12}H_{22}O_{11}$，則其分子量為若干？
   (C = 12.01，H = 1.008，O = 16.00)
4. $KMnO_4$ 的分子量為何？ (K = 39，Mn = 55，O = 16)

3-3 化學鍵 (Chemical bond)

一、化學鍵的定義 (Definition of chemical bond)

分子是一群相同或相異的原子緊聚在一起，且有足夠時間顯出其特性者，當原子結合成穩定的分子時，原子間必有作用力的存在，這種原子間的作用力稱為**化學鍵**。

化學鍵形成時必須有能量釋出，此能量稱為鍵能，所形成分子的能量比原先各原子的總能量低，故分子較單獨原子存在時穩定，這是化學鍵形成的原因，也是化學鍵形成的條件。化學鍵中能量較強的有共價鍵、離子鍵及金屬鍵；能量較弱的有氫鍵、凡得瓦力等。

二、八隅體規則 (Octet rule)

原子間的組合是趨向使各電子的價層都擁有 8 個電子，與惰性氣體擁有相同的電子排列，當粒子的電子組態與惰性氣體的電子組態相同時，將呈現最安定的狀態，此稱為八隅體規則 (圖 3-8)。但不是每種化合物都一定符合八隅體規則。

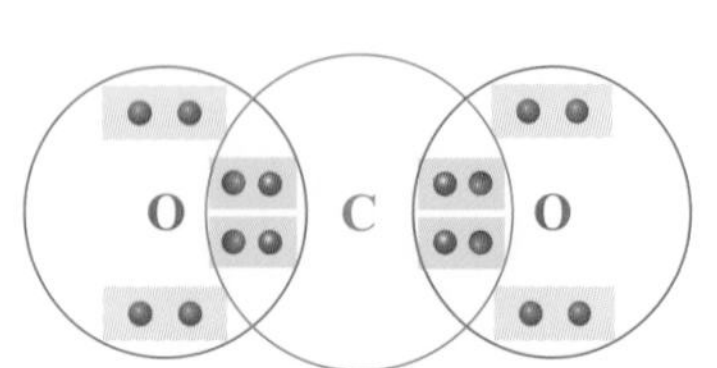

圖 3-8　二氧化碳的路易斯結構—中央的碳原子及兩側的氧原子均被八個電子包圍

三、鍵能與鍵長 (Bond energy and bond length)

1. 共價鍵的鍵長

當兩原子相互靠近至引力等於斥力時，能量最低，所形成的分子最穩定，此時兩原子間的距離即是此分子的共價鍵鍵長，如圖 3-9 所示。共價鍵鍵長主要可以三種方式判斷：

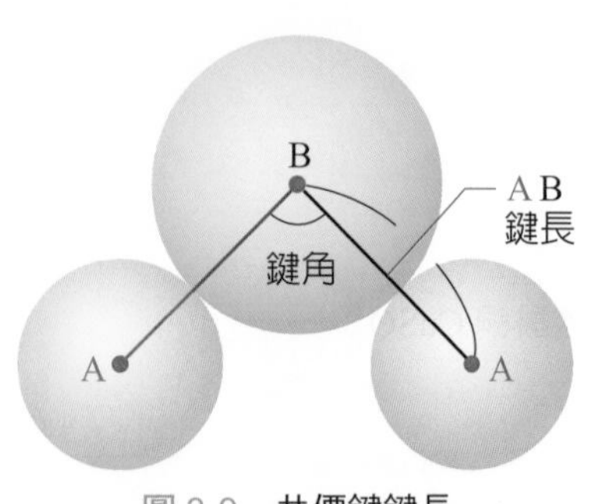

圖 3-9　共價鍵鍵長

(1) 鍵結原子的半徑愈大，鍵長愈長，例如：鹵素元素的半徑大小依序為 I > Br > Cl > F，當形成分子時的鍵長大小 I-I > Br-Br > Cl-Cl > F-F。

(2) 同週期的元素，電負度相差愈大，鍵長也就愈短，例如：第二周期的元素，其電負度大小依序為 F > O > N > C，當與 H 形成共價鍵時，其鍵長大小依序為 $CH_4 > NH_3 > H_2O > HF$。

(3) 當相同原子形成共價鍵時，鍵數愈多，鍵長愈短，因此單鍵 > 雙鍵 > 三鍵。

2. 共價鍵的鍵能

破壞化學鍵所需的能量，稱為**鍵能** (bond energy)，鍵能愈大，表示鍵結強度愈大，而鍵能大小與鍵長剛好相反，鍵長愈長其鍵能愈小，鍵長愈短其鍵能愈大。

例題 3-8

下列鍵能大小的比較，何者正確？
(A) Cl－Cl＞O＝O (B) C＝C＞F－F
(C) S－S＞O－O (D) N≡N＞C≡O。

解 (B)

(A) 鍵數多的，鍵能大，雙鍵大於單鍵 ∴ O＝O＞Cl－Cl
(B) 鍵數多的，鍵能大，雙鍵大於單鍵 ∴ C＝C＞F－F
(C) 半徑小的，鍵能大 ∴ O－O＞S－S
(D) C≡O 參鍵，且具有極性，鍵能大於 N≡N。

練習

1. 下列化合物何者遵守八隅體規則？
   (A) OF_2 (B) BBr_3 (C) SF_4 (D) $SnCl_2$。
2. 關於化學鍵的敘述何者正確？
   (A)形成化學鍵的過程會吸收能量，破壞化學鍵的過程會放出能量
   (B)由共價鍵形成的物質，其熔點必不若離子鍵形成的固體高
   (C)離子鍵與金屬鍵之作用粒子的區別，在於前者為陰離子，後者為自由電子
   (D)原子間距離愈短，化學鍵強度愈強，因此兩原子核緊接在一起，最穩定。
3. 請判斷下列分子，每個原子是否均遵循八隅體規則？
   (A) $BeCl_2$ (B) P_4 (C) PCl_5 (D) S_8。
4. 一般共價鍵的鍵長約為多少公尺？
5. 依據附表資料，請判斷 CO_2 與 CO_3^{2-} 之碳－氧鍵長依序約為若干 pm？

3-4 離子鍵與離子固體 (Ionic bond and ionic solid)

一、離子鍵的形成 (The formation of ionic bond)

離子鍵 (ionic bond) 是當一個原子將價電子轉移到另一個原子的價軌域時，產生帶相反電荷的陰離子和陽離子，彼此達到八隅體電子組態以庫倫靜電子相互吸引，產生鍵結所形成的作用力。常見的例子是 NaC1 中 Na 失去 3s 電子而形成 Na^+，具有 [Ne] 的電子組態，而 Cl 獲得鈉的電子形成 Cl^-，具有 [Ar] 的電子組態 (圖 3-10)。鍵能通常約在 150 ～ 400 kJ/mol。

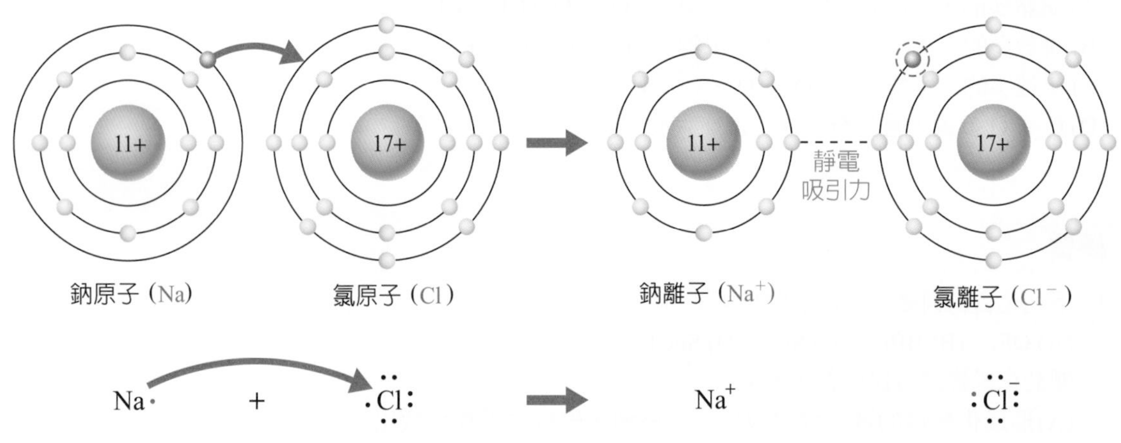

圖 3-10 離子鍵的形成

兩元素之電負度相差愈大，結合的化學鍵愈接近離子鍵，一般而言，若電負度相差 1.8 以上 (參考圖 2-34)，則有 50% 以上的離子鍵特性。金屬元素與非金屬元素之間的電負度相差很大，因此容易形成離子鍵，NH_4^+ 銨根離子為例外，其性質與金屬陽離子相似，故視為金屬陽離子。

表 3-2 電負度差異及鍵結形式

電負度差	0 ～ 0.4	0.5 ～ 1.8	大於 1.8
鍵結	非極性共價鍵	極性共價鍵	離子鍵

週期表中，價電子少於 4 個的金屬原子，容易失去電子形成陽離子，因為此時電子組態符合八隅體規則，價電子大於 4 個的非金屬原子，容易得到電子形成陰離子，價電子等於 4 個的非金屬原子，如碳，則不容易形成離子。

例題 3-9

由週期表預測下列各組中的元素結合，何者最可能形成離子鍵？
(A) F 和 O (B) C 和 Cl (C) Mg 和 F (D) Si 和 O。

解 (C)

離子鍵通常是金屬加非金屬所結合，請特別注意 Si 是矽，為類金屬。

二、離子固體的特性 (The properties of ionic solid)

陰、陽離子相互吸引而逐漸堆積成一巨大結構，所以用實驗式表示而非分子式。在常溫時，為固體結晶，其特性如下：

1. 有一定的晶面晶形，硬度大而脆，不具延展性。
2. 具有高熔點、高沸點。
3. 屬於電解質，固體不導電，但熔融態及水溶液態可導電，溫度上升導電度加大。
4. 純淨固體大部分無色透明，但過渡性元素之離子晶體大多有顏色。
5. 在常溫時，蒸氣壓極低。
6. 不溶於非極性溶劑 (大部分的有機溶劑)，易溶於極性溶劑。
7. 硬度大，容易脆裂，外力撞擊時破裂成一定的晶面及晶形 (圖 3-11)。

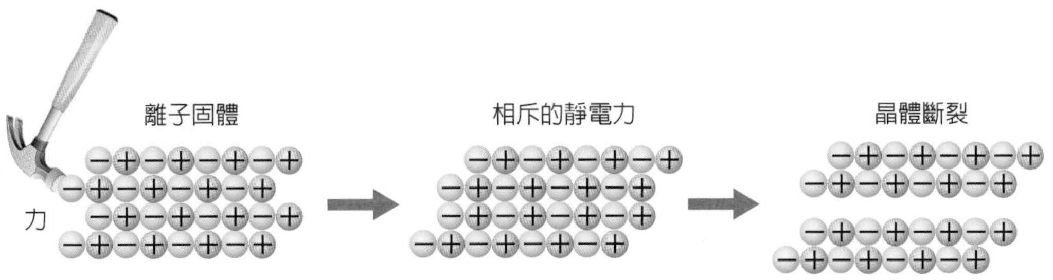

圖 3-11 離子固體受外力破壞圖

例題 3-10

下列有關於 NaCl 的敘述，何者正確？

(A) 固體的氯化鈉為分子化合物，所以不導電

(B) NaCl 這種化學式的表示法稱為實驗式

(C) 因 NaCl 易溶於水中，所以熔點低

(D) NaCl 分子由一個鈉原子和一個氯原子所構成，鈉與氯以共價鍵結合。

解 (B)

(A) 固體的氯化鈉是離子化合物。

(C) NaCl 易溶於水，是因為 NaCl 是強電解質，與熔點無關。

(D) NaCl分子由一個 Na^+ 和一個 Cl^- 所構成，鈉與氯以離子鍵結合。

練習

1. 下列何者不是離子化合物？
   (A) MgO (B) SiO_2 (C) NaOH (D) $KClO_3$。
2. 下列化合物的鍵結，何者具有最強的離子性質？
   (A) HF (B) H_2O (C) CO_2 (D) NO_2。
3. 下列何項離子的鍵能最大？
   (A) NaF (B) KCl (C) NaBr (D) NaI。
4. 排列 MgO、NaCl、LiF 三種化合物的熔點的大小。
5. 排列 LiF、NaCl、CsI 三種離子化合物鍵長的長短。

3-5 金屬鍵與金屬固體 (Metallic bond and metallic solid)

一、金屬鍵的定義 (Definition of metallic bond)

金屬本身可視為晶格上的金屬陽離子，被淹沒於自由電子所形成的**電子海** (electron sea) 內，這種藉由自由電子將金屬原子結合在一起的吸引力，稱為**金屬鍵** (metal bond) (圖 3-12)。鍵能通常約在 50 ～ 150 kJ/mol。

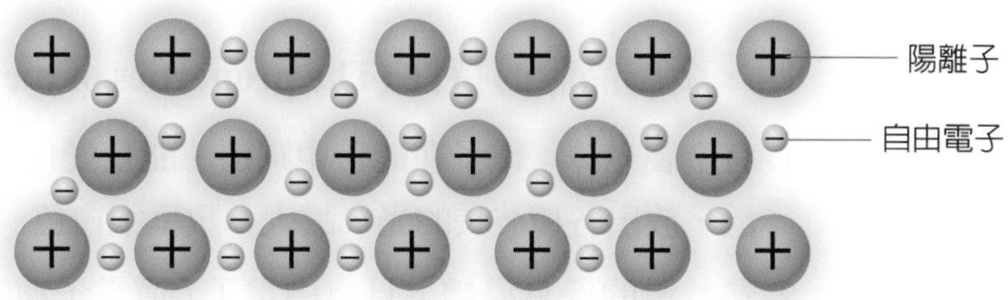

圖 3-12 **電子海**

二、金屬鍵的特性 (The properties of metallic bond)

金屬鍵與離子鍵不同，並不會形成陰陽離子，亦不同於共價鍵，因共價鍵之共用電子對不能到處自由移動。金屬鍵的特性如下：

1. 低游離能及低電負度的金屬：低游離能的金屬，其價電子很容易脫離原子核的束縛而自由移動。低電負度的金屬，則每個游離價電子的位置不會被限定於某一個金屬陽離子。
2. 空價軌域多的金屬：金屬原子的空價軌域數多，每一原子和其周圍的原子價軌域相互重疊，且重疊程度相同，故能接受鄰近原子的價電子。
3. 鍵能約只有共價鍵或離子鍵的 $\frac{1}{3}$ 。

例題 3-11

下列有關化學鍵之敘述，何者錯誤？
(A) 化學鍵包括共價鍵、離子鍵及金屬鍵
(B) 共價鍵是由鍵結原子間共用價電子對而結合
(C) 離子鍵是由陰、陽離子相吸引而結合
(D) 金是因陰、陽離子游動而導電。

解 (D)

(D) 金屬是因為自由電子可以自由移動而導電。

三、金屬鍵的強度 (The strength of metallic bond)

金屬鍵愈強，其熔點、沸點及莫耳汽化熱會愈高。決定金屬鍵強弱的因素包含：

1. 金屬陽離子的核電荷愈多 (原子序愈大)，受原子核引力愈大，金屬鍵愈強。
2. 原子半徑愈小，金屬鍵愈強。
3. 原子堆積形式。

四、金屬晶體的特性 (The properties of metallic crystal)

1. 有金屬光澤：電子在能帶中躍遷，能量變化的覆蓋範圍相當廣泛，放出各種波長的光，故大多數呈銀白色。
2. 熱及電的優良導體：具自由電子 (價電子海)，其價電子極易躍遷至傳導帶，故易導電。
3. 延展性大：金屬之層面可滑動，在延展時不會破壞其晶體結構 (圖 3-13)。

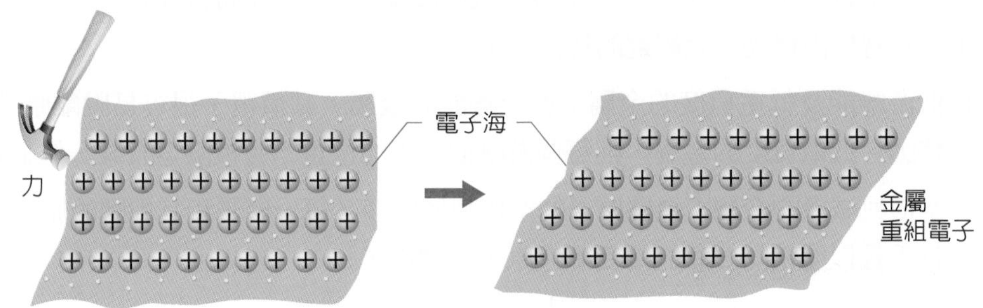

圖 3-13　金屬晶體延展性高

例題 3-12

下列各項性質，何者不應列為金屬性質？
(A) 具有光澤且不透明　(B) 傳熱導電
(C) 可製成合金　(D) 高熔點。

解 (D)

(D) 共價網狀固體的熔點較金屬高，因此不列為金屬性質。

五、合金 (Alloy)

金屬晶體中摻混少量的金屬元素或非金屬元素，稱為**合金**，硬度增大，延展性減小，例如：加入少量的碳、磷或硫，可增加金屬的硬度。常見的合金，如表 3-3 所示：

表 3-3 常見合金與其成分

合金	黃銅	青銅	K 金	不鏽鋼
成分	鋅＋銅	錫＋銅	金＋銅	鉻＋鎳＋鐵

練習

1. 下列有關金屬內部結構的敘述，何者不正確？
(A) 金屬中加入其他元素時，導電性降低 (B) 金屬內部自由電子分布不均勻 (C) 自由電子不專屬於某個電子 (D) 金屬鍵中未形成共用電子對。
2. 有關金、銀、銅的敘述，何者不正確？
(A) 金是延展性最大的金屬 (B)18K 金較純金的硬度大，因此廣用於金飾製品 (C) 銅、銀、金在電子工業上是重要的導電材料 (D) 自然界中，銅、銀、金有多量的元素態存在。
3. 有關金屬鍵之敘述，何者為正確？
(A) 金屬晶體的導電，係靠正負離子之運動 (B) 電解質之導電係靠離子之移動 (C) 金屬的層面可滑動，在延展時不會破壞其晶體結構 (D) 在金屬中加入少量的碳、硫、磷會使金屬變軟。
4. 有關金屬與金屬鍵之敘述，何者為正確？
(A) 金屬可以導電，係靠陰、陽離子之移動而導電 (B) 金屬鍵的強弱可決定金屬物質熔點、沸點的高低 (C) 金屬內部自由電子分布不均勻 (D) 金屬的價電子無法在整個晶體中自由移動。
5. 一般而言，金屬鍵愈強，則金屬的硬度愈大，熔點愈高。金屬原子的半徑愈小，價電子數愈多，則金屬鍵愈強，依此判斷，下列敘述何者不正確？
(A) 鎂的硬度大於鈉 (B) 鈣的熔點高於鉀
(C) 鈉的熔點低於鉀 (D) 鎂的硬度大於鉀。

3-6 共價鍵與共價分子、網狀固體 (Covalent bond and covalent molecule、network solid)

一、共價鍵的形成 (The formation of covalent bond)

共價鍵 (covalent bond) 是原子藉共有電子對而聯繫成分子的化學鍵，共價鍵形成後，原子周圍的電子排列與鈍氣相同。常見的例子是兩個 H 原子間共用一對電子而形成氫 (H_2) 分子，或是 H 原子與 Cl 原子間共用一對電子形成氯化氫 (HCl) 分子。鍵能通常約在 150 ～ 400 kJ/mol。

再以甲烷為例 (圖 3-14)：

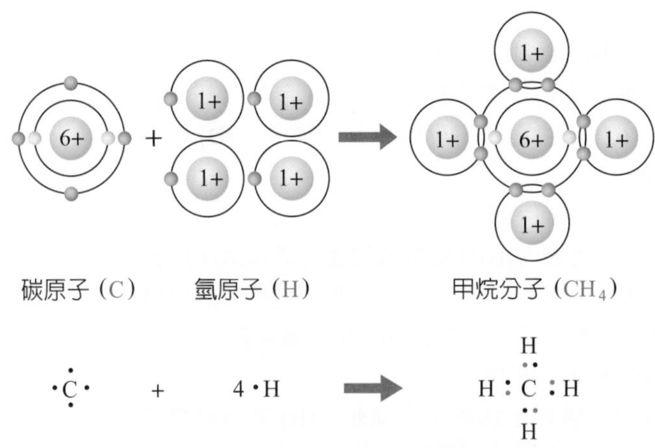

圖 3-14 甲烷共價鍵形成示意圖

再以 Cl_2 為例 (圖 3-15)：

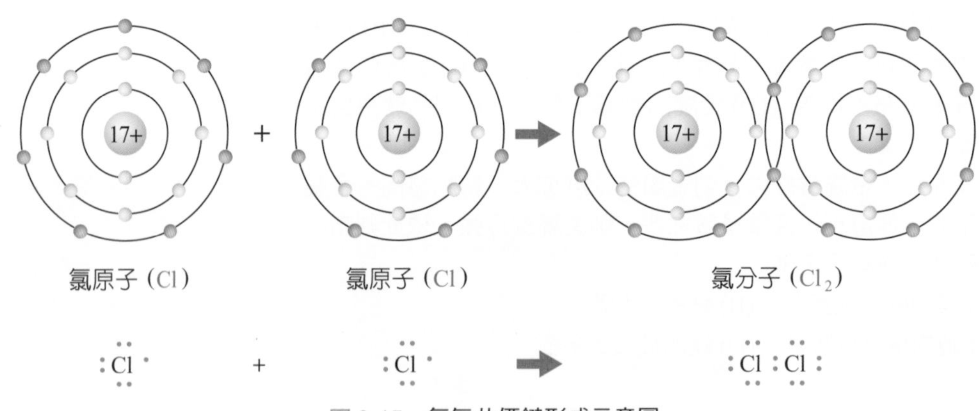

圖 3-15 氯氣共價鍵形成示意圖

例題 3-13

下列有關共價鍵的定義，何者正確？
(A) 利用陰陽離子的庫侖引力結合
(B) 金屬陽離子與自由電子的引力
(C) 共用電子對與兩原子核間的引力
(D) 分子與分子之間的作用力。

解 (C)

(A) 離子鍵的定義 (B) 金屬鍵的定義 (D) 凡得瓦力的定義。

二、網狀共價固體 (Network covalent solid)

無限非金屬原子連續鍵結形成之物質，由於不能知道實際組成的原子數目，故僅能以實驗式表示，稱為網狀共價固體。一般網狀共價固體可以分為三類：

1. 三度空間，例：金剛石 (圖 3-16)、石英。
2. 二度空間，例：雲母、石墨 (圖 3-17)。
3. 一度空間，例：石綿。

網狀共價固體原子間均以共價鍵鍵結形成連續性延伸的結構，原子間結合力非常強，因此要破壞網狀固體結構，必須打斷許多共價鍵，需要很高的能量，故網狀共價固體的熔點及沸點極高，常溫壓下為固體。此外，網狀共價固體還具有硬度極大、不具延展性、不溶於水的特性。

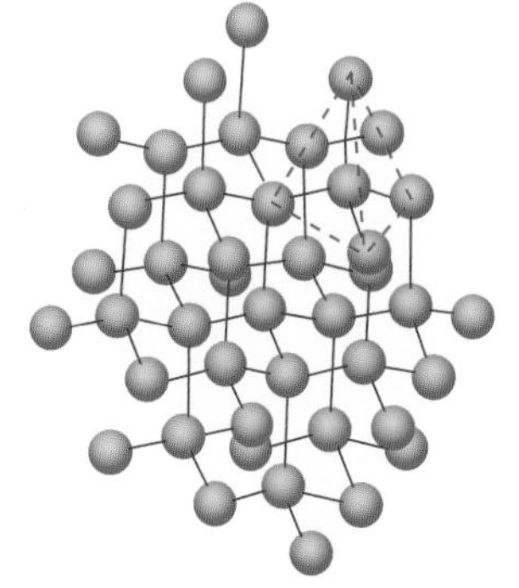

圖 3-16 金剛石

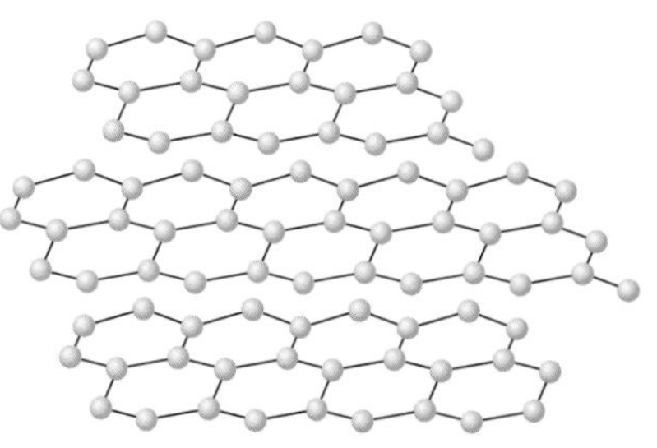

圖 3-17 石墨

例題 3-14

下列各物質，何者不是共價網狀固體？
(A) 石墨 (B) C_{60} (C) 金剛石 (D) 雲母。

解 (C)

(B) C_{60} 並非共價網狀固體，其形狀似足球。

三、共價鍵類型 (The type of covalent bond)

1. 以電子對提供情形分類

共價鍵以電子對提供情形，可以分為共價鍵與**配位共價鍵** (coordination covalent bond)。共價鍵是結合的兩個原子各提供一個電子而形成共用電子對的化學鍵 (圖 3-18)。

圖 3-18　共價鍵的形成

若結合的兩原子之間的共用電子對完全由單一方的原子所提供，即一個原子提供**未鍵結電子對** (lone pair)，另一個原子提供軌域（沒有填入任何電子的軌域，以此方式所形成的共價鍵稱為配位共價鍵 (圖 3-19)）。

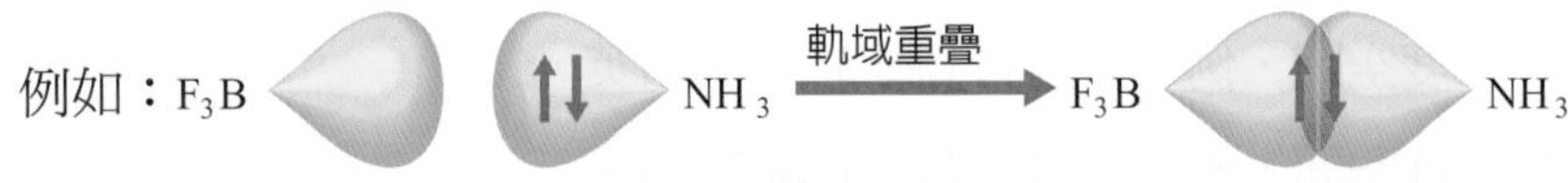

圖 3-19　配位共價鍵

2. 以極性分類

極性共價鍵是指當兩個不同的原子各提供等數的電子以共價鍵結合時，對於電負度大的原子，周圍的電子密度比較大，帶負電荷；對於電負度小的原子，電子密度小，帶正電荷，因而形成一具偶極矩的極性分子，例如：HCl、HF、H_2O、SO_2。

非極性共價鍵是指若鍵結的電子由兩個相同原子均等提供，即電子在兩個原子核附近出現的機率完全相同，例如：H_2、O_2、N_2、Br_2、P_4。

3. 以軌域重疊分類

兩個欲結合的原子軌域沿著同一軸，以頭碰頭方式重疊所形成的鍵結，核間周圍的電子雲密度分布成圓筒形對稱分布，這種共價鍵稱為 σ 鍵，σ 鍵可繞軸旋轉，不影響軌域重疊程度，例如：H_2 分子中 H 原子的 1s 軌域重疊形成 σ 鍵 (圖 3-20)。

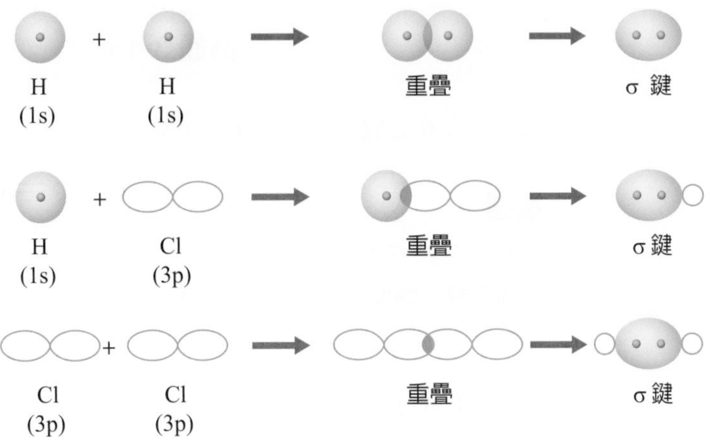

圖 3-20 σ 鍵的形成

兩個欲結合的原子 p 軌域互相平行，以側對側的平行方式重疊形成的鍵結，電子雲分布在兩原子核間軸的上方及下方，所以在核間軸尚且垂直 π 軌域面上的電子密度為零，這種共價鍵為 π 鍵，π 鍵無法繞軸旋轉，若旋轉則原來平行的兩個軌域就不再平行，原來重疊的部分被改變，使 π 鍵被破壞 (圖 3-21)。π 鍵伴隨 σ 鍵出現在多重鍵中，雙鍵含 $1\sigma + 1\pi$，參鍵含 $1\sigma + 2\pi$。

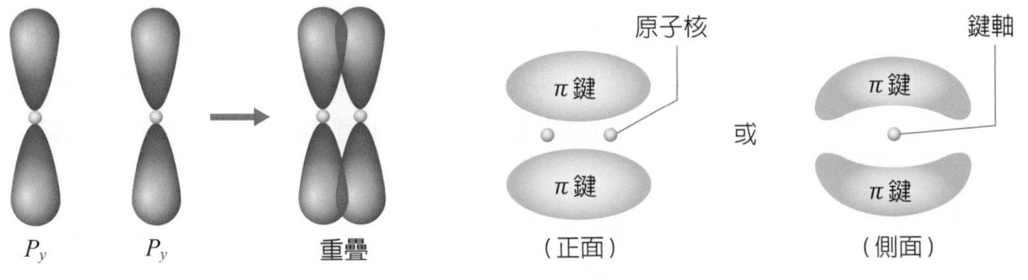

圖 3-21 π 鍵的形成

表 3-4 乙烷、乙烯、乙炔比較表

	乙烷 (C_2H_6)	乙烯 (C_2H_4)	乙炔 (C_2H_2)
結構式	H_3C-CH_3	$H_2C=CH_2$	$H-C\equiv C-H$
分子形狀	立體形	平面形	直線形
碳 - 碳鍵結形式	1σ	$1\sigma + 1\pi$	$1\sigma + 2\pi$
碳 - 碳鍵能 (kJ/mole)	331	590	812
碳 - 碳鍵長 (A°)	1.54	1.34	1.20

例題 3-15

試問右側化合物，有幾個 σ 與 π 鍵？

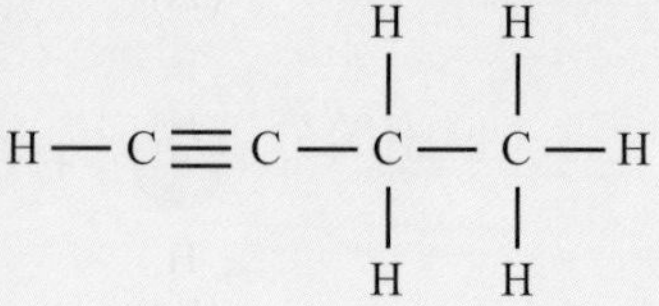

解

此化合物共有 1 個參鍵，
8 個單鍵，因此為 9 個 σ，2 個 π。

四、極性分子 (Polar molecule)

原子和原子之間因作用力結合，使能量降低形成化學鍵，如果形成鍵結的原子為不同的元素，其電負度不同造成對鍵結電子對的吸引力不同，電負度較高的元素對鍵結電子對的吸引力較大，故電負度較高的元素帶部分負電荷 (δ^-)，電負度較小的元素帶部分正電荷 (δ^+)，分子間的共價鍵之鍵結電子對非均勻分布，為極性共價鍵。極性共價鍵極性的方向為正電荷指向負電荷的方向，由兩個不同原子以極性共價鍵結合且形狀不對稱的多原子分子，偶極矩的向量和不為零，形成極性分子。例如：H_2O 中，每個 O － H 鍵的電子雲被拉向電負度較高的氧原子，因此分子為彎曲形，所以兩鍵之鍵矩向量和不為零，故 H_2O 為極性分子 (圖 3-22(a))。NH_3 也是極性分子 (圖 3-22(b))，分子為角錐形。

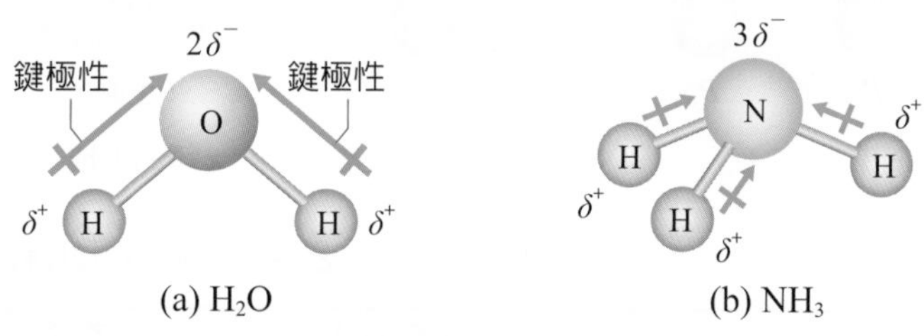

圖 3-22 極性分子 (a) H_2O、(b) NH_3

例題 3-16

下列何者是極性分子？

(A) BeH_2 (B) NH_3 (C) BF_3 (D) CH_4。

解 (B)

(A) (C) (D) 的合力均為零為非極性分子。

五、非極性分子 (Nonpolar molecule)

非極性分子可分為兩類，第一類分子內沒有極性鍵，此類分子由相同原子組成，電負度都相同，無極性。第二類分子雖然有極性鍵，但由於分子構形為幾何對稱，所以分子中各鍵矩的向量總和為O，分子無極性。例如：CO_2(直線形)、CCl(正四面體)等。

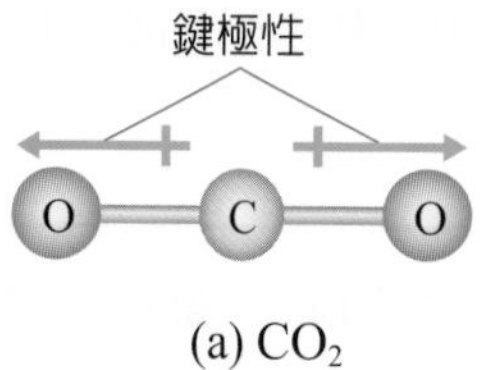

(a) CO_2

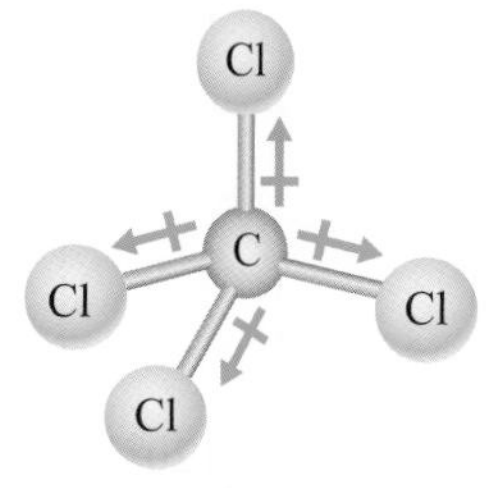

(b) CCl_4

圖 3-23 非極性分子
(a) CO_2、(b) CCl_4

常見的幾何形狀的對稱形分子：

1. 線形對稱分子：BeF_2、CO_2、I_3^-
2. 平面三角形對稱分子：BF_3、SO_3
3. 正四面體對稱形分子：CH_4、CCl_4
4. 雙三角錐對稱形分子：PCl_4、PF_5
5. 八面體對稱形分子：SF_6、SeF_6
6. 平面四方形對稱分子：XeF_4

例題 3-17

下列各分子哪一個為非極性分子？
(A) H_2O_2 (B) XeF_2 (C) CH_2Cl_2 (D) PH_3。

解 (B)

(B) F—Xe—F 直線形分子形狀對稱，合力為零，屬於非極性分子

(A) H—O—O—H 合力不為零，屬於極性分子

(C) CH_2Cl_2 (C 接 H、H、Cl、Cl) 合力不為零，屬於極性分子 (D) PH_3 (P 接 H、H、H) 合力不為零，屬於極性分子。

六、分子形狀與極性 (Molecular shape and polarity)

分子的三度空間形狀與分子極性、化學反應性有關。分子形狀由中心原子所結合的原子數量決定。依據價電子對排斥理論(VSEPR)、電子群間會相互排斥達最遠距離，以使分子位能最低最穩定。

預測分子形狀的步驟：

1. 畫出化合物的路易士結構(電子點符號)。

2. 計算中心原子所鍵結電子群數目 (包括鍵結原子數與未共用電子對數目)。

3. 對照表 3-5 混成軌域與幾何形狀的關係圖。

表 3-5　混成軌域與幾何形狀的關係圖

電子群	鍵角	鍵結原子數	未共用電子對數	分子或離子穩定的幾何形狀	實例
2	180°	2	0	直線形：	BeF_2、HCN、CO_2、N_2O、CS_2、$BeCl_2$、BeH_2
3	120°	3	0	平面三角形：	BF_3、BCl_3、SO_3、CO_3^{2-}、NO_3^-、HCHO
		2	1	角形：(或稱彎曲形)	O_3、SO_2、NO_2^-、$SnCl_2$、$PbCl_2$
4	109.5°	4	0	正四面體：	CH_4、CCl_4、NH_4^+、BF_4^-、SO_4^{2-}、PO_4^{2-}、ClO_4^-
		3	1	三角錐形：	NH_3、SO_3^{2-}、ClO_3^-、H_3O^+、PCl_3、PH_3
		2	2	角形：	H_2O、H_2S、OF_2、OCl_2、OBr_2、OI_2

練習

1. 下列哪些與共價鍵形成的條件無關？
   (A) 形成後必滿足八隅體　(B) 軌域會重疊　(C) 有半填滿或空價軌域可利用　(D) 能量必降低。

2. 附圖為氧分子的位能隨其原子間距離變化的關係圖，下列有關 O_2 分子之敘述，何者正確？

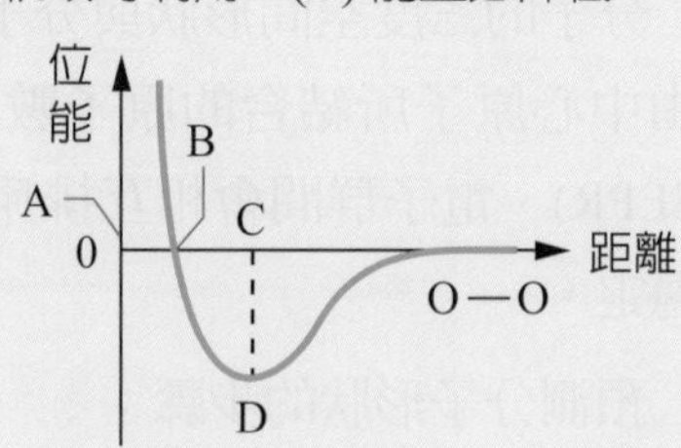

   (A) O 與 O 間距離為 $\overline{AC}$ 時，氧原子間的吸引力小於排斥力
   (B) O_2 的鍵能大小約等於 $\overline{CD}$
   (C) O_2 的鍵長約等於 $\overline{AB}$
   (D) O 與 O 間距離為 $\overline{AB}$ 時，氧原子間的吸引力恰等於排斥力。

3-7 凡得瓦力 (Van der Waals force)

化學鍵除了共價鍵、離子鍵與金屬鍵外，還有作用力較微弱的凡得瓦力與氫鍵。本節先討論凡得瓦力。

一、凡得瓦力的定義與種類 (The definition and types of van der Waals force)

分子以微弱的作用力互相靠在一起，稱為**凡得瓦力**。凡得瓦力又可分為三項：

1. **偶極－偶極力 (dipole-dipole interaction)**：偶極－偶極力為兩極性分子間之吸引力，藉分子之部分正負電荷發生微弱之吸引力，互近時會自動調整使不同極接近而互相吸引。此作用力可存在於固相、液相及氣相中，例如：HCl 分子間的作用力或 HF 分子間的作用力（圖 3-24）。

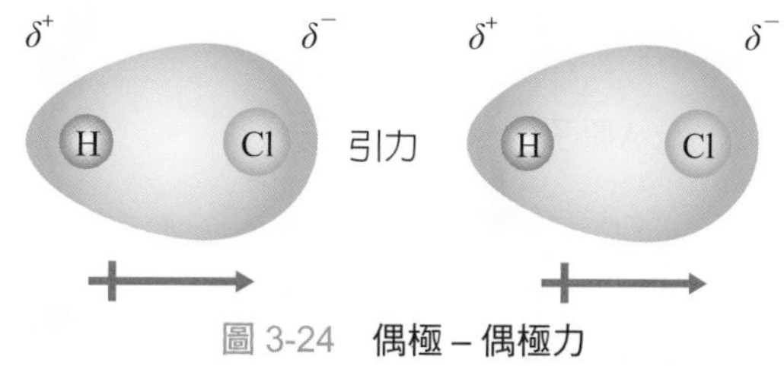

圖 3-24 偶極－偶極力

2. **偶極－誘導偶極力 (dipole-induced dipole interaction)**：極性分子與非極性分子間的吸引力。當極性分子接近非極性分子時，能使非極性分子的電荷分布產生極化，使正電荷中心與負電荷中心偏離而形成誘導偶極（圖 3-25），例如：HCl 與 Cl_2 間的作用力或 H_2O 與 O_2 間的作用力（圖 3-26）。

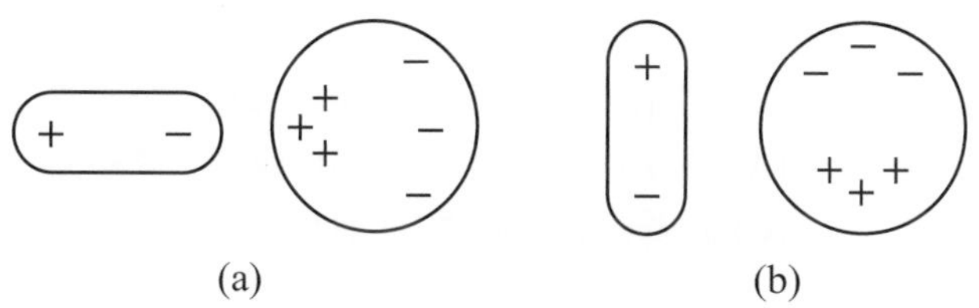

圖 3-25 偶極－誘導偶極力示意圖

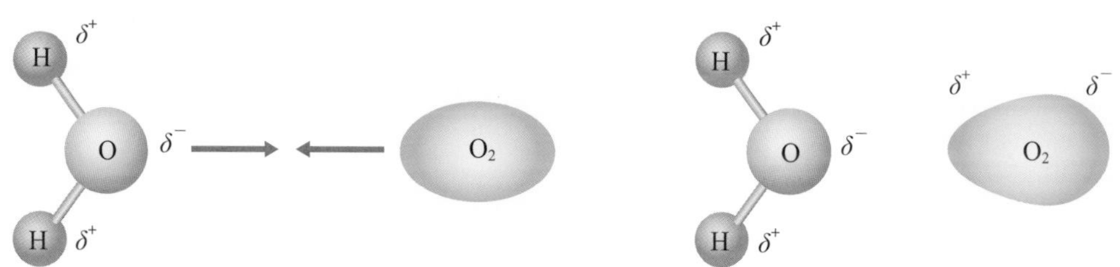

圖 3-26 H_2O 與 O_2 間的作用力

3. **誘導偶極－誘導偶極力**：非極性分子間的凡得瓦力，又稱為**分散力** (dispersion force)。兩非極性分子互近時，會造成電子分布不均，形成瞬間偶極，例如：He 和 He (圖 3-27)、CH_4 和 CH_4 分子間的作用力 (圖 3-28)。

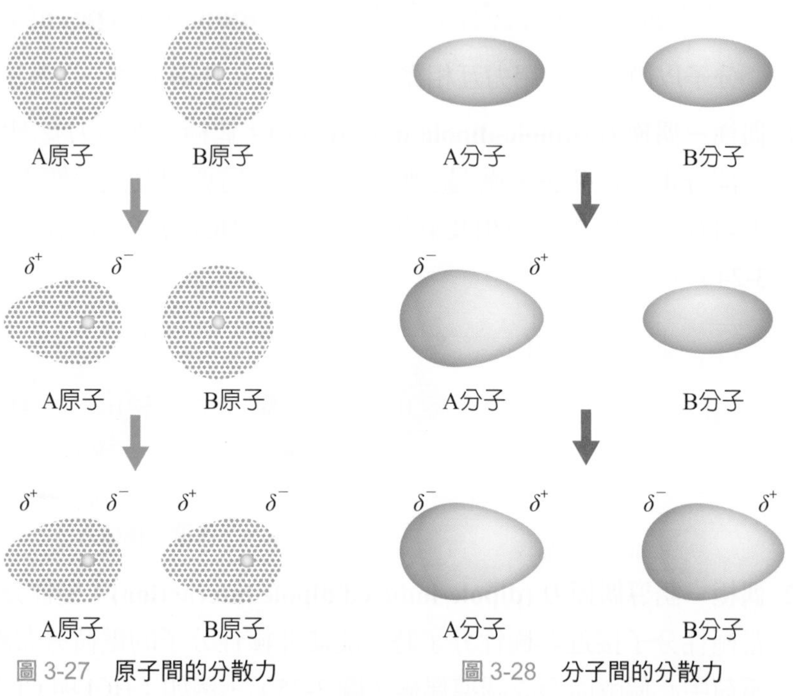

圖 3-27　原子間的分散力

圖 3-28　分子間的分散力

例題 3-18

氟甲烷 (CH_3F) 分子間的主要作用力為何？
(A) 分散力　(B) 偶極－偶極力
(C) 偶極－誘導偶極力　(D) 氫鍵。

解 (B)

(B) CH_3F 為極性分子，其分子間的作用為偶極－偶極力。

二、影響凡得瓦力大小的因素 (Factors which affect Van der Waals force)

影響凡得瓦力大小主要包含下列三個因素：

1. **總電子數多寡 (分子量的大小)：**非極性分子中，分子愈大，電子雲範圍愈廣，愈容易產生瞬間極化的現象，所以分子量愈大者，電子總數愈多，其分散力愈大。例如：He < Ne < Ar < Kr < Xe；$F_2 < Cl_2 < Br_2 < I_2$；乙烷 < 丙烷 < 正丁烷 (表 3-6)。

表 3-6 乙烷、丙烷、正丁烷分子量與沸點關係表

名稱	乙烷 (CH_3CH_3)	丙烷 ($CH_3CH_2CH_3$)	正丁烷 ($CH_3CH_2CH_2CH_3$)
結構式	H₃C—CH₃ 展開式：H—C(H)(H)—C(H)(H)—H	H—C(H)(H)—C(H)(H)—C(H)(H)—H	H—C(H)(H)—C(H)(H)—C(H)(H)—C(H)(H)—H
分子量	30	44	58
沸點	– 88℃	– 44.5℃	– 0.5℃

2. **分子的大小：**結構相似的分子，分子愈大者，接觸面積愈大，分散力愈大，其熔點和沸點愈高。例如：$CF_4 < CCl_4 < CBr_4 < CI_4$
3. **分子的形狀：**對同分異構物而言，分子鏈愈長，表面積愈大，分散力愈大，沸點愈高，例如：正戊烷 > 異戊烷 > 新戊烷；分子愈對稱，熔點愈高，例如：新戊烷 > 正戊烷 > 異戊烷(表 3-7)。

表 3-7 正戊烷、異戊烷、新戊烷分子形狀與沸點、溶點比較表

名稱	正戊烷	異戊烷	新戊烷
結構式	$CH_3—CH_2—CH_2—CH_2—CH_3$	$CH_3—CH(CH_3)—CH_2—CH_3$	$CH_3—C(CH_3)_2—CH_3$
沸點	36℃	28℃	9.5℃
熔點	– 129.8℃	– 159.9℃	– 18℃

例題 3-19

下列化合物，CH_4、SiH_4、GeH_4 及 SnH_4，其沸點依所列的順序由左向右漸增。這是因為這四個化合物的
(A) 氫鍵之強度不同 (B) 共價鍵之強度不同
(C) 偶極矩不同 (D) 凡得瓦力之大小不同。

解 (D)

(D) CH_4、SiH_4、GeH_4、SnH_4 均為非極性分子，故分子量大者分散力較大而沸點亦較高。

練習

1. 下列哪一分子的分散力最小？
   (A) HCl (B) HBr (C) HI (D) HF。
2. 下列物質何者熔點最高？
   (A) 正戊烷 (B) 異戊烷 (C) 新戊烷 (D) 正丁烷。
3. 影響凡得瓦力大小的主要因素為下列何者？
   (A) 壓力大小 (B) 溫度高低 (C) 分子大小 (D) 鍵能。
4. 有關正戊烷、異戊烷、新戊烷的敘述，何項正確？
   (A) 新戊烷為極性分子 (B) 新戊烷沸點最高
   (C) 異戊烷熔點最低 (D) 異戊烷易溶於水。
5. 新戊烷的沸點低於正戊烷的主要原因為何？
   (A) 新戊烷分子內總電子數目比正戊烷少
   (B) 新戊烷分子間的接觸面積較少
   (C) 正戊烷分子間會產生氫鍵
   (D) 正戊烷有較大的分子量。

3-8 氫鍵 (Hydrogen bond)

一、氫鍵的定義 (Definition of hydrogen bond)

當氫原子與氮 (N)、氧 (O)、氟 (F) 等高電負度的元素鍵結時，H 原子具正電性 (δ^+)，若與另一高電負度的原子 (N、O、F) 接近時，分子間即形成氫鍵 (圖 3-29)。鍵能的強度約 5 ～ 40 kJ/mol，比共價鍵、離子鍵和金屬鍵都弱，但比凡得瓦力強。

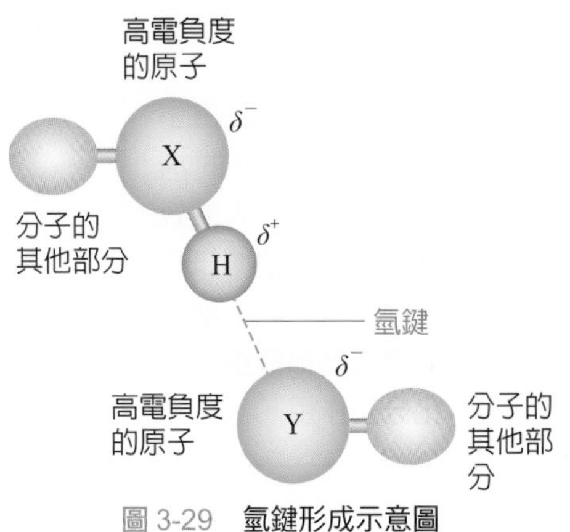

圖 3-29 氫鍵形成示意圖

二、氫鍵的種類 (Types of hydrogen bond)

氫鍵的種類主要有分子間氫鍵、分子內氫鍵兩種，分述如下：

1. 分子間氫鍵：通常發生於含 F － H、O － H 及 N － H 等極性共價鍵的分子間，例如：水、氨、氟化氫、醇類、羧酸類、胺類、醯胺類等。

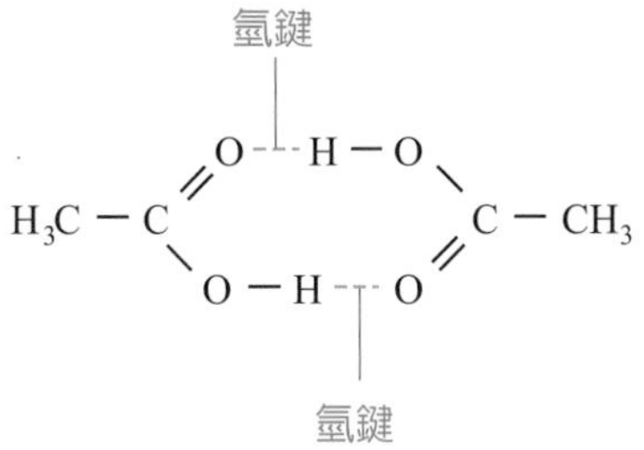

氫鍵

$H_3C - C$ … $C - CH_3$

氫鍵

圖 3-30 醋酸分子間氫鍵

2. 分子內氫鍵：氫鍵產生在同一分子內，通常以五～七邊形較能穩定存在。在有機化合物中，分子內氫鍵常產生於順式異構物，例如：順 – 丁烯二酸 (圖 3-31)。

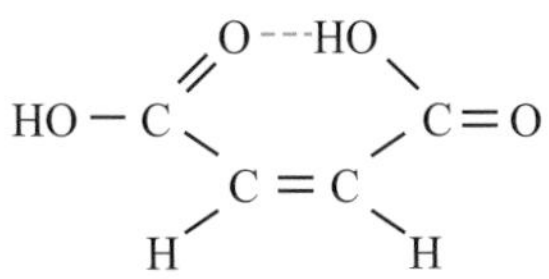

圖 3-31 順 – 丁烯二酸分子內氫鍵

例題 3-20

下列哪個分子沒有氫鍵？

(A) C_2H_6 (B) CH_3COOH (C) N_2H_4 (D) H_3PO_4。

解 (A)

(A) C_2H_6 只有碳原子和氫原子，因此無法形成氫鍵。

Life

少即是多！

氫鍵、凡得瓦力和疏水性作用力等微弱的分子間作用力，在生物體中，藉由生物分子間巧妙的構形，串聯出巨大的效應，主宰著遺傳訊息DNA、酵素反應、荷爾蒙調節等重要生化分子作用。

三、氫鍵的效應 (The effect of hydrogen bond)

分子間或分子內產生氫鍵，會使化合物原本的性質改變，可分為以下三點：

1. 熔點和沸點都會升高，例：HF > HI > HBr > HCl，在同分異構物中，有分子間氫鍵者沸點較高，例：反－丁烯二酸 > 順－丁烯二酸。
2. 若溶質分子能與溶劑分子形成氫鍵，則溶解度增大，因此低分子量的醇與羧酸及胺等均易溶於水。
3. 氫鍵愈多，分子物質的黏滯性增加，例：$C_3H_5(OH)_3$ (丙三醇，俗名：甘油) > $C_2H_4(OH)_2$ (乙二醇) > C_2H_5OH (乙醇)。

水分子的氫鍵也影響了水的性質，例如：水結冰體積變大、水的高表面張力、水的毛細現象。

例題 3-21

下列分子間作用力，對分子沸點的影響力何者最大？

(A) 偶極－偶極力 (B) 分散力 (C) 偶極－誘導偶極力 (D) 氫鍵。

解 (D)

(D) 分子間具有氫鍵者，都會使沸點大幅度的提高。

練習

1. 下列各化合物，何者沸點最高？
   (A) HBr (B) CH_4 (C) HF (D) HCl。
2. 氫鍵不具有下列哪項鍵的部分特性？
   (A) 共價鍵 (B) 金屬鍵 (C) 凡得瓦力 (D) 極性共價鍵。
3. 冰的晶體中，各粒子間不具有哪個作用力？
   (A) 氫鍵 (B) 共價鍵 (C) 分散力 (D) 離子鍵。
4. 下列哪些變化和氫鍵無關？
   (A) 水結冰時體積變大 (B) 水的沸點比 H_2S 高
   (C) 溴化氫的沸點比氯化氫高 (D) 雞蛋煮熟變硬。
5. 下列各種含氫的化合物中，何者含有氫鍵？
   (A) HCl (B) H_2O (C) CH_3F (D) NH_4Cl。

重點回顧

3-1 基本定律

1. 質量守恆定律：物質經過化學反應後，反應前各物質總質量等於反應後各物質總質量。
2. 定比定律：化合物無論其來源或製備方法如何，其組成的各成分元素的質量比恆為定值。
3. 倍比定律：兩種元素可形成兩種或兩種以上化合物時，在這些化合物中，若將其中一個元素的質量固定時，則另一個元素在不同化合物中的質量恆為一簡單的整數比。
4. 氣體反應體積定律：在同溫同壓下，氣體物質相互反應時，反應和生成的氣體體積間恆成簡單的整數比。
5. 亞佛加厥定律：同溫同壓時，同體積的任何氣體含有相同數目的分子。

3-2 化學式

1. 實驗式：又稱為簡式，表示組成物質的原子種類和原子數簡單整數比的化學式。
2. 分子式：表示組成物質的原子種類和實際原子數目的化學式。
3. 分子量是純物質的分子中，各原子的原子量總和。
4. 結構式：表示組成物質的原子種類、原子數目及結合 (排列) 情形的化學式。
5. 示性式：表示組成物質的原子種類、數目以及官能基而簡示其特性的化學式。
6. 電子點式：表示元素或化合物之原子種類、原子數目、原子與原子間的化學鍵結情形。

3-3 化學鍵

1. 當原子結合成穩定的分子時，原子間必有作用力的存在，這種原子間的作用力，稱為化學鍵。
2. 化學鍵中能量較強的有共價鍵、離子鍵及金屬鍵；能量較弱的有氫鍵、凡得瓦力等。
3. 共價鍵鍵長判斷：鍵結原子的半徑愈大，鍵長也愈長；同週期的元素，電負度相差愈大，鍵長也就愈短。
4. 鍵能大小與鍵長剛好相反，鍵長愈長其鍵能愈小，鍵長愈短其鍵能愈大。

3-4 離子鍵與離子固體

1. 組成原子間發生電子轉移，產生帶相反電荷的陰離子和陽離子，彼此以庫侖靜電力相互吸引，產生鍵結，稱為離子鍵。
2. 離子固體以實驗式表示而非分子式。在常溫時，為固體結晶，具有高熔點、高沸點。

3-5 金屬鍵與金屬固體

1. 金屬本身可視為晶格上的金屬陽離子，被淹沒於自由電子所形成的電子海內，藉由自由電子將金屬原子結合在一起的吸引力，稱為金屬鍵。
2. 決定金屬鍵強弱的因素包含：
   (1) 金屬陽離子的核電荷愈多 (原子序愈大)，受原子核引力愈大，金屬鍵愈強。
   (2) 原子半徑愈小，金屬鍵愈強。
   (3) 原子堆積形式。
3. 金屬晶體的特性：
   (1) 有金屬光澤。
   (2) 熱及電的優良導體。
   (3) 延展性大。

3-6 共價鍵與共價分子、網狀固體

1. 兩原子以共用電子對的方式所形成的吸引力，稱為共價鍵。
2. 網狀共價固體原子間均以共價鍵鍵結而形成連續性延伸的結構，原子間結合力非常強，因此熔點及沸點極高。

3-7 凡得瓦力

1. 分子以微弱的作用力互相靠在一起，稱為凡得瓦力。
2. 凡得瓦力又可分為三項：
   (1) 偶極 – 偶極力：偶極 – 偶極力為兩極性分子間之吸引力。
   (2) 偶極 – 誘導偶極力：極性分子與非極性分子間的吸引力。
   (3) 誘導偶極 – 誘導偶極力：非極性分子間的凡得瓦力，又稱為分散力。
3. 影響凡得瓦力大小主要包含下列三個因素：
   (1) 總電子數多寡 (分子量的大小)。
   (2) 分子的大小。
   (3) 分子的形狀。

3-8 氫鍵

1. 當氫原子與氮、氧、氟等高電負度的元素鍵結時，H 原子具正電性，若與另一高電負度的原子接近時，分子間即形成氫鍵。
2. 氫鍵的種類：
   (1) 分子間氫鍵：氫鍵產生在兩分子之間。
   (2) 分子內氫鍵：氫鍵產生在同一分子內。
3. 分子間或分子內產生氫鍵，會造成熔點和沸點升高、溶解度增大及黏滯性愈大。

Chapter

4

化學反應與計量化學

Chemical reaction and stoichiometry

欲了解一個化學反應的產率首先必須知道正確的化學反應式，並利用反應式的係數關係求得理論的產量。實際與理論產量的差異是化學工業上相當重視的數值，攸關一個反應在實際應用上的價值。

此外，化學反應通常也伴隨著熱量的變化，吸熱或放熱也是反應進行時重要的考量因素。洋芋片富含油脂，點燃可產生熊熊的火焰。燃燒時所放出的熱量，即為燃燒熱。

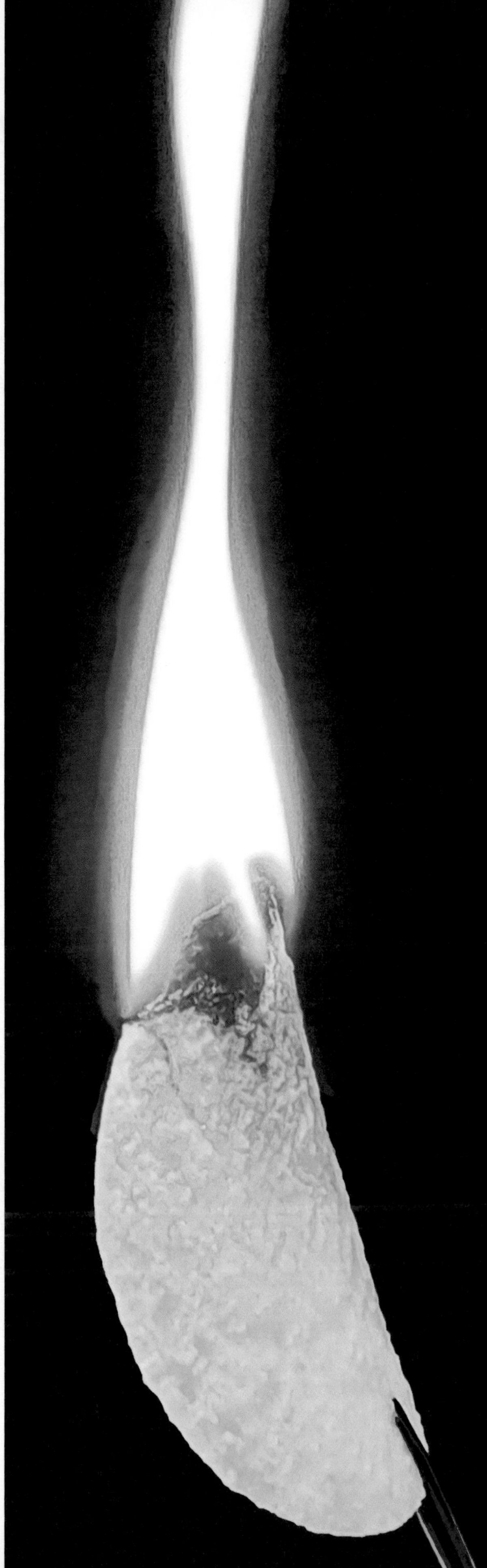

4-1 反應的種類 (The type of reactions)

物質發生化學反應，能產生不同產物及能量變化，可將化學反應的情形歸納出四種類型。

一、結合反應 (Combination reactions)

由兩種或兩種以上物質生成另一物質的反應，即 A + B → AB，稱為**結合反應**。

例

$$N_{2(g)} + 3H_{2(g)} \rightarrow 2NH_{3(g)}$$

$$2Mg_{(s)} + O_{2(g)} \rightarrow 2MgO_{(s)}$$

二、分解反應 (Decomposition reactions)

由一種物質反應生成兩種或兩種以上其他物質的反應，即 AB → A + B，稱為**分解反應**。

例

$$CaCO_3 \xrightarrow{\Delta} CaO + CO_2$$

$$2H_2O_2 \xrightarrow{MnO_2} 2H_2O + O_2$$

三、單取代反應 (Single replacement reactions)

由一種元素單質和一種化合物起反應，生成另一種單質和另一種化合物的反應，即 A + BC → AC + B，稱為**單取代反應**，又稱為置換反應。

例

$$Cl_2 + 2NaBr \rightarrow 2NaCl + Br_2$$

$$Zn + H_2SO_4 \rightarrow ZnSO_4 + H_2$$

$$2AgNO_3 + Cu \rightarrow Cu(NO_3)_2 + 2Ag$$

四、雙取代反應 (Double replacement reactions)

由兩種化合物互相交換成分，生成另兩種化合物的反應，或兩種電解質互相交換離子，生成兩種新的電解質的反應，此類的反應通常是在水溶液中進行，即 AB + CD → AD + CB，稱為**雙取代反應**。

例

$$BaCl_2 + H_2SO_4 \rightarrow BaSO_4 + 2HCl$$

$$Pb(NO_3)_2 + 2NaI \rightarrow PbI_2 + 2NaNO_3$$

$$2NaOH + CO_2 \rightarrow Na_2CO_3 + H_2O$$

例題 4-1

反應式 $NaHCO_3 + H_2SO_4 \rightarrow NaHSO_4 + CO_2 + H_2O$ 為何種類型的反應？

解

$NaHCO_3$、H_2SO_4 互相交換成分，生成 $NaHSO_4$、CO_2、H_2O，因此屬於雙取代反應。

練習

1. $CuSO_4 + 5H_2O \rightarrow CuSO_4 \cdot 5H_2O$ 屬於何種反應？
2. $CH_3COOH + NaCl \rightarrow CH_3COONa + HCl$ 屬於何種反應？
3. $2H_2O_{2(l)} \rightarrow 2H_2O_{(l)} + O_{2(g)}$ 屬於何種反應？
4. $Mg_{(s)} + NiCl_{2(aq)} \rightarrow MgCl_{2(aq)} + Ni_{(s)}$ 屬於何種反應？

將鋅塊鎖在船底，防止鐵生鏽，也是一種結合反應（鋅的氧化反應）。

4-2 化學反應式的意義與平衡 (The meaning and equilibrium of chemical reactions)

要表達一個化學反應可以將反應寫成化學反應式，透過化學反應式可以顯示反應物與生成物的狀態與化學計量間的關係。

一、化學反應式的寫法 (The writing of chemical equations)

化學反應式的寫法必須根據實驗事實，不可憑空臆測。化學反應式的寫法準則如下幾點：

1. 寫出反應物和生成物的分子式，中間以箭頭 (→) 連接，若反應物或生成物不只一種，則以加號 (＋) 連接。
2. 單向箭頭 " → "，表示反應只能向右進行。雙向箭頭 " $\rightleftharpoons$ "，表示反應是可逆的，可雙向進行。
3. 寫明反應條件，例如：電解、溫度、壓力、催化劑等，寫於箭頭上方或下方。

例 $CaCO_{3(s)} \xrightarrow{\Delta} CaO_{(s)} + CO_{2(g)}$

$$N_{2(g)} + 3H_{2(g)} \xrightarrow[500\ ^\circ C,\ 100\sim1000\ atm]{Fe\ 及\ K_2O,\ Al_2O_3} 2NH_{3(g)}\ (哈柏法)$$

4. 註明反應物與生成物的狀態，(s) 表示固態、(l) 表示液態、(g) 表示氣態、(aq) 表示水溶液 (aqueous)。
5. 利用原子不滅和電荷不滅來平衡反應式。

二、化學反應式的意義 (The meaning of chemical reactions)

化學反應式中的係數可以表示反應物與生成物間分子數的關係、莫耳數的關係及體積關係 (僅限氣體)。比較化學反應式中，分子數、莫耳數比、體積比與質量比，如表 4-1 所示：

表 4-1 反應式係數與莫耳數的關係式

	$2H_{2(g)}$ +	$O_{2(g)}$ →	$2H_2O_{(g)}$
分子數比	2	1	2
	$2\ (6\times10^{23})$ 個分子	6×10^{23} 個分子	$2\ (6\times10^{23})$ 個分子
莫耳數比	2	1	2
體積比 (同溫同壓)	2	1	2
質量比	2 (2.02) = 4.04	32	2 (18.02) = 36.04

三、平衡化學反應式 (The balancing of chemical equations)

在化學反應式中，各化學式前加係數，使反應物的原子種類、數目與產物的相同，符合原子不滅和質量守恆定律。一般平衡化學反應式常見的觀察法舉例如下：

1. 選擇兩邊都出現一次的原子，且原子數目較多的物種將其係數定為 1。
2. 依原子不滅定律決定其餘物種係數，若為離子反應式再以電荷不滅處理。
3. 係數化為最簡單整數表示。

例 平衡 $CH_4 + O_2 \rightarrow CO_2 + H_2O$

① 平衡 C：$1CH_4 + O_2 \rightarrow 1CO_2 + H_2O$

② 平衡 H：$1CH_4 + O_2 \rightarrow 1CO_2 + 2H_2O$

③ 平衡 O：$1CH_4 + 2O_2 \rightarrow 1CO_2 + 2H_2O$

④ 係數平衡完成：$CH_4 + 2O_2 \rightarrow CO_2 + 2H_2O$

例題 4-2

平衡下列反應式：$K_2Cr_2O_7 + HCl \rightarrow KCl + CrCl_3 + Cl_2 + H_2O$，最簡單係數總和為多少？

解

$K_2Cr_2O_7 + HCl \rightarrow KCl + CrCl_3 + Cl_2 + H_2O$

① 平衡 Cr：$1K_2Cr_2O_7 + HCl \rightarrow 2KCl + 2CrCl_3 + Cl_2 + 7H_2O$

② 平衡 H：$1K_2Cr_2O_7 + 14HCl \rightarrow 2KCl + 2CrCl_3 + Cl_2 + 7H_2O$

③ 平衡 Cl：$1K_2Cr_2O_7 + 14HCl \rightarrow 2KCl + 2CrCl_3 + 7Cl_2 + 7H_2O$

練習

1. 利用觀察法平衡下列反應式：
   (1) $N_2H_4 + N_2O_4 \rightarrow N_2 + H_2O$
   (2) $NH_3 + O_2 \rightarrow NO + H_2O$
   (3) $P_4O_6 + H_2O \rightarrow H_3PO_3$
2. 乙烷 (C_2H_6) 與氧氣完全燃燒可生成二氧化碳與水，上述反應式平衡後之最簡係數和為多少？
3. 平衡化學反應式 $P_4O_{10} + H_2O \rightarrow H_3PO_4$ 後，係數總和為多少？
4. $xK_2Cr_2O_7 + yH_2SO_4 + 3CH_3CH_2OH \rightarrow 2Cr_2(SO_4)_3 + zK_2SO_4 + 3CH_3COOH + 11H_2O$，x、y、z 的值分別為何？

4-3 莫耳 (Mole)

無論是原子或是分子都是很小的粒子，用來表示物質所含原子或分子的數值都會相當大，因此需要使用其他的計量單位來表示。

莫耳是化學物質的計量單位之一，為了方便原子或分子等化學物質的計量，有時也可用來計算巨量的離子、電子或其他粒子。

經由密立坎的油滴實驗以及布拉格 (William Bragg) 利用 X 射線測定晶體結構，求出 1 莫耳含有 6.02×10^{23} 個粒子，這個數字稱為**亞佛加厥常數** (Avogadro's numbers)。亞佛加厥常數以 N_A 表示，即 $N_A = 6.02 \times 10^{23}\ mol^{-1}$，即一莫耳的原子 = 6.02×10^{23} 個原子、一莫耳的分子 = 6.02×10^{23} 個分子。原子的原子量可以表示為一莫耳原子的質量，其單位為克，稱為**莫耳質量** (molar mass)。

莫耳數的計算方式可用下列兩種方式求得：

1. $莫耳數 = \dfrac{原子數或分子數}{6.02 \times 10^{23}}$　　2. $莫耳數 = \dfrac{重量}{分子量或原子量}$

例題 4-3

下列各數量的物質，何者含有最多量的原子總數？
(C = 12、N = 14、O = 16)
(A) 6.02×10^{23} 個水分子
(B) 0.6 莫耳的二氧化碳
(C) 8 克臭氧 (O_3)
(D) 56 amu 的氮氣。

解 (A)

(A) $6.02 \times 10^{23} \times 3 = 1.806 \times 10^{24}$ 個原子

(B) $0.6\ mol \times 6.02 \times 10^{23} \times 3 = 1.083 \times 10^{24}$ 個原子

(C) $\dfrac{8}{48} \times 6.02 \times 10^{23} \times 3 = 3.01 \times 10^{23}$ 個原子

(D) $\dfrac{56}{28} = 2$ 個原子

練習

1. 氬之原子量為 40，則下列敘述何者不正確？
   (A) 1 個氬原子質量約為 6.67×10^{-23} 克　(B) 1 個氬原子質量為 1 amu
   (C) 氬原子一莫耳為 40 克　(D) 1 克分子氬氣為 40 克。
2. 下列物質的原子總數為多少？ (C = 12、N = 14、O = 16)
   (1) 1.0 莫耳的二氧化碳　(2) 44g 一氧化二氮 (N_2O)　(3) 960 amu 的臭氧。
3. 下列物質的原子總數為多少？ (H = 1、C = 12、N = 14、O = 16)
   (1) 1.2 莫耳的氫氣　(2) 3.01×10^{23} 個氨分子 (NH_3)　(3) 48 amu 的 ^{12}C 原子　(4) 3 克的水分子。
4. 已知在標準溫壓 (STP) 下，每莫耳氣體的體積為 22.4 升，下列何者所含的分子數最多？(H = 1、C = 12、N = 14、O = 16、Cl = 35.5)
   (1) 35.5 克的 $C1_2$ 分子　(2) STP 時，22.4 升 NH_3　(3) 25 克 CH_3COCH_3。

NOTE

4-4 化學反應中的質量關係 (Mass relation in chemical reactions)

研究化學反應中的質量關係稱為**化學計量** (stoichiometry)。無論物質經過何種化學變化，反應前各物質的總質量恆等於反應後各物質之總質量，即化學反應遵守質量守恆定律。

一、化學計量流程 (Stoichiometric process)

化學計量的流程為先寫出化學反應式並且平衡係數，再將已知量 (質量、粒子數、體積) 換算成莫耳數。依反應式係數求出待求物質的莫耳數，再將求得莫耳數換算成所求的量 (質量、粒子數、體積)，如圖 4-1 所示。

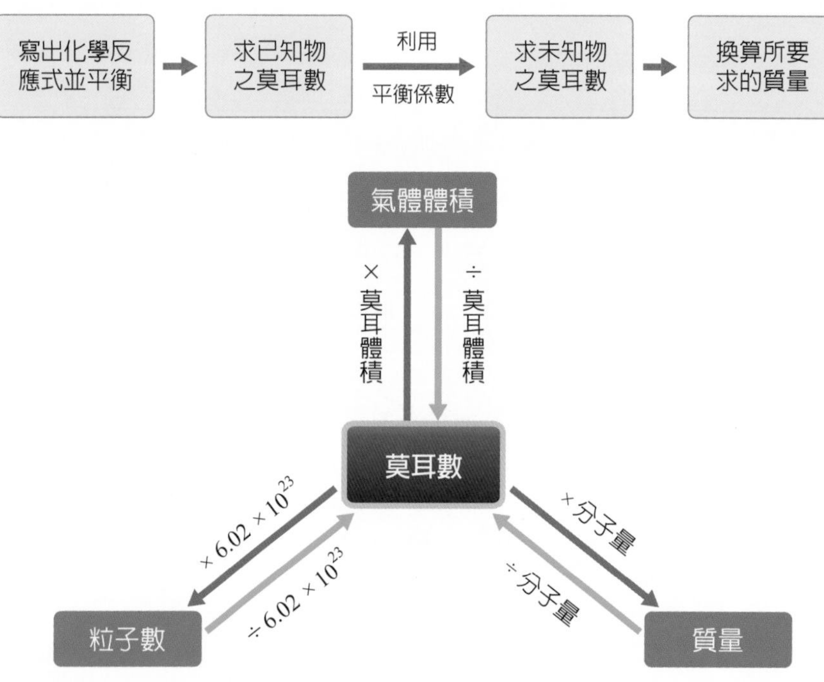

圖 4-1　化學計量流程

二、限量試劑與產量百分率 (Limiting reagent and yield percentage)

化學反應中完全用盡的反應物量可決定生成物的生成量及其他反應物的消耗量，此種限制生成量的反應物試劑稱為**限量試劑** (limiting reagents)。限量試劑的判斷方法可將反應物的莫耳數除以反應式中的係數，其值最小者為限量試劑。

化學反應中，當其他反應物消耗盡時，本身還有剩下的反應物，稱為**過量試劑** (excess reagents)。

產量百分率 (yield percentage) 又可簡稱為產率，為化學反應所得的實際產量除以理論產量。

$$\text{產量百分率：}\frac{\text{實際產量}}{\text{理論產量}}\times 100\%$$

例題 4-4

銀飾在硫化氫存在的空氣中發生下列反應：

$4Ag + 2H_2S + O_2 \rightarrow 2Ag_2S + 2H_2O$，則取 10.8 克的銀，3.40 克的硫化氫和 3.2 克的氧之混合物完全反應，則：

(1) 何者為限量試劑？

(2) 若完全反應後，可得多少克之 Ag_2S？

(3) 若實際的產量為 9.92 克，其產率為何？

(Ag = 108，S = 32，H = 1，O = 16)

解

(1) $4Ag + 2H_2S + O_2 \rightarrow 2Ag_2S + 2H_2O$

$\frac{10.8}{108}：\frac{3.40}{34}：\frac{3.2}{32} = 0.1\text{ mol}：0.1\text{ mol}：0.1\text{ mol}$

將 Ag、H_2S、O_2 的莫耳數除以係數，最小者為限量試劑，

Ag：$\frac{0.1}{4}$、H_2S：$\frac{0.1}{2}$、O_2：$\frac{0.1}{1}$，Ag 的值最小，為限量試劑。

(2) Ag 與 Ag_2S 的係數比 = 莫耳數比 = 4：2

所以可得 Ag_2S：$0.05\text{ mol}\times 248\text{ g} = 12.4\text{ g}$

(3) 產率：$\frac{9.92}{12.40}\times 100\% = 80\%$

三、原子利用率 (Atom utilization)

在化學新知不斷的創新過程中，科學家也著重於達到永續發展與綠色化學的概念，**原子經濟** (atom economy) 的理論也逐漸發展。原子經濟又稱**原子利用率**，在製程反應中，充分利用反應原料中的每個原子，實現零排放的理想，原子經濟是判定化學反應轉換效率的指標，其計算方法是將欲得到的產物 (desired product) 總質量除以反應物或生成物的總質量。

$$原子經濟百分比 = \frac{欲得產物總質量}{生成物總質量} \times 100\%$$

例題 4-5

光合作用為植物製造養分的重要反應。其化學反應式為

$$6H_2O + 6CO_2 \xrightarrow{照光} C_6H_{12}O_6 + 6O_2$$

試問此反應式之原子效率為何？ ($C_6H_{12}O_6 = 180$，$O_2 = 32$)

解

$$原子利用率 = \frac{180\times1}{180\times1+32\times6}\times100\% = 48.4\%$$

練習

1. 取 24 克的 H_2 與 56 克的 N_2 發生化學反應得到產物 NH_3，下列敘述何者正確？(H ＝ 1，N ＝ 14)
   (A) 反應會得到 80 克 NH_3　(B) H_2 與 N_2 皆完全反應用盡
   (C) H_2 為限量試劑　(D) 若實際僅產 10.2 克的 NH_3，則此反應的產率為 15%。
2. 21.6 克銀、5.1 克硫化氫和 6.4 克氧混合，依化學反應式 $Ag + H_2S + O_2 \rightarrow Ag_2S + H_2O$（未平衡）進行反應，下列敘述何者正確？(Ag ＝ 108，S ＝ 32，O ＝ 16，H ＝ 1)
   (A) 反應式平衡後最簡單的整數係數和為 10　(B) 限量試劑是 H_2S
   (C) 反應完成需消耗掉 0.2 莫耳氧氣　(D) 可生成 Ag_2S 24.8 克。
3. 足量的碳酸鈣與 0.6 莫耳的 HCl 反應，反應式：$CaCO_{3(s)} + 2HCl_{(aq)} \rightarrow CaCl_{2(aq)} + CO_{2(g)} + H_2O_{(l)}$，於 STP 下最多可產生多少升 $CO_{2(g)}$？（註：STP 下每莫耳氣體為 22.4 升）
4. 火箭中的燃料肼 (N_2H_4) 與氧化劑 (N_2O_4) 進行作用後生成氮氣與水。則 4.8 克的肼與 4.6 克的四氧化二氮完全作用後，會生成氮氣多少克？(H ＝ 1，N ＝ 14，O ＝ 16)
5. 將 2.00 克氫和 10.00 克氧混合，點火充分反應後可產生多少克的水？(H ＝ 1，O ＝ 16)

4-5 熱含量 (Heat content)

一、熱量單位 (Heat unit)

熱量常用的單位包含：卡 (cal)、焦耳 (J)、英熱單位 (British thermal unit，簡稱 BTU)。使 1 克的水溫度升高 1°C 所需的熱量稱為 1 卡 (cal)；1 仟卡 (kcal) = 1 大卡 = 1000 卡。以 1 牛頓的力作功 1 公尺所需的能量定義為 1 焦耳；1 卡 = 4.2 焦耳。另一個常見的英制單位是在 1 大氣壓下使 1 磅的水溫度升高 1 °F 所需的熱量稱為 1 BTU，1 BTU = 252 卡。

通常討論一般熱量時較常使用卡與焦耳做為單位，而討論冷氣機、電熱器與熱交換器的熱量時則以 BTU 為單位。

二、熱含量 (Heat content)

定溫定壓下，儲存於各種物質的能量稱為**熱含量**，又稱為**焓** (enthalpy)，通常以符號 H 表示。熱含量與溫度、壓力及狀態有關，且僅能測其變化值 (即反應熱)，而無法測其絕對值，僅能測得相對值。例如：1 克 1 °C 的水之熱含量比 1 克 0 °C 的水多 1 卡，但無法確知 1 克 1 °C 的水究竟有多少熱含量。

熱力學上常以 1 atm、25 °C 作為標準狀態，此狀態下的熱含量稱為標準熱含量或標準焓，以 H° 表示。

三、反應熱 (Heat of reaction)

化學反應過程一定會牽涉舊化學鍵的破壞和新化學鍵的形成，破壞化學鍵需要吸收能量，而形成化學鍵則會放出能量，因此化學反應過程必定有能量的吸收或釋放，稱為反應熱。其他如物理變化、溶液稀釋或混合等過程也會有能量之吸收或釋放，因此也有反應熱。

反應前後的熱含量變化，稱為此反應的反應熱，通常以 ΔH 表示，ΔH 可能為正值或負值。反應熱即產物熱含量總和減去反應物熱含量總和。

若一化學反應，產物熱含量總和比反應物熱含量總和大 (圖 4-2)，即由低能量的物質變成高能量的物質，反應熱為正值 ($\Delta H > 0$)，表示其為吸熱反應，反應後周遭溫度會降低。

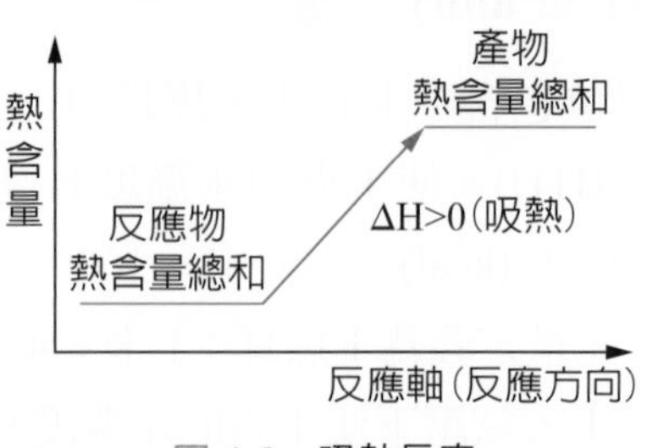

圖 4-2　吸熱反應

若一化學反應，產物熱含量總和比反應物熱含量總和小 (圖 4-3)，即由高能量的物質變成低能量的物質，反應熱為負值 ($\Delta H < 0$)，表示其為放熱反應，反應後周遭溫度會升高。

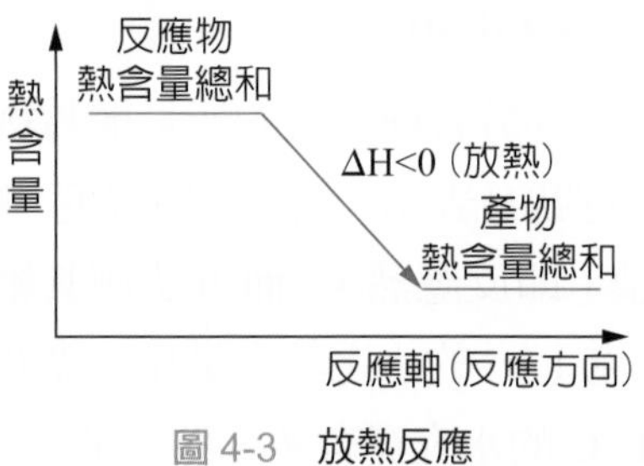

圖 4-3　放熱反應

例題 4-6

下列有關反應熱之敘述，何者正確？

(A) 反應熱為分子動能變化的表現

(B) 如果反應熱為正值，則為吸熱反應，該反應不可能發生

(C) 反應熱的標準狀態是 0 °C、1 atm，符號記作 H°

(D) 反應熱即產物熱含量總和減去反應物熱含量總和。

解 (D)

(A) 反應熱為分子位能變化的表現。

(B) 吸熱或放熱反應在日常生活中，均可發生。

(C) 標準狀態是 25 °C、1 atm，符號記作 $\Delta H°$。

四、熱化學反應式的寫法 (The writing of thermochemical equation)

化學反應式中，標示所有物質的狀態，固態以 s 表示、液態以 l 表示、氣態以 g 表示、水溶液以 aq 表示。並將此反應的反應熱 (ΔH) 列於化學反應式中，此種反應式的寫法稱為熱化學反應式。

熱化學反應式的寫法如下所示：

1. 將反應熱數值直接列入反應式：

$$C_2H_{6(g)} + \frac{7}{2}O_{2(g)} \rightarrow 2CO_{2(g)} + 3H_2O_{(g)} + 1427.6\ kJ$$ (放熱反應)

$$2CO_{2(g)} + 3H_2O_{(g)} + 1427.6\ kJ \rightarrow C_2H_{6(g)} + \frac{7}{2}O_{2(g)}$$ (吸熱反應)

2. 將反應熱 ΔH 值與反應式併記：

$$C_2H_{6(g)} + \frac{7}{2}O_{2(g)} \rightarrow 2CO_{2(g)} + 3H_2O_{(g)} \quad \Delta H = -1427.6\ kJ$$ (放熱反應)

$$2CO_{2(g)} + 3H_2O_{(g)} \rightarrow C_2H_{6(g)} + \frac{7}{2}O_{2(g)} \quad \Delta H = +1427.6\ kJ$$ (吸熱反應)

五、熱化學反應式的特性 (The characteristics of thermochemical equation)

反應熱和反應物的莫耳數呈正比。故熱化學反應式乘以 n 倍，ΔH 值變為原來的 n 倍，例如：

$$H_{2(g)} + \frac{1}{2}O_{2(g)} \rightarrow H_2O_{(l)} \quad \Delta H = -285.8\ kJ$$

$$2H_{2(g)} + O_{2(g)} \rightarrow 2H_2O_{(l)} \quad \Delta H = (-285.8) \times 2 = -571.6\ kJ$$

反應式逆寫，反應熱與原來同值異號，吸熱變放熱，放熱變吸熱，例如：

$$H_{2(g)} + \frac{1}{2}O_{2(g)} \rightarrow H_2O_{(l)} \quad \Delta H = -285.8\ kJ$$

$$H_2O_{(l)} \rightarrow H_{2(g)} + \frac{1}{2}O_{2(g)} \quad \Delta H = +285.8\ kJ$$

例題 4-7

關於石墨完全燃燒熱化學反應式：

$C_{(s)} + O_{2(g)} \rightarrow CO_{2(g)}$，$\Delta H = -394$ kJ，下列敘述何者正確？

(A) 上式反應為吸熱反應，反應熱為 −394 kJ/mol

(B) 石墨加氧氣的位能比二氧化碳的位能低 394 kJ/mol

(C) 1 莫耳石墨燃燒放熱 394 kJ

(D) 反應物較生成物穩定。

解 (C)

(A) $\Delta H < 0$，為放熱反應。

(B) 放熱反應表示反應物的位能高於生成物的位能，因此石墨加氧氣的位能比二氧化碳的位能高 394 kJ/mol。

(D) 生成物的位能較低，較穩定。

練習

1. 下列有關反應熱的敘述，何者正確？
   (A) 反應放出 100 千焦的熱量，則反應熱可表示為：$\Delta H = 100$ 千焦 (B) 反應熱為負值，表示產物熱含量較反應物低
   (C) 反應熱為正值，表示為放熱反應 (D) 反應熱為正值，表示反應物熱含量較產物高。
2. 下列有關反應熱的敘述，何者正確？
   (A) 反應熱和起始狀態、最終狀態及物質變化的途徑有關
   (B) 同一可逆反應中，正反應和逆反應之反應熱大小相等，符號相反 (C) 反應熱的標準狀態是 25 K、1 atm，符號記作 H°
   (D) 如果反應熱為正值，則為吸熱反應，該反應不可能發生。
3. 下列圖形中，何者為可以表示 $H_2O_{(l)}$ 變成 $H_2O_{(g)}$ 之熱含量變化簡圖？（橫軸代表變化過程，縱軸代表熱含量）

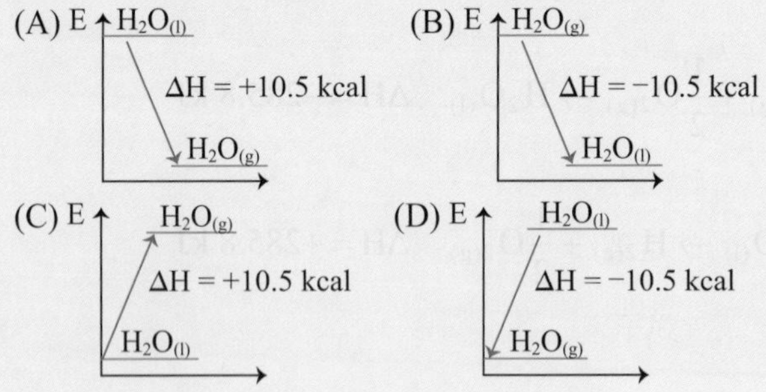

4-6 反應熱的種類 (The types of heat of reaction)

一、莫耳生成熱 (Molar heat of formation)

一莫耳化合物由其成分元素生成時所吸收或放出的熱量，稱為**莫耳生成熱**，簡稱生成熱。在 1 atm、 25°C 下測得的生成熱，稱為標準莫耳生成熱。

元素生成熱訂為 0。如果同一元素有同素異形體時，以最穩定或最常見的狀態訂其標準莫耳生成熱為 0，例如硫有斜方硫與單斜硫等同素異形體，但以斜方硫最穩定。磷有黃磷、赤磷等同素異形體，其中黃磷較常見。碳有石墨與鑽石兩種同素異形體，但石墨最穩定。因此斜方硫、黃磷、石墨的標準莫耳生成熱為 0。此外，莫耳生成熱低代表該物質較穩定。

二、莫耳燃燒熱 (Molar heat of combustion)

一莫耳可燃物質完全燃燒時所放出的熱量，稱為**莫耳燃燒熱**，簡稱燃燒熱。在 1 atm、25°C 下測得的燃燒熱稱為標準莫耳燃燒熱。金屬或非金屬元素在空氣中燃燒，通常都是與氧結合而形成氧化物，而有機化合物完全燃燒的生成物為水與二氧化碳。莫耳燃燒熱高代表該物質有較高的能量，適合做為燃料使用。

例題 4-8

下列化學反應的 ΔH，何者符合莫耳燃燒熱的定義？

(A) $C_{(s)} + O_{2(g)} \rightarrow CO_{2(g)} \quad \Delta H_1$

(B) $2H_{2(g)} + O_{2(g)} \rightarrow 2H_2O_{(l)} \quad \Delta H_2$

(C) $\frac{1}{2}CH_{4(g)} + O_{2(g)} \rightarrow \frac{1}{2}CO_{2(g)} + H_2O_{(l)} \quad \Delta H_3$

(D) $\frac{1}{2}N_{2(g)} + \frac{1}{2}O_{2(g)} \rightarrow NO_{(g)} \quad \Delta H_4$。

解 (A)

(B) 莫耳燃燒熱的定義為一莫耳的物質完全燃燒，因此 H_2 的係數應為 1，正確式子應為 $H_{2(g)} + \frac{1}{2}O_{2(g)} \rightarrow H_2O_{(l)} \quad \Delta H_2$。

(C) CH_4 的係數應為 1，正確式子應為
$CH_{4(g)} + 2O_{2(g)} \rightarrow CO_{2(g)} + 2H_2O_{(l)} \quad \Delta H_3$。

(D) N_2 完全燃燒的產物應為 NO_2，正確式子應為
$N_{2(g)} + 2O_{2(g)} \rightarrow 2NO_{2(g)} \quad \Delta H_4$。

三、反應熱與狀態的關係 (The relation between heat of reaction and state of matter)

相同的物質但不同相態時，含有不同的能量。例如：液態水加熱會變成水蒸氣，水和水蒸氣的化學式相同，但兩者的熱含量不同，水蒸氣的莫耳熱含量比液態水高 40.8 kJ，以熱化學反應式表示：$H_2O_{(l)} \rightarrow H_2O_{(g)} \quad \Delta H = +40.8\ kJ$

練習

1. 藉由熱化學反應式，無法表達出下列何者？
   (A) 反應物與產物的計量關係
   (B) 反應速率的快慢
   (C) 反應物與產物的狀態
   (D) 反應時涉及的能量變化。
2. $H_2O_{(l)}$ 的莫耳生成熱與 $H_{2(g)}$ 的莫耳燃燒熱，有何關係？
   (A) 同值同號　(B) 異值異號　(C) 同值異號　(D) 異值同號。
3. 25 ℃、1 atm 下，下列何者反應熱為零？
   (A) $H_2O_{(l)}$ 之莫耳燃燒熱
   (B) 單斜硫之莫耳生成熱
   (C) $Hg_{(s)}$ 之莫耳生成熱
   (D) $I_{2(l)}$ 的莫耳生成熱。
4. 下列反應均在標準狀態及 25 ℃ 下進行，何者反應式的反應熱可以表示為標準莫耳燃燒熱？
   (A) $C_{(s)} + \frac{1}{2} O_{2(g)} \rightarrow CO_{(g)}$，$\Delta H° = -110.5\ kJ$
   (B) $2H_{2(g)} + O_{2(g)} \rightarrow 2H_2O_{(g)}$，$\Delta H° = -483.2\ kJ$
   (C) $CO_{(g)} + H_{2(g)} + O_{2(g)} \rightarrow CO_{2(g)} + H_2O_{(g)}$，$\Delta H° = -525.0\ kJ$
   (D) $C_2H_{4(g)} + 3O_{2(g)} \rightarrow 2CO_{2(g)} + 2H_2O_{(l)}$，$\Delta H° = -1420\ kJ$
5. 已知熱化學反應式：$2Mg_{(s)} + O_{2(g)} \rightarrow 2MgO_{(s)}$，$\Delta H = -1200\ kJ$，則當反應生成 10 克 $MgO_{(s)}$ 時，所放出熱量若干 kJ？
   (O = 16、Mg = 24)

4-7 卡計 (Calorimeter)

一、比熱 (Specific heat)

比熱的定義是使 1 克的物質溫度升高 1 °C 所需的熱量。可將比熱公式寫為：

$$s = \frac{\Delta H}{m \times \Delta T}$$

s ：比熱 (cal/g · °C)

ΔH：熱量變化值 (cal)

m ：物質的質量 (g)

ΔT：溫度變化值 (°C)

例題 4-9

設某液體 100 克上升 10 °C 需熱量 500 卡。試求此液體的比熱為何？

解

代入比熱公式的式子 $s = \frac{\Delta H}{m \times \Delta T} = \frac{500}{100 \times 10} = 0.5$ (cal/g · °C)

二、卡計 (Calorimeter)

許多吸熱或放熱反應的反應熱可直接測定，測定反應熱之裝置，稱為**熱量計**或**卡計**，卡計大致可分為定壓卡計與定容卡計。

定壓卡計為開口式卡計，在大氣壓力下測定物質的反應熱，測得的反應熱為 ΔH (定壓反應熱)，定壓卡計常用於中和熱之測定。簡易的定壓卡計可使用兩個套疊在一起的保麗龍杯子，上面蓋上蓋子，蓋子上戳一小孔，再由小孔置入溫度計和攪拌棒即成 (圖 4-4)。

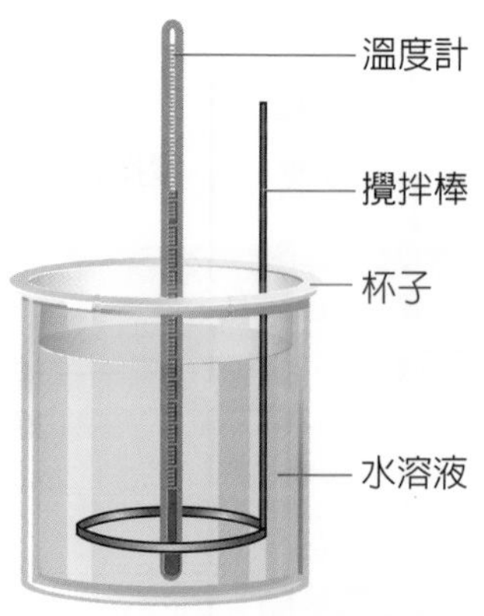

圖 4-4 簡易定壓卡計裝置圖

使用定壓卡計測定反應熱時，須先測得卡計的熱容量，熱容量是卡計升高 1 °C 所需的熱量。將定量熱水倒入卡計內的定量冷水中，由於熱水所放出的熱量應等於冷水與卡計所吸收的熱量，再測量其溫度變化，經由計算，即可得到卡計的熱容量。

$$\Delta H = ms\Delta T + C\Delta T$$

ΔH：反應熱 (cal)

m ：卡計中水的質量 (g)

s ：水的比熱 (1 cal/g · °C)

C ：卡計的熱容量 (cal/°C)

ΔT：溫度上升的度數

例題 4-10

冷水 50 mL 放入卡計，測得溫度為 20.3 °C，今取溫水 50 mL 34 °C 倒入卡計，達平衡時，溫度為 27.1 °C，試求卡計的熱容量，又此卡計等於多少克的水？

解

冷水吸熱 + 卡計吸熱 = 溫水放熱

$50 \times 1 \times (27.1 - 20.3) + C \times (27.1 - 20.3) = 50 \times 1 \times (34 - 27.1)$

$340 + 6.8 \times C = 345$

$C = 0.74$ cal/°C

卡計約等於 0.74 公克的水。

定容卡計為密閉式卡計，測得的反應熱為 ΔE (定容反應熱)，定容卡計普遍應用於燃燒熱的測定，此類卡計又稱為**彈卡計** (bomb calorimeter)，如圖 4-5 所示。

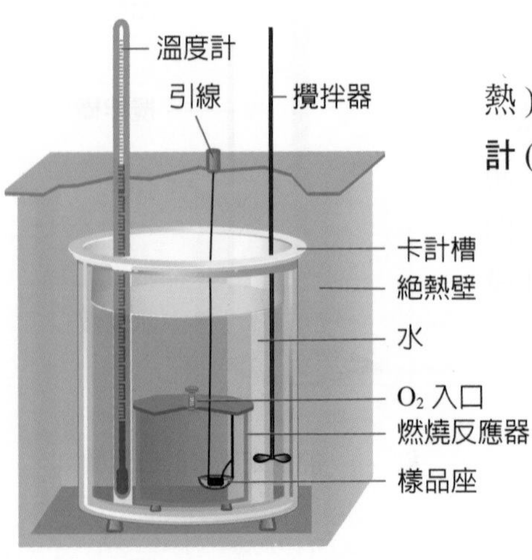

圖 4-5 定容卡計裝置圖

利用彈卡計可測定燃燒熱是因為定容卡計內物質燃燒後，會使彈卡計中的水和彈卡計本身的溫度上升，由水溫上升的度數，即可計算求得該物質的燃燒熱。

在量測燃燒熱時，由於體積與壓力變化很小，因此 $\Delta E \fallingdotseq \Delta H$。

$$\Delta H = ms\Delta T + C\Delta T$$

ΔH：燃燒熱 (cal)

m　：水的質量 (g)

s　：水的比熱 (cal/g · °C)

C　：彈卡計的熱容量 (cal / °C)

ΔT：溫度上升的度數 (°C)

練習

1. 在實驗室自製簡易卡計來測量酸鹼中和的反應熱，試問下列哪種材質最適合用來製作卡計？
(A) 錐形瓶　(B) 塑膠袋　(C) 不鏽鋼杯　(D) 保麗龍杯。
2. 將 44.0 g 溫度為 99.0 ℃ 的未知金屬放入定壓卡計中，卡計含 80.0 g 水，初溫為 24.0 ℃，平衡時溫度為 28.4 ℃。已知卡計的熱容量為 12.4 J/ ℃，試求金屬的比熱為何？
3. 50 mL 7.5% 的 NaOH (比重 1.08) 和 25 mL 14% 的 HCl (比重 1.072) 在卡計中產生 NaCl 的水溶液，此卡計的熱容量為 31.0 J/℃。其初溫為 19.4 ℃，反應完溫度升到 35.2 ℃，而 NaCl 水溶液的比熱為 3.88 J/ 克 ℃，求中和熱為若干 kJ/mol ？ (Na = 23，Cl = 35.5)
4. 設某液體 1 克上升 1 ℃ 需熱量 1 卡。今用燒瓶稱此液體 100 克，用熱源加熱 (假設每分鐘提供的熱量固定並被完全吸收)，10 分鐘後液體溫度由 20 ℃ 升至 100 ℃，開始沸騰；繼續加熱 10 分鐘後，將熱源移開，稱重為 96 克。則 1 克液體汽化所需熱量多少卡？

4-8 黑斯定律 (Hess' law)

西元 1840 年，俄國化學家黑斯 (Germain Henri Hess) 由實驗結果提出反應熱的大小與反應物及產物的狀態有關，而與反應途徑無關。黑斯認為若一化學反應的反應式能以兩個或多個其他反應式相加得到，那麼這個反應的反應熱亦為這幾個反應之反應熱的代數和，即反應熱是可加成的，此一論述被稱為**黑斯定律**，亦稱**反應熱加成定律** (the law of additivity of reaction heat)。

將黑斯定律以簡單的化學反應式表示，如圖 4-6 所示，反應物 A 變成生成物 D 可由三個化學反應方程式相加而得，因此 A → D 的反應熱可由三個化學反應熱相加而得。

$$
\begin{array}{rlll}
 & A \rightarrow & B & \Delta H_1 \\
 & B \rightarrow & C & \Delta H_2 \\
+) & C \rightarrow & D & \Delta H_3 \\
\hline
 & A \rightarrow & D & \Delta H = \Delta H_1 + \Delta H_2 + \Delta H_3
\end{array}
$$

圖 4-6　黑斯定律代數表示式

以碳燃燒生成二氧化碳為例：不論由碳直接與氧燃燒得到二氧化碳所需的熱量為 – 94.1 kcal，或經由水蒸氣與碳反應，再將得到的一氧化碳與氫氣分別燃燒，最後製得二氧化碳的淨反應熱亦為 – 94.1 kcal，兩種方式的結果相同。

由此可知反應物、生成物的種類和狀態皆相同，其反應熱也一定相同，與經過的途徑無關。

$$
\begin{array}{rl}
 & C_{(s)} + H_2O_{(g)} \rightarrow CO_{(g)} + H_{2(g)} \\
 & CO_{(g)} + \frac{1}{2}O_{2(g)} \rightarrow CO_{2(g)} \\
+) & H_{2(g)} + \frac{1}{2}O_{2(g)} \rightarrow H_2O_{(g)} \\
\hline
 & C_{(s)} + O_{2(g)} \rightarrow CO_2
\end{array}
$$

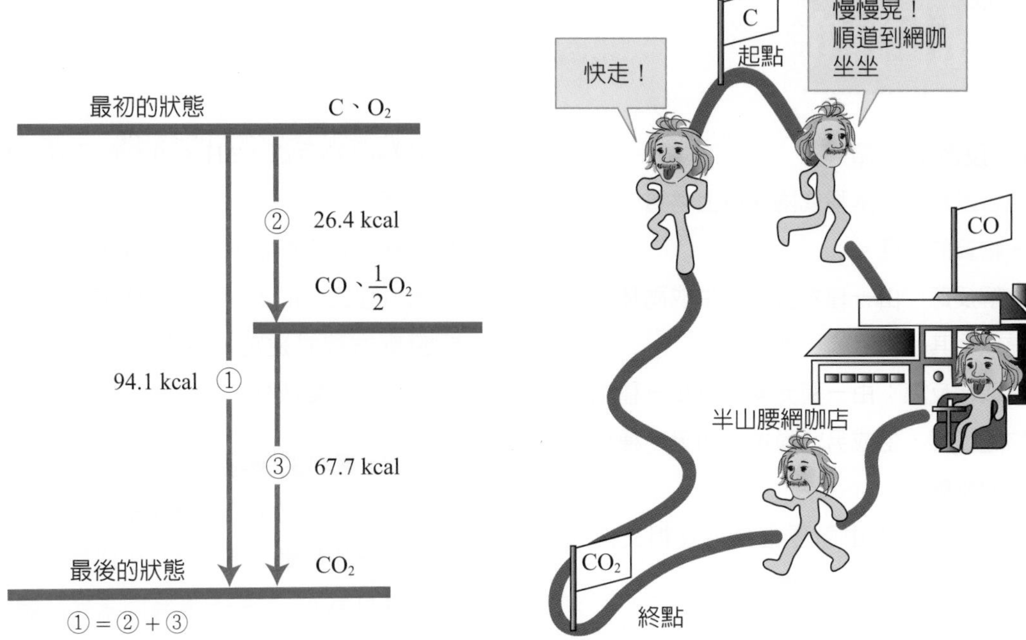

圖 4-7　反應熱示意圖

練習

1. 已知定溫定壓下，$2H_{2(g)} + O_{2(g)} \rightarrow 2H_2O_{(l)} + 548\ kJ$
   $2H_{2(g)} + O_{2(g)} \rightarrow 2H_2O_{(g)} + 462\ kJ$，
   試問在同狀況下，由 $H_2O_{(l)} \rightarrow H_2O_{(g)}$ 的反應熱為多少 kJ？
2. 已知石墨轉變為鑽石的反應熱為 2 kJ/mol，石墨的莫耳燃燒熱為 −393.6 kJ，則鑽石的莫耳燃燒熱為多少 kJ/mol？
   (A) 391　(B) −391　(C) 395　(D) −395　(E) 0。
3. 已知在標準狀況下化學反應式：
   碳的燃燒反應：$C_{(s)} + O_{2(g)} \rightarrow CO_{2(g)}$　$\Delta H = -394\ kJ$；
   鐵的氧化反應：$2Fe_{(s)} + \frac{3}{2}O_{2(g)} \rightarrow Fe_2O_{3(s)}$　$\Delta H = -823\ kJ$；
   則 $3C_{(s)} + 2Fe_2O_{3(s)} \rightarrow 4Fe_{(s)} + 3CO_{2(g)}$ 的反應熱應為多少 kJ？
4. 已知
   $C_{(s)} + O_{2(g)} \rightarrow CO_{2(g)} + 94\ kcal$
   $H_{2(g)} + \frac{1}{2}O_{2(g)} \rightarrow H_2O_{(l)} + 68.3\ kcal$
   $CH_{4(g)} + 2O_{2(g)} \rightarrow CO_{2(g)} + 2H_2O_{(l)} + 212.8\ kcal$
   則甲烷氣體之莫耳生成熱 (ΔH) 為多少 kcal？
5. 已知 $NO_{2(g)}$、$NO_{(g)}$ 的莫耳生成熱分別為 33、90 kJ，
   則 $2NO_{2(g)} \rightarrow 2NO_{(g)} + \frac{1}{2}O_{2(g)}$ 之反應熱為多少 kJ？

重點回顧

4-1 反應的種類

1. 結合反應：由兩種或兩種以上物質生成另一物質的反應。
2. 分解反應：由一種物質反應生成兩種或兩種以上其他物質的反應。
3. 單取代反應：由一種元素單質和一種化合物起反應，生成另一種單質和另一種化合物的反應。
4. 雙取代反應：由兩種化合物互相交換成分，生成另兩種化合物的反應。

4-2 化學反應式的意義與平衡

化學反應式可以顯示反應物與生成物的狀態與化學計量間的關係。

4-3 莫耳

1. 1 莫耳含有 6.02×10^{23} 個粒子。
2. 克原 (分) 子：一莫耳原 (分) 子的質量以克數表示稱為克 (分) 原子。

4-4 化學反應中的質量關係

1. 化學計量的流程為先寫出化學反應方程式並且平衡係數，再將已知量 (質量、粒子數、體積) 換算成莫耳數。
2. 限制生成量的反應物試劑稱為限量試劑。
3. 產量百分率簡稱為產率，為化學反應所得的實際產量除以理論產量。

4-5 熱含量

1. 使 1 克的水溫度升高 1°C 所需的熱量稱為 1 卡 (cal)；以 1 牛頓的力作功 1 公尺所需的能量定義為 1 焦耳；1 卡 = 4.2 焦耳。
2. 反應前後的熱含量變化，稱為此反應的反應熱，通常以 ΔH 表示。$\Delta H > 0$，表示其為吸熱反應，$\Delta H < 0$，表示其為放熱反應。
4. 反應熱和反應物的莫耳數成正比。故熱化學方程式 × n 倍，ΔH 值變為原來的 n 倍。
5. 反應方程式逆寫，反應熱與原來同值異號，吸熱變放熱，放熱變吸熱。

4-6 反應熱的種類

1. 一莫耳化合物由其成分元素生成時所吸收或放出的熱量，稱為莫耳生成熱。元素生成熱訂為 0，若一元素有同素異形體時，以最穩定的元素的標準莫耳生成熱為 0。
2. 一莫耳可燃物質完全燃燒時所放出的熱量，稱為莫耳燃燒熱。

4-7 卡計

1. 比熱的定義是使 1 克的物質溫度升高 1°C 所需的熱量。
2. 定壓卡計為開口式卡計，測得的反應熱為 ΔH (定壓反應熱)；定容卡計為密閉式卡計，測得的反應熱為 ΔE (定容反應熱)。

4-8 黑斯定律

1. 反應熱的大小與反應物及產物的狀態有關，而與反應途徑無關。
2. 黑斯定律：若一化學反應的反應式能以兩個或多個其他反應式相加，反應熱則為這幾個反應之反應熱的代數和。

Chapter 5

氣態 Gaseous state

多數的氣體雖然很難感覺它的存在，但是卻與我們息息相關，人類的呼吸作用吸入氧氣，利用氧氣將養分分解，產生能量、水和二氧化碳，呼出二氧化碳就是一例。化學家藉由實驗發現氣體相關定律，也因此了解氣體的性質。在臺灣空氣汙染來源主要包括工廠的煙囪排放、工廠內或營建施工產生之擴散。

氣球、汽水

5-1 氣體的性質 (The properties of gas)

氣體沒有固定的形狀和體積，其形狀會因為容器的不同而有所不同，故可以擴散、膨脹，也可以被壓縮，此為氣體的通性。氣體與生活有著極為密切的關係，空氣即是最常見的氣體，此外還包含氣球、打氣筒、汽水的氣泡等。

一、氣體的主要特性 (The main properties of gas)

1. 溫度升高時，體積易膨脹；氣體的熱脹冷縮效應明顯。
2. 氣體粒子間有很大的空隙，故可被壓縮。
3. 氣體粒子運動的快慢與溫度有關，溫度愈高，運動愈快。
4. 氣體是由數目很多且高速運動的粒子組成，當氣體被導入一個容器中時，氣體粒子便向四面八方運動，迅速擴散充滿容器。
5. 冷卻至足夠低溫或加壓到足夠壓力時可液化。
6. 高速運動的氣體粒子，不斷地碰撞容器壁，對器壁產生壓力。
7. 在物質三態中，氣體粒子間的距離最大；氣體粒子間的吸引力最小 (圖 5-1)。

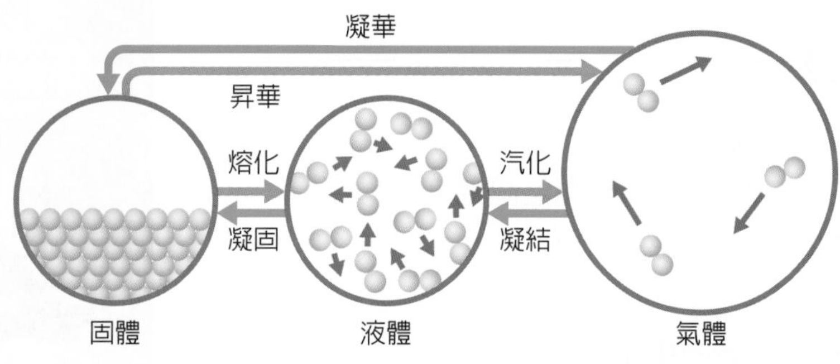

圖 5-1 物質三態粒子間距離示意圖

例題 5-1

下列何者不是氣體具有的通性？
(A) 氣體粒子具有擴散性
(B) 氣體可充滿任何容器，故沒有一定的形狀
(C) 氣體分子會不斷地撞擊容器器壁而產生壓力
(D) 氣體分子間的距離不大，故不具壓縮性。

解 (D)

氣體分子具有壓縮性。

二、量測氣體壓力 (The measuring of gas pressure)

大氣壓力 (atmospheric pressure，atm)，為覆蓋地表的大氣重量於單位面積造成的壓力，簡稱氣壓。大氣壓力以地表最大，愈高處壓力愈小，距地表 32 公里處只有 1% 的氣壓。

測量大氣壓力的裝置稱為氣壓計，最初由義大利科學家托里切利 (E. Torricelli) 在 1643 年所製造，他將裝滿水銀的玻璃管倒置於水銀槽中，水銀面高度改變，直到管外大氣壓力與管內水銀柱壓力平衡時，從水銀柱的高度就可測出大氣壓力，而且水銀柱的高度不受管柱粗細及傾斜影響，如圖 5-2 所示，所以 1 大氣壓 (atm) 定義為 760 毫米汞柱 (mmHg)，等於 760 托耳 (Torr)。

大氣壓力不僅隨高度改變，也會造成氣候變化。太陽加熱空氣使暖空氣上升，則大氣壓力小，稱為低氣壓。此時區域內的天氣不穩定，容易降雨。相反的，高氣壓區內大都為晴天。

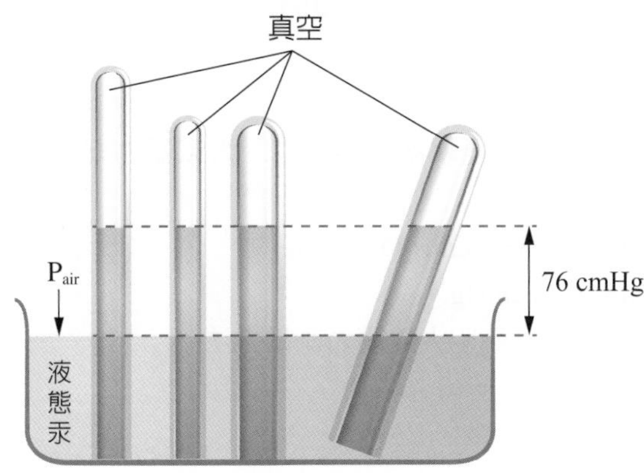

圖 5-2 汞柱高度不受管柱粗細、傾斜影響。

SI 制的壓力單位：帕斯卡 (Pa)，1 atm = 101325 Pa = 101.325 kPa

美制的壓力單位：每平方英吋磅 (Psi)，1 atm = 14.7 Psi

常見大氣壓力的單位換算：

$$
\begin{aligned}
1\ \text{atm} &= 76\ \text{cmHg} = 760\ \text{mmHg} \\
&= 760\ \text{torr} = 1033.6\ \text{cmH}_2\text{O} \\
&= 1033.6\ \text{gw/cm}^2 = 1.0336\ \text{kgw/cm}^2 \\
&= 1.013 \times 10^5\ \text{N/m}^2 \\
&= 1.013 \times 10^5\ \text{Pa} = 1.013\ \text{bar} = 1013\ \text{mb}\ (\text{毫巴})
\end{aligned}
$$

例題 5-2

1. 關於器壁壓力與大氣壓力的成因，何者正確？
   (A) 兩者皆因大氣重量而形成
   (B) 兩者皆因氣體撞擊而形成
   (C) 前者因氣體撞擊器壁而形成；後者因氣體重量而形成
   (D) 前者因大氣重量而形成；後者因氣體粒子不斷撞擊器壁所造成。
2. 下列有關大氣壓力的敘述，何者正確？
   (A) 1 atm = 760 mmHg
   (B) 1 atm = 1033.6 mmH_2O
   (C) 1 atm = 1033.6 cmHg
   (D) 道耳頓發明了大氣壓力測量的方法。

解 1. (C)　2. (A)

1. 器壁壓力因氣體撞擊器壁而形成；大氣壓力則是因氣體重量而形成。
2. (B) 1 atm = 1033.6 cmH_2O
   (C) 1 atm = 76 cmHg
   (D) 是托里切利發明大氣壓力測量方法

練習

1. 登山時，發現密閉塑膠袋食物的包裝有明顯膨脹，其主要原因為
   (A) 山上之物重較山下為輕　(B) 山上之溼度較山下為高
   (C) 山上之氣溫較山下為低　(D) 山上之氣壓較山下為小。
2. 下列壓力單位之換算何者錯誤？
   (A) 0.01 atm = 10.13 mb　(B) 2 atm = 152 torr
   (C) 2 atm = 2.02×10^5 Pa　(D) 0.2 atm = 206.72 cmH_2O。
3. 關於氣體的敘述，下列何者正確？
   (A) 氣體具有固定的形狀，但沒有固定的體積
   (B) 氣體間的作用力比液體或固體都大
   (C) 氣體壓力的產生是因為氣體分子間的互相撞擊
   (D) 在地球上，不管高度為何，均為一大氣壓。

5-2 理想氣體與理想氣體定律 (Ideal gas and ideal gas law)

在討論氣體時，通常會先將氣體假設為理想氣體，方便之後的描述與運算，本節主要討論理想氣體的特性與重要的定律，最後探討理想氣體與真實氣體之間的差異。

一、理想氣體 (Ideal gas)

理想氣體為假想的氣體，其基本假設如下：

1. 相對於氣體所在的容器容積，氣體分子本身可視為一點，體積可視為零。
2. 分子間無作用力，即不吸引也不排斥。
3. 氣體分子持續以直線運動，並且與容器器壁間發生彈性碰撞，因而對器壁施加壓力。

基於上述的假設，理想氣體在降溫或加壓時分子間無作用力，因此不液化且遵守理想氣體方程式。真實氣體在愈低壓、愈高溫的狀態下，氣體分子間作用力愈小，性質愈接近理想氣體，而最接近理想氣體的真實氣體為氦氣。

例題 5-3

1. 在 1 atm、25 ℃ 時，下列氣體何者性質最接近理想氣體？
   (A) H_2O　(B) He　(C) CH_4　(D) N_2。
2. 下列何項不是理想氣體的特性？
   (A) 分子間無吸引力，但分子有體積
   (B) 分子本身不占有空間
   (C) 真實氣體在高溫低壓下最接近理想氣體
   (D) 分子間無吸引力，而且不液化。

解 1. (B)　2. (A)

1. 真實氣體中，一般認為最難液化的 He，分子間作用力最小，最接近理想氣體。
2. 理想氣體分子間無吸引力且本身視為一點，體積為零。

二、波以耳定律 (Boyle's law)

圖 5-3 波以耳

英國科學家波以耳，如圖 5-3，在 1662 年由實驗發現，在一定溫度下，一定量氣體的體積 (V) 與壓力 (P) 成反比。當壓力增加時，體積受壓縮就變小；壓力降低時，體積則膨脹 (圖 5-4)。

由波以耳定律可寫成下列數學關係式：

$P_1V_1 = P_2V_2$ (氣體定量定溫)

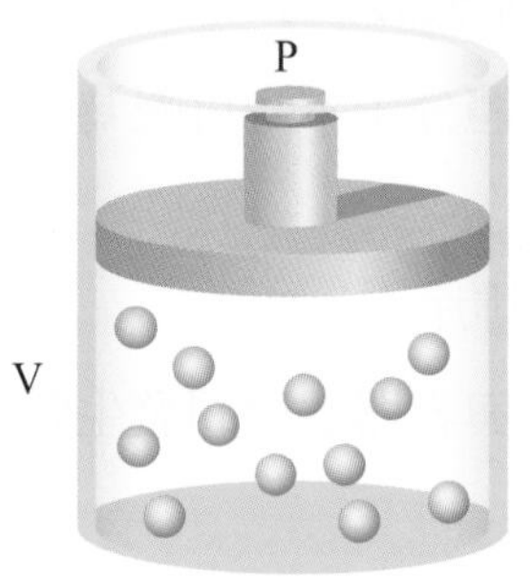

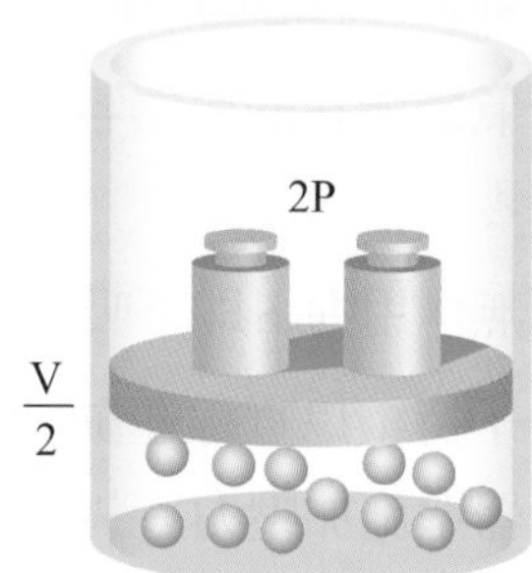

圖 5-4 壓力愈大，體積減半

例題 5-4

1. 氬氣是惰性氣體，填入燈泡可防止鎢絲在高溫時被氧化，今將 5.0 atm 的氬氣 3.0 L，在定溫下充入體積為 2.5 L 的燈泡中，燈泡內氬氣的壓力為何？
2. 定溫下，某氣體在 10.0 大氣壓下的體積為 4.0 公升，則此氣體在 8.0 大氣壓下的體積是多少公升？

解

1. $P_1V_1 = P_2V_2$，$5.0 \times 3.0 = P_2 \times 2.5$，$P_2 = 6.0$ (atm)
2. $P_1V_1 = P_2V_2$，$10.0 \times 4.0 = 8.0 \times V$，$V = 5$ (公升)

三、查理定律 (Charles's law)

法國科學家查理 (Jacques Charles)，如圖 5-5，在 1787 年由實驗發現溫度對氣體體積的關係；在一定壓力下，一定量氣體的體積 (V) 與絕對溫度 (T) 成正比 (圖 5-6)。

圖 5-5 查理

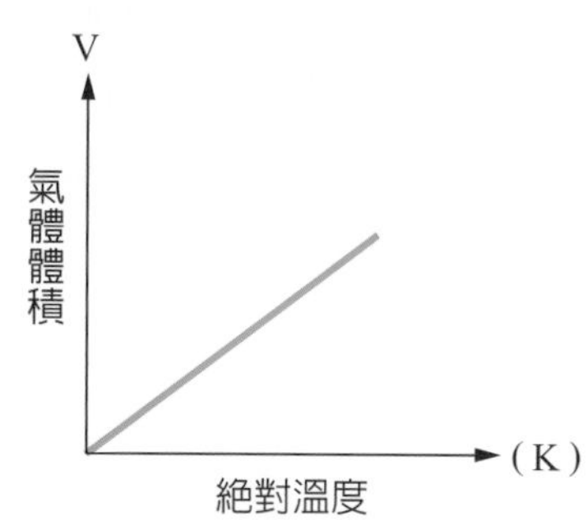

圖 5-6 定壓下，定量氣體體積與絕對溫度之關係圖

由查理定律可寫成下列數學關係式：

$$\frac{V_2}{V_1} = \frac{T_2}{T_1}\ (\text{氣體定量定壓})$$

V：體積　T：絕對溫度 (K)

[註] 絕對溫度 (K) = 攝氏溫度 (℃) + 273

充電小站

絕對溫度

溫度國際單位制 (SI) 的單位是克耳文 (Kelvin，符號為 K)，此溫度標準又稱為絕對溫度 (absolute temperature)。絕對溫度是絕對的數值，它的零度 (或稱絕對零度)，是物質的組成粒子運動最小、且不能更冷的溫度。

克耳文

克耳文 (William Thomson, 1st Baron Kelvin)，是英國數學物理學家，也是熱力學溫標 (絕對溫標) 的發明人。他在熱力學有顯著的研究成果，使他成為當代貴族且被後人稱為熱力學之父。

天燈

查理定律可適用於任何氣體，包含混合氣體，但必須符合以下的條件：

1. 定壓下的定量氣體 (莫耳數不改變)。
2. 降溫後仍為氣體 (沒發生液化現象)。

日常生活中很多部分也應用了查理定律，例如：氣體溫度計是利用氣體的體積熱脹冷縮時較固、液體大，因此可以製作較準確的溫度計。此外常見的熱氣球與天燈都是利用空氣受熱膨脹，密度變小的原理升空。

例題 5-5

1. 在 1 atm 下，欲使 27 ℃ 的定量氣體之體積由 10.0 升縮小為 9.0 升，溫度約需下降至若干 ℃ ？
2. 在 25 ℃ 和 1.00 大氣壓下某氣體的體積為 4.50 升。若在定壓下將該氣體體積減為 4.00 升，則溫度應變為多少 ℃ ？

解

1. 利用查理定律 $\Rightarrow \frac{V_1}{T_1} = \frac{V_2}{T_2} \Rightarrow \frac{10}{27+273} = \frac{9}{t+273}$，$t = -3$ (℃)
2. 定壓下，定量氣體遵守 $V \propto T$

$$\therefore \frac{V_1}{V_2} = \frac{T_1}{T_2} \Rightarrow \frac{4.50}{4.00} = \frac{273+25}{273+x}，\therefore x = -8.1\ (℃)$$

四、給呂薩克定律 (Gay-Lussac's law)

法國化學家與物理家給呂薩克在 1802 年發現，當體積一定時，一定量氣體的壓力 (P) 與絕對溫度 (T) 成正比，稱為**給呂薩克定律**。

由給呂薩克定律可寫成下列數學關係式：

$$\frac{P_1}{T_1} = \frac{P_2}{T_2}\ (\text{氣體定量定體積})$$

市售的噴霧器則是應用了給呂薩克定律，噴霧器上通常會貼上警告標示，提醒不可接近火源或加熱。因為噴霧器的體積固定，受熱後，容器內的壓力會上升，而當加熱到某高溫時，壓力過高，鐵罐就有爆炸的可能，如圖 5-7 所示。

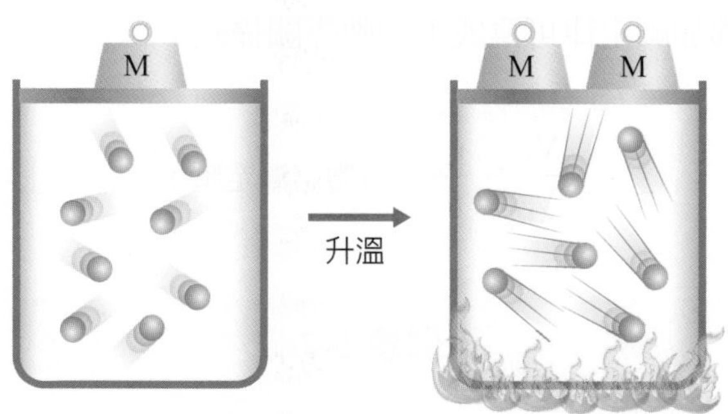

圖 5-7 當溫度上升，在體積一定下，壓力增加。

例題 5-6

1. 鋼瓶安全耐壓為 120 atm，若在 17 ℃ 時充入 80 atm 的氦氣，試問此鋼瓶受熱溫度超過多少 ℃ 會造成危險？
2. 將空氣在 27 ℃ 下，把汽車輪胎充氣至 2.5 大氣壓，長途行駛之後，輪胎內氣壓值為 2.8 大氣壓。若體積不變，輪胎內的空氣溫度約為 ℃ ？

解

1. $\frac{P_1}{T_1} = \frac{P_2}{T_2}$ $\therefore \frac{80}{273+17} = \frac{120}{273+t℃} \Rightarrow t = 162\ (℃)$

2. $\frac{P_1}{T_1} = \frac{P_2}{T_2}$ $\therefore \frac{2.5}{273+27} = \frac{2.8}{273+t℃} \Rightarrow t = 63\ (℃)$

五、亞佛加厥定律 (Avogadro's law)

義大利科學家亞佛加厥在 1811 年所提出，同溫同壓下，相同體積的任何氣體含有相同數的分子，稱為**亞佛加厥定律**。即在相同條件下，氣體的體積 (V) 與莫耳數 (n) 成正比。

由亞佛加厥定律可寫成下列數學關係式：

$$\frac{V_2}{V_1} = \frac{n_2}{n_1} \text{ (氣體定溫定壓)}$$

例題 5-7

1. 同溫同壓下同體積之 H_2 與 O_2 中，下列敘述何者錯誤？
   (A) 原子數相等　(B) 莫耳數相等
   (C) 重量相等　(D) 分子數相等。
2. 有甲、乙兩種氣體，各重 2.53 克和 1.5 克。在同溫同壓下，甲氣體之體積為乙氣體之二倍，若乙氣體的分子量為 32，則甲氣體的分子量為何？

解 1. (C)　2. 27

1. 同溫、同壓、同體積之 H_2 與 O_2，其莫耳數相等，質量比為 1：16。
2. $\frac{V_{乙}}{V_{甲}} = \frac{n_{乙}}{n_{甲}}$　　$\therefore \frac{1}{2} = \frac{\frac{1.5}{32}}{\frac{2.53}{M_{甲}}} \Rightarrow M_{甲} \fallingdotseq 27$

六、理想氣體方程式 (Ideal gas equation)

理想氣體方程式是由波以耳定律、查理定律及亞佛加厥定律綜合體積與溫度、壓力、莫耳數，之間的關係如下：

$$\left\{\begin{array}{l}\text{波以耳定律：} V \propto \dfrac{1}{P} \\ \text{查理定律：} V \propto T \\ \text{亞佛加厥定律：} V \propto n\end{array}\right\} \quad V \propto \frac{nT}{P} \Rightarrow PV \propto nT \Rightarrow PV = nRT$$

此數學式 PV = nRT 稱為理想氣體方程式，R 為理想氣體常數。

PV = nRT 常用的單位，整理如下表 5-1：

表 5-1　理想氣體方程式常使用的單位

名稱	常用單位	單位互換關係
P (壓力)	atm	$1\ atm = 76\ cmHg = 760\ mmHg = 1.013 \times 10^5\ Pa$
V (體積)	L	$1\ L = 1000\ mL = 10^{-3}\ m^3$
n (莫耳數)	mol	$n = \frac{N(\text{分子數})}{6.02 \times 10^{23}} = \frac{W(\text{重量})}{M(\text{分子量})} = \frac{V(\text{氣體體積})}{\text{同狀況下氣體莫耳體積}}$
T (絕對溫度)	K	T (K) = t (℃) + 273
R (理想氣體常數)	$\frac{atm \cdot L}{mol \cdot K}$	$0.082\ \frac{atm \cdot L}{mol \cdot K} = 8.314\ \frac{J}{mol \cdot K} = 62.4\ \frac{mmHg \cdot L}{mol \cdot K} = 1.987\ \frac{cal}{mol \cdot K}$

一莫耳氣體物質的體積稱為**氣體莫耳體積**。

(1) **標準溫壓** (standard temperature and pressure，STP)：指 0 ℃，1 大氣壓時，一莫耳氣體物質的體積為 22.4 公升。

0 ℃ 1 atm 時，1 mol 氣體體積為 $V_{0°C} = \frac{1\ mol \times 0.082 \times 273}{1\ atm} \fallingdotseq 22.4\ L/mol$

(2) **常溫常壓** (normal temperature and pressure，NTP)：指 25 ℃，1 大氣壓時，一莫耳氣體物質的體積為 24.5 公升。

25 ℃ 1 atm 時，1 mol 氣體體積為 $V_{25°C} = \frac{1\ mol \times 0.082 \times 298}{1\ atm} \fallingdotseq 24.4\ L/mol$

充電小站

常溫常壓在溫度上的定義常見的有兩種，一種是 25 ℃，國外常用的則是 20 ℃。若 NTP 是指 20 ℃，1 大氣壓時，一莫耳氣體物質的體積則為 24.0 公升。

利用理想氣體方程式，可求得氣體分子量，可將方程式改寫如下：

$$PV = nRT = \frac{W}{M}RT \qquad (W：氣體質量；M：氣體分子量；D：密度)$$

$$PM = DRT$$

例題 5-8

1. 某定量氣體 0 ℃、1.00 atm 時，體積為 2.50 公升，請問此時氣體的莫耳數為何？
2. 1 atm 下，取 2.00 g 之 $NO_{(g)}$，其體積恰為 2 L，試求此時的溫度為若干？(N = 14，O = 16)
3. 1 atm 下 25 ℃ 的氯氣，其密度約為多少 g/L ？(Cl = 35.5)

解

1. PV = nRT　P = 1.00 atm　V = 2.50 L
   R = 0.082　T = 273 + 0 ℃= 273 (K)
   $1.00 \times 2.50 = n \times 0.082 \times 273 \Rightarrow n = 0.112$ (mol)
2. $n_{NO} = \frac{2.00}{30}$ (mol)，P = 1 atm，V = 2 L
   $1 \times 2 = \frac{2.00}{30} \times 0.082 \times (273 + t)$，t = 92.9 (℃)
3. P = 1 atm，M = 35.5 × 2 = 71.0，R = 0.082
   T = 273 + 25 ℃ = 298 (K)
   $1.0 \times 71.0 = D \times 0.082 \times 298 \Rightarrow D = 2.91$ (g/L)

七、真實氣體 (Real gas)

理想氣體是一個理論上的觀念，雖然有些氣體在高溫與低壓下的行為非常接近理想氣體，不過實際上沒有氣體會真的完全遵守理想氣體定律。真實氣體的分子本身具有體積，當真實氣體與器壁或氣體分子碰撞時能量稍有損失 (非完全彈性體)。此外氣體分子本身會移動、轉動、振動且分子間有作用力，在特定的溫度與壓力下可被液化。

練習

1. 髮膠噴霧罐之安全耐壓為 2.5 atm，今將此瓶在 27 ℃ 時灌入 $C_2HF_{5(g)}$，使其壓力為 2.2 atm。試問此噴霧罐置於車內，當車內溫度超過多少 ℃ 時，此罐會有破裂危險？
2. 若壓力不變，當溫度由 27 ℃ 升高為 427 ℃ 時，理想氣體的體積會增為原來的幾倍？
3. 某氣體質量為 0.630 克，在壓力為 760 毫米水銀柱，溫度為 27 ℃ 時，測得體積為 300 毫升 (mL)。此氣體的分子量可能為何？
4. 相同體積的 A、B 兩容器，A 含有氧 16 克，B 含有二氧化碳 22 克，則在同溫下，A、B 兩容器內氣體的壓力比為何？
5. 同溫下，PV 值為 3：1 的 A、B 兩種氣體，其質量比為 5：4；已知 A 氣體為 C_2H_6，則 B 氣體的分子量為何？ (H = 1，C = 12)

NOTE

5-3 道耳頓分壓定律 (Dalton's law of partial pressure)

混合氣體可視為一均勻的氣態混合物，在容器中每一部分所占有的體積與溫度是相同的。個別成分氣體造成之壓力，稱為**分壓** (partial pressure)。英國化學家道耳頓在 1802 年提出，在互不反應的理想氣體混合物之中，混合氣體的總壓力為各成分氣體分壓之和 (圖 5-8)。

$$P_t = P_A + P_B + \cdots$$

P_t：混合氣體總壓力，P_A、P_B、⋯：各成分氣體分壓

在混合物中，某一成分物質的莫耳數與總莫耳數的比值稱為莫耳分率。若此混合物含有 A、B 兩物質，則莫耳分率可寫為：

莫耳分率 $X_A = \dfrac{n_A}{n_A + n_B}$，$X_B = \dfrac{n_B}{n_A + n_B}$。且 $X_A + X_B = 1$。

n_A = A 物質的莫耳數

n_B = B 物質的莫耳數

若含有 A、B、C⋯多種物質，則莫耳分率可寫為：

莫耳分率 $X_A = \dfrac{n_A}{n_A + n_B + n_C + \cdots}$。且 $X_A + X_B + X_C + \cdots = 1$。

n_C = C 物質的莫耳數

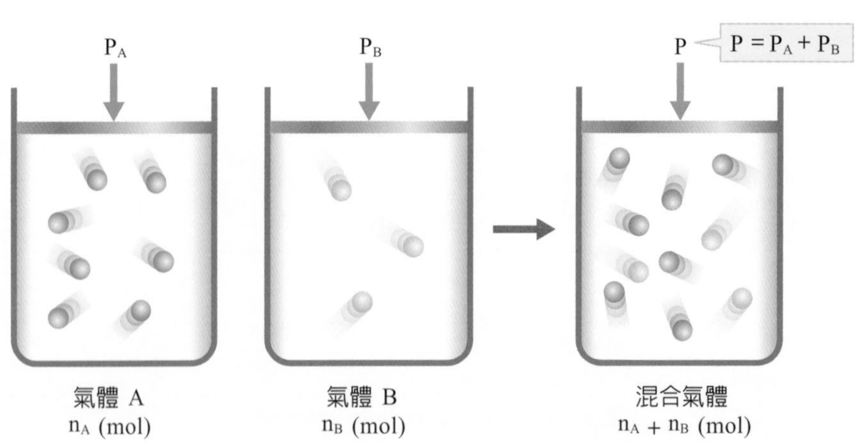

圖 5-8　混合氣體的總壓力為各成分氣體分壓之和

由道耳頓分壓定律可推知，在互不反應的混合氣體中，欲求各氣體的分壓，可將混合氣體的總壓乘於各成分氣體的莫耳分率，其數學式可寫為：

$$P_A = P_t \times X_A \text{；} P_B = P_t \times X_B \text{；} \cdots$$

由於混合氣體的總壓 (P_t) 的值是固定的，因此可知各成分氣體的分壓比等於莫耳分率比；而混合氣體的總莫耳數亦是定值，因此莫耳分率比又等於莫耳數，其數學式可寫為：

$$\frac{P_A}{P_B} = \frac{n_A}{n_B} = \frac{X_A}{X_B}$$

例題 5-9

取 44 g $CO_{2(g)}$ 與 128 g $SO_{2(g)}$ 混合。若測其總壓為 600 mmHg，試求 CO_2 的分壓為若干？ (C = 12，O =16，S = 32)

解

CO_2 莫耳數 $= \frac{44(g)}{44} = 1$ mol　　SO_2 莫耳數 $= \frac{128(g)}{64} = 2$ mol

CO_2 的莫耳分率 $= \frac{1}{1+2} = \frac{1}{3}$

CO_2 的分壓 = 總壓 × CO_2 的莫耳分率 $= 600 \times \frac{1}{3} = 200$ (mmHg)

練習

1. 常溫下，下列何組混合氣體不能適用分壓定律？
(A) O_2 與 H_2　(B) N_2 與 Ne　(C) CO 與 O_2　(D) NH_3 與 O_2。
2. 將 3 atm 的氧 3 升、2 atm 的氮 2 升、1 atm 的氦 1 升共置於 5 升的容器中，則總壓力為何？
3. 將等重量的氫氣與氦氣混合於一容器中，則其氫氣與氦氣的分壓比為何？ (H = 1，He = 4)
4. O_2 與 SO_2 之混合氣體中，O_2 與 SO_2 之質量比為 1：2，則 O_2 與 SO_2 之分壓比為何？ (O = 16，S = 32)

5-4 蒸氣壓 (Vapor pressure)

純物質在定溫下密閉系統中達到液氣或固氣平衡之壓力稱**飽和蒸氣壓** (saturated vapor pressure)，其值僅隨物質種類 (液體本性) 與溫度而變，與容器大小、液體多寡或其他混合氣體均無關。只要有液體存在，其蒸氣壓恆等於其飽和蒸氣壓，當飽和蒸氣壓等於外界壓力時，該液體即達沸點會開始沸騰。例如：大氣壓力為 760 mmHg 時，水加熱至 100 ℃沸騰，此時水蒸氣壓為 760 mmHg。

在定溫下，定量水的蒸氣壓在液氣共存時，飽和蒸氣壓的大小與容器體積或液體的含量無關；當體積增加至容器內僅剩下氣體時，則氣體的蒸氣壓會遵守波以耳定律，隨容器體積增加而減小 (圖 5-9)。

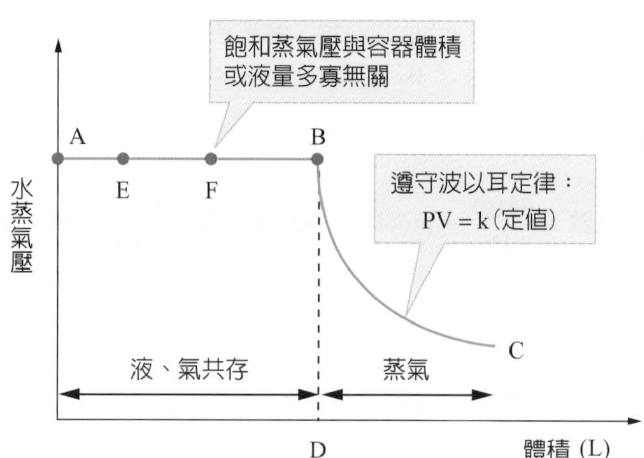

圖 5-9　定溫下水液氣共存時，飽和蒸氣壓的變化

在定容下，定量水的蒸氣壓在液氣共存時，飽和蒸氣壓的大小則隨溫度升高而增加，為正相關的關係；當溫度升高至容器內僅剩下氣體時，則氣體的蒸氣壓會遵守給呂薩克定律，隨溫度升高而增加，為線性的關係 (圖 5-10)。

Life+

為何高山煮飯總是不好吃？

高海拔地區，大氣壓力低於 760 mmHg，因此水的沸點低於 100 ℃，在山上野炊不容易煮熟食物。應用到壓力鍋或高壓滅菌釜，在壓力大於 1 atm 時，可提高水的沸點，使食物更快煮熟或消毒器具。

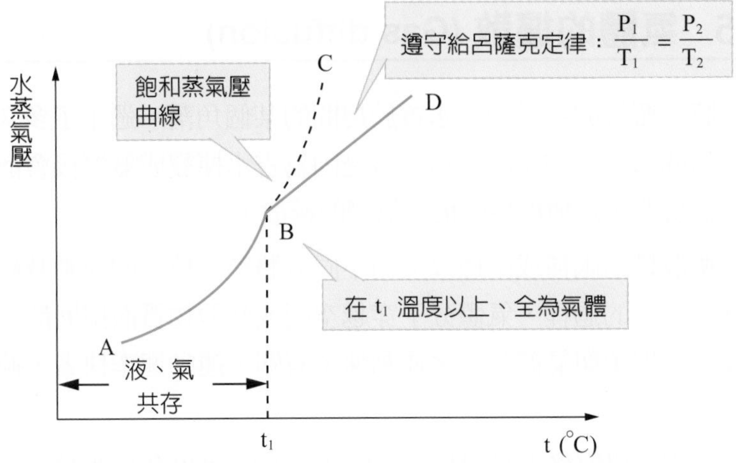

圖 5-10 定容下，水液氣共存時飽和蒸氣壓的變化

例題 5-10

1. 於 3 atm 下，測得某液體的沸點為 70 ℃，則此液體於 70 ℃ 時的飽和蒸氣壓為何？
2. 若在 25 ℃，760 mmHg 時，以排水集氣法收集 $H_{2(g)}$。測得集氣瓶內水面較瓶外低6.8 cm，試求此乾燥 $H_{2(g)}$ 之分壓為何？(25 ℃ 時水的飽和蒸氣壓為 23 mmHg)

解

1. 沸點時，飽和蒸氣壓 = 外界氣壓。

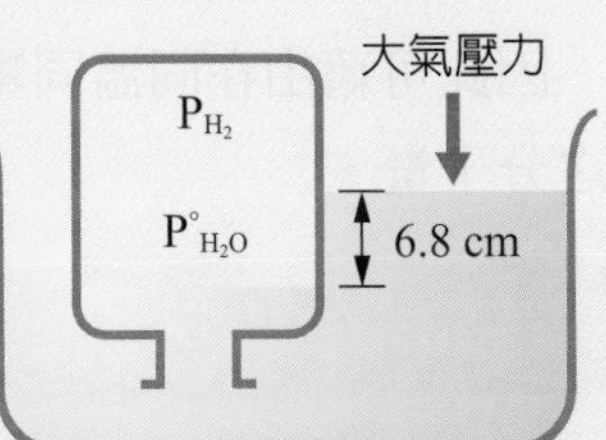

2. $P_{H_2}+P^\circ_{H_2O}=P_{大氣}+\frac{6.8\times10}{13.6}$

$\Rightarrow P_{H_2}+23=760+5.0$

$\Rightarrow P_{H_2}=742$ (mmHg)

練習

1. 正在沸騰的開水，其溫度與蒸氣壓的變化為何？
   (A) 溫度不變、蒸氣壓變大 (B) 溫度不變、蒸氣壓不變
   (C) 溫度升高、蒸氣壓變低 (D) 溫度降低、蒸氣壓變大。
2. 下列有關飽和蒸氣壓的敘述，何者正確？
   (A) 液體的飽和蒸氣壓和體積成反比
   (B) 液體的飽和蒸氣壓和絕對溫度成正比
   (C) 液體的飽和蒸氣壓和攝氏溫度成正比
   (D) 定溫時液體的飽和蒸氣壓為定值。

5-5 氣體的擴散 (Gas diffusion)

將一瓶打開蓋子的香水置於房間的某個角落，過不了多久，整個房間將充滿香水的味道，這是因為香水揮發成氣體後會散布到整個房間，這種現象即稱為氣體的擴散。

香水含有易揮發氣體擴散後，使周遭充滿香水的味道

擴散是指兩種或兩種以上的不同氣體經由粒子的運動及碰撞而逐漸混合的過程，氣體分子穿越空間或其他物質而擴展散布的現象，此現象與氣體分子之運動速率有關，運動速率快者，擴散速率快。

英國科學家格雷姆 (Thomas Graham) 在 1848 年由實驗得知，在同溫同壓下，氣體擴散速率和氣體密度的平方根成反比，此為有名的格雷姆**氣體擴散定律** (law of gas diffusion)。

$$\frac{R_1}{R_2}=\frac{\sqrt{D_2}}{\sqrt{D_1}}$$ (R：擴散速率；D：氣體密度)

利用理想氣體方程式 PM = DRT，$D \propto \frac{PM}{T}$ 可改成：

$$\frac{R_1}{R_2}=\frac{\sqrt{M_2}}{\sqrt{M_1}}$$ (R：擴散速率；M：氣體分子量)

因此可藉由在同溫同壓下，測量氣體擴散速率，求出未知氣體之分子量。

例題 5-11

1. 同溫同壓下，氣體的擴散速率 (R) 和氣體的分子量 (M) 的平方根成反比。則在此情況時，氦氣的擴散速率為 SO_2 氣體的幾倍？(He = 4，S = 32，O = 16)
2. 同溫同壓時，氣體的擴散速率 (R) 和氣體的分子量 (M) 的平方根成反比。若 A、B 二種氣體擴散速率比為 1：2，則二種氣體分子量的比 A：B 為何？

解

1. 由格雷姆擴散定律知：$\frac{R_1}{R_2}=\frac{\sqrt{M_2}}{\sqrt{M_1}}$，則 $\frac{R_{He}}{R_{SO_2}}=\frac{\sqrt{64}}{\sqrt{4}}=4$
2. 由格雷姆擴散定律知：$R \propto \frac{1}{\sqrt{M}}$，則 $1:2=\frac{1}{\sqrt{M_A}}:\frac{1}{\sqrt{M_B}}$，

   $M_A:M_B=4:1$

練習

1. 已知在 CO、CO_2 的混合氣體中，兩者具有相同的原子數。則下列敘述何者正確？
   (A) 混合在同一容器中，擴散速率比為 $\sqrt{7}$：$2\sqrt{11}$
   (B) 兩者的重量比 CO：CO_2 為 7：11
   (C) 混合氣體的平均分子量為 34.4
   (D) 兩者的莫耳數必相等。
2. 在同溫同壓下進行通孔擴散實驗，甲氣體擴散 20 mL 的時間與分子量為 64 的氣體擴散 10 mL 相同，則甲氣體分子量可能為何？
3. 已知擴散 50 毫升的氫氣需時 2 分鐘，在同溫同壓下，若擴散 25 毫升的氧，則需時多少分鐘？(H = 1，O = 16)

NOTE

重點回顧

5-1 氣體的性質

1. 氣體的特性

(1) 膨脹性 (2) 可壓縮，熱脹冷縮效應明顯

(3) 擴散性 (4) 可液化

(5) 氣體分子不斷地撞擊器壁而產生壓力

(6) 物質三態中，氣體粒子間的距離最大

2. 常見大氣壓力換算：

1 atm = 76 cm-Hg = 760 mm-Hg = 760 torr

= 1.013×10^5 Pa

5-2 理想氣體與理想氣體定律

1. 波以耳定律：在一定溫度下，一定量氣體的體積與所受壓力成反比。

$PV = k$ ； $P_1V_1 = P_2V_2$

2. 查理定律：在一定壓力下，一定量氣體的體積與絕對溫度成正比。

$\frac{V}{T} = k$ ； $\frac{V_2}{V_1} = \frac{T_2}{T_1}$

3. 給呂薩克定律：當體積一定時，一定量氣體的壓力與絕對溫度成正比。

$\frac{P}{T} = k$ ； $\frac{P_1}{T_1} = \frac{P_2}{T_2}$

4. 亞佛加厥定律：同溫同壓下，同體積的任何氣體皆含有相同數目的分子或莫耳數。

$\frac{V}{n} = k$ ； $\frac{V_2}{V_1} = \frac{n_2}{n_1}$

5. 理想氣體方程式：$PV = nRT$

6. R 值常用的單位與數值為 0.082 atm · L/mol · K

7. 理想氣體方程式的應用：$PM = DRT$

5-3 道耳頓分壓定律

1. 在互不反應的理想氣體混合物之中，總壓 = 分壓之和

$P_t = P_A + P_B + \cdots$

2. 莫耳分率 $(X_A) = \frac{n_A}{n_A + n_B}$

3. 分壓 = 總壓 × 莫耳分率

$P_A = P_t \times X_A$；$P_B = P_t \times X_B$；…

4. 分壓比＝莫耳數比＝莫耳分率比

$\frac{P_A}{P_B} = \frac{n_A}{n_B} = \frac{X_A}{X_B}$

5-4 蒸氣壓

密閉系統中，當蒸發速率與凝結速率相等時，蒸氣壓力達到該液體在該溫度下之蒸氣壓，稱為飽和蒸氣壓。

5-5 氣體的擴散

1. 擴散是指兩種或兩種以上的不同氣體經由粒子的運動及碰撞而逐漸混合的過程。

2. 格雷姆氣體擴散定律：在定溫定壓下，氣體擴散速率與氣體密度的平方根成反比。

3. 格雷姆氣體擴散定律公式及應用：

$$\frac{R_1}{R_2} = \frac{\sqrt{D_2}}{\sqrt{D_1}} = \frac{\sqrt{M_2}}{\sqrt{M_1}}$$

Chapter

6

溶液 Solution

多數化學反應都是在溶液中進行，溶液依其分類方式有相當多的種類，並非單指液態，因此認識溶液的特性有助於探究更多的化學現象，包含溶解度、濃度、滲透壓等都與日常生活息息相關。例如：點滴袋裡裝的並非純水，而是生理食鹽水或是葡萄糖水，其滲透壓的值必須和血液相似。若是裝純水，則紅血球會脹大直至脹破。

6-1 溶液的狀態

6-2 電解質與非電解質

6-3 溶解度

6-4 濃度

6-5 依數性質

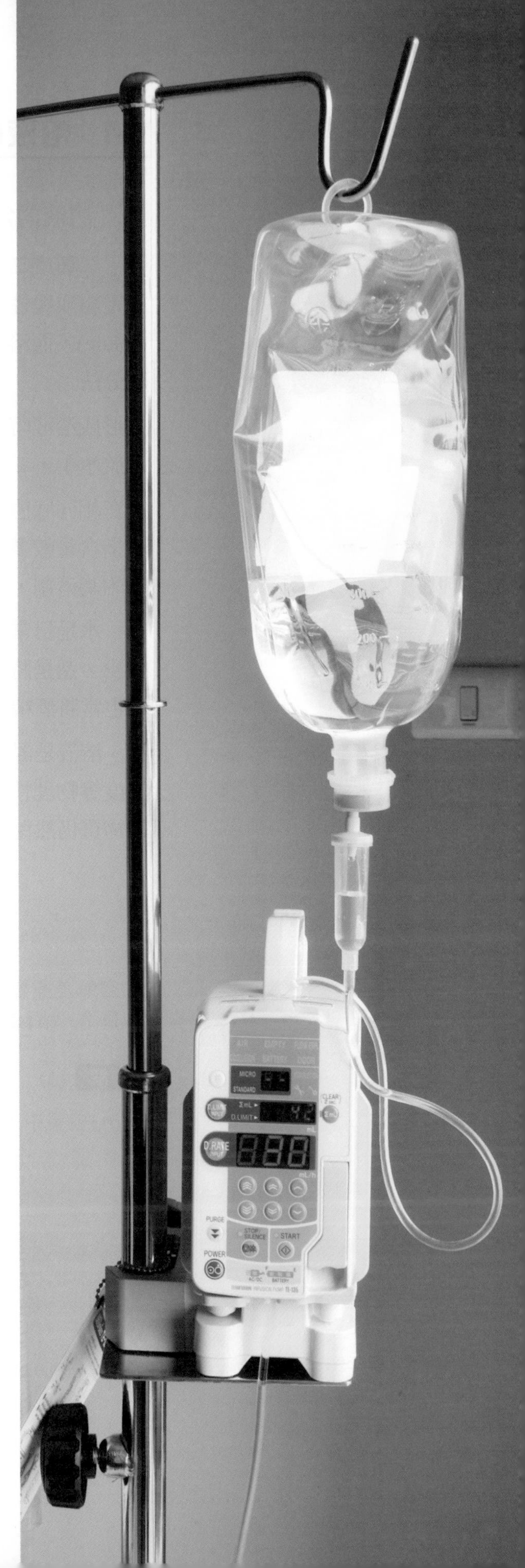

6-1 溶液的狀態 (State of solution)

一、溶液的定義 (Definition of solution)

二種或二種以上的物質混合在一起，形成均勻混合物，沒有固定組成與性質，即為溶液，溶液混合時被溶解的物質稱為**溶質** (solute)，而溶解溶質的物質稱為**溶劑** (solvent)。溶質與溶劑有兩種分法：

1. 形成溶液時，相改變或狀態改變者為溶質，例如：二氧化碳溶於水中，二氧化碳為溶質，水為溶劑。
2. 在相同狀態時，通常溶質是指溶液中含量較少的成分，溶劑是指含量較多的成分。如果溶液中含有三種以上的物質，量最多的為溶劑，其餘的都是溶質。

水是日常生活中最常見的溶劑，如果溶液中有水，即使含量較少，還是將水當做溶劑。若溶液成分沒有水，而含有酒精，一般也常將酒精當溶劑。

溶液是混合物，不是純物質，所以熔點、沸點、密度、比熱、濃度等物理性質不固定，會隨組成比例而改變，但溶液內所含的純物質仍然保有各自的化學性質。

例題 6-1

空氣是多種氣體的混合物。若將空氣視為氣態溶液，何者為溶劑？ (A) 氮 (B) 氧 (C) 水蒸氣 (D) 二氧化碳。

解 (A)

(A) 空氣中，含量最多的氣體是氮氣，因此可將氮氣視為溶劑。

二、溶液的種類 (Types of solution)

一般聽到溶液，大多數人都會認為溶液是液體，實際上，溶液並不一定是液態，也可能是氣態或固態。

1. 依溶液狀態分類

溶液狀態	說明	溶質與溶劑	舉例
氣態 (混合氣體)	①此類溶液是以氣體為溶劑 ②不同的氣體可任意比例混合，所構成的混合氣體稱為氣態溶液	氣體溶於氣體	空氣
		液體溶於氣體	水溶於空氣
		固體溶於氣體	空氣中的懸浮微粒
液態 (溶液)	①此類溶液是以液體為溶劑 ②最常見的溶液是液態溶液	氣體溶於液體	氯化氫溶於水
		液體溶於液體	醋酸溶於水
		固體溶於液體	食鹽溶於水
固態 (固溶體)	①此類溶液是以固體為溶劑 ②由不同金屬所構成的固溶體稱為「合金」 ③性質相似的鹽類也可以構成固溶體	氣體溶於固體	氫氣溶於鉑 (H_2/Pt) 氫氣被鈀吸附
		液體溶於固體	Na/Hg (鈉汞齊)
		固體溶於固體	銀溶於金、AgCl-NaCl

2. 依溶劑種類分類：①以水為溶劑的水溶液。②以非水為溶劑的非水溶液。

3. 依導電性分類

① 電解質溶液：溶液中的溶質可解離成離子，使溶液導電 (圖 6-1)，例如：鹽水、氨水、鹽酸等。

② 非電解質溶液：溶質為分子態，無法解離成離子，故溶液不能導電，例如：葡萄糖水溶液、尿素水溶液、酒等。

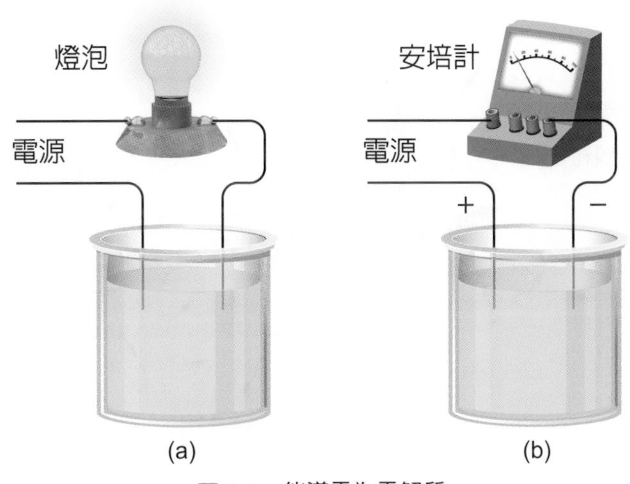

圖 6-1 能導電為電解質

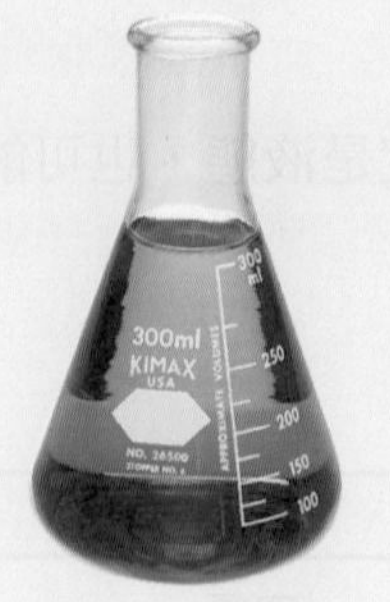

圖 6-2 硫酸銅

圖 6-3 牛奶

圖 6-4 泥漿

4. 依溶質粒子的直徑大小分類

① 真溶液：指溶質顆粒直徑小於 1 nm 的溶液，具有溶液澄清、透光性較佳的特性。日常生活中的真溶液包含：糖水、食鹽水、酒、硫酸銅溶液 (圖 6-2) 等。

② **膠體溶液** (colloidal solution)：指膠體粒子顆粒直徑介於 1 ～ 1000 nm 的溶液，通常量較少者稱為**分散質** (dispersed substance，膠體粒子)，量較多的稱為**分散介質** (dispersed medium，分散媒)，整個系統稱之為分散系，具有溶液混濁、透光性較差的特性。日常生活中常見的膠體溶液包含：牛奶 (圖 6-3)、豆漿、咖啡、乳液、澱粉液等。膠體溶液可依粒子的流動性區分為**溶膠** (sol)、**液膠** (liquid glue) 或**凝膠** (gel)，溶膠、液膠具有流動性，例如：豆漿、膠水等；而凝膠則不具流動性，例如：果凍、豆腐等。

③ 懸浮液：指溶質顆粒直徑大於 10^{-7} m 的溶液，攪拌混合可短暫形成均勻混濁狀態，但是維持不久，很快上層就會漸趨澄清，粒子則沉澱在底部。例如：泥漿 (圖 6-4) 等。

真溶液與膠體溶液的共同特點是具有靜置不沉澱的特性，因此無法以濾紙過濾溶質或分散質，但是懸浮液因粒子較大，容易產生沉澱，可過濾分離。膠體溶液靜置不會沉澱有兩個原因，膠體粒子不斷進行布朗運動，受到各方向不平衡力量的碰撞 (圖 6-5)。 帶有相同電性的膠體粒子會相互排斥，彼此不會凝聚成較大顆粒而沉澱 (圖 6-6)。

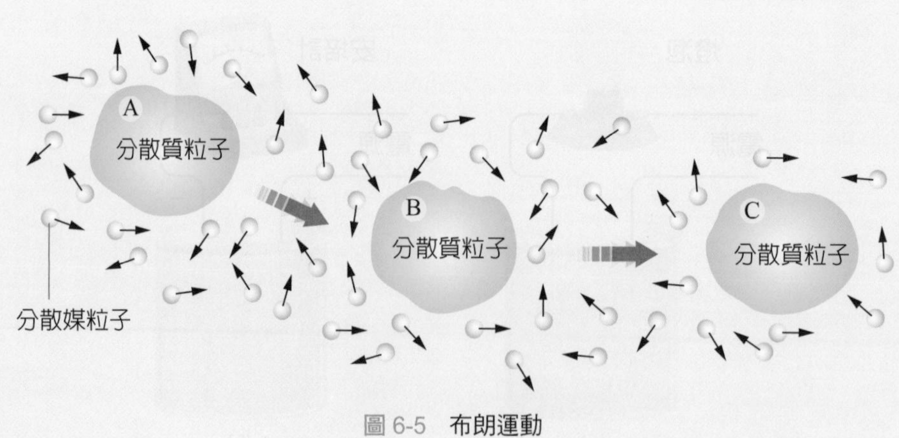

圖 6-5 布朗運動

聖光射入教堂窗戶顯靈嗎？

在歐洲教堂裡，常常可以看到一束光線從窗戶射入，讓神父沐浴在金光中備顯莊嚴，這其實是廷得耳效應。當光穿過含有懸浮粒子的膠體溶液 (空氣) 時，由於粒子小於光波長，會發生光的散射，散射光的強度隨粒子半徑和濃度而變化，樹林中枝葉間透過的一束束光柱也是如此。

廷得耳效應 (Tyndall effect)

當光線通過膠體溶液時，可以清楚看到光線通過的路徑，且光通過後強度減弱，例如：當陽光從縫隙進入一間黑暗房中，灰塵會散射光線產生一明亮光帶。膠體溶液會有此特性主要是因為膠體粒子較大，足以散射光線的緣故；真溶液中，溶質粒子不夠大，不能使光線散射，所以見不到明亮的路徑。

廷得耳效應

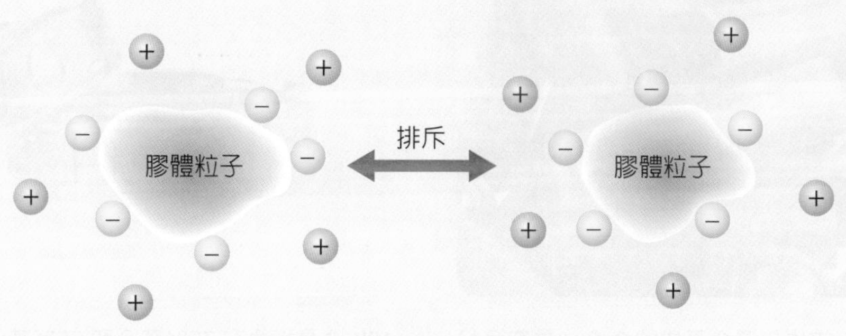

圖 6-6　膠體溶液不沉澱的原因

例題 6-2

下列何者不是溶液？

(A) 空氣　(B) 純水　(C) 黃銅　(D) 18K 金。

解 (B)

(A) 空氣是多種氣體混合而成，是氣態溶液。

(B) 純水只有水，沒有溶質，因此並非溶液。

(C) 黃銅是銅及鋅的合金，是固態溶液。

(D) 18 K 金是黃金和其他金屬的合金，是固態溶液。

練習

1. 下列對溶液的敘述何者正確？
   (A)糖水溶液具導電性，是電解質溶液
   (B)溶液是由多種純質所構成的均勻化合物
   (C)空氣中含有氮、氧、氬、二氧化碳等多種氣體，可視為氣態溶液
   (D)兩物質形成溶液時，可以任意比例混合。
2. 下列哪一種不是溶液？
   (A) 糖水　(B) 空氣　(C) 白金　(D) 黃銅。
3. 對溶液而言，下列各項何者正確？
   (A) 有一定組成
   (B) 可為氣、液互溶的溶液
   (C) 沸點一定高於 100 ℃
   (D) 可以導熱導電。

黃銅是一種由銅和鋅均勻混合而成的合金，具有良好的加工性能、耐腐蝕性和導電性，因此廣泛應用於製造彈殼、管道、閥門、五金配件等產品。

18K 金是指含有 75%黃金和 25%其他金屬的合金。因為含有其他金屬，18K 金通常比 24K 純金更耐用，不易磨損、變形，通常被用於製作婚戒、項鍊、耳環等。

6-2 電解質與非電解質 (Electrolyte and Nonelectrolyte)

熔融狀態或溶於水中能解離成離子而導電的物質稱為**電解質** (electrolyte)，大部分的酸、鹼、鹽均為電解質，例如：鹽酸、氫氧化鈉及氯化鈉。不能解離出離子，因此不能導電的物質稱為**非電解質** (non - electrolyte)，例如：葡萄糖和酒精皆易溶於水，但是溶解後不能游離出離子，不能導電，是一種非電解質。

解離作用 (dissociation) 是吸熱反應，以 NaCl 溶於水中為例，原本 Na^+ 和 Cl^- 之間正負電荷相吸，有很強的離子鍵，溶於水中時，水分子中帶部分負電的氧原子會吸引 Na^+，而帶部分正電的氫原子則吸引 Cl^-，如此提供能量足以打斷 Na^+ 與 Cl^- 間離子鍵。當 Na^+ 與 Cl^- 被解離時，也就是被水分子包圍，稱為**水合作用** (hydration) 是放熱反應，如此陰陽離子分開存在於溶液中。

一、阿瑞尼斯解離說 (Arrhenius' theory of dissociation)

瑞典化學家阿瑞尼斯 (Svante August Arrhenius)，如圖 6-7，在 1887 年提出電解質的解離說，內容如下：

圖 6-7 阿瑞尼斯

1. 電解質在水溶液中會解離出帶正電的陽離子與帶負電的陰離子。
2. 電解質解離後，陽離子總數不一定等於陰離子總數，但陽離子所帶正電荷的總電量與陰離子所帶負電荷的總電量一定相等，所以溶液是電中性。例如：Na_2CO_3 在水中會電離出 Na^+ 與 CO_3^{2-}，陽離子 Na^+ 的數目為陰離子 CO_3^{2-} 數目的 2 倍，但 Na^+ 所帶的正電荷僅為 CO_3^{2-} 所帶負電荷的一半，所以陽、陰離子的總電量相等。
3. 電解質溶液中，陽、陰離子會自由游動，但通入電流後，陽離子移向負極，陰離子移向正極而導電。

例題 6-3

1. 今有一杯氯化鈉水溶液與一杯純水，則下列哪些方法可加以區別？
   (A) 測導電度 (B) 測酸鹼性 (C) 觀察顏色 (D) 過濾。
2. 下列哪一種物質最不易導電？
   (A) 酒精水溶液 (B) 碳棒 (C) 氫氧化鈉溶液 (D) 氨水。

解 1.(A) 2.(A)

1. (A) 氯化鈉水溶液為強電解質，純水不導電。
   (B) 氯化鈉水溶液和純水都為中性，無法區別。
   (C) 氯化鈉水溶液和純水都為透明無色，無法區別。
   (D) 氯化鈉水溶液無法藉由過濾得到氯化鈉和水。
2. (A) 酒精非電解質，無法導電。

二、離子反應式 (Ionic reaction formula)

電解質在溶液中的解離反應可以離子反應式表示，其規則如下：

1. 以單箭頭表示解離反應，電解質寫在箭頭左邊，解離後的陰、陽離子寫在右邊，並以加號連接。
2. 化學式及離子符號應在右下角標明狀態。狀態符號固態為 (s)，液態為 (l)，氣態為 (g)，水溶液為 (aq)。
3. 要將反應式平衡，以符合原子不滅及電荷不滅，以氯化氫、氫氧化鈉及硫酸鈉三種電解質為例：

$HCl_{(g)} \rightarrow H^{+}_{(aq)} + Cl^{-}_{(aq)}$

$NaOH_{(s)} \rightarrow Na^{+}_{(aq)} + OH^{-}_{(aq)}$

$Na_2CO_{3(s)} \rightarrow 2Na^{+}_{(aq)} + CO_3^{2-}{}_{(aq)}$

二種電解質同時溶於水中，解離出的離子彼此之間可能會反應而產生沉澱，例如：在無色氯化鈉溶液中加入無色硝酸銀溶液，則會產生氯化銀的白色沉澱，其解離的反應式如下：

$NaCl_{(s)} \rightarrow Na^{+}_{(aq)} + Cl^{-}_{(aq)}$

$AgNO_{3(s)} \rightarrow Ag^{+}_{(aq)} + NO_3^{-}{}_{(aq)}$

沉澱反應的反應式如下：

$NaCl_{(aq)} + AgNO_{3(s)} \rightarrow AgCl_{(s)} \downarrow + NaNO_{3(aq)}$

淨離子反應式可以寫成：

$Ag^{+}_{(aq)} + Cl^{-}_{(aq)} \rightarrow AgCl_{(s)} \downarrow$

三、電解質的類型 (Types of electrolyte)

電解質解離時，解離的程度有的是完全解離，有的僅部分解離，解離度大的稱為強電解質，解離度小的稱為弱電解質，例如：硝酸是強電解質，幾乎 100 % 解離，反應以單箭頭表示，解離反應式如下：

$HNO_{3(aq)} \rightarrow H^{+}_{(aq)} + NO_3^{-}{}_{(aq)}$

醋酸是一種弱電解質，解離度約 1 %，僅百分之一的醋酸分子解離成離子，仍有 99 % 維持分子狀態，反應以雙箭頭表示，解離反應式如下：

$CH_3COOH_{(aq)} \rightleftharpoons H^{+}_{(aq)} + CH_3COO^{-}_{(aq)}$

例題 6-4

下列何者是離子沉澱反應？

(A) $Pb(NO_3)_{2(aq)} + 2KI_{(aq)} \rightarrow PbI_{2(s)} + 2KNO_{3(aq)}$

(B) $HCl_{(aq)} + NaOH_{(aq)} \rightarrow NaCl_{(aq)} + H_2O_{(l)}$

(C) $CH_3COOH_{(aq)} + NaOH_{(aq)} \rightarrow CH_3COONa_{(aq)} + H_2O_{(l)}$

(D) $Na_2CO_{3(aq)} + 2HCl_{(aq)} \rightarrow 2NaCl_{(aq)} + H_2O_{(l)} + CO_{2(g)}$。

解 (A)

(A) 產生 PbI_2 沉澱，且反應物皆能解離為離子，因此是離子沉澱反應。

練習

下列何者反應無法產生沉澱反應？

(A) $BaCl_{2(aq)} + CuSO_{4(aq)}$ (B) $CO_{2(g)} + Ca(OH)_{2(aq)}$

(C) $AgNO_{3(aq)} + NaCl_{(aq)}$ (D) $NH_4Cl_{(aq)} + Na_2CO_{3(aq)}$。

NOTE

6-3 溶解度 (Solubility)

當溶質與溶劑均勻混合成同一相，溶劑分子均勻的包圍溶質且溶質的狀態轉變成與溶劑一樣，這種現象稱為**溶解** (dissolve)，例如：將方糖溶於水成為糖水，方糖原本是固態，而水是液態，二者混合後的溶液呈液態。糖水的每一部分組成都相同，取糖水的任何一部分，其甜度皆相同，因此可知每一部分的物理性質也都是一致的。

一、溶解度 (Solubility)

溶解度的定義是某一溶質在某個溫度下所能溶於溶劑中的質量，稱為溶質在該溫度下對溶劑的**溶解度**。常見的溶解度表示方式有兩種：

1. 每 100 g 溶劑中所含的溶質克數，例如：20 ℃ 下 100 g 水最多可溶 30 g KNO_3，則溶解度可記為 30 g/100 g 水 (圖 6-8)。

$$\frac{\text{克溶質}}{\text{100 克溶劑}}$$

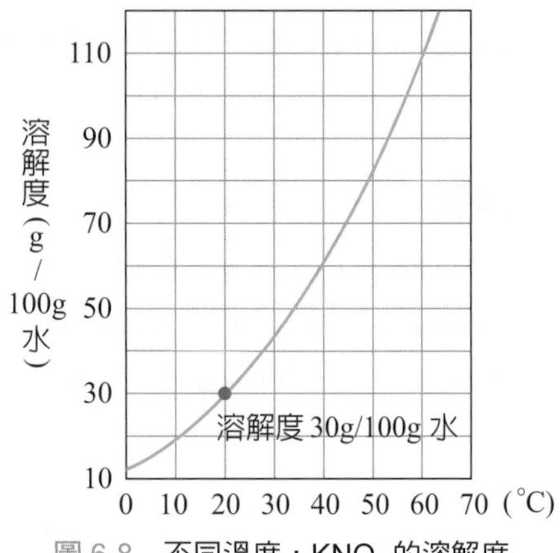

圖 6-8　不同溫度，KNO_3 的溶解度

2. 以體積莫耳濃度 (C_M) 表示，即每公升溶液所溶解的莫耳數 (mol/L)。

$$\frac{\text{mole 溶質}}{\text{升溶液}}$$

例題 6-5

1. 已知某物質在一定溫度時溶解度為 25 克溶質 /100 克水，則該溫度下，100 克該物質的飽和溶液中所含溶質的質量為何？
2. 某溫度下，飽和硫酸銅水溶液的重量百分率濃度為 25 %，求此溫度下，硫酸銅在水中的溶解度為多少克 /100 克水？

解

1. 25 克溶質 /100 克水

   重量百分濃度 = $\frac{25}{25+100} \times 100\% = 20\%$

   100 克飽和溶液含有溶質 100 × 20% = 20 (g)
2. 假設硫酸銅在水中的溶解度為 x 克 /100 克水

   $\frac{x}{100+x} \times 100\% = 25\%$，x = 33.3 (g)

通常化學家把溶質溶於溶劑的溶解度大小分成三大類：

1. 可溶：溶解度大於 10^{-1} M。
2. 微溶：溶解度介於 10^{-1} M 與 10^{-4} M 之間。
3. 難溶 (不溶)：溶解度小於 10^{-4} M。

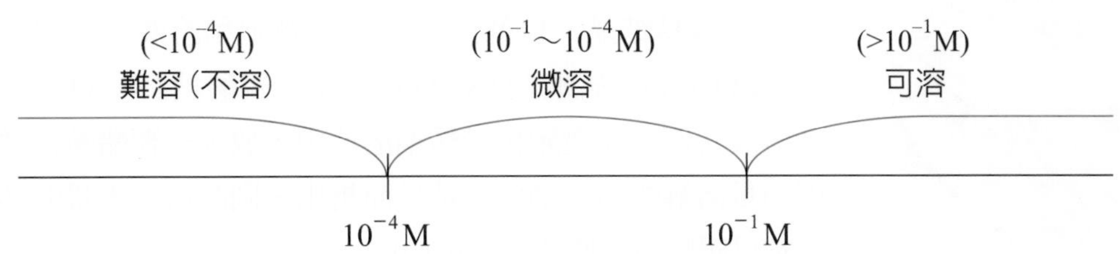

依溶質於溶液中溶解的量可分：

1. 飽和溶液 (saturated solution)

是指在某溫度下，溶液中的溶質在定量溶劑所能溶解的最高限度，稱為飽和溶液。當溶液已達溶解平衡，而溶質仍有部分未溶解，則此溶液必為飽和溶液，在定溫下的濃度等於溶解度。

在飽和糖溶液中放入一堆小顆粒糖，經一段時間後，發現糖的形狀改變了，由小顆粒變成大塊，這是因為水中糖分子和晶體中糖分子仍持續進行溶解與析出的緣故，是一種動態平衡 (圖 6-9)。

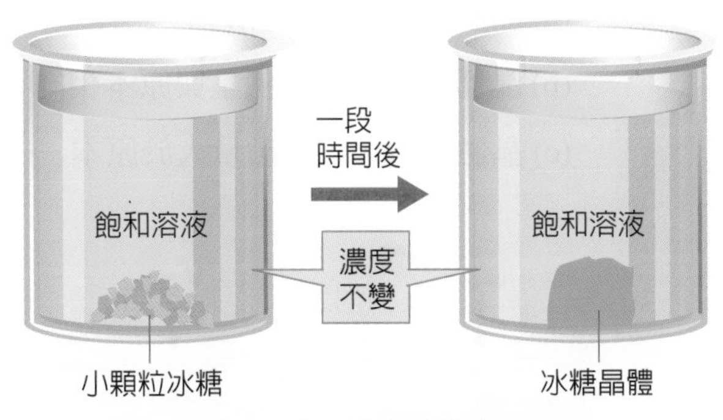

圖 6-9 飽和溶液的動態平衡

2. 未飽和溶液 (unsaturated solution)

是指在某溫度下，溶質在定量溶劑下溶解的量未達最高限度，要使未飽和溶液達飽和的方式可以增加溶質，直到溶質不能再被溶解，或是使溶劑蒸發；亦可改變溫度來降低溶解度 (通常是降溫)，未飽和溶液在定溫下的濃度必小於溶解度。

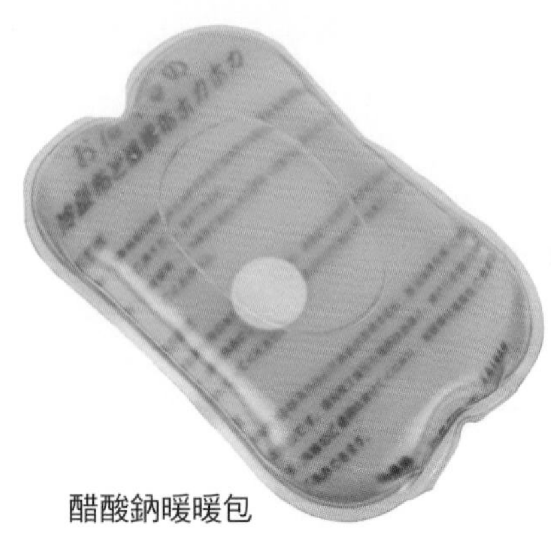

醋酸鈉暖暖包

3. 過飽和溶液 (supersaturated solution)

是指在某溫度下，溶質在定量溶劑下溶解的量超過最高限度，是一種不穩定狀態，通常加入少量晶體當晶種或攪拌、震動、改變溫度，都可使過量溶質結晶析出而變成飽和溶液。

通常化合物的結晶構造愈複雜或是化合物的溶解度愈大，就愈不容易結晶，也就愈容易形成過飽和溶液，例如：醋酸鈉 (CH_3COONa)、硫酸鈉 (Na_2SO_4)、硫代硫酸鈉 ($Na_2S_2O_3$)。以醋酸鈉溶液為例，在過飽和醋酸鈉溶液中，放入一顆醋酸鈉當晶種，則過量溶解的醋酸鈉便會結晶而析出，同時放出大量的熱，這也是常見暖暖包的原理 (圖 6-10)。

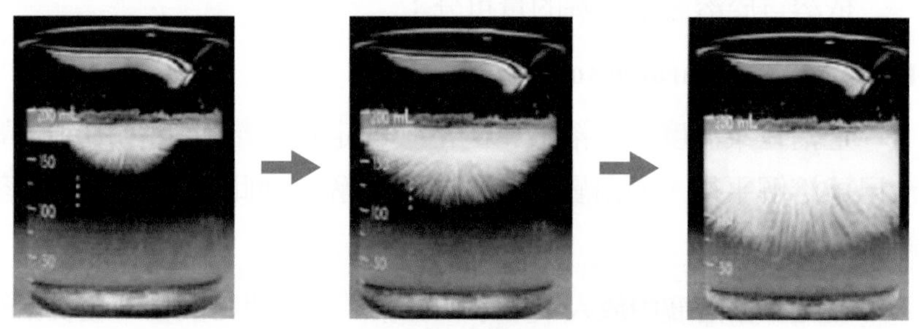

圖 6-10 過飽和溶液析出

飽和、未飽和、過飽和溶液之辨別：加晶體

(a) 晶體溶解 → 未飽和

(b) 晶體不溶，且沉澱量與原本相同 → 飽和

(c) 晶體不溶，且沉澱量大於原本 → 過飽和

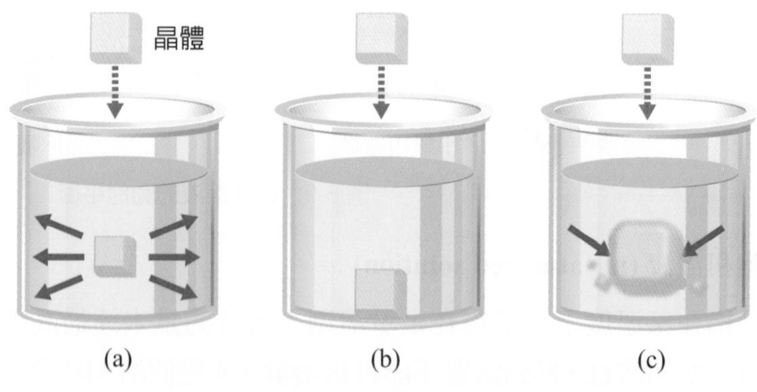

圖 6-11 (a) 未飽和、(b) 飽和、(c) 過飽和溶液的差異。

只要有固體存在，其澄清液必為飽和溶液。過飽和溶液是不穩定狀態，其久置必回到飽和溶液 (穩定狀態)。

例題 6-6

1. 配製食鹽水溶液，在 25 ℃ 下，將 15 克食鹽置入 400 克的水中。充分攪拌後，發現溶液底部仍有食鹽存在。則此溶液可能為何？
(A) 過飽和溶液 (B) 飽和溶液 (C) 未飽和溶液 (D) 以上皆非。
2. 久旱不雨，缺水嚴重，政府欲實施人造雨來紓解水荒，當執行人造雨時，常在雲層上方撒下乾冰和碘化銀的混合物，請問碘化銀在人工造雨程序中，扮演何種角色？
(A) 保冷劑 (B) 催化劑 (C) 溶質 (D) 晶種。

解 1. (B) 2. (D)

1. 溶液底部有食鹽存在，可知溶質溶解的量已達到溶劑所能溶解的最大量，因此為飽和溶液。
2. 散布碘化銀 (AgI) 做為晶種，產生冰晶或使小水滴長大，促使降雨現象。

Life+

人造雨

❶ 人造雨是常見的過飽和溶液，雲內水滴太小或缺乏冰晶而無法降雨時，即需要人工方法來製造人造雨。

❷ 飛機升空

進入雲層，通常高度在1500~4000公尺左右

飛機播灑乾冰、鹽粉、碘化銀(AgI)

❹ 產生冰晶或使小水滴長大變重，形成雨滴。

❺ 最後雨水會在15~20分鐘內落下。

水壩

二、影響溶解度的因素 (Factors which affect Solubility)

影響溶解度的因素包含溶質和溶劑的本性、溫度及壓力，其原因與原理分述如下：

1. 溶質和溶劑的本性

影響一個物質的溶解度，最主要的原因即是溶質和溶劑的本性，二者之間需存在吸引力。溶質與溶劑本性相似的較易互溶，稱為同類互溶 (like dissolves like)，例如：極性分子溶於極性分子，非極性分子溶於非極性分子。

2. 溫度

溶質溶解於溶劑時，溫度對於吸熱反應與放熱反應的效益不同。若溶解為吸熱反應，即溶解度隨著溫度升高而增加。大部分固體的溶解屬於此反應，例如：熱茶相較於冰茶可溶解更多的糖，以溫熱開水沖泡奶粉等。

若溶解為放熱反應，則溶解度隨著溫度升高而降低。少數固體溶解屬於此類。所有氣體溶解屬於放熱反應，溫度愈大，氣體的動能愈大就愈容易掙脫溶劑的束縛回到氣相，例如：

(1) 養魚的用水：水中溶解微量的氧氣，魚類藉以生活在水中。但氣體在高溫的水中溶解度很低，因此煮沸過的開水，即使冷卻後，短時間內也不適合養魚，因為水中溶解的氧氣很少，魚兒無法呼吸。

(2) 熱汙染 (thermal pollution)：有些工業廢水溫度很高，若直接排放到湖泊河川中，使得水中氧氣的溶解度降低，造成大批魚蝦窒息死亡、珊瑚白化等，因此熱汙染的災害範圍與影響程度往往超過有毒廢水。

另有一部分的物質，其溶解度幾乎不隨溫度改變，包含極少部分固體，例如：$NaCl_{(s)}$ (溶解熱 1.3 kcal/mol)、$PbCl_{2(s)}$ 等，以及大部分液體，因為液體溶解度主要由本性決定。

Life+

冰的氣泡水真好喝！

使用氣泡水機時，冰水比起常溫的水所製作的氣泡較多口感較好，主要是因為二氧化碳的溶解度會受溫度影響。一般來說，固體的溶解度隨溫度降低而減少；氣體則相反，溶解度會隨溫度降低而增加。

例題 6-7

1. 將定量食鹽溶於水中，下列哪一種操作可增加溶解速率，但不影響溶解度？
   (A) 增高溫度 (B) 不斷攪拌
   (C) 降低溫度 (D) 再加入大量的食鹽。
2. 下列有關溶解度的敘述，何者正確？
   (A) 影響溶解度的因素僅由溶質和溶劑的本性決定
   (B) 所有固體在水中的溶解度均隨溫度之升高而增加
   (C) 氣體溶解度 (g/100g 水) 隨氣體分壓增大而降低
   (D) 相同溶質在不同溶劑中的溶解度不同。

解 1. (B) 2. (D)

1. 影響溶解度的因素：本性、溫度、壓力。增加溶解速率可使用玻棒攪拌或將溶質磨成粉。
2. (A) 影響溶解度的因素有溶質和溶劑的本性、溫度、壓力。
   (B) 少數固體在水中的溶解度隨溫度之升高而減小，例如：$Na_2SO_{4(s)}$、$MgSO_{4(s)}$、$CaSO_{4(s)}$、$MnSO_{4(s)}$。
   (C) 氣體的溶解度隨氣體分壓增大而增大。

Life

潛水夫症

深海壓力是水面之數倍，因此潛水夫血液中的氧氣和氮氣溶解度均大大增加。當潛水夫快速浮上水面，壓力驟減至一大氣壓，溶於血中的氮氣會迅速離開血液，血液中的氣泡會造成許多問題，例如：局部疼痛、皮膚癢、呼吸困難、肺泡破裂、死亡等，此稱為潛水夫病。潛水夫之空氣貯筒為氦氣和氧氣的混合氣體，以氦氣取代氮氣，因為氦氣對水溶解度即使在高壓下仍然極微，這可以避免潛水夫病的發生。

3. 壓力

壓力對固態、液態溶質的溶解度影響不大，但對氣態溶質的影響卻極為顯著，例如：將密閉的汽水瓶蓋打開，大量的氣體因壓力減少而冒出。

1803 年英國化學家亨利 (William Henry) 提出亨利定律 (Henry's law)，在定溫下，定量溶劑所溶解之氣體的質量與其液面上氣體分壓成正比。可寫為：

$$m = k \times P$$

m：溶解於一定量溶劑中的氣體質量

P：該氣體的分壓

k：亨利定律比例常數 (受氣體本性、溶劑本性以及溫度的影響)

亨利定律適用高溫低壓下，稀薄溶液中的難溶性氣體，例如：H_2、O_2、N_2、CO、NO 等；易溶性氣體，因為會和溶劑起化學作用，不適用亨利定律；例如：SO_2、CO_2、NH_3、HCl 等。

例題 6-8

1. 下列何種氣體不適宜以亨利定律來說明該氣體在水中溶解度與壓力的關係？
   (A) HCl　(B) CH_4　(C) N_2　(D) H_2。
2. 關於亨利定律的敘述，何者正確？
   (A) 亨利定律 m = kP 中，k 為亨利常數，其值隨溫度升高而增加
   (B) 亨利定律對於會和溶劑反應的氣體不適用
   (C) 氣體在定量水中的體積溶解量，隨總壓增加而成正比增加
   (D) 相同溫度時，混合氣體中，難溶性氣體的溶解度與其總壓成正比。

解　1. (A)　2. (B)

1. 因為 HCl 容易溶於水中，不適用亨利定律。
2. (A) k 隨溫度升高而降低。
   (C) 體積與壓力無關。
   (D) 與其分壓成正比。

練習

1. 有關飽和溶液的敘述，何者錯誤？
   (A) 飽和溶液中，溶解和結晶仍在進行著，是一種動態平衡
   (B) 飽和溶液中，所溶解的溶質已達最大量
   (C) 定溫下，一物質的飽和溶液之重量百分率濃度為定值
   (D) 過飽和溶液加入少許晶種，則溶質全部結晶析出。
2. 氣體 (例如：氮氣、二氧化碳) 在水中的溶解度與溫度之關係為何？
   (A) 溫度上升，其溶解度增加
   (B) 溫度與溶解度的關係不一定
   (C) 溫度上升，其溶解度不變
   (D) 溫度上升，其溶解度減少。
3. 在 40 ℃ 時，某物質的溶解度為 150 克／100 克水，其飽和溶液 150 毫升的重量百分率濃度為若干？
4. 已知在某溫度時，$KNO_{3(s)}$ 對水的溶解度為 60 g/100 g 水。則在此溫度時，KNO_3 飽和溶液的重量百分率濃度為何？
5. 某氣體溶於水適用亨利定律，於 1 atm、290 K 下，100 克水可溶解該氣體 1.2 克。若將容器壓縮，使壓力增至 10 atm，在相同溫度下，則 100 克水可溶解該氣體多少克？

6-4 濃度 (Concentration)

溶液是溶質與溶劑的均勻混合物，溶液中溶質、溶劑與溶液間量的關係稱為濃度。濃度有很多表示方法，不同的領域有其常用的表示方式。

$$\text{濃度} = \frac{\text{溶質的量}}{\text{溶液的量}}$$

一、百分率濃度 (Percentage concentration)

1. 重量百分率濃度 (wt %)

每 100 克的溶液中含有溶質多少公克或溶質占全部溶液重量的百分比稱為**重量百分率濃度** (weight percentage concentration)，這種濃度在日常生活中最常使用。除非特別註明，否則一般所指的百分率濃度係指重量百分率濃度，符號為 wt% 或 w/w。

$$\text{wt\%} = \frac{\text{溶質質量}}{\text{溶液質量}} \times 100\% = \frac{\text{溶質質量}}{\text{溶質質量} + \text{溶劑質量}} \times 100\%$$

例題 6-9

1. 取食鹽 25 克溶於 100 克水中，其重量百分率濃度為何？
2. 將 20 克方糖溶於水中，其溶液總重 200 克，其重量百分率濃度為何？

解

1. $\frac{25}{25+100} \times 100\% = 20 \text{ wt } \%$
2. $\frac{20}{200} \times 100\% = 10 \text{ wt } \%$

2. 體積百分率濃度 (vol %)

每毫升溶液中所含溶質的毫升數或溶質體積占全部溶液體積的百分比稱為**體積百分率濃度** (volume percentage concentration)，通常用於酒類或溶質和溶劑均為液體的溶液。液體的體積不具加成性，例如：將 30 mL 酒精，加入 20 mL 的水，溶液體積並不會等於 50 mL，其精確的體積必須經量測後才能得知。體積百分率濃度符號為 vol % 或 v/v。

$$\text{vol } \% = \frac{\text{溶質體積}}{\text{溶液體積}} \times 100\%$$

以體積百分率濃度表示

3. 重量 / 體積百分率濃度 (m/v%)

配製溶液時最便利的方式，溶質秤重再加入溶劑至最終體積即可。如生理食鹽水，每毫升水中含 9 mg 氯化鈉。

m/v% = 溶質質量 / 溶液體積 × 100%

例題 6-10

某啤酒顯示酒精成分 3.5 vol %，試問一瓶 600 mL 的啤酒含有多少 mL 的酒精？

解

600 × 3.5 vol % = 21 (mL)

二、莫耳濃度 (Molar concentration)

1. 體積莫耳濃度 (M)

每公升溶液中所含溶質的莫耳數，稱為**體積莫耳濃度** (volume molarity)，常簡稱為莫耳濃度，符號為 C_M，單位為 mol/L，簡寫成 M，是化學計量上最常用的濃度。

$$C_M = \frac{\text{溶質莫耳數 (mol)}}{\text{溶液升數 (L)}}$$

例題 6-11

有一鹽酸溶液 400 mL 含有溶質 21.90 克，試問其體積莫耳濃度為何？（H = 1，Cl = 35.5）

解

$$\frac{\frac{21.90}{36.5}\text{ mol}}{0.4\text{ L}} = 1.5\ (\text{M})$$

2. 重量莫耳濃度 (m)

每 1000 克溶劑中所含溶質的莫耳數，稱為**重量莫耳濃度** (molality)，符號為 C_m，單位為 mol/kg，簡寫成 m。

$$C_m = \frac{\text{溶質莫耳數 (mol)}}{\text{溶劑千克數 (kg)}}$$

例題 6-12

取 58.5 克的食鹽溶於 1.5 公斤的水中，試問其重量莫耳濃度為何？(Na = 23，Cl = 35.5)

解

$$C_m = \frac{\frac{58.5}{58.5}\ (\text{mol})}{1.5\ \text{kg}} = 0.67\ (\text{m})$$

三、莫耳分率 (X) (Molar fraction)

溶液中某成分的莫耳數與溶液中所有成分的莫耳數總和之比值，稱為該成分之**莫耳分率**。假設溶液中有成分 A、B、C，其莫耳數分別為 n_A、n_B、n_C，莫耳分率分別為 X_A、X_B、X_C，在一溶液中，所有成分的莫耳分率之和等於 1，即 $X_A + X_B + X_C = 1$。

$$X_A = \frac{n_A}{n_A + n_B + n_C}$$

$$X_B = \frac{n_B}{n_A + n_B + n_C}$$

$$X_C = \frac{n_C}{n_A + n_B + n_C}$$

$$X_A + X_B + X_C = 1$$

例題 6-13

取食鹽 58.5 克溶於 162 克水中，求食鹽在該溶液中的莫耳分率？(Na = 23，Cl = 35.5)

解

$$\text{食鹽的莫耳數} = \frac{58.5\,\text{g}}{58.5} = 1\ \text{mol}$$

$$\text{水的莫耳數} = \frac{162\,\text{g}}{18} = 9\ \text{mol}$$

$$\text{食鹽的莫耳分率} = \frac{1}{1+9} = \frac{1}{10} = 0.10$$

四、微量濃度 (Trace concentration)

此濃度表示方式適合用於極低濃度的溶液，因此在環境分析或食品分析，對於微量及恆量有毒物質濃度的表示常用 ppm 或 ppb。

1. 百萬分數 (ppm)

每一百萬克溶液中所含溶質的克數即為**百萬分之一** (parts per million)，符號為 ppm。通常用於低濃度的稀薄溶液，因此若此溶液的溶劑為水，則此時溶液質量接近溶劑體積。百萬分數主要有兩種表達方式：

$$(1)\ \text{ppm} = \frac{\text{溶質質量 (g)}}{\text{溶液質量 (g)}} \times 10^6 = \frac{\text{溶質質量 (mg)}}{\text{溶液質量 (kg)}}$$

$$(2)\ \text{ppm 相當於 } \frac{\text{溶質質量 (mg)}}{\text{溶液體積 (L)}}$$

例題 6-14

某化學工廠廢水中之 Cd^{2+} 的重量百分率為 0.05 %。則此廢水中之 Cd^{2+} 含量應為多少 ppm ？

解

$1\ \text{ppm} = 10^{-6}$ $\quad \therefore 0.05\% = 5 \times 10^{-4} = 500 \times 10^{-6} = 500\ \text{ppm}$

2. 十億分數 (ppb)

每十億克溶液中所含溶質的克數即為**十億分之一** (parts per billion)，符號為 ppb。

$$\text{ppb} = \frac{\text{溶質質量 (g)}}{\text{溶液質量 (g)}} \times 10^9$$

充電小站

常見酸鹼溶液整理

名稱	化學式	體積莫耳濃度	重量百分濃度	比重	注意事項
鹽酸	HCl	12 M	37%	1.19	腐蝕性；產生氯化氫氣體
硫酸	H_2SO_4	18 M	98%	1.84	腐蝕性；與水混合激烈發熱，應徐徐沿壁倒入水中
硝酸	HNO_3	16 M	70%	1.42	腐蝕性；日光照射分解產生 NO_2 有毒氣體
醋酸	CH_3COOH	18 M	99%	1.06	腐蝕性；寒冷時 (17 ℃ 以下) 會凍結
氨水	NH_3	15 M	20%	0.90	濃氨水產生氨氣，刺激眼睛與呼吸系統

常見濃度整理如表 6-1。

表 6-1 常見濃度整理

表示法	定義	符號	單位	公式
重量百分率濃度	溶質與溶液質量的百分比	wt% 或 %w/w	— (無單位)	$wt\% = \frac{\text{溶質質量}}{\text{溶液質量}} \times 100\%$
體積百分率濃度	溶質與溶液體積的百分比	%v/v	— (無單位)	$\%v/v = \frac{\text{溶質體積}}{\text{溶液體積}} \times 100\%$
百萬分數	每一百萬克溶液中所含溶質的克數	ppm	— (無單位)	$ppm = \frac{\text{溶質質量}}{\text{溶液質量}} \times 10^6$
十億分數	每十億克溶液中所含溶質的克數	ppb	— (無單位)	$ppb = \frac{\text{溶質質量}}{\text{溶液質量}} \times 10^9$
體積莫耳濃度	每公升溶液所含溶質的莫耳數	C_M	mol/L，M	$C_M = \frac{\text{溶質莫耳數}}{\text{溶液升數}}$
重量莫耳濃度	每千克溶劑所含溶質的莫耳數	C_m	mol/kg，m	$C_m = \frac{\text{溶質莫耳數}}{\text{溶劑千克數}}$
莫耳分率	成分莫耳數與溶液總莫耳數的比值	X_i	— (無單位)	$X_i = \frac{\text{某成分 i 莫耳數}}{\text{溶液總莫耳數}}$

練習

1. 欲將 10 克物質配製成重量百分率濃度 40% 的水溶液 (密度 1.2 g/mL)，應加入若干克水？(已知該物質分子量為 40)
2. 某廠牌之 250 mL 的鋁箔包飲料，包裝上標示含咖啡因 20 ppm，表示此奶茶中含有幾克的咖啡因？(假設該飲料的密度為 1 g/mL)
3. 今有 2 升的水試樣，其中含有 0.16 克的氧，試問該水含氧多少 ppm？
4. 體積莫耳濃度 0.20 M 與 0.80 M 之尿素溶液，依何種體積比例混合才可得 0.40 M 尿素溶液？(假設體積有加成性)
5. 硫酸銅晶體 ($CuSO_4 \cdot 5H_2O$) 取 50 克，溶於 468 克水中，所形成之溶液中 $CuSO_4$ 的重量百分率濃度為多少？
(H = 1，O = 16，S = 32，Cu = 64)

營養標示

每一份量250毫升
本包裝含1份

	每份	每100毫升
熱量	109.5大卡	43.8大卡
蛋白質	1.0公克	0.4公克
脂肪	2.5公克	1.0公克
飽和脂肪	2.3公克	0.9公克
反式脂肪	0.0公克	0.0公克
碳水化合物	20.8公克	8.3公克
糖	20.0公克	8.0公克
鈉	35毫克	14毫克

咖啡因含量:20 ppm

6-5 依數性質 (Colligative properties)

溶液的某些性質只與溶質的粒子數目 (即溶質的濃度) 有關，而與溶質的種類無關，例如蒸氣壓、滲透壓、沸點上升、凝固點下降等。這種與粒子數目高度相關的性質稱為**依數性質**。同濃度的電解質溶液與非電解質溶液相較，因電解質會解離，故在溶液中的實際溶質粒子總數多於非電解質之實際溶質粒子總數，所造成之依數性質較大。

一、蒸氣壓 (Vapour pressure)

一杯溶液中，若溶質是非揮發性物質，例如：食鹽、蔗糖等，本身幾乎沒有蒸氣壓，此時溶液的蒸氣壓比純溶劑低，而且溶液的濃度愈高，下降的量愈多。在 25 °C 時，利用閉口式壓力計測量不同物質的蒸氣壓 (a) 純水、(b) 莫耳分率為 0.1 的葡萄糖水溶液、(c) 莫耳分率為 0.2 的葡萄糖水溶液，由圖 6-12 可以得知，在同溫時，純水的蒸氣壓最高，而濃度最大的葡萄糖溶液的蒸氣壓最低。

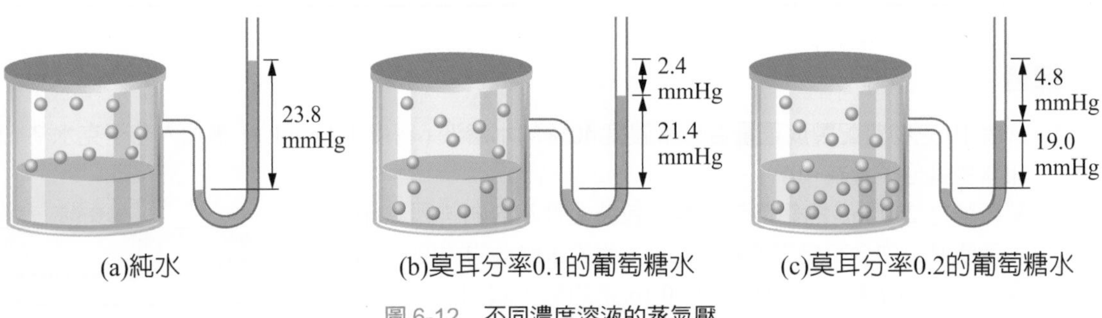

圖 6-12　不同濃度溶液的蒸氣壓

若溶液中的溶質具揮發性，例如：乙醇、丙酮等，則混合後的總蒸氣壓等於溶質與溶劑分壓和。

$$P_{蒸氣壓} = P_{質} + P_{劑}$$

二、拉午耳定律 (Raoult's law)

圖 6-13 拉午耳

拉午耳定律是由法國化學家拉午耳 (François-Marie Raoult)，如圖 6-13，在 1882 年所提出。拉午耳經由實驗發現，定溫時，含非揮發性、非電解質稀薄溶液的蒸氣壓與該溶液中溶劑的莫耳分率成正比。

$$P_A = P^\circ_A \times X_A$$

P_A：溶液的蒸氣壓　　P°_A：純溶劑的飽和蒸氣壓

X_A：溶劑 A 的莫耳分率

此時溶液的蒸氣壓下降量 (ΔP) 和溶質的莫耳分率成正比。

$$\Delta P = P^\circ_A \times X_B$$

P°_A：純溶劑的飽和蒸氣壓　　X_B：溶質 B 的莫耳分率

ΔP：蒸氣壓下降量

例題 6-15

1. 將 180 克葡萄糖晶體 ($C_6H_{12}O_6$) 溶於 108 克水中，則所形成的溶液在 100 ℃ 時之蒸氣壓為何？
2. 在某溫度時，$P^\circ_{H_2O} = 150$ mmHg，取非揮發性溶質 180 克，溶於 216 克的水中，測得所成溶液的蒸氣壓為 120 mmHg，則此溶質的分子量為何？

解

1. $P = X_A P^\circ_A = \dfrac{\frac{108}{18}}{\frac{108}{18}+\frac{180}{180}} \times 760 = 651 \text{ mmHg}$

2. $P = X_A P^\circ_A \quad \therefore 120 = \dfrac{\frac{216}{18}}{\frac{216}{18}+\frac{180}{x}} \times 150 \Rightarrow x = 60$

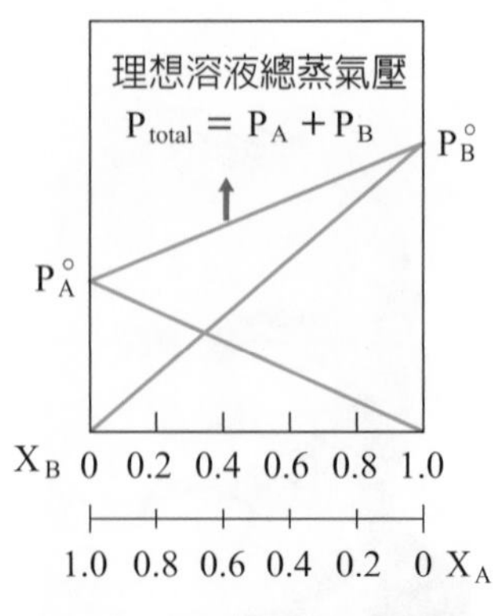

圖 6-14 理想溶液與蒸氣壓的關係圖

三、理想溶液特性 (Properties of an ideal solution)

1. 溶液的蒸氣壓與莫耳分率的關係遵守拉午耳定律。
2. 溶液混合前、後分子間引力不變，即分子間的吸引力等於單獨存在時的吸引力。
3. 溶液形成時，不吸熱亦不放熱 ($\Delta H = 0$)。
4. 理想溶液的體積具有加成性，即 V 溶液 = $V_{溶質} + V_{溶劑}$。

充電小站

理想氣體與理想溶液的比較

理想氣體 (遵守 PV = nRT)	理想溶液 (遵守拉午耳定律)
(1) 分子本身不占體積，為一質點。	(1) 分子占有體積。
(2) 分子間無作用力。	(2) 分子間有作用力，引力完全相同。
(3) 分子為完全彈性體。	(3) $\Delta V = 0$ (體積可加成)。
(4) 分子做獨立、快速直線運動。	(4) $\Delta H = 0$ (不吸熱，亦不放熱)。

例題 6-16

1. 理想溶液不具有下列何種性質？
(A) 溶液形成時不放熱也不吸熱
(B) 溶質與溶劑分子間無引力存在
(C) 溶質與溶劑混合時，體積具有加成性
(D) 遵守拉午耳定律。

2. 在 27 ℃ 時，純 A 液與純 B 液混合成理想溶液時，其總蒸氣壓 (P_t) 與混合液中 A 之莫耳分率 X_A 之關係圖如附，則純 A 液的飽和蒸氣壓為何？

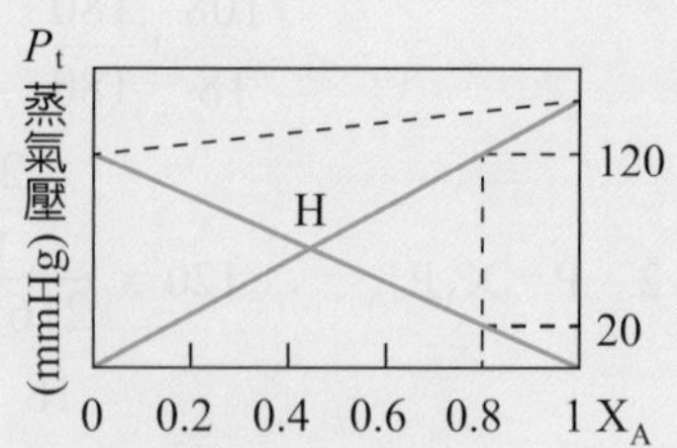

解 1. (B) 2. 150 mmHg

1. (B) 溶質與溶劑分子間有引力存在。
2. $P_A = X_A P^\circ_A \Rightarrow 120 = 0.8P^\circ_A \Rightarrow P^\circ_A = 150$ mmHg

實際上，真實溶液由於各成分間之交互作用力不同，並不完全遵守拉午耳定律，非理想溶液分為正偏差與負偏差兩型。正偏差溶液混合後引力變小，溶質與溶劑更不易互相吸引，距離變大，故混合後體積變大，且須自外吸入熱量以轉變為因距離加大所須之位能，為吸熱反應。負偏差溶液混合後引力變大，溶質與溶劑拉得更緊，距離因靠近而減少，故混合後體積減少，儲存其間的位能放出，為放熱反應 (表 6-2)。

表 6-2 非理想溶液的特性比較

非理想溶液	正偏差	負偏差
蒸氣壓	溶液蒸氣壓大於理想溶液蒸氣壓的溶液	溶液蒸氣壓小於理想溶液蒸氣壓的溶液
引力	溶質－溶劑作用力＜溶質－溶質作用力與溶劑－溶劑作用力	溶質－溶劑作用力＞溶質－溶質作用力與溶劑－溶劑作用力
體積	溶液體積＞純 A 體積 + 純 B 體積	溶液體積＜純 A 體積 + 純 B 體積
能量變化	$\Delta H > 0$	$\Delta H < 0$
例子	丙酮與二硫化碳溶液	丙酮與氯仿溶液

寒帶地區冬天路面積雪時會在路上灑鹽，幫助路面冰層熔化，藉以減少車輛打滑造成事故，其原理是利用溶液與純溶劑凝固點的差異，讓冰溶化。而溶液的沸點上升與凝固點下降也是溶液的重要特性之一。

在結冰的路上灑鹽後，融化後的雪水就不易結冰，使車輛不易打滑。

四、溶液的沸點上升 (The boiling point of the solution rises)

液體的蒸氣壓隨溫度升高而增高，當蒸氣壓和液面大氣壓力相等時，液體便開始沸騰，此時的溫度稱為沸點。當溶液中含有非揮發性的溶質時，液面部分空間被溶質占據，使可蒸發的溶劑分子減少，故在同溫度時溶液的蒸氣壓比純溶劑降低，因此必須使溶液的溫度高於純溶劑的沸點，溶液才可能沸騰，如圖 6-15 所示。

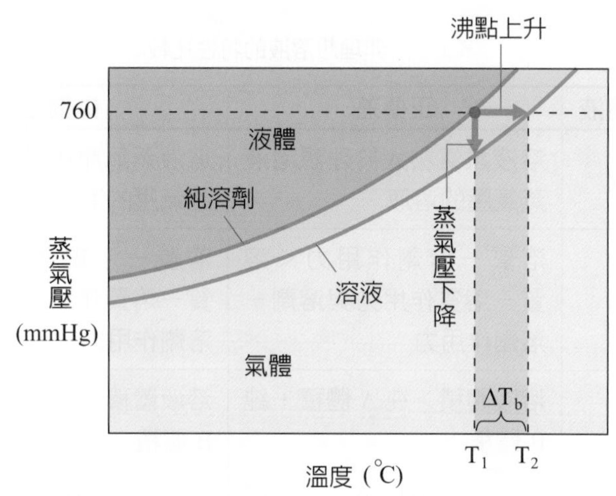

圖 6-15　溶液與純溶劑的沸點差異

同一種溶劑沸點上升的多寡，僅和溶於溶劑中的溶質莫耳數有關，而和溶質本身的性質無關，其關係式可寫成：

$$\Delta T_b = K_b \times C_m$$

ΔT_b：沸點上升溫度

C_m：溶質的重量莫耳濃度

K_b：溶劑的莫耳沸點上升常數

若同一溶劑中溶有不同溶質，其重量莫耳濃度各為 C_{m1}、C_{m2}、C_{m3} 等，則

$$\Delta T_b = K_b \times (C_{m1} + C_{m2} + C_{m3} + \cdots)$$

水的莫耳沸點上升常數 (K_b) 為 0.51 ℃/m，表示 1 莫耳的溶質 (如葡萄糖) 會使 1 公斤純水沸點提高 0.51 ℃。若溶質是強電解質 (如 NaCl)，由於 1 莫耳 NaCl 溶於水中會產生 2 莫耳離子 (Na^+ 和 Cl^-)，因此將使 1 公斤純水沸點高 1.02 ℃。

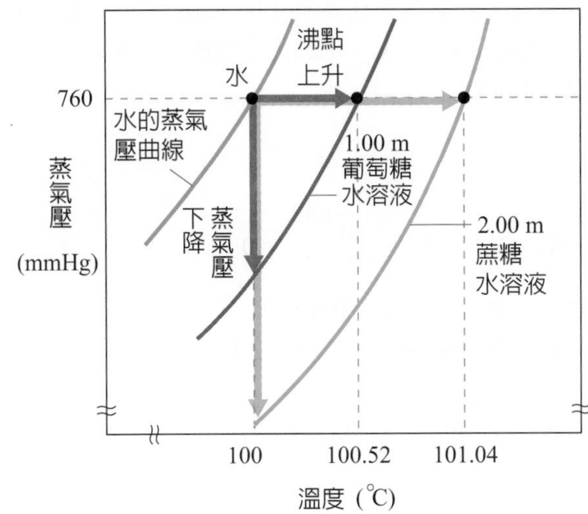

圖 6-16 **沸點上升度數與溶質莫耳數有關**

含非揮發性溶質的溶液適用 $\Delta T_b = K_b \times C_m$，溶液沸點比純溶劑高，隨沸騰現象的持續，溶液中的溶劑汽化逸出，溶液重量莫耳濃度愈大，沸點也持續升高 (表 6-3)。

表 6-3 加熱純水與水溶液，其沸點的差異

純水的加熱曲線	水溶液的加熱曲線
溫度 (℃)；沸點；加熱時間	溫度 (℃)；完全沸騰；開始沸騰；加熱時間
沸點固定	沸點不固定

若含揮發性溶質的水溶液則不適用 $\Delta T_b = K_b \times C_m$，溶液蒸氣壓可能高於、低於或介於二純物質之間，因此沸點可能低於、高於或介於二純物質的沸點之間。

例題 6-17

1. 尿素 6.0 g 溶解於水 100.0 g 中，試求在 1 atm 下，此溶液的沸點為何？(尿素分子量 = 60，水的 K_b = 0.52 ℃/m)
2. 某非揮發性、非電解質化合物 1.00 克溶在 20.0 克水中，測得溶液之沸點是 100.52 ℃，則該化合物的分子量為多少？(水的 K_b = 0.52 ℃/m)

解

1. $\Delta T_b = K_b \times X_m = 0.52 \times \dfrac{\frac{6.0}{60}\text{ mol}}{0.1\text{ kg}} = 0.52\ ℃$

   ∴沸點 = 100 + 0.52 ℃ = 100.52℃
2. $\Delta T_b = 100.52 - 100.00 = 0.52\ ℃$，$\Delta T_b = K_b \times C_m$

   $0.52 = 0.52 \times \dfrac{(\frac{1g}{M})\text{ mol}}{0.02\text{ kg}}$，M = 50

五、溶液的凝固點下降 (The freezing point depression of the solution)

當溶液中含有溶質時，會干擾溶劑分子凝固時的排列架構，因此使溶液的凝固點降低，其下降度數僅和溶質的粒子數有關，與溶質本身性質無關。溶液的凝固點下降度數 (ΔT_f) 可表示為：

$$\Delta T_f = K_f \times C_m$$

ΔT_f ：凝固點下降度數　　C_m ：溶質的重量莫耳濃度

K_f ：溶劑的莫耳凝固點下降常數

若同一溶劑中溶有不同溶質，其重量莫耳濃度各為 C_{m1}、C_{m2}、C_{m3} 等，則

$$\Delta T_f = K_f \times (C_{m1} + C_{m2} + C_{m3} + \cdots)$$

水的莫耳凝固點下降常數為 1.86 ℃/m，表示 1 莫耳的溶質會使 1 公斤純水凝固點降低 1.86 ℃。

不論溶質是否為揮發性，其凝固點下降皆不受影響，降低度數和溶質的重量莫耳濃度成正比，適用 $\Delta T_f = K_f \times C_m$。將溶液慢慢冷卻，溶液中的溶劑分子結晶析出，溶液重量莫耳濃度上升，凝固點也持續下降。

表 6-4 降溫純水與水溶液，其凝固點的差異

純水的降溫曲線	水溶液的降溫曲線
溫度(℃)；凝固點；降溫時間	溫度(℃)；開始凝固；完全凝固；降溫時間
凝固點固定	凝固點不固定

例題 6-18

1. 某有機化合物的分子量為 160，在 20 克的苯中溶入此有機物 2.0 克時，此時苯溶液的凝固點為何？(苯的正常凝固點為 5.48 ℃，苯的莫耳凝固點下降常數為 5.12 ℃/m)
2. 將某一有機化合物 5.0 克溶於 100.0 克樟腦中，測得凝固點為 170.0 ℃，純樟腦的凝固點為 178.0 ℃，其 K_f = 40.0 ℃/m。該有機化合物的分子量大約為何？

解

1. $\Delta T_f = 5.12 \times \dfrac{\frac{2.0}{160}\text{ mol}}{0.02\text{ kg}} = 3.20$ ∴凝固點 = 5.48 – 3.20 = 2.28 ℃

2. $\Delta T_f = 178 - 170 = 8$ (℃)，$\Delta T_f = K_f \times C_m$

$$8 = 40 \times \frac{(\frac{5}{M})\text{ mol}}{0.1\text{ kg}} \Rightarrow M = 250$$

Life+

沸點上升與凝固點下降的應用

海水所含的鹽分高，所以海水的沸點比純水高，凝固點比純水低而不易結冰。相同的道理，冰與鹽以 3：1 混合當冷劑，可使物質的溫度降低至 – 22 ℃，因鹽與冰混合時，鹽溶解在冰溶化的水中成為食鹽水溶液，這使得凝固點降低，而冰溶化時要吸收大量的熱量，這兩點使其可降至－ 22 ℃ 的低溫。寒帶地區汽車中加入乙二醇當抗凍劑，使凝固點下降，防止水箱的水結冰。

寒帶地區的汽車需要加入乙二醇當抗凍劑，防止水箱的水結冰。

六、滲透壓 (Osmotic pressure)

1. 半透膜 (semipermeable membrane)

半透膜是一種對於粒子通過與否具有選擇性的薄膜，可讓某些特定的離子或分子通過，而其他粒子則無法通過 (圖 6-17)。

半透膜

蔗糖分子　水分子

圖 6-17　半透膜有選擇性

半透膜可分為生物體內及人工合成兩種，生物體中的半透膜包含：細胞膜、膀胱壁、皮膚、腸衣等；人工合成的半透膜包含：羊皮紙、硝化纖維、玻璃紙等。半透膜對粒子的選擇性除了與粒子大小有關外，形狀及所帶電性等，都是影響粒子是否可以通過半透膜的因素，例如：細胞膜可容許水、氧及二氧化碳等小分子藉擴散作用而出入細胞，但是對其他小分子物質的通透則具有選擇性。

用來製作香腸的腸衣

2. 滲透作用 (osmosis)

溶劑自發性由濃度較稀溶液的一方通過半透膜，往濃度較濃溶液一方移動的現象，稱為**滲透**。半透膜兩邊，單位面積分布的水分子數目不相等，同一時間內，低濃度溶液內的水分子穿透半透膜速率較高濃度溶液內的水分子快，引起滲透作用，導致較高濃度溶液的液面持續上升，較低濃度溶液的液面持續下降，直到水分子往兩方移動的速率相等，達到動態平衡，液面高度才不再變化。

例題 6-19

下列有關滲透作用之敘述，何者正確？
(A) 滲透作用是由半透膜兩側溶液的溶質粒子種類不同所引起
(B) 半透膜僅能通過水分子
(C) 半透膜對滲透的物質具有選擇性
(D) 鹽漬食物不易腐敗是因為食鹽可以殺菌，與滲透無關。

解 (C)

(A) 是因為溶質的濃度不同所引起。
(B) 半透膜有很多種類，不一定僅限於水分子。
(D) 鹽漬食物不易腐敗是因為滲透作用，水分流至鹽分較高的部分，引起細菌皺縮，導致細菌死亡。

滲透壓是指阻止溶液產生滲透作用而在較濃溶液的一端所需施加的壓力，稱為滲透壓 (π)(圖 6-18)。

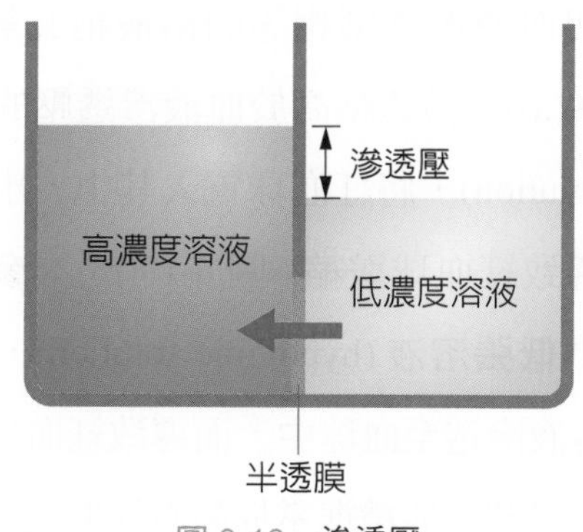

圖 6-18 滲透壓

荷蘭化學家凡特何夫 (van't Hoff) 於 1887 年發現在非揮發性、非電解質的稀薄溶液中，滲透壓的大小與溶質的莫耳數 (n)、絕對溫度 (T) 成正比，與溶液的體積 (V) 成反比，而與溶質和溶劑的種類無關。

$$\pi V = nRT \text{ 或 } \pi = C_M RT$$

π：滲透壓 (atm)　　n：溶質莫耳數 (mol)

V：溶液體積 (L)　　R：$0.082 \dfrac{atm \cdot L}{mol \cdot K}$

C_M：溶液體積莫耳濃度 (M)　　T：絕對溫度 (K)

Life+

先加後加有差嗎？

煮紅豆湯或綠豆湯時，豆子怎樣才能煮得軟爛好吃？大廚秘訣就是豆子煮熟後才加糖！原因就是滲透壓，如果先加糖，水就不容易進入豆子，就算煮很久也很難煮軟，你想通了嗎？

例題 6-20

1. 將 0.2 莫耳糖溶成 10 升水溶液，在 27 ℃ 時的滲透壓為多少 atm ？
2. 某非電解質化合物 10 g 溶於水配成 1.5 L 的水溶液，在 27 ℃ 時的滲透壓為 2.0 atm。則此化合物的分子量約為多大？

解

1. V = 10L　n = 0.2 mol　R = 0.082　$\pi \times V = nRT$
   $\pi \times 10 = 0.2 \times 0.082 \times (273 + 27)$　$\therefore \pi = 0.492$ (atm)
2. $\pi \times V = nRT$
   $2.0 \times 1.5 = \dfrac{10}{M} \times 0.082 \times (273 + 27) \Rightarrow M = 82$

靜脈注射液的濃度也和滲透壓有關係，靜脈注射液所產生的滲透壓需與血液滲透壓相等。人體血液的平均滲透壓約為 7.7 atm，因此與血液滲透壓相等的溶液稱為**等張溶液** (isotonic solution)(圖 6-19(a))；滲透壓高於血液滲透壓的溶液稱為**高張溶液** (hypertonic solution)，將紅血球置入其中，水分會由血球滲透至溶液中，而導致紅血球皺縮 (圖 6-19(b))；滲透壓低於血液滲透壓的溶液稱為**低張溶液** (hypotonic solution)，將紅血球置入其中，水分會由溶液滲透至血球中，而導致紅血球膨脹，甚至破裂 (圖 6-19(c))。所以若未能精準掌握靜脈注射液的濃度，施打入人體後，將會造成血球的皺縮或破裂，非常危險。

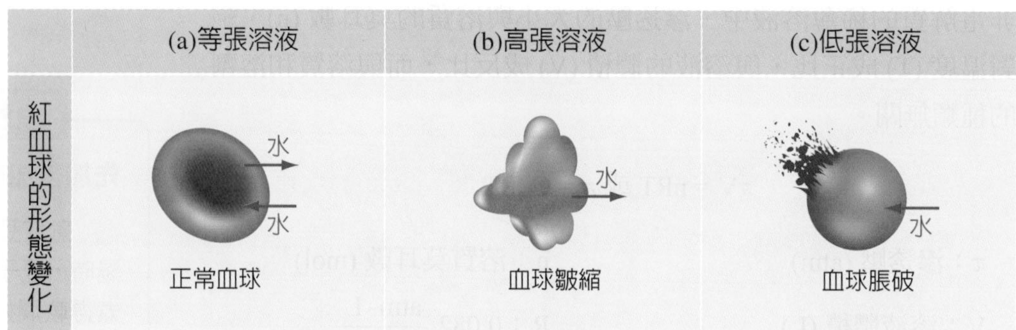

圖 6-19　血球在不同滲透壓溶液的形態

例題 6-21

某一高分子化合物具有很大的分子量，且為非揮發性、非電解質之溶質，欲測其分子量，下列何種方法最為適用？
(A) 凝固點下降或沸點上升
(B) PV = nRT
(C) 擴散速率
(D) 滲透壓。

解 (D)
(D) 對於分子量很大的化合物，以測量滲透壓的方式量測，最為適合。

Life+

生活周遭就有很多都是應用滲透的例子：

1. 鹽漬食物不易腐敗是因為醃肉或蜜餞中之細菌，因滲透作用，細菌內之水分流至鹽分較高的部分，引起細菌皺縮，導致細菌死亡；當人吃過量鹽分時，也因滲透作用，使水跑出組織細胞外而脫水；蔬菜浸於濃鹽水中，則蔬菜內的水分流出而成泡菜。
2. 患有腎病的病人，腎臟失去了清潔血液的功能，所以需要定期使用血液透析機，俗稱洗腎機，其原理是以幫浦將血液抽出體外，經過滲透膜，清除血液中的新陳代謝廢物和雜質後，再將已淨化的血液輸送回體內的儀器 (如下圖)。

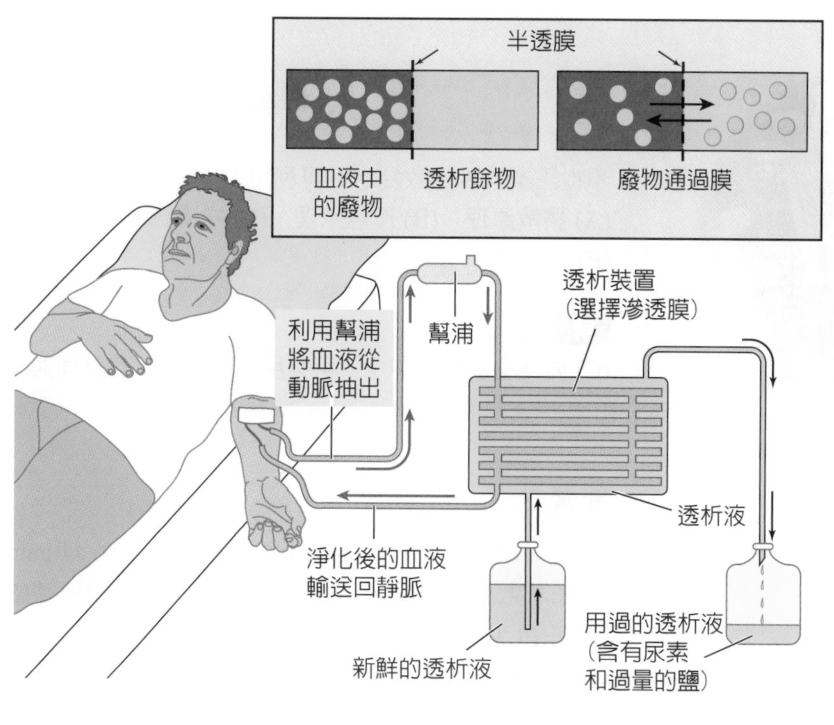

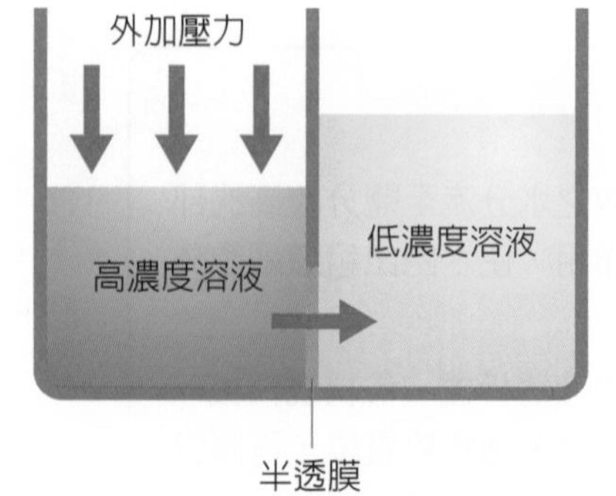

圖 6-20 逆滲透壓 (高濃度→低濃度)

逆滲透 (reverse osmotic，簡稱 RO) 是指在較濃溶液的一端施以大於滲透壓的外加壓力時，溶劑分子會被迫由較濃溶液通過半透膜，移往稀薄溶液或純溶劑中 (圖 6-20)。

逆滲透主要是應用在家庭淨水，淨水器的半透膜孔隙小至 0.0001 微米，利用逆滲透的原理可以有效濾除水中的細菌、病毒及一些有毒的化學物質。此外，海水淡化廠也利用逆滲透法生產淡水，將海水加壓，水分子穿透半透膜可製純水，汙水處理亦是相同原理。

淨水器中使用前、後的濾芯

例題 6-22

想從工業廢水回收純水，可利用
(A) 擴散原理 (B) 滲透原理 (C) 逆滲透原理 (D) 亨利定律
(E) 蒸發法。

解 (C)
(C) 要從廢水回收純水，可利用逆滲透法，其原理與淨水器相同。

練習

1. 20 ℃ 時，酒精 (C_2H_5OH) 之飽和蒸氣壓為 44 mmHg，水之飽和蒸氣壓為 18 mmHg。若將 46% 之酒精溶液當做理想溶液，在 20 ℃ 時其飽和蒸氣壓為若干 mmHg？
2. 在工業上，乙二醇 (CH_2OHCH_2OH) 被用作汽車的抗凍劑，以避免水在冬天凍結。如果將 3.1 克的乙二醇加入 100 克的水中，試計算此混合溶液的凝固點為多少 ℃？
   (H = 1，C = 12，O = 16，水的 K_f = 1.86 ℃/m)
3. 溶解 1.00 克葡萄糖於 200.0 克水所形成溶液的凝固點為 – 0.052 ℃，在此溶液中再加入蔗糖 1.00 克所形成溶液的凝固點為多少 ℃？ (蔗糖分子量 = 342)
4. 氯化鈉為強電解質，若完全解離，濃度為 0.10 m 的氯化鈉水溶液的凝固點，與重量莫耳濃度為多少的葡萄糖溶液相同？
5. 憶玟取非電解質樣品 1.5 克配成 100 mL 水溶液進行滲透壓實驗，在 27 ℃ 時測得滲透壓為 0.246 atm，則所使用試料的分子量為何？

重點回顧

6-1 溶液的狀態

1. 二種或二種以上的物質混合在一起，如果成為均勻態，即為溶液。
2. 混合時被溶解的物質稱為溶質，而溶解溶質的物質稱為溶劑。
3. 真溶液是指溶質顆粒直徑小於 1 nm 的溶液；膠體溶液指的是膠體粒子顆粒直徑介於 1 ～ 1000 nm 的溶液。
4. 膠體溶液靜置不會沉澱的原因：
   (1) 膠體粒子不斷進行布朗運動，受到各方向不平衡力量的碰撞。
   (2) 帶有相同電性的膠體粒子會相互排斥，彼此不會凝聚成較大顆粒而沉澱。

6-2 電解質與非電解質

1. 熔融狀態或溶於水能解離成離子而導電的物質稱為電解質。
2. 電解質解離後，陽離子總數不一定等於陰離子總數，但陽離子所帶正電荷的總電量與陰離子所帶負電荷的總電量一定相等，所以溶液是電中性。
3. 二種電解質同時溶於水中，解離出的離子彼此之間可能會反應而產生沉澱。
4. 蒸氣壓下降量、沸點上升度數、凝固點下降度數與滲透壓均會受到依數性質的影響。

6-3 溶解度

1. 某一溶質在某個溫度下所能溶於溶劑中的質量，稱為溶質在該溫度下對溶劑的溶解度。
2. 溶解度的表示方式：
   (1) 每 100 g 溶劑中所含的溶質克數。
   例如：X 克溶質 /100 g 溶劑。
   (2) 以體積莫耳濃度表示，即每公升溶液所溶解的莫耳數。
3. 飽和溶液是指在某溫度下，溶液中的溶質在定量溶劑下所能溶解之最高限度。
4. 影響溶解度的因素包含溶質和溶劑的本性、溫度及壓力。
5. 若溶解為吸熱反應，則溶解度隨著溫度升高而增加，大部分的固體屬於吸熱反應。
6. 若溶解為放熱反應，則溶解度隨著溫度升高而降低，少部分固體及所有氣體屬於放熱反應。
7. 亨利定律：在定溫下，定量溶劑所溶解之氣體的質量與其液面上氣體分壓成正比 ($m = k \times P$，m：溶解於一定量溶劑中的氣體質量，P：該氣體的分壓，k：比例常數)。

6-4 濃度

1. 重量百分率濃度 $= \dfrac{\text{溶質質量}}{\text{溶液質量}} \times 100\%$
2. 體積百分率濃度 $= \dfrac{\text{溶質體積}}{\text{溶液體積}} \times 100\%$
3. 體積莫耳濃度 $= \dfrac{\text{溶質莫耳數 (mol)}}{\text{溶液升數 (L)}}$
4. 重量莫耳濃度 $= \dfrac{\text{溶質莫耳數 (mol)}}{\text{溶劑千克數 (kg)}}$
5. 莫耳分率：溶液中某成分的莫耳數與溶液中所有成分的莫耳數總和之比值。

$$X_A = \frac{n_A}{n_A + n_B + n_C}$$

6. 百萬分數 (ppm)
   (1) $\text{ppm} = \dfrac{\text{溶質質量 (g)}}{\text{溶液質量 (g)}} \times 10^6$
   (2) ppm 相當於 $\dfrac{\text{溶質質量 (mg)}}{\text{溶液體積 (L)}}$

6-5 依數性質

1. 拉午耳定律：定溫時，含非揮發性、非電解質稀薄溶液的蒸氣壓與該溶液中溶劑的莫耳分率成正比。($P_A = P°_A \times X_A$，P_A：溶液的蒸氣壓，$P°_A$：純溶劑的飽和蒸氣壓，X_A：溶劑 A 的莫耳分率)
2. 溶液的蒸氣壓下降量 (ΔP) 和溶質的莫耳分率成正比。($\Delta P = P°_A \times X_B$，$P°_A$：純溶劑的飽和蒸氣壓，$X_B$：溶質 B 的莫耳分率)
3. 理想溶液是指溶液的蒸氣壓與莫耳分率的關係遵守拉午耳定律。
4. 理想溶液的體積具有加成性，即 $V_{溶液} = V_{溶質} + V_{溶劑}$。
5. 非理想溶液分為正偏差與負偏差兩型。
   (1) 正偏差溶液混合後引力變小，使溶質與溶劑更不易互相吸引，為吸熱反應。
   (2) 負偏差溶液混合後引力變大，使溶質與溶劑拉得更緊，為放熱反應。
6. 液體的蒸氣壓隨溫度升高而增高，當蒸氣壓和液面大氣壓力相等時，液體便開始沸騰，此時的溫度稱為沸點。
7. 沸點上升溫度：$\Delta T_b = K_b \times C_m$ (ΔT_b：沸點上升溫度，C_m：溶質的重量莫耳濃度，K_b：稱為莫耳沸點上升常數)
8. 凝固點下降：$\Delta T_f = K_f \times C_m$ (ΔT_f：凝固點下降度數，C_m：溶質的重量莫耳濃度，K_f：溶劑的莫耳凝固點下降常數)
9. 半透膜是一種對於粒子通過與否具有選擇性的薄膜，可讓某些特定的離子或分子通過，而其他粒子則無法通過。
10. 溶劑自發性由濃度較稀溶液的一方通過半透膜，往濃度較濃溶液一方移動的現象，稱為滲透。
11. 滲透壓是指阻止溶液產生滲透作用而在較濃溶液的一端所需施加的壓力，稱為滲透壓 (π)。
12. 滲透壓 : $\pi V = nRT$ 或 $\pi = C_M RT$
13. 逆滲透壓是指在較濃溶液的一端施以大於滲透壓的外加壓力時，溶劑分子會被迫由較濃溶液通過半透膜，移往稀薄溶液或純溶劑中，此現象稱為逆滲透。

Chapter

7

反應速率與化學平衡

Reaction rate and Chemical equilibrium

不同反應的速率會有所不同，影響一個化學反應速率的快慢包含很多因素，如何控制一個化學反應的快慢在化學實驗中扮演很重要的角色。煙火施放的反應速率取決於彈藥組成、顆粒大小、催化劑、高壓、降封裝密度及水份等。不同的施放速率也讓煙火的觀賞性更加提升。

7-1 碰撞學說 (Collision theory)

碰撞學說由德國化學家特勞茨 (Max Trautz) 及英國化學家路易斯 (William Lewis) 在 1916 年及 1918 年分別提出，他們認為在化學反應中，參與反應分子中的原子需重新組合成新的化合物，參與反應的粒子必須相當接近或互相碰撞才有可能產生反應。

一般能產生反應的碰撞才稱為有效碰撞，大部分的碰撞由於動能不足或位向不合，故未引起反應便分開，此種不能產生反應的碰撞，稱為無效碰撞。

一、有效碰撞的條件 (Conditions for effective collision)

1. 位向

粒子碰撞時，碰撞的位置和方向需適當，即恰好撞到需要破壞的化學鍵部位，使化學鍵能很快的斷裂，有利於反應發生。以氨氣和氯化氫的反應為例 (圖 7-1)：

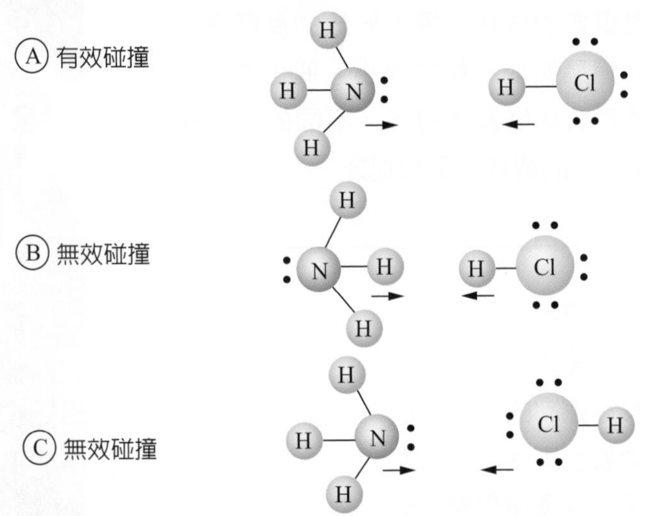

圖 7-1 氨氣和氯化氫反應碰撞示意圖

2. 分子動能

能發生反應所需的最低動能稱為低限能，粒子至少需要具有低限能才有可能發生有效的碰撞反應。碰撞時，低限能轉變成位能，稱之為**活化能** (activation energy，簡稱 Ea)。低限能、活化能兩者形式不同，但數值相等。圖 7-2 為分子的動能分布圖，水藍色面積代表是具有足夠能量的粒子。

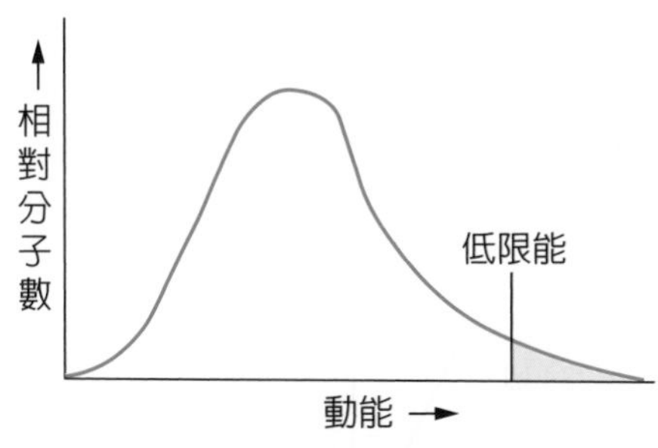

圖 7-2 分子的動能分布圖

例題 7-1

有關碰撞學說的敘述，下列何者正確？
(A) 反應物粒子間相互碰撞就會發生化學反應
(B) 發生碰撞的反應物粒子，具有足夠的能量就能發生化學反應
(C) 發生碰撞的反應物粒子之能量稍微不足，但具有正確的碰撞方位也可以發生反應
(D) 發生碰撞的反應物粒子，需具有足夠的能量及正確的碰撞方位才可發生反應。

解 (D)

(A) 反應物粒子間要達到有效碰撞才會發生化學反應。
(B) 仍需要有正確的碰撞位向。
(C) 能量一定要達到低限能才能產生反應。

二、反應位能圖 (Reaction potential energy diagram)

分子間有效碰撞後，先形成具有高位能但極不穩定的**活化錯合物** (activated complex)，再進一步分解為穩定的生成物分子。活化錯合物是一種過渡粒子，只有短暫存在，不會出現在最終的化學反應式中。

使反應粒子產生活化錯合物所需的能量，稱為活化能，也就是活化錯合物與反應物之位能差。以 $CO + NO_2 \rightarrow CO_2 + NO$，$\Delta H = -234$ kJ 為例 (圖 7-3)：

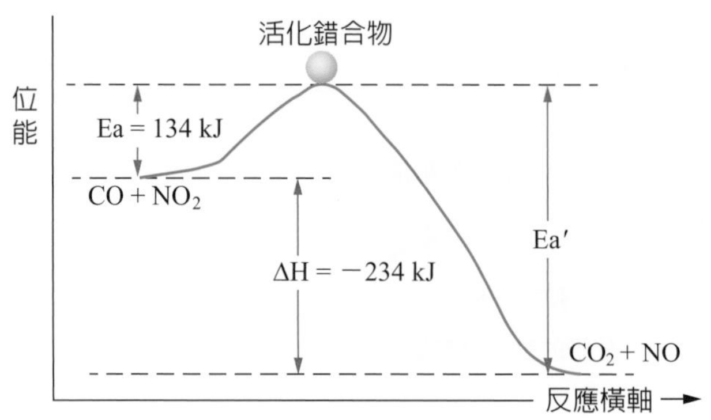

圖 7-3　一氧化碳與二氧化氮反應之位能圖

1. 反應熱 (ΔH)：反應前後之熱含量差，與活化能無關。
2. 正向反應活化能 (Ea) = 活化錯合物位能 – 反應物位能 = 134 (kJ)
3. 逆向反應活化能 (Ea′) = 活化錯合物位能 – 生成物位能 = 368 (kJ)

活化能的大小，隨反應物的種類而異，與溫度、濃度無關。活化能較高者，能發生的有效碰撞之分子較少，其反應速率慢。反之，活化能較低者，能發生有效碰撞的分子多，反應速率較快。

當正向反應活化能＞逆向反應之活化能 (圖 7-4(a))，為吸熱反應 ($\Delta H > 0$)。

當正向反應活化能＜逆向反應之活化能 (圖 7-4(b))，為放熱反應 ($\Delta H < 0$)。

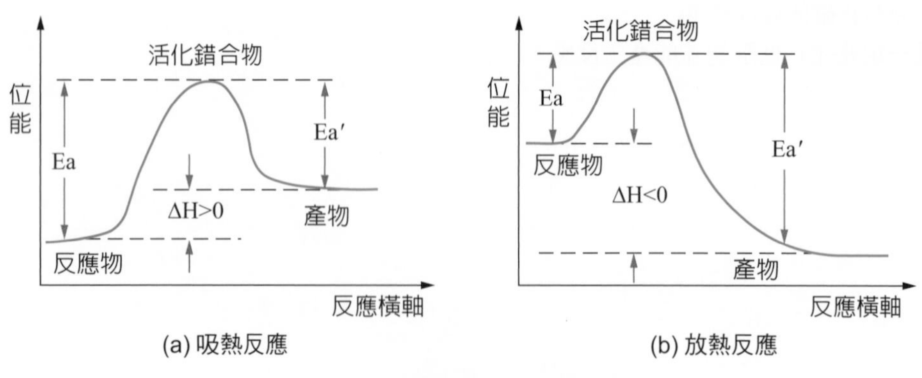

圖 7-4　反應熱與活化能關係圖

例題 7-2

有一反應 $A_{(g)} \rightarrow B_{(g)} + C_{(g)}$ 的正反應活化能為 30 kJ/mol，該反應的莫耳反應熱為 – 45 kJ/mol，則該反應的逆反應活化能為何？

解

$\Delta H < 0$，表示放熱反應，$\therefore$ Ea' = 30 + 45 = 75

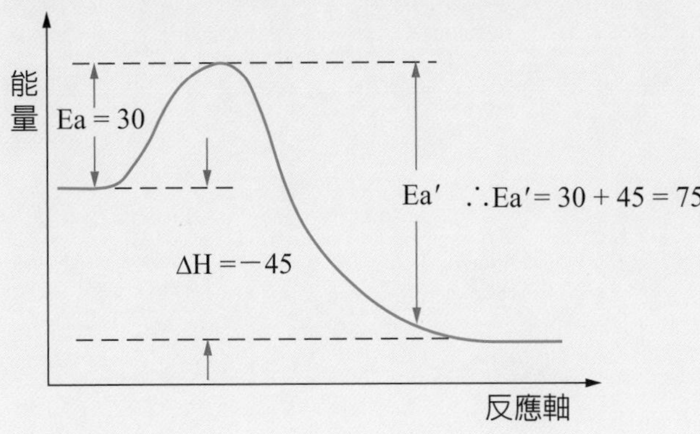

三、利用位能圖推測速率決定步驟 (Inferring rate-determining steps using potential energy maps)

反應之位能若有 n 個高峰，即表示該反應有 n 個步驟之反應，如下圖 7-5 所示，波峰代表活化錯合物，峰頂最高的基本反應，反應速率最慢，故為**速率決定步驟** (rate-determining step)。**中間產物** (intermediate product，或稱中間物) 的位置在凹谷。中間產物雖然存量很少，但仍可由實驗方法測知，然而活化錯合物是不可能測知或分離取出的，僅能由反應機構推想其存在。

以 $2A + B \rightarrow A_2B$ 為例：

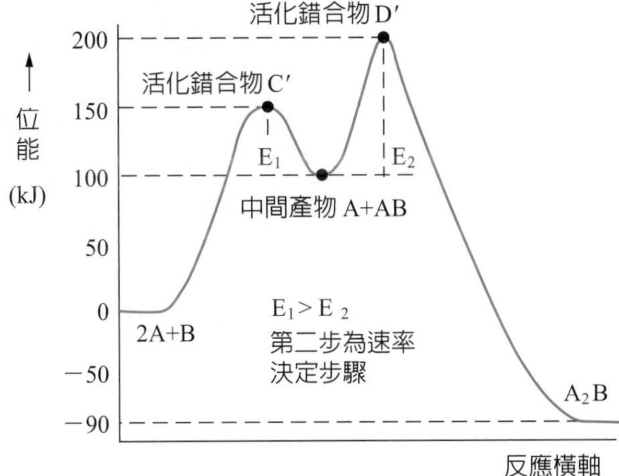

圖 7-5 反應能量圖

第一步反應：$2A + B \rightarrow A + AB$（活化能低，反應速率快）

第二步反應：$A + AB \rightarrow A_2B$（活化能高，反應速率慢，為反應速率決定步驟）

全反應：$2A + B \rightarrow A_2B$

例題 7-3

已知某化學反應的機構為：

(1) $A + B \rightarrow C$ （慢）

(2) $C + 2A \rightarrow D + E$ （快）

(3) $E \rightarrow F$ （快）

則此反應的速率決定步驟為哪一個式子？

解

(1) 反應速率最慢的為速率決定步驟。

練習

1. 對於化學反應 $CO + NO_2 \rightarrow CO_2 + NO$，下列何者碰撞的位向有機會形成有效碰撞？
   (A) C≡O ⟶ ⟵ O−N=O　(B) C≡O ⟶ ⟵ N(=O)−O　(C) O≡C ⟶ ⟵ N(=O)−O　(D) O≡C ⟶ ⟵ O−N=O
2. 關於碰撞學說的敘述，下列何者正確？
   (A) 在反應容器內的反應物粒子大部分具有足夠的能量　(B) 發生碰撞的反應物粒子須具有足夠的能量及正確的碰撞方位才可發生反應　(C) 反應物粒子間只要相互碰撞即可發生化學反應　(D) 發生碰撞的反應物粒子之能量若稍微不足，但具有正確的碰撞位向，還是可以發生反應。
3. 根據附圖反應位能圖，寫出 A、B、C、D 在化學反應中代表的意義。

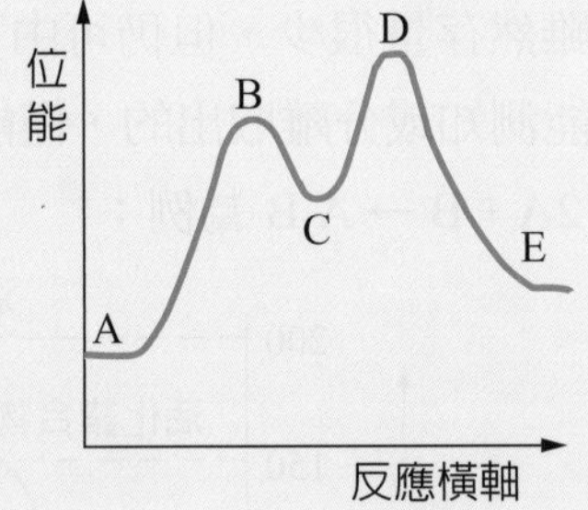

4. 附圖為某一可逆反應位能圖，請寫出正、逆反應活化能及正反應的反應熱。

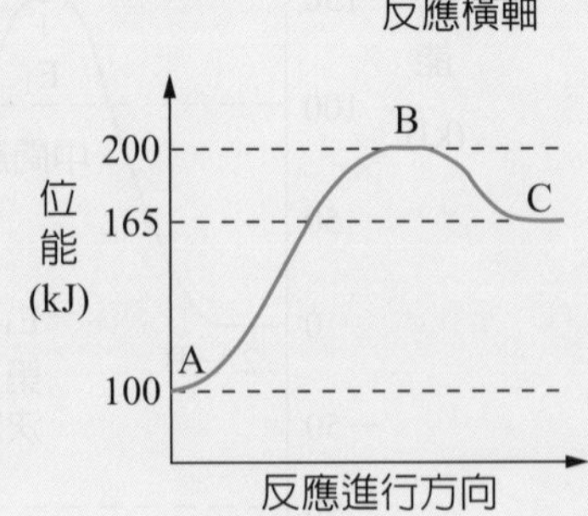

5. 下列為某一個化學反應的反應機構步驟：
   步驟 1：$H_3O^+_{(aq)} + HOOH_{(aq)} \rightarrow HOOH_2^+{}_{(aq)} + H_2O_{(l)}$
   步驟 2：$HOOH_2^+{}_{(aq)} + Br^-_{(aq)} \rightarrow HOBr_{(aq)} + H_2O_{(l)}$
   步驟 3：$HOBr_{(aq)} + HOOH_{(aq)} \rightarrow Br^-_{(aq)} + H_3O^+_{(aq)} + O_{2(g)}$
   則在此化學反應中，何者為中間產物？

7-2 反應速率 (Reaction rate)

一、反應速率的定義 (Definition of reaction rate)

反應速率是指在單位時間內，反應物消耗量或生成物生成量，通常以 r 表示：

$$r=\frac{\text{反應物濃度消耗量}}{\text{時間間隔}}=\frac{-\Delta[\text{反應物}]}{\Delta t}$$

$$r=\frac{\text{生成物濃度生成量}}{\text{時間間隔}}=\frac{\Delta[\text{生成物}]}{\Delta t}$$

為了避免各種反應物及產物之係數引起混淆，因此在習慣上會將係數併入反應速率表示法，也就是一個方程式僅有一個反應速率，不會特別針對某反應物或生成物討論。

以 $aA + bB \rightarrow cC + dD$ 為例：

$aA + bB \rightarrow cC + dD$

$$r=-\frac{1}{a}\times\frac{\Delta[A]}{\Delta t}=-\frac{1}{b}\times\frac{\Delta[B]}{\Delta t}=\frac{1}{c}\times\frac{\Delta[C]}{\Delta t}=\frac{1}{d}\times\frac{\Delta[D]}{\Delta t}$$

以氮氣和氫氣生成氨氣為例：

$N_2 + 3H_2 \rightarrow 2NH_3$

$$r=-\frac{1}{1}\times\frac{\Delta[N_2]}{\Delta t}=-\frac{1}{3}\times\frac{\Delta[H_2]}{\Delta t}=\frac{1}{2}\times\frac{\Delta[NH_3]}{\Delta t}$$

Life+

暖暖包需要搓一搓嗎？

一次性暖暖包內含鐵粉、鹽、活性碳和蛭石。暖暖包開封後，鐵粉和空氣接觸，進行氧化反應而放熱。其他成分則是幫助控制反應速率，使放熱的時間和溫度得以舒適持久！搓揉會使反應更加速，反而減少使用時間喔！

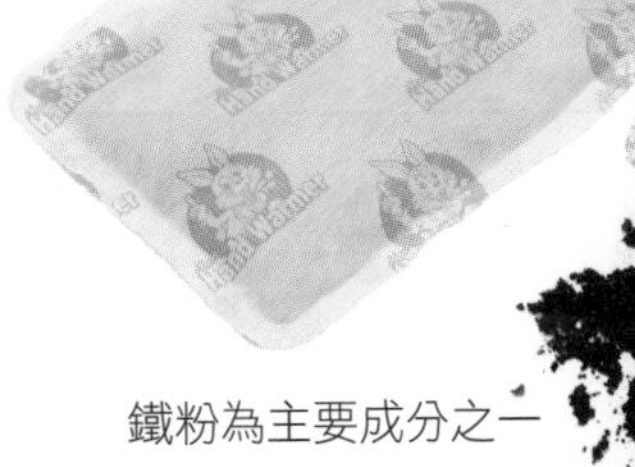

鐵粉為主要成分之一

例題 7-4

定溫、定容下 $N_{2(g)} + 3H_{2(g)} \rightleftharpoons 2NH_{3(g)}$ 之反應速率敘述，何者有誤？

(A) NH_3 之生成速率是氮氣消耗速率的兩倍

(B) 氮氣與氫氣之消耗速率比為 1：3

(C) $\frac{-\Delta[N_2]}{\Delta t}=3\times\frac{-\Delta[H_2]}{\Delta t}$

(D) 氫氣的消耗速率比氮氣的消耗速率快。

解 (C)

$$\frac{-\Delta[N_2]}{\Delta t}=\frac{1}{3}\times\frac{-\Delta[H_2]}{\Delta t}$$

二、反應速率定律式 (Reaction rate law)

根據碰撞學說，反應物分子間要發生反應需要有能產生反應的碰撞，所以反應物濃度愈高，發生有效碰撞的機會愈多 (圖 7-6)，則反應速率愈快。因此決定反應速率因素之一是反應物的濃度。

反應速率與濃度間的定量關係由實驗測出後，可寫成數學式，稱之**反應速率定律式**或**速率方程式** (rate equation)。以 aA + bB → cC + dD 為例，其反應速率定律式：

$$r = k[A]^x[B]^y$$

k 為**速率常數** (rate constant)。

x、y 與方程式係數 a、b、c、d 無關，x 為對 A 之**反應級數** (reaction order)；y 為對 B 之反應級數，x + y = n，n 即為此反應的總級數，稱為 n 級反應或 n 次反應。x、y 可為整數、分數或負數。定律式中的 k 值稱為速率常數，須由實驗測得，會受到反應種類、溫度、溶劑及催化劑決定。n 級反應時，速率常數 k 的單位為 $M^{1-n}s^{-1}$ (M：mol/L，s：sec)

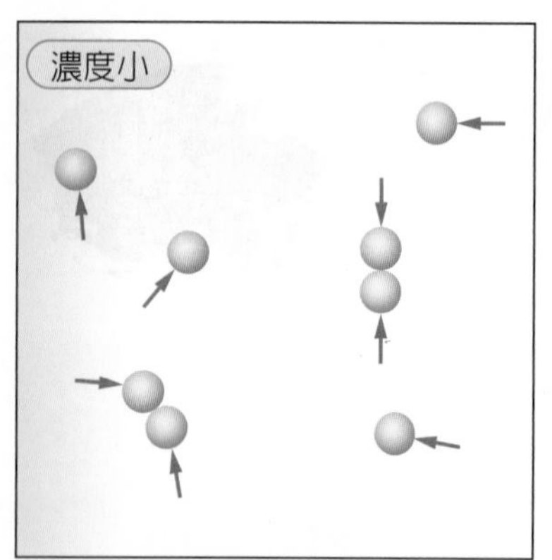

(a) 濃度小時，碰撞頻率小

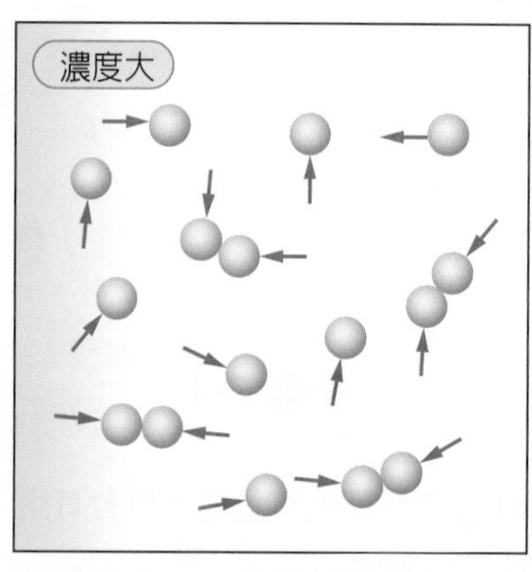

(b) 濃度大時，碰撞頻率大

圖 7-6　反應速率與反應物濃度示意圖

三、反應級數 (Reaction order)

反應級數 (n) 是指反應速率定律式中，各反應物濃度次方的總和，以 aA + bB → cC + dD 為例：

1. 零級反應 (zero order reaction)

(1) 特性：相同時間間隔內，反應物濃度之改變量相同 (等差級數)。

(2) 速率定律式：r = k (速率為定值)。

2. 一級反應 (first order reaction)

(1) 特性：相同時間間隔內，反應物濃度之變化率相同 (等比級數)。

(2) 速率定律式：r = k[A] 或 r = k[B]。

3. 二級反應 (second order reaction)

(1) 特性：相同時間間隔內，濃度倒數為等差級數 (調和級數)。

(2) 速率定律式：$r = k[A]^2$ 或 $r = k[B]^2$ 或 r = k[A] [B]。

例題 7-5

A + B → C 在定溫下得下列實驗數據：

實驗次數	A 起始濃度 (M)	B 起始濃度 (M)	C 之初始生成速率 (M/s)
1	0.5	0.5	0.001
2	1.0	0.5	0.002
3	0.5	1.0	0.004

① 試寫出其反應速率定律式 r =________

② 此反應屬________級反應

③ 此反應之 k 值為________(附單位)

解

假設反應速率定律式 $r = k[A]^x[B]^y$

$$\frac{r_1}{r_3} = \frac{k(0.5)^x(0.5)^y}{k(0.5)^x(1.0)^y} = \frac{0.001}{0.004} \Rightarrow (\frac{1}{2})^y = \frac{1}{4} \quad \therefore y = 2$$

$$\frac{r_1}{r_2} = \frac{k(0.5)^x(0.5)^y}{k(1.0)^x(0.5)^y} = \frac{0.001}{0.002} \Rightarrow (\frac{1}{2})^x = \frac{1}{2} \quad \therefore x = 1$$

∴ (1) $r = k[A]^1[B]^2$

(2) 反應級數 1 + 2 = 3

(3) 以第三次實驗結果代入 $0.004\frac{M}{s} = k \times (0.5\ M)^1(1.0\ M)^2 \quad \therefore k = 0.008\ M^{-2}s^{-1}$

練習

1. 在 10 升容器內，放入 5 mol 的 $N_{2(g)}$、10 mol 的 $H_{2(g)}$，在一定條件下合成 $NH_{3(g)}$。反應進行 2 小時後，測得容器內有 4 mol 的 $H_{2(g)}$，則 H_2 的平均反應速率為多少 $mol^{-1}\cdot L^{-1}\cdot min^{-1}$ ？
2. 已知 $2M_{(g)} + 2N_{(g)} \rightarrow X_{(g)} + 2Y_{(g)}$ 為一不可逆反應，$M_{(g)}$ 及 $N_{(g)}$ 的起始分壓分別為 300 mmHg 及 200 mmHg。反應初速率是 $N_{(g)}$ 反應掉一半 (100 mmHg) 時速率的 4.5 倍。則該反應的反應速率定律式為何？
3. 分解臭氧的反應可寫為：$2O_{3(g)} \rightarrow 3O_{2(g)}$，若實驗測得臭氧的消失速率是 3.3×10^{-3} atm/s，則氧氣的生成速率應為若干 atm/s ？
4. 一氧化氮的氧化是產生酸雨的原因之一。其反應式：$2NO_{(g)} + O_{2(g)} \rightarrow 2NO_{2(g)}$。實驗測量反應物的起始濃度及反應的初速率，所得的數據如附表，則此反應的反應速率定律式為何？

實驗編號	[NO](M)	$[O_2]$(M)	反應初速率 (M/s)
1	0.01	0.015	0.024
2	0.030	0.015	0.096
3	0.015	0.030	0.048
4	0.030	0.030	0.192

5. 戊烷 ($C_5H_{12(g)}$) 與 $O_{2(g)}$ 反應完全生成 $CO_{2(g)}$ 與 $H_2O_{(g)}$，在 1 atm、25 ℃ 下，戊烷以每分鐘 4.90 L 之速率消耗，則在同狀況下 $CO_{2(g)}$ 之生成速率為若干？

NOTE

7-3 反應速率的測定方法 (Methods of determining the reaction rate)

反應速率常藉由反應時的顏色、體積、壓力、導電度、旋光度、重量等的變化來測定。

1. **觀察顏色的變化：**若反應物與生成物的顏色不同，則可以利用反應前後顏色的差異來判斷反應速率的快慢。

   例 $CO + NO_2$(紅棕色) → $CO_2 + NO$ (無色)

   反應物 NO_2 為紅棕色，生成物 NO 則為無色，因此向右反應時，顏色會逐漸變淡。

2. **觀察體積變化：**若為氣相反應系統，且反應前後氣體的總莫耳數有變化。在定溫、定壓下，可利用體積的變化測得反應速率，以五氧化二氮分解為例：當反應向右進行，生成物的係數和大於反應物的係數和，因此整個反應系統的體積會逐漸增大，由此可測得反應速率。

   例 $N_2O_{5(g)} \rightleftharpoons 2NO_{2(g)} + \frac{1}{2}O_{2(g)}$

3. **觀察壓力變化：**若為氣相反應系統，且反應前後氣體的總莫耳數有變化。在定溫、定容下，壓力的變化可測得反應速率，以碳酸鈣分解為例：當反應向右進行，CO_2 的壓力將增加，由此可測得反應速率。

   例 $CaCO_{3(s)} \rightleftharpoons CaO_{(s)} + CO_{2(g)}$

4. **檢測溶液的酸鹼值：**有些反應前後的酸鹼值不同，因此可由酸鹼值的變化測得反應速率，以乙醚和氫碘酸為例，氫碘酸為酸性，其餘皆為中性，因此反應向右進行時，整個溶液的酸鹼值將逐漸提高。

   例 $(C_2H_5)_2O_{(aq)} + HI_{(aq)} \rightleftharpoons C_2H_5I_{(aq)} + C_2H_5OH_{(aq)}$

   中性 酸性 中性 中性

5. **觀察沉澱物量的變化：**若反應有產生沉澱物，則可以沉澱物的多寡來判斷反應速率，例如硝酸銀和鹽酸反應會生成白色氯化銀的沉澱。

   例 $AgNO_{3(aq)} + HCl_{(aq)} \rightarrow AgCl_{(s)} \downarrow + HNO_{3(aq)}$

6. **量測導電度的變化：**若反應前後，導電度有明顯變化，可以藉由導電度的差異來判斷反應速率。以氫氧化鋇與硫酸反應為例，反應物皆為強電解質，導電度佳，但生成物為硫酸鋇沉澱與水，皆屬於非電解質與弱電解質，因此導電度會明顯下降。

例 $Ba(OH)_{2(aq)} + H_2SO_{4(aq)} \rightarrow BaSO_{4(s)} \downarrow + 2H_2O_{(l)}$

7. **利用旋光度的差異：**若反應前後，官能基有明顯改變則可用光譜法判斷反應速率的快慢。例如左旋維他命 C 反應後變為右旋維他命 C。

8. **量測固體的變化量：**若反應對固體的生成或消耗有差異，可測固體的變化量，以銅和硝酸銀反應為例，消耗一莫耳的銅可產生二莫耳的銀，因此可藉由固體的重量變化判斷反應速率。

例 $Cu_{(s)} + 2AgNO_{3(aq)} \rightarrow Cu(NO_3)_{2(aq)} + 2Ag_{(s)}$

例題 7-6

下列各反應，以 [　　] 內選用的成分物質或條件進行反應速率測定，何者不適當？

(A) $N_2O_{4(g)} \rightarrow 2NO_{2(g)}$ [NO_2 顏色變化]

(B) $Pb(NO_3)_{2(aq)} + 2KI_{(aq)} \rightarrow PbI_{2(s)} + 2KNO_{3(aq)}$ [固體沉澱量]

(C) $CaCO_{3(s)} \rightarrow CaO_{(s)} + CO_{2(g)}$ [CO_2 的分壓]

(D) $H_{2(g)} + Cl_{2(g)} \rightarrow 2\ HCl_{(g)}$ [壓力變化]。

解 (D)

反應物的係數和與生成物的係數和相同，因此無法由壓力變化判斷反應速率。

練習

1. 下列何者不能用來測量反應速率？
   (A) $H_2O_{2(aq)} \rightarrow H_2O_{(l)} + \frac{1}{2}O_{2(g)}$ 利用氣體體積變化
   (B) $H_{2(g)} + I_{2(g)} \rightarrow 2HI_{(g)}$ 利用定溫定容下之總壓力變化
   (C) $Ca(OH)_{2(aq)} + H_2CO_{3(aq)} \rightarrow CaCO_{3(s)} + 2H_2O_{(l)}$ 利用導電度變化
   (D) $N_2O_{4(g)} \rightarrow 2NO_{2(g)}$ 利用顏色變化。
2. 下列反應何者可以用括號內的性質變化來測量反應速率？
   (A) $2H_{2(g)} + O_{2(g)} \rightarrow 2H_2O_{(g)}$ (顏色)
   (B) $H_{2(g)} + Cl_{2(g)} \rightarrow 2HCl_{(g)}$ (定溫定壓下，體積變化)
   (C) $N_2O_{4(g)} \rightarrow 2NO_{2(g)}$ (定溫定容下，壓力變化)
   (D) $HCl_{(aq)} + NaOH_{(aq)} \rightarrow NaCl_{(aq)} + H_2O_{(l)}$ (沉澱量)
3. 下列各反應，以 ( ) 內選用的成分物質或條件進行反應速率測定，何者無法量測出正確的反應速率？
   (A) $H_2CO_{3(aq)} + Ca(OH)_{2(aq)} \rightarrow CaCO_{3(s)} + 2H_2O_{(l)}$ (導電度)
   (B) $N_2O_{4(g)} \rightarrow 2NO_{2(g)}$ (NO_2 顏色變化)
   (C) $CaCO_{3(s)} \rightarrow CaO_{(s)} + CO_{2(g)}$ (CO_2 的分壓)
   (D) $C_{(s)} + O_{2(g)} \rightarrow CO_{2(g)}$ (定容下之壓力變化)
4. 下列反應中，何者無法用括弧中所陳述性質的變化，來測定其反應速率？
   (A) $CO_{(g)} + NO_{2(g)} \rightarrow CO_{2(g)} + NO_{(g)}$ (反應物的顏色)
   (B) $H_{2(g)} + I_{2(g)} \rightarrow 2HI_{(g)}$ (反應系統壓力)
   (C) $AgNO_{3(aq)} + NaCl_{(aq)} \rightarrow AgCl_{(s)} + NaNO_{3(aq)}$ (沉澱量)
   (D) $H_2C_2O_{4(aq)} + Ba(OH)_{2(aq)} \rightarrow BaC_2O_{4(s)} + 2H_2O_{(l)}$ (溶液的導電度)。

NOTE

7-4 影響反應速率的因素 (Factors which affect reaction rate)

反應速率通常受到下列幾個因素影響：(1) 反應物本質，(2) 非均勻反應系中固體顆粒大小，(3) 反應物的濃度，(4) 溫度，(5) 催化劑的存在與否。

一、反應物的本質 (The nature of the reactants)

化學變化中，有鍵形成和鍵的破壞，所以化學反應的速率主要是根據鍵的特性來決定，而鍵的特性取決於物質的本質，不涉及鍵的破壞反應速率較快，涉及鍵的破壞，鍵的破壞愈多，反應愈慢，因此化學反應速率隨反應物的本質而定。

1. 反應速率較快的反應如下：
   (1) 酸鹼中和：$H^+_{(aq)} + OH^-_{(aq)} \rightarrow H_2O_{(l)}$
   (2) 離子沉澱：$Ag^+ + Cl^-_{(aq)} \rightarrow AgCl_{(s)} \downarrow$
2. 反應速率較慢的反應如下：
   (1) 有機反應：$CH_3COOH_{(l)} + C_2H_5OH_{(l)} \rightarrow CH_3COOC_2H_{5(aq)} + H_2O_{(l)}$
   酸　醇　酯　水
   (2) 室溫下的氧化反應：$CH_{4(g)} + 2O_{2(g)} \rightarrow CO_{2(g)} + 2H_2O_{(g)}$

例題 7-7

在室溫時，下列各項反應之進行速率最小者為

(A) $NH_3 + HCl \rightarrow NH_4Cl$　(B) $Ag^+ + Cl^- \rightarrow AgCl$　(C) $H^+ + OH^- \rightarrow H_2O$　(D) $2H_2 + O_2 \rightarrow 2H_2O$。

解 (D)

在室溫下，幾乎不反應。

二、均相反應與非均相反應 (Homogeneous reaction and heterogeneous reaction)

化學反應發生於單一相中的，稱為**均相反應** (homogeneous reaction)。通常指氣相或液相。例如：$H^+_{(aq)} + OH^-_{(aq)} \rightarrow H_2O_{(l)}$ 皆是在液相下的均相反應；$2NO_{(g)} + O_{2(g)} \rightarrow 2NO_{2(g)}$ 皆是在氣相下的均相反應。化學反應若發生在兩個以上的相中，稱為**非均相反應** (heterogeneous reaction)，例如：$Zn_{(s)} + 2H^+_{(aq)} \rightarrow Zn^{2+}_{(aq)} + H_{2(g)}$ 反應物包含了固相與液相兩相，屬於非均相反應。

非均相化學反應發生在相的界面，需接觸才能產生反應，故增加接觸面積可增加反應速率，反應速率和反應物濃度關係不大，與接觸面積關係較大。

充電小站

非勻相化學反應之表面積與速率的關係

變因	表面積之倍率	反應速率之倍率	舉例
正方體邊長等分 n 倍	n 倍	n 倍	邊長分為五等分，反應速率快五倍
正方體切割成 m 個小正方塊	$\sqrt[3]{m}$	$\sqrt[3]{m}$	正方體切為八小塊，反應變快二倍

三、溫度因素 (Temperature factor)

溫度升高能使反應速率增加，主要原因是溫度升高，分子平均動能增加，具有高動能的分子數增加，即動能分布曲線右移，超過低限能的分子數增加，造成有效碰撞的粒子數增加，反應速率增大。次要原因是溫度升高，使得分子平均運動速率增加，碰撞頻率增大，有效碰撞粒子數增多，故反應速率增大 (圖 7-7)。

溫度升高，無論是吸熱或放熱反應，其反應速率均會增加，常溫時，溫度升高 10 °C，其反應速率約增為原本的 2 倍，其數學式可以下列式子表示：

$$\frac{r_2}{r_1} = 2^{\frac{\Delta t}{10}}$$

例如：溫度 20 °C 升高至 70 °C，反應速率會增加原來的 $2^{\frac{50}{10}} = 2^5 = 32$ 倍，但雞蛋的蛋白是例外，溫度每升高 10 °C，反應速率約增 50 倍。

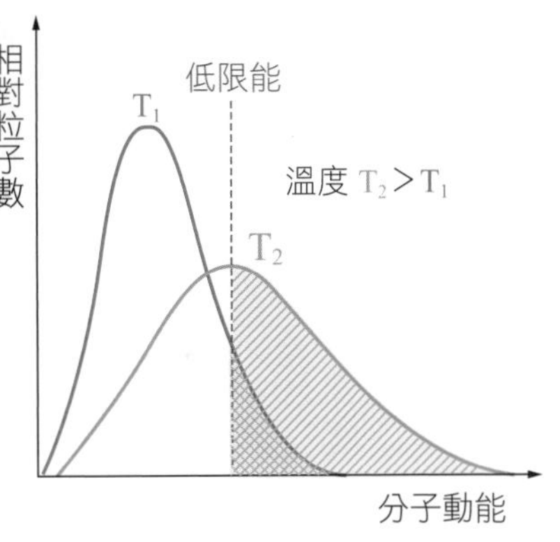

圖 7-7 分子動能分布圖

例題 7-8

溫度升高 10 °C，反應速率約增加 1 倍，若溫度升高 30 °C 時，其反應速率約為初速的若干倍？

解

$2^{\frac{30}{10}} = 2^3 = 8$

四、催化劑 (Catalyst)

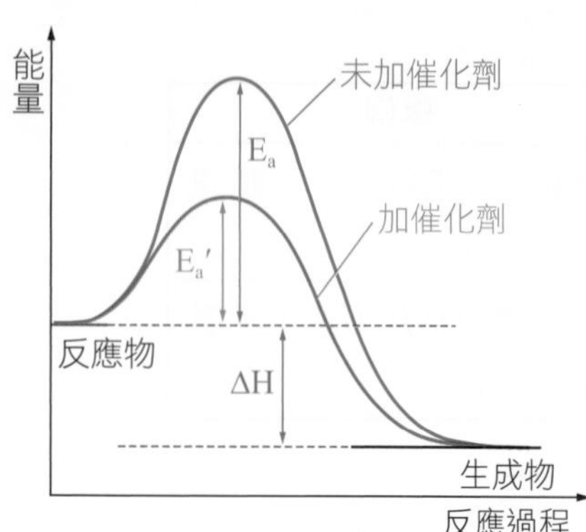

圖 7-8 反應位能圖

催化劑添加於反應物中能改變化學反應速率，在反應過程中參與反應，但在反應後本身不改變的物質，因此催化劑不出現在全反應的方程式中。

催化劑可以提供一條具有較低活化能的反應途徑，雖然分子動能分布不變，但因動能達可以反應所需最低能量的分子數目增加，即所需最低能量標準降低，因此有效碰撞數目增加，反應速率因而增加 (圖 7-8)。

催化劑添加於反應物中能改變化學反應速率。催化劑參與反應，但無消耗，故在化學計量上不改變，故少量的催化劑可催化大量的反應物。催化劑的特性包含：

1. **不改變反應熱：**加催化劑，不改變反應物與生成物的熱含量，因此催化劑不改變反應熱。
2. **不改變產率：**添加催化劑，不會改變平衡狀態，也無法增加平衡時的產率。添加催化劑之前，正逆反應的速率已經相等，增添催化劑僅使正逆反應同時等量變快，並無法改變平衡狀態，因此平衡時產率也無法增加。
3. **濃度愈大或接觸面積愈大，催化效果愈好：**催化劑濃度愈大或接觸面積愈大，其催化效應愈好。例 哈柏法製氨。

$$N_{2(g)} + 3H_{2(g)} \xrightarrow[500\sim1000\ \text{atm}]{\text{Fe, }400\sim500\ °\text{C}} 2NH_{3(g)} + 91.5\ \text{kJ}$$

鐵要製成粉末或是海綿狀增加接觸面積，鐵粉可混摻極少量的氧化鉀、氧化鋁做為助催化劑

4. 具專一性：催化劑的催化作用具有專一性，即某種催化劑可催化某種反應，但對其他的反應可能毫無影響。例如：酶，生物體中的催化劑，俗稱酵素。酶的本質是一種蛋白質，分子量龐大。酶具有專一性，只對某種化合物或某類化合物才有作用。

充電小站

升高溫度與加催化劑效應的比較

因素	分子動能分布曲線	活化能(低限能)	高能量粒子數	有效碰撞頻率
升高溫度	向右	不變	增加	增加
加催化劑	不變	降低	不變	增加

例如：乳糖酶只能催化乳糖水解。一般酶的催化作用最適宜的溫度約與生物體的體溫相近，最適宜反應 pH 值介於 5 ～ 8 之間進行。人體大部分的酶在 pH 值 7.4 左右具有最大的催化活性。

5. 不同催化劑，產物不同：相同的反應物若可進行多樣的反應，則使用不同的催化劑、溫度及壓力，可產生不同的主產物。

例

$$CO_{(g)} + 3H_{2(g)} \xrightarrow[100\,°C,\,1atm]{Ni\,(催化劑)} CH_{4(g)} + H_2O_{(g)}$$

$$CO_{(g)} + 2H_{2(g)} \xrightarrow[400\,°C,\,500atm]{Cr_2O_3,\,ZnO} CH_3OH_{(g)}$$

例題 7-9

下列有關催化劑的敘述，何者正確？

(A) 催化劑必須參與反應　(B) 催化劑會改變平衡時生成物的產率

(C) 催化劑會改變反應粒子之動能分布曲線　(D) 催化劑會改變反應熱。

解 (A)

(B) 催化劑不會改變平衡時生成物的產率。(C) 催化劑不會改變反應粒子之動能分布曲線。

(D) 催化劑不會改變反應熱。

練習

1. 下列有關催化劑和反應溫度對化學反應影響之敘述，何者正確？
(A) 反應物相同，若使用不同的催化劑，只會得到相同的產物　(B) 催化劑的加入和溫度升高，均會改變分子動能分布圖　(C) 催化劑的加入和溫度升高，均會增快化學反應速率　(D) 催化劑的加入和溫度升高，均會降低反應的活化能。
2. 關於催化劑的敘述，何者正確？
(A) 加入催化劑必定能提升產物的產率　(B) 加入催化劑可使反應所需的活化能降低，故使反應速率加快　(C) 催化劑因實際參與反應，反應後本身結構改變產生新物質　(D) 催化劑可同時催化正、逆反應，所以無法改變反應速率。
3. 下列四種反應在常溫下，反應速率快慢依序為何？
(1) $5Fe^{2+} + MnO_4^{\,-} + 8H^+ \rightarrow 5Fe^{3+} + Mn^{2+} + 4H_2O$
(2) $5C_2O_4^{\,2-} + 2MnO_4^{\,-} + 16H^+ \rightarrow 10CO_2 + 2Mn^{2+} + 8H_2O$
(3) $2CO + O_2 \rightarrow 2CO_2$
(4) $HCl + NaOH \rightarrow NaCl + H_2O$
4. 溫度對化學反應速率之影響頗大，其最主要因素為何？
5. 室溫時，下列五種反應的反應速率快慢依序為何？
(1) $N_{2(g)} + O_{2(g)} \rightarrow 2NO_{(g)}$　(2) $HNO_{3(aq)} + KOH_{(aq)} \rightarrow KNO_{3(aq)} + H_2O_{(l)}$
(3) $Ag^+_{\ (aq)} + Cl^-_{\ (aq)} \rightarrow AgCl_{(s)}$
(4) $5C_2O_4^{\,2-}{}_{(aq)} + 2MnO_4^{\,-}{}_{(aq)} + 16H^+_{\ (aq)} \rightarrow 10CO_{2(g)} + 2Mn^{2+}_{\ (aq)} + 8H_2O_{(l)}$
(5) $CH_3COOH_{(l)} + C_2H_5OH_{(l)} \rightarrow CH_3COOC_2H_{5(l)} + H_2O_{(l)}$

7-5 可逆反應與化學平衡 (Reversible reaction and chemical equilibrium)

多數化學反應中，反應物逐漸變成生成物時，生成物亦互相作用生成反應物，這種正反應和逆反應能同時進行的反應稱為**可逆反應** (reversible reaction)。藉由改變反應物或生成物的量，可控制反應進行的方向。可逆反應常以"⇌"符號表示。

例 $2CrO_4{}^{2-}{}_{(aq)}$(黃色) + $2H^+{}_{(aq)}$ ⇌ $Cr_2O_7{}^{2-}{}_{(aq)}$(橙色) + $H_2O_{(l)}$

在定溫的密閉系統中，當一個可逆反應的正反應速率與逆反應速率相等時，表示達到平衡狀態，稱為**化學平衡** (chemical equilibrium)。

化學平衡是一種動態平衡，此時巨觀不再有變化，但微觀仍有變化，故正逆反應速率相等。在定溫的密閉系統中，反應之初，因反應物濃度高，所以正反應速率 ($r_{正}$) 較大，隨著反應進行，反應物濃度下降，$r_{正}$會隨時間而減少，生成物增加，$r_{逆}$也增加，當 $r_{正} = r_{逆}$時即達化學平衡。此時，[A]、[B]、[C] 的濃度都不再改變 (圖 7-9)。

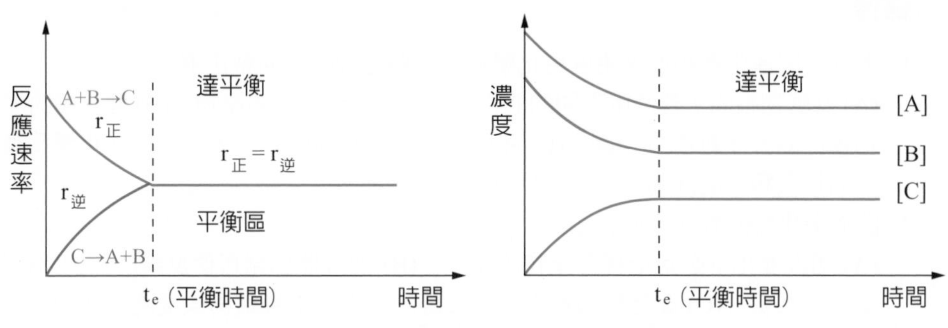

圖 7-9 反應速率變化圖與濃度變化圖

例題 7-10

1. 關於可逆反應與化學平衡的敘述，下列何者正確？
   (A) 可逆反應常用↔表示
   (B) 達化學平衡時，正逆反應速率都相同
   (C) 達化學平衡時，表示所有的反應物都生成生成物
   (D) 僅有少部分的化學反應是可逆反應。
2. 定溫下，當 $A_{(g)} + 3B_{(g)} \rightleftharpoons 2C_{(g)}$ 反應達平衡時，下列敘述何者正確？
   (A) 平衡時，A、B、C 三者之分壓皆維持不變
   (B) 此時 $A_{(g)}$、$B_{(g)}$ 完全反應生成 $C_{(g)}$
   (C) 平衡時，A 的消耗速率 = B 的消耗速率
   (D) 平衡時，正反應速率 = 逆反應速率 = 零。

解 1. (B) 2. (A)

1. (A) 可逆反應通常是以 ⇌ 表示。(C) 達化學平衡時，並非所有的反應物都生成生成物。
   (D) 大部分的化學反應都是可逆反應。
2. (B) 達平衡，反應中仍存在 $A_{(g)}$、$B_{(g)}$。(C) 3 (A 的消耗速率) = (B 的消耗速率)。
   (D) 平衡時，正反應速率 = 逆反應速率，但不能為 0。

練習

1. 定溫下，一可逆的化學反應達平衡時，關於此時平衡狀態的敘述，何者正確？
   (A) 反應物的消耗速率 = 生成物的生成速率
   (B) 正反應的活化能 = 逆反應的活化能
   (C) 反應物間的碰撞頻率 = 生成物間的碰撞頻率
   (D) 正反應的反應速率 = 逆反應的反應速率。
2. 反應 $N_{2(g)} + 3H_{2(g)} \rightleftharpoons 2HN_{3(g)}$ 達平衡時，下列敘述何者正確？
   (A) 濃度比 $[N_2]:[H_2]:[NH_3] = 1:3:2$
   (B) $N_{2(g)}$ 或 $H_{2(g)}$ 之一必定全部反應完，稱為限量試劑
   (C) 反應停止不再進行
   (D) 系統總壓力維持不變。
3. 工業製氨的化學反應式：$N_{2(g)} + 3H_{2(g)} \rightleftharpoons 2HN_{3(g)}$，有一個此反應的系統達到平衡狀態時，下列敘述何者正確？
   (A) 氮與氫反應成為氨的速率等於氨分解為氮與氫的速率
   (B) 反應物分子總數 = 生成物的分子總數
   (C) 氮、氫、氨的莫耳數比為 1：3：2
   (D) 氮、氫、氨的莫耳數比為 1：1/3：1/2。
4. 在定溫、定容下，何者可判斷下列(甲)、(乙)兩反應皆已達平衡狀態？
   (甲) $N_2O_{4(g)} \rightleftharpoons 2NO_{2(g)}$；(乙) $H_{2(g)} + I_{2(g)} \rightleftharpoons 2HI_{(g)}$。
   (A) 顏色不變 (B) 總莫耳數不變 (C) 總質量不變 (D) 密度 (g/L) 不變。

7-6 平衡常數 (Equilibrium constant)

當一個可逆反應，例如：$aA+bB \rightleftharpoons cC+dD$，在定溫時達平衡，其產物濃度的係數次方乘積與反應物濃度的係數次方乘積之比值恆為常數，即**平衡常數** $K=\frac{[C]^c[D]^d}{[A]^a[B]^b}$。

反應式中有固體、純液體時，固體、純液體的濃度視為定值，因此在平衡常數式中不必列出。

例 $CaCO_{3(s)} \rightleftharpoons CaO_{(s)}+CO_{2(g)}$ $\therefore K=[CO_2]$。

例題 7-11

1. 試寫出下列反應式的濃度平衡常數表示式：
(1) $Cu(NH_3)_4{}^{2+}{}_{(aq)} \rightleftharpoons Cu^{2+}{}_{(aq)}+4NH_{3(aq)}$
(2) $Fe^{3+}{}_{(aq)}+SCN^-{}_{(aq)} \rightleftharpoons FeSCN^{2+}{}_{(aq)}$
(3) $Cu_{(s)}+2Ag^+{}_{(aq)} \rightleftharpoons Cu^{2+}{}_{(aq)}+2Ag_{(s)}$
2. 設反應為 $A+2B \rightleftharpoons C+3D$，當達平衡時，各成分濃度 $[A]=0.1$ M，$[B]=0.2$ M，$[C]=0.6$ M，$[D]=0.2$ M，則其濃度平衡常數為何？

解

1. (1) $K=\frac{[Cu^{2+}][NH_3]^4}{[Cu(NH_3)_4{}^{2+}]}$ (2) $\frac{[FeSCN^{2+}]}{[Fe^{3+}][SCN^-]}$ (3) $\frac{[Cu^{2+}]}{[Ag^+]^2}$

2. $K=\frac{[C][D]^3}{[A][B]^2}=\frac{[0.6][0.2]^3}{[0.1][0.2]^2}=1.2$

平衡常數數值的大小與反應物本質有關，可由實驗測得。平衡常數數值愈大，表示反應向右完成的程度愈大；平衡常數數值愈小，表示反應向左完成的程度愈大，但平衡常數數值的大小與反應速率的快慢無關。

平衡常數與溶劑有關，使用不同溶劑，平衡常數的數值也不同。例如：$I_{2(s)}$ 在乙醇的溶解度很大，但 $I_{2(s)}$ 在水中的溶解度僅有 0.03%，因此平衡常數的數值也會不同。

平衡常數與溫度有關，若正反應為吸熱反應，則溫度升高，平衡常數變大；溫度降低，平衡常數變小。若正反應為放熱反應，則溫度升高，平衡常數變小；溫度降低，平衡常數變大。

定溫下，當微溶或難溶的離子固體，在水中溶解時，最後會達成一種飽和溶液。飽和溶液是未溶解的離子固體和溶液中的離子間建立一種動態平衡的溶液，此時以 $A_mB_{n(s)} \rightleftharpoons mA^{n+} + nB^{m-}$ 為例：

溶度積 (solubility product) 常數表示法為： $K_{SP} = [A^{n+}]^m[B^{m-}]^n$

例題 7-12

碳酸鉻的 K_{SP}，應等於下列何者？
(A) $[Cr^{3+}]^3[CO_3^{2-}]^2$ (B) $[Cr^{3+}][CO_3^{2-}]$
(C) $[Cr^{3+}]^2[CO_3^{2-}]^2$ (D) $[Cr^{3+}]^2[CO_3^{2-}]^3$。

解 (D)
碳酸鉻在水中的反應式為：$Cr_2(CO_3)_{3(s)} \rightleftharpoons 2Cr^{3+}_{(aq)} + 3CO_3^{2-}{}_{(aq)}$，根據 K_{SP} 的定義，應寫為 $K_{SP} = [Cr^{3+}]^2[CO_3^{2-}]^3$。

練習

1. 請寫出下列化學反應式的平衡常數
   (1) $CaF_{2(s)} \rightleftharpoons Ca^{2+}_{(aq)} + 2F^-_{(aq)}$
   (2) $NH_{3(g)} + H_2O_{(l)} \rightleftharpoons HN_4^+{}_{(aq)} + OH^-_{(aq)}$
   (3) $CO_{(g)} + 3H_{2(g)} \rightleftharpoons CH_{4(g)} + H_2O_{(g)}$
   (4) $CaCO_{3(s)} \rightleftharpoons CaO_{(s)} + CO_{2(g)}$。
2. 請寫出下列化學反應式的平衡常數
   (1) $C_{(s)} + CO_{2(g)} \rightleftharpoons 2CO_{(g)}$
   (2) $CaCO_{3(s)} \rightleftharpoons CaO_{(s)} + CO_{2(g)}$
   (3) $Cu_{(s)} + 2Ag^+_{(aq)} \rightleftharpoons Cu^{2+}_{(aq)} + 2Ag_{(s)}$
   (4) $Hg_{(l)} + Hg^{2+}_{(aq)} \rightleftharpoons Hg_2^{2+}{}_{(aq)}$
   (5) $CH_3COOCH_{3(l)} + H_2O_{(l)} \rightleftharpoons CH_3COOH_{(l)} + CH_3OH_{(l)}$
3. 在 700 ℃ 之條件下，反應式 $SO_{2(g)} + \frac{1}{2}O_{2(g)} \rightleftharpoons SO_{3(g)}$ 與 $NO_{2(g)} \rightleftharpoons NO_{(g)} + \frac{1}{2}O_{2(g)}$ 之平衡常數分別為 20 與 0.012，則 $SO_{2(g)} + NO_{2(g)} \rightleftharpoons NO_{(g)} + SO_{3(g)}$ 之平衡常數為何？
4. 元素 $A_{2(g)}$ 與 $B_{2(g)}$ 反應生成 $AB_{(g)}$，反應式 $A_{2(g)} + B_{2(g)} \rightleftharpoons 2AB_{(g)}$，將 0.30 莫耳的化合物 $A_{2(g)}$ 與 0.15 莫耳的化合物 $B_{2(g)}$ 混合在一溫度為 60 ℃、體積為 V 升的容器內，當反應達到平衡時，得 0.20 莫耳的化合物 $AB_{(g)}$，則此反應的平衡常數是多少？
5. 在某溫度時，$CO_{(g)} + H_2O_{(g)} \rightleftharpoons CO_{2(g)} + H_{2(g)}$，$K_c = 1$，若於 4 升容器內加入 6 莫耳 $H_{2(g)}$、4 莫耳 $CO_{2(g)}$、2 莫耳 $CO_{(g)}$ 及 8 莫耳 $H_2O_{(g)}$，當反應在該溫度達平衡時，$[CO_2]$ 為多少？

7-7 影響平衡的因素 (Factors which affect chemical equilibrium)

圖 7-10 法國化學家勒沙特列

1884 年法國化學家勒沙特列 (Henri Louis Le Châtelier，圖 7-10) 提出在達平衡的系統中加入影響平衡因素時，平衡的位置會向可以減輕或消滅此因素的方向移動，此原理稱為勒沙特列原理，無論物理平衡或化學平衡均能適用，但此原理僅能作定性的預測。

一、濃度因素 (Concentration factor)

當在平衡狀態中增加平衡系某一物質的濃度，則平衡向減小該物質的濃度方向移動；當減小平衡系中某一物質的濃度，則平衡向增加該物質的濃度方向移動。但濃度的變化不會改變平衡常數。

充電小站

勒沙特列原理

若某氣相平衡系之溫度及體積均保持一定，則：

1. 加入與平衡系相同的氣體：
   (1) 加入一種氣體：依照勒沙特列原理去判斷。
   (2) 加入不只一種氣體：利用平衡常數表示法與 K_c 值去計算判斷。
2. 加入與平衡系不同的氣體：
   (1) 加入氣體會產生化學反應：加入的氣體若會產生反應，須待反應後再判斷平衡移動的方向。
   例如：在 $N_{2(g)} + 3H_{2(g)} \rightleftharpoons 2NH_{3(g)}$，加入 $HCl_{(g)}$；
   因為 $NH_{3(g)} + HCl_{(g)} \rightarrow NH_4Cl_{(s)}$ 相當於移除 $NH_{3(g)}$，
   所以平衡會向右移動。
   (2) 加入氣體不起反應：加入氣體若不會產生反應 (例如：惰性氣體)，則平衡不移動。
   例如：在 $N_{2(g)} + 3H_{2(g)} \rightleftharpoons 2NH_{3(g)}$，加入 $He_{(g)}$；
   總壓雖然增大，但平衡系中各成分濃度不變，
   所以平衡不移動。

例題 7-13

在 $2CrO_4^{2-} + 2H^+ \rightleftharpoons Cr_2O_7^{2-}{}_{(aq)} + H_2O$ 平衡系中，加入下列何者可以使黃色的 CrO_4^{2-} 濃度增加？
(A) $Na_2CO_{3(s)}$ (B) $H_2O_{(l)}$ (C) $HCl_{(g)}$ (D) $CO_{2(g)}$。

解 (A)

(A) 碳酸鈉 (Na_2CO_3) 為鹼性，會中和 H^+，視同減少 H^+，因此反應傾向往左進行，CrO_4^{2-} 濃度增加。
(B) 加水造成反應物與生成物的濃度都下降。
(C) HCl 為強酸，視同增加 H^+，因此反應傾向往右進行，CrO_4^{2-} 濃度減少。
(D) CO_2 溶於水為弱酸，視同增加 H^+，因此反應傾向往右進行，CrO_4^{2-} 濃度減少。

二、壓力因素 (Pressure factor)

當在平衡狀態中改變壓力，正逆反應的反應速率也會隨之改變，直至達到新的平衡，但平衡常數不改變。假設一反應：

$$aA_{(g)} + bB_{(g)} \rightleftharpoons cC_{(g)} + dD_{(g)}$$

1. 化學方程式前後，氣體計量係數總和相同，即 $a + b = c + d$，壓力改變不影響反應平衡。
2. 化學方程式前後，氣體計量係數總和不同，如 $(a + b) > (c + d)$，當縮小體積加大壓力時，反應傾向降低單位體積總分子數，以緩解壓力。因此平衡向氣體總計量係數較少的方向移動，即平衡向右移動。反之，當擴大體積以減少壓力時，平衡向氣體總計量係數較多的方向移動，即平衡向左移動。

例題 7-14

密閉系統中，下列哪一個已平衡的化學反應，在溫度一定時增加反應系統的壓力，會使平衡向左移動？
(A) $2NH_{3(g)} \rightleftharpoons N_{2(g)} + 3H_{2(g)}$ (B) $2SO_{2(g)} + O_{2(g)} \rightleftharpoons 2SO_{3(g)}$
(C) $H_{2(g)} + Cl_{2(g)} \rightleftharpoons 2HCl_{(g)}$ (D) $4Fe_{(s)} + 3O_{2(g)} \rightleftharpoons 2Fe_2O_{3(s)}$。

解 (A)

(A) 平衡向氣體係數總和少的方向移動，因此平衡向左移動。
(B) 平衡向右移動。
(C) 反應物與生成物的係數和相同，平衡不移動。
(D) 僅有 O_2 是氣體，在定溫下，壓力不再改變。

三、溫度因素 (Temperature factor)

當在平衡狀態中改變溫度，正逆反應的反應速率也會隨之改變，直至達到新的平衡，且平衡常數產生改變。

1. 放熱反應 $A_{(g)} + B_{(g)} \rightleftharpoons C_{(g)} + D_{(g)}$ ＋熱，當溫度升高，分子碰撞增加，使正逆雙方的速率增加，但反應為抵銷熱量增加的影響，使平衡向左移動。反之，當溫度降低，正逆雙方的速率減慢，平衡向右移動。
2. 吸熱反應 $A_{(g)} + B_{(g)}$ ＋熱 $\rightleftharpoons C_{(g)} + D_{(g)}$，當溫度上升，反應物熱量增加，因此平衡向右進行。反之，當溫度降低，平衡向左移動。

例題 7-15

於密閉系統中進行平衡反應 $A_{(g)} + 2B_{(g)} \rightleftharpoons C_{(g)} + 3D_{(g)}$，已知$\Delta H < 0$，下列敘述何者正確？

(A) 定溫下，增加 $B_{(g)}$，會使平衡向左
(B) 定溫下，系統體積變小，會使平衡向右
(C) 該反應為吸熱反應
(D) 溫度上升，則平衡常數變小，會使平衡向左。

解 (D)

(A) 定溫下，增加 $B_{(g)}$，平衡會向右移動。
(B) 系統體積變小，表示壓力增加，平衡會向係數總和小的方向移動，因此平衡向左移動。
(C) 反應熱小於 0，為放熱反應。
(D) 溫度上升，反應向吸熱方向移動，因此平衡向左移動。

四、催化劑因素 (Catalyst factor)

催化劑會等量增快正反應及逆反應的速率，只會縮短到達平衡的時間，而不會使平衡移動，也不會改變原先各物質的濃度。

例題 7-16

在平衡系 $A + 2B \rightleftharpoons C + D$ 中，加入催化劑，發現反應速率增加，試問此催化劑對平衡系的影響為何？
(A) 增加了 C 與 D 的產量 (B) 使平衡向右移動
(C) 使反應熱增大 (D) 不影響平衡時各物質的濃度。

解 (D)

加入催化劑，僅增加反應速率，不改變產率、反應熱及濃度等。

練習

1. 下列何反應會因壓縮體積，而使平衡向右移動？
(A) $H_{2(g)} + I_{2(g)} \rightleftharpoons 2HI_{(g)}$
(B) $N_2O_{4(g)} \rightleftharpoons 2NO_{2(g)}$
(C) $N_{2(g)} + 3H_{2(g)} \rightleftharpoons 2HN_{3(g)}$
(D) $C_{(s)} + O_{2(g)} \rightleftharpoons CO_{2(g)}$。
2. 為了測定 $Fe^{3+}{}_{(aq)} + SCN^{-}{}_{(aq)} \rightleftharpoons FeSCN^{2+}{}_{(aq)}$ 的平衡常數，必須使用比色法測定哪一物質的濃度？
(A) SCN^- (B) Fe^{3+} (C) $FeSCN^{2+}$ (D) 以上均可。
3. 已知 $HCl_{(g)}$ 分解產生 H_2 和 $Cl_{2(g)}$ 為一吸熱反應，其反應式為：$2HCl_{(g)} \rightleftharpoons H_{2(g)} + Cl_{2(g)}$，下列哪一個因素，會使 $HCl_{(g)}$ 的分解百分率增高？
(A) 升溫 (B) 加壓 (C) 添加催化劑 (D) 降溫。
4. $PbCl_{2(s)} \rightleftharpoons Pb^{2+}{}_{(aq)} + 2Cl^{-}{}_{(aq)}$ 的平衡系若加入少量的 $PbCl_2$，則下列各項敘述何者正確？
(A) 平衡向右移 (B)$[Pb^{2+}]$ 變大
(C) $[Cl^-]$ 變小 (D)$[Pb^{2+}]$ 不變。
5. 反應 $aA_{(g)} + bB_{(g)} \rightleftharpoons cC_{(s)} + dD_{(g)}$，達平衡後，使反應容器體積縮小時，可使平衡左移，則反應式係數 (a、b、c、d) 的關係，應為何者？

重點回顧

7-1 碰撞學說

1. 反應粒子需要有足夠的能量且碰撞的位向要正確，方能產生有效碰撞。
2. 反應物轉變為生成物時，分子間的有效碰撞需使分子先形成具有高位能且極不穩定的物種，稱為活化錯合物。
3. 活化能是指使反應粒子產生活化錯合物所需的能量，也就是活化錯合物與反應物之位能差。

7-2 反應速率

1. 反應速率是指在化學反應中，單位時間內，反應物或生成物發生變化的量。
2. 反應速率

$$=\frac{\text{反應物濃度消耗量}}{\text{時間間隔}}=\frac{-\Delta[\text{反應物}]}{\Delta t}$$

$$=\frac{\text{生成物濃度生成量}}{\text{時間間隔}}=\frac{\Delta[\text{生成物}]}{\Delta t}$$ 。

3. 若反應為 $aA + bB \rightarrow cC + dD$，其反應速率定律式為 $r = k[A]^x[B]^y$，其中 k 為速率常數。x 稱為對 A 之級數；y 稱為對 B 之級數，$x + y = n$，稱為 n 級反應。

7-3 反應速率的測定方法

反應速率常藉由反應時的顏色、體積、壓力、導電度、旋光度、重量等變化來測定。

7-4 影響反應速率的因素

1. 不涉及鍵的破壞反應速率較快，涉及鍵的破壞，鍵的破壞愈多，反應愈慢。
2. 溫度升高能使反應速率增加，主要原因是溫度升高，具有高動能的分子數增加，造成有效碰撞的粒子數增加，反應速率增大。
3. 催化劑可以提供一條具有較低活化能的反應途徑，使達可以反應所需最低能量的分子數目增加，因此有效碰撞數目增加，反應速率因而增加。

7-5 可逆反應與化學平衡

1. 反應物逐漸變成生成物時，生成物亦互相作用生成反應物，正、逆反應能同時進行的反應稱為可逆反應。
2. 在定溫的密閉系統中，可逆反應的正反應速率與逆反應速率相等，表示達平衡，稱為化學平衡。

7-6 平衡常數

1. 可逆反應 $aA + bB \rightleftharpoons cC + dD$，其平衡常數 $(K) = \frac{[C]^c[D]^d}{[A]^a[B]^b}$。
2. 平衡常數數值的大小與反應物本質、溶劑、溫度有關。

7-7 影響平衡的因素

1. 勒沙特列原理是指在達平衡的系統中加入影響平衡因素時，平衡的位置會向可以減輕或消滅此因素的方向移動。
2. 增加反應物濃度或減少生成物濃度，則平衡向生成物方向移動。
3. 化學方程式前後，氣體計量係數總和相同，壓力改變不影響反應平衡。
4. 化學方程式前後，氣體計量係數總和不同，縮小體積，平衡向氣體總計量係數較少的方向移動。
5. 溫度改變，會使平衡常數的數值改變。溫度升高，平衡會向吸熱方向移動；溫度下降，平衡會向放熱方向移動。
6. 催化劑的存在與否並不影響化學平衡；僅增加反應速率。

Chapter

8

酸鹼鹽
Acid, base and salt

在我們生活周遭常會遇到許多的酸鹼鹽，常見的酸包含鹽酸、檸檬汁、醋酸等，常見的鹼包含氨水、制酸劑、肥皂等，常見的鹽類則包含食鹽、碳酸鈉，且在許多的化學反應也都牽涉到酸鹼反應，因此多了解酸鹼鹽的特性，有助於提升生活品質或是化學工業的發展。

蝶豆花中含有大量的花青素，當酸鹼性不同時會產生不同的顏色。因此利用小蘇打的弱鹼性和檸檬汁的弱酸性，可以使飲料有漸層顏色。

8-1 酸鹼的定義 (Definition of acid-base)

一、實驗的操作定義 (The result of experimental observation)

酸和鹼各自有不同的性質，因此在實驗進行中，若含有以下特性者，被稱為**酸** (acids)：

(1) 水溶液有酸味。

(2) 水溶液均含有氫離子 (H^+ 或 H_3O^+)，且溶液中 $[H^+] > [OH^-]$。

(3) 水溶液能導電，為電解質。

(4) 水溶液使藍色石蕊試紙變紅色。

(5) 與活性大的金屬 (例如：鋅 (Zn)、鎂 (Mg)) 作用，放出氫氣。

(6) 能與鹼進行酸鹼中和反應。

在實驗進行中，若含有以下特性者，被稱為**鹼** (bases)：

(1) 水溶液有澀味。

(2) 水溶液均含有 OH^-，且溶液中 $[H^+] < [OH^-]$。

(3) 水溶液能導電，為電解質。

(4) 水溶液可使紅色石蕊試紙變藍色。

(5) 水溶液具有滑膩感。

(6) 可以溶解油脂，進行皂化反應。

(7) 能與酸進行酸鹼中和反應。

二、阿瑞尼斯學說 (Arrhenius theory)——反應限於水溶液

圖 8-1　阿瑞尼斯

1887 年瑞典化學家阿瑞尼斯 (圖 8-1) 提出電離學說。阿瑞尼斯認為在水溶液中解離或與水作用，產生氫離子的物質稱為阿瑞尼斯酸。

例　$HCl_{(aq)} \rightarrow H^+_{(aq)} + Cl^-_{(aq)}$，氯化氫會放出 H^+

$H_2SO_{4(aq)} \rightarrow 2H^+_{(aq)} + SO_4^{2-}{}_{(aq)}$，硫酸在水溶液中會放出 2 個 H^+

在水溶液中游離或與水作用，產生氫氧根離子的物質稱為阿瑞尼斯鹼。例如：

例　$NaOH_{(aq)} \rightarrow Na^+_{(aq)} + OH^-_{(aq)}$，氫氧化鈉在水溶液中會放出 1 個 OH^-

$Ba(OH)_{2(aq)} \rightarrow Ba^{2+}_{(aq)} + 2OH^-_{(aq)}$，氫氧化鋇在水溶液中會放出 2 個 OH^-

阿瑞尼斯學說對於酸鹼的定義僅限於水溶液中且中和後必定產生水。此定義的應用範圍較小，被視為是狹義的酸鹼定義。

三、布忍斯特—洛瑞學說 (Brønsted-Lowry theory)

阿瑞尼斯的酸鹼定義僅適用於水溶液，但實際上很多反應並非在水溶液中進行，因此 1923 年丹麥科學家布忍斯特 (Johannes Nicolaus Brønsted，圖 8-2) 與英國科學家洛瑞 (Martin Lowry，圖 8-3) 提出新的酸鹼定義，他們認為在化學反應中，酸是提供**質子** (proton，H^+) 者，即質子予體，此為布忍斯特—洛瑞酸，簡稱布洛酸。鹼是質子的接受者，即質子受體，此為布忍斯特—洛瑞鹼，簡稱布洛鹼。

圖 8-2 布忍斯特

例

$$NH^+_{4(aq)} + H_2O_{(l)} \rightleftharpoons H_3O^+_{(aq)} + NH_{3(g)}$$

接受質子

提供質子

NH_4^+ 在此反應中提供質子，屬於布洛酸；而 H_2O 接受質子，屬於布洛鹼。因此在此例中，阿瑞尼斯學說認為 H_2O 為中性，但依據布洛學說卻是鹼。

圖 8-3 洛瑞

以布洛學說來看，所有酸鹼反應都是酸和鹼反應而產生另一種鹼和另一種酸。由酸提供質子而產生的鹼，稱為該酸的共軛鹼，由鹼接受質子而產生的酸，稱為該鹼的共軛酸。此種共軛關係的酸鹼，稱為**共軛酸鹼對** (conjugate acid-base pair)。

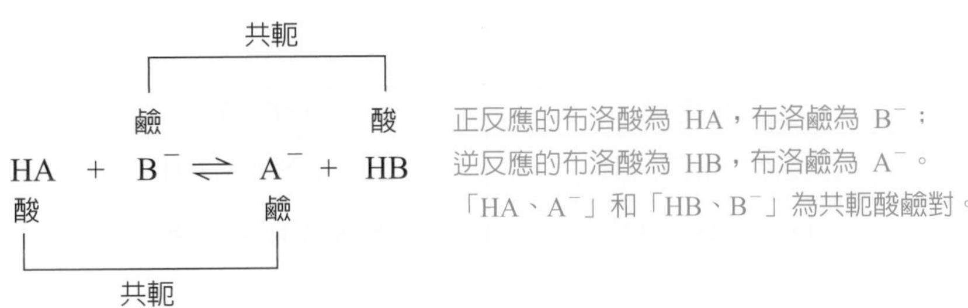

同一化合物可能在一個反應中做為布洛酸，而在另一個反應中做為布洛鹼。可做為布洛酸又可做為布洛鹼者，稱為**兩性物質** (amphoteric substance)。例如：

例 水：$H_2O_{(l)} + NH_{3(aq)} \rightleftharpoons NH_4{}^+{}_{(aq)} + OH^-{}_{(aq)}$ (水當酸)

$H_2O_{(l)} + HCl_{(aq)} \rightleftharpoons H_3O^+{}_{(aq)} + Cl^-{}_{(aq)}$ (水當鹼)

四、路易斯學說 (Lewis theory)——適用範圍最廣

圖 8-4 路易斯

布忍斯特 - 洛瑞的酸鹼定義比阿瑞尼斯學說能解釋的範圍更廣，但若遇到反應中無氫原子 (H)，將無法解釋，因此同年美國化學家路易斯 (Gilbert Newton Lewis，圖 8-4) 提出更廣義的酸鹼定義，是目前適用範圍最廣，視為廣義的酸鹼定義。

路易斯認為在酸鹼反應中，接受電子對的分子或離子，是為路易斯酸。提供電子對的分子或離子是為路易斯鹼。

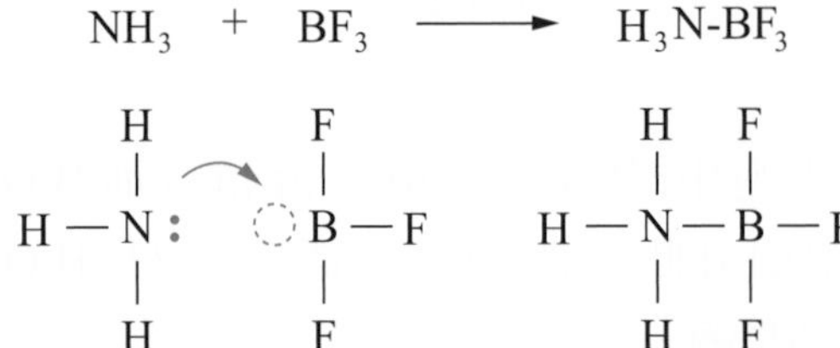

此反應中 BF_3 接受電子對，為路易斯酸；NH_3 提供電子對，為路易斯鹼。

充電小站

酸鹼學說的比較表

學說	酸的定義	鹼的定義
阿瑞尼斯學說	水溶液中解離出 $H^+{}_{(aq)}$	水溶液中解離出 $OH^-{}_{(aq)}$
布忍斯特 - 洛瑞學說	反應時 H^+ 提供者	反應時 H^+ 接受者
路易斯學說	反應時電子對接收者	反應時電子對提供者

例題 8-1

下列有關酸鹼學說之敘述，何者錯誤？

(A) 依實驗操作定義，酸鹼的共同條件是水溶液可導電

(B) 依阿瑞尼斯學說，凡分子式中含 H 者為酸

(C) 布洛學說認為鹼是在反應時 H^+ 接受者

(D) 路易斯學說認為酸是在反應時電子對的接受者。

解 (B)

阿瑞尼斯酸的定義是在水溶液中解離出 $H^+_{(aq)}$

練習

1. 下列何者反應中的 HCO_3^- 顯示為酸的性質？
   (A) $HCO_3^- + HSO_4^- \rightleftharpoons H_2CO_3 + SO_4^{2-}$
   (B) $HCO_3^- + H_3O^+ \rightleftharpoons H_2CO_3 + H_2O$
   (C) $HCO_3^- + NH_2^- \rightleftharpoons NH_3 + CO_3^{2-}$
   (D) $HCO_3^- + H_2S \rightleftharpoons H_2CO_3 + HS^-$。
2. 已知下列布－洛酸的酸性相對強度依序為 $HCl > HF > HNO_2 > HClO > HCN$，何者為最強的共軛鹼？
3. 下列何組物質為共軛酸鹼對？
   (A) H_2S，S^{2-}　(B) H_2SO_4，H_2SO_3　(C) H_2MnO_4，$HMnO_4$
   (D) $H_2PO_4^-$，HPO_4^{2-}。
4. 依布－洛酸鹼學說理論，酸的定義為何？
5. 依據布忍斯特和洛瑞提出的酸鹼質子理論，下列哪些微粒屬於酸也屬於鹼？
   (甲) H_2O、(乙) CO_3^{2-}、(丙) Al^{3+}、(丁) CH_3COOH、
   (戊) HCO_3^-、(己) PO_4^{3-}、(庚) NH_3、(辛) $H_2PO_2^-$

8-2 酸鹼的種類與命名 (Types and names of acids and bases)

一、酸的種類 (Types of acid)

依一個分子在水中所解離出氫離子 (H^+) 的數目：

1. 單質子酸 (monoprotic acid)：一個分子可解離出一個 H^+ 的酸。常見的單質子酸有：HF、HCl、CH_3COOH、H_3BO_3、HI、HBr、H_3PO_2，其解離方程式如下：

$$HCl_{(aq)} \rightarrow H^+_{(aq)} + Cl^-_{(aq)}$$

$$CH_3COOH_{(aq)} \rightleftharpoons CH_3COO^-_{(aq)} + H^+_{(aq)}$$

2. 二質子酸 (diprotic acid)：一個分子可解離出二個 H^+ 的酸。常見的二質子酸有：H_2SO_4、H_2CO_3、H_3PO_3，其解離方程式如下：

$$\begin{cases} H_2SO_{4(aq)} \rightarrow H^+_{(aq)} + HSO^-_{4(aq)} \\ HSO^-_{4(aq)} \rightleftharpoons H^+_{(aq)} + SO_4^{2-}{}_{(aq)} \end{cases}$$

3. 三質子酸 (triprotic acid)：一個分子可解離出三個 H^+ 的酸。常見的三質子酸為 H_3PO_4，其解離方程式如下：

$$\begin{cases} H_3PO_{4(aq)} \rightleftharpoons H^+_{(aq)} + H_2PO_4^-{}_{(aq)} \\ H_2PO_4^-{}_{(aq)} \rightleftharpoons H^+_{(aq)} + HPO_4^{2-}{}_{(aq)} \\ HPO_4^{2-}{}_{(aq)} \rightleftharpoons H^+_{(aq)} + PO_4^{3-}{}_{(aq)} \end{cases}$$

二、酸的命名 (Naming of acids)

1. 氫某酸

由氫和非金屬元素結合而成，常溫下通常為氣體，稱為某化氫，溶於水中則解離出氫離子，形成酸性溶液，稱為氫某酸。常見的氫某酸如下表 8-1 所示：

表 8-1 常見氫某酸的命名

化學式	命名		化學式	命名	
	氣態 (g)	水溶液 (aq)		氣態 (g)	水溶液 (aq)
H_2S	硫化氫	氫硫酸	HF	氟化氫	氫氟酸
HCN	氰化氫	氫氰酸	HCl	氯化氫	氫氯酸
HSCN	硫氰化氫	硫氰酸	HBr	溴化氫	氫溴酸

2. 含氧酸：組成元素有氧原子

(1) 依所含的元素而命名，常見的含氧酸如下表 8-2 所示：

表 8-2 常見含氧酸的命名

化學式	中文名稱	化學式	中文名稱
H_3PO_4	磷酸	H_3AsO_4	砷酸
H_2SO_4	硫酸	$H_2C_2O_4$	乙二酸 (草酸)
H_2CO_3	碳酸	H_2MnO_4	錳酸
HNO_3	硝酸	HOCN	氰酸
$HClO_3$	氯酸	HCOOH	甲酸 (蟻酸)
C_6H_5COOH	苯甲酸	H_2CrO_4	鉻酸
$H_2S_2O_3$	硫代硫酸	$H_2Cr_2O_7$	重鉻酸 (二鉻酸)

(2) 依元素的氧化態不同而命名：與正常**氧化態** (oxidation state) 比較，高者為過某酸，次低者為亞某酸，再低者為次某酸，整理如下表 8-3。

表 8-3 不同氧化態的命名

過某酸	$HClO_4$ 過氯酸						$HMnO_4$ 過錳酸
某酸	$HClO_3$ 氯酸	H_3PO_4 磷酸	H_2SO_4 硫酸	HNO_3 硝酸	H_2CO_3 碳酸	H_3BO_3 硼酸	H_2MnO_4 錳酸
亞某酸	$HClO_2$ 亞氯酸	H_3PO_3 亞磷酸	H_2SO_3 亞硫酸	HNO_2 亞硝酸			
次某酸	HClO 次氯酸	H_3PO_2 次磷酸					

(3) 酸酐：是指含氧酸完全脫水後形成的氧化物。例如：CO_2、SO_3、N_2O_5、P_4O_{10} 分別為 H_2CO_3、H_2SO_4、HNO_3、H_3PO_4 的酸酐。

(4) 偏某酸：一個酸分子脫去一個分子的水，例如：HPO_3 偏磷酸。

(5) 焦某酸：兩個酸分子脫去一個分子的水，例如：$H_4P_2O_7$ 焦磷酸。

三、鹼的種類 (Types of base)

依一個分子在水中所解離出氫氧根離子 (OH^-) 的數目：

1. 一元鹼：一個分子可解離出一個 OH^- 的鹼，又稱為單鹼，例如：NaOH、KOH 等。
2. 二元鹼：一個分子可解離出二個 OH^- 的鹼，又稱為二鹼，例如：$Ca(OH)_2$、$Mg(OH)_2$ 等。
3. 三元鹼：一個分子可解離出三個 OH^- 的鹼，又稱為三鹼，例如：$Al(OH)_3$、$Fe(OH)_3$ 等。

四、鹼的命名 (Naming of bases)

1. 大多數的鹼是金屬的氫氧化物，常以「氫氧化某」命名。例如：NaOH 稱為氫氧化鈉、$Ca(OH)_2$ 稱為氫氧化鈣。

2. 若金屬具有兩種價數時，較高價數者稱為「氫氧化某」，較低價數者稱為「氫氧化亞某」。在命名時可在其名稱內註記價數。例如：$Fe(OH)_3$ 稱為氫氧化鐵 (III) 或氫氧化鐵、$Fe(OH)_2$ 稱為氫氧化鐵 (II) 或氫氧化亞鐵，做為辨別。常見的鹼如下表 8-4 所示：

表 8-4　常見的鹼

化學式	命名	化學式	命名
NaOH	氫氧化鈉	$Fe(OH)_3$	氫氧化鐵或氫氧化鐵 (III)
KOH	氫氧化鉀	$Fe(OH)_2$	氫氧化亞鐵或氫氧化鐵 (II)
$Ca(OH)_2$	氫氧化鈣	$Sn(OH)_4$	氫氧化錫或氫氧化錫 (IV)
$Ba(OH)_2$	氫氧化鋇	$Sn(OH)_2$	氫氧化亞錫或氫氧化錫 (II)
$Al(OH)_3$	氫氧化鋁	$NH_{3(aq)}$	氨水

3. 鹼酐：鹼完全脫水後形成的氧化物，例如：CaO 為 $Ca(OH)_2$ 的鹼酐。

例題 8-2

請寫出下列酸與鹼的命名與種類：

(1) $H_2C_2O_4$　(2) HF　(3) $HClO_3$　(4) H_3PO_2　(5) $Fe(OH)_3$

解

(1) $H_2C_2O_4$：草酸，二質子酸。(2) $HF_{(g)}$：氟化氫，單質子酸。
(3) $HClO_3$：氯酸，單質子酸。(4) H_3PO_2：次磷酸，單質子酸。
(5) $Fe(OH)_3$：氫氧化鐵，三元鹼。

練習

1. 請依照題目寫出下列物質的化學式：
   (1) 亞硝酸
   (2) 過氯酸
   (3) H_3PO_2
   (4) $Fe(OH)_2$
2. 寫出 (1) 磷酸、(2) 亞磷酸、(3) 次磷酸之化學式與種類。

8-3 酸鹼的解離 (The dissociation of acids and bases)

一、酸鹼的強度 (Intensity of acids and bases)

酸鹼強度大小通常是以在水中解離度大小做為判斷的依據，因此是以阿瑞尼斯定義為主，能完全解離產生 H^+，稱為**強酸** (strong acid)，如：過氯酸 ($HClO_4$)、硫酸 (H_2SO_4)、硝酸 (HNO_3) 和鹽酸 (HCl) 等；只能部分解離產生 H^+，稱為**弱酸** (weak acid)，如：甲酸 (HCOOH)、乙酸 (CH_3COOH)、碳酸 (H_2CO_3) 和磷酸 (H_3PO_4) 等。

以阿瑞尼斯定義為主，能完全解離產生 OH^-，稱為**強鹼** (strong base)，如：氫氧化鈉 (NaOH)、氫氧化鉀 (KOH) 和氫氧化鈣 ($Ca(OH)_2$) 等。在水溶液中只能部分解離產生 OH^-，稱為**弱鹼** (weak base)，如：氨水 (NH_4OH) 和甲胺 (CH_3NH_2) 等。

根據布忍斯特—洛瑞學說的定義，強酸之共軛鹼為弱鹼，弱酸之共軛鹼為強鹼，如表 8-5 所示：

表 8-5 常見酸鹼的相對強度

	酸		鹼	
最強酸	$HClO_4$	過氯酸	ClO_4^-	最弱鹼
↑	HI	氫碘酸	I^-	↓
	HBr	氫溴酸	Br^-	
	HCl	氫氯酸	Cl^-	
	HNO_3	硝酸	NO_3^-	
	H_3O^+	鋞離子	H_2O	
	H_2SO_3	亞硫酸	HSO_3^-	
	HSO_4^-	硫酸氫根	SO_4^{2-}	
酸強度漸增	HF	氫氟酸	F^-	鹼強度漸增
	CH_3COOH	醋酸	CH_3COO^-	
	H_2CO_3	碳酸	HCO_3^-	
	H_2S	氫硫酸	HS^-	
	NH_4^+	銨根離子	NH_3	
	HCN	氫氰酸	CN^-	
	HCO_3^-	碳酸氫根	CO_3^{2-}	
	HS^-	氫硫離子	S^{2-}	
	H_2O	水	OH^-	
	NH_3	氨	NH_2^-	
最弱酸	OH^-	氫氧離子	O^{2-}	最強鹼

二、解離方程式 (Dissociation equations)

1. 酸的解離方程式：$HA \rightleftharpoons H^+ + A^-$

   酸的解離常數： $K_a = \dfrac{[H^+][A^-]}{[HA]}$

   K_a 值愈大，酸性愈強。

   酸解離度 $(\alpha)\% = \dfrac{[H^+]}{[HA]_{初}} \times 100\%$

2. 鹼的解離方程式：$BOH \rightleftharpoons B^+ + OH^-$

   鹼的解離常數： $K_b = \dfrac{[B^+][OH^-]}{[BOH]}$

   K_b 值愈大，鹼性愈強。

   鹼解離度 $(\alpha)\% = \dfrac{[OH^-]}{[BOH]_{初}} \times 100\%$

練習

1. 關於強酸之敘述，何者錯誤？
   (A) $HClO_4$ 為強酸
   (B) 強酸的水溶液之導電性較同濃度的弱酸水溶液強
   (C) 含可解離之 H^+ 愈多者為愈強酸，故酸強度：
   $H_3PO_4 > H_2SO_4 > HCl$
   (D) 酸強度：$HI > HBr > HCl > HF$。
2. 請比較下列化合物的酸性強度大小：H_3PO_4、HBr、H_2S、HCN、$H_2C_2O_4$。
3. 同溫時三種弱酸 HA、HB、HC 濃度均為 0.2 M，其溶液 pH 值大小為 HB > HA > HC，則室溫時，0.1 M 的 HA、HB、HC 的解離度 (α) 大小順序為何？

8-4 水的解離與 pH 值 (The dissociation of water and pH value)

一、水的解離 (The dissociation of water)

25 °C 時，水的解離程度極小，每一升的水中僅有 10^{-7} mol 的水會解離，$H_2O \rightleftharpoons H^+ + OH^-$，因此 $[H^+] = [OH^-] = 10^{-7}$ M，水的**離子積常數** (ion product of water，K_W) 定義為：

$$K_W = [H^+][OH^-]$$

所以離子積常數 $K_W = [H^+] \times [OH^-] = 10^{-14}$。

水的離子積常數僅受溫度的影響，隨溫度增加而增加，且與溶液的酸鹼性無關。不管是酸性、鹼性或中性的水溶液，在 25 °C 時此值均為 10^{-14}。

例題 8-3

關於水及其解離常數 K_C 與離子積常數 K_W 的敘述，下列何者錯誤？

(A) K_C 與 K_W 均隨溫度升高而增加

(B) 由於溫度會改變 K_W，因此 $[H^+] = 10^{-7}$ M，不一定是中性

(C) $K_W = [H^+][OH^-]$，此式不論在酸性溶液或鹼性溶液中恆成立

(D) 水的解離度為 1.8×10^{-7}。

解 (D)

$$\text{水的解離度} (\alpha) = \frac{10^{-7}}{55.56} \times 100\% = 1.8 \times 10^{-7}\%$$

二、pH 與 pOH 值 (pH value and pOH value)

圖 8-5　索任生

1909 年丹麥的化學家索任生 (Søren Peder Lauritz Sørensen，圖 8-5) 以 pH (或 pOH，p 是一個對數函數的負值) 來描述水溶液中的氫離子濃度，它們的定義是：

$$pH = -\log_{10}[H^+] \quad 或 \quad pOH = -\log_{10}[OH^-]$$

pH 的性質包含以下幾點：

1. 只要是酸性溶液，$[H^+]$ 必大於 $[OH^-]$，即 pH < pOH；反之，鹼性溶液，$[H^+]$ 必小於 $[OH^-]$，即 pH > pOH。
2. 純水或中性溶液，$[H^+]$ 必等於 $[OH^-]$，即 pH = pOH。
3. pH 值會低於 0，也有可能超過 14。例如：10 M 的濃硝酸，其 pH 值為 –1。
4. pH 值愈小，代表溶液的酸性愈大；pH 值愈大，代表溶液的鹼性愈大。
5. pH 相等的溶液，表示其 H^+ 濃度相等而非其原始濃度相等，因為每種酸的解離度並不相等。
6. 25 °C 時，$pH + pOH = pK_W = 14$，又中性溶液的 pH = pOH = 7。

Life

體質有分酸鹼嗎？

身體不同的部位本來就因為需求有不同的酸鹼度，而循環全身的血液 pH 值是維持在 7.35 ～ 7.45 之間，超出範圍就是中毒現象，會有生命危險要趕快送醫，因此坊間傳說攝取酸性食物或多喝鹼性水來改變體質是偽科學，不可能靠飲食改變身體的酸鹼性！

例題 8-4

下列有關 pH 值的敘述，何者錯誤？

(A) 25 °C 時，濃度 0.01 M 的 NaOH 溶液 pH 值為 2

(B) $pH = -\log[H^+]$

(C) 25 °C 時，中性溶液的 pH 值約為 7

(D) pH 值愈小則酸性愈強。

解 (A)

NaOH 為鹼性，其 pH 值應為 12。

$[OH^-] = 10^{-2}$ M，pOH = 2 又 pH + pOH = 14，所以 pH = 12。

充電小站

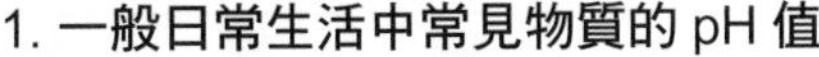

1. 一般日常生活中常見物質的 pH 值

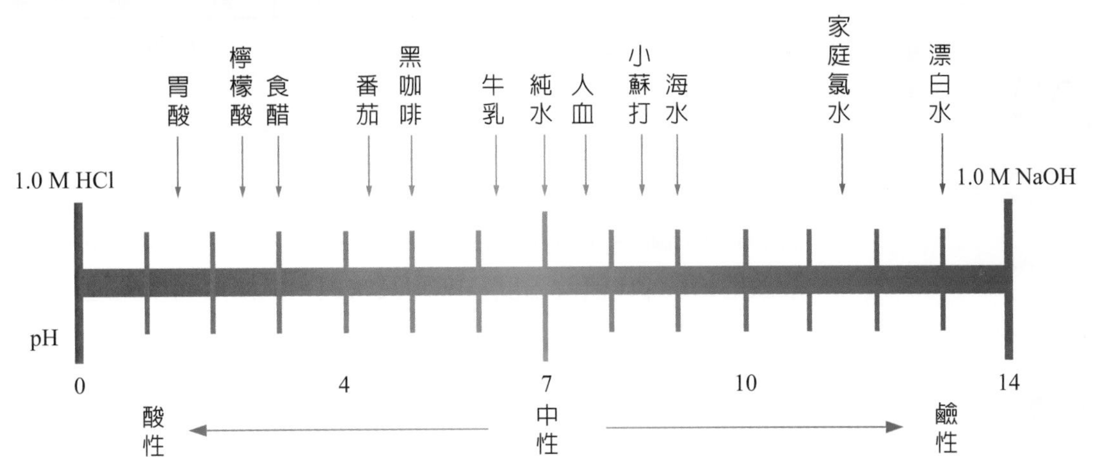

2. 溫度改變，會使水的離子積常數 K_W 改變：

溫度 \ 項目	K_W 值	$pK_W = pH + pOH$	中性溶液之 pH	pH = 7 之溶液
= 25 °C	10^{-14}	= 14	= 7	中性
> 25 °C	$> 10^{-14}$	< 14	< 7	鹼性
< 25 °C	$< 10^{-14}$	> 14	> 7	酸性

三、pH 值的測定法 (The measuring of pH value)

pH 值的測定主要有試紙及儀器兩種，試紙的優勢在於便利容易取得，但準確性較低。儀器的優點在於準確性高，但成本較高，取得較為困難。

1. 使用試紙

圖 8-6　廣用試紙

(1) 石蕊試紙：石蕊試紙是測試溶液酸鹼性最基本的試紙，石蕊試紙由藍色變成紅色，代表此溶液為酸性；石蕊試紙由紅色變成藍色，代表此溶液為鹼性。

(2) 廣用試紙：使用石蕊試紙來測定溶液的 pH 值並不是很準確，因此開發廣用試紙 (圖 8-6)。廣用試紙是由多種酸鹼指示劑混合製作而成，其變色範圍由酸至鹼乃由紅橙黃綠藍各色連續變化而得，如下表 8-6 所示。

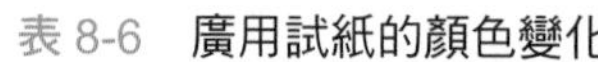
表 8-6　廣用試紙的顏色變化

廣用試紙	紅	橙	黃	綠	藍	靛	紫
pH 值	1 ～ 2	3 ～ 4	5 ～ 6	7	8 ～ 9	9 ～ 10	11 ～
酸鹼值	酸			中性	鹼		

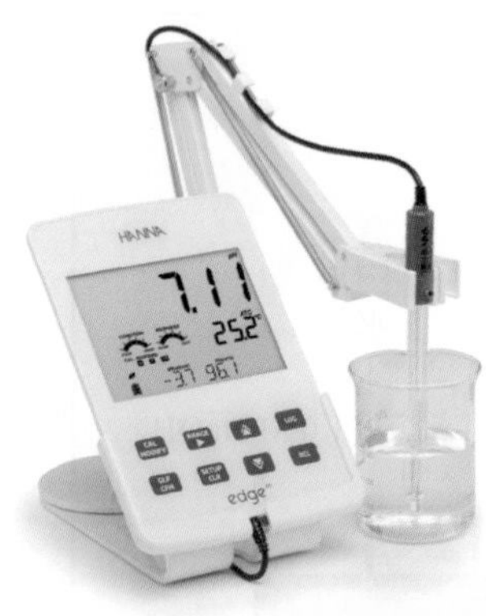

圖 8-7　pH 計

2. 利用 pH 計

將 pH 計 (圖 8-7) 的複合電極插入溶液中，便可直接由 pH 計上讀取該溶液的 pH 值及溫度，準確又快速。但使用前須先進行校正；使用之後要注意電極的清潔。

練習

1. 試計算 25 °C 時，0.01 M 三甲胺 $[(CH_3)_3N](K_b = 6.4 \times 10^{-5})$ 的 pH 值約為多少？ (log2 = 0.30)
   (A) 8　(B) 9　(C) 10　(D) 11　(E) 12。
2. 關於酸鹼溶液的敘述，下列何者正確？
   (A) 強鹼的水溶液沒有氫離子
   (B) pH = 0 的溶液是酸性最強的溶液
   (C) 定溫下，不論在酸性溶液或鹼性溶液中，K_W 恆為定值
   (D) 溶液的 pH 值增加時，$[OH^-]$ 減少。
3. 25 °C 時，某水溶液中 $[H^+]/[OH^-] = 25$，則其 pH 值 = ？ (log2 = 0.30)
4. 關於 pH 值的敘述，何者錯誤？
   (A) 常溫時，中性溶液的 pH 值約為 7　(B) $pH = -\log[H^+]$
   (C) pH 值愈小，則酸性愈強　(D) 濃度 0.001 M 的 NaOH 溶液 pH 值為 3。
5. 在 0 °C 時純水的 pH 值為 n，已知 75 °C 時純水的 K_W 值為 0 °C 時的 100 倍，則 75 °C 時純水的 pH 值為何？

8-5 酸鹼中和與滴定 (Acid-base neutralization and titration)

一、酸鹼中和反應 (Acid-base neutralization)

酸與鹼反應產生鹽類和水，稱為**中和反應** (neutralization reaction)，同時放出熱量，稱為中和熱，其通式為：

酸 + 鹼 → 鹽 + 水 + 熱量

例 $HCl_{(aq)} + NaOH_{(aq)} \rightarrow NaCl_{(aq)} + H_2O_{(l)}$

例題 8-5

下列哪個反應其淨離子反應式可用 $H^+_{(aq)} + OH^-_{(aq)} \rightarrow H_2O_{(l)}$ 表示？

(A) $CH_3COOH_{(aq)} + NaOH_{(aq)} \rightarrow CH_3COONa_{(aq)} + H_2O_{(l)}$

(B) $HF_{(aq)} + NH_4OH_{(aq)} \rightarrow NH_4F_{(aq)} + H_2O_{(l)}$

(C) $HBr_{(aq)} + NaOH_{(aq)} \rightarrow NaBr_{(aq)} + H_2O_{(l)}$

(D) $H_2CO_{3(aq)} + 2NH_4OH_{(aq)} \rightarrow (NH_4)_2CO_{3(aq)} + 2H_2O_{(l)}$。

解 (C)

淨離子反應式以 $H^+_{(aq)} + OH^-_{(aq)} \rightarrow H_2O_{(l)}$ 表示，代表是強酸 + 強鹼，因此選擇選項中為強酸 + 強鹼的組合。

Life

夢幻飲料的變色秘密～

手搖飲店的漸層飲料，真是太美了，是變魔術嗎？其實是蔬果中的花青素，會隨著酸鹼度不同呈現出藍色、紫色到紅色的變化，如同酸鹼指示劑一般，因此加了檸檬的蝶豆花茶或是紫蘇飲，才會出現奇幻炫麗的變色效果。

影響中和熱的多寡之因素：與酸或鹼的強度及莫耳數有關。強酸與強鹼反應產生一莫耳的水，會放出 56 kJ 的能量。

$H^+_{(aq)} + OH^-_{(aq)} \rightarrow H_2O_{(l)} \quad \Delta H = -56\ kJ/mol$

若是非強酸與強鹼反應，所產生的中和熱會小於 56 kJ/mol，因為非強酸或強鹼，在水中的解離要吸熱。一般而言，中和生成等莫耳數的水時，中和熱大小的順序為：

強酸＋強鹼＞強酸(鹼)＋弱鹼(酸)＞弱酸＋弱鹼。

例題 8-6

鹽酸與氫氧化鈉的中和熱為 – 56 kJ/mol，用 0.5 M 氫氧化鈉 30 毫升中和 0.3 M 鹽酸 50 毫升，完全中和後，溫度升高多少 °C ？ (假設比熱與比重皆為 1)

解

$NaOH_{(aq)}$ + $HCl_{(aq)}$ → $NaCl_{(aq)}$ + $H_2O_{(l)}$

$0.5M\times\frac{30\,mL}{1000}$　$0.3M\times\frac{50\,mL}{1000}$

= 0.015 mol　= 0.015 mol

– 0.015 mol　– 0.015 mol　+ 0.015 mol　+ 0.015 mol

∴共放出 0.015 mol × 56 kJ/mol = 0.84 kJ = 840 J

又 1 J = 0.24 cal

∴ 840 J × 0.24 = 201.6 cal　$\Delta H = m \times S \times \Delta T$

⇒ $201.6 = 80 \times 1 \times \Delta T$

∴ $\Delta T = 2.52$ (°C)

Life

日常生活中有很多酸鹼中和的應用與實例，常見的如下所述：

1. 利用制酸劑中和過多的胃酸，制酸劑的成分多為氫氧化鎂、氫氧化鋁、碳酸氫鈉、碳酸鈣。

   $Mg(OH)_2 + 2H^+ \rightarrow Mg^{2+} + 2H_2O$

   $Al(OH)_3 + 3H^+ \rightarrow Al^{3+} + 3H_2O$

2. 酸雨會腐蝕大理石雕像，大理石主成分是碳酸鈣，因此酸雨的氫離子會和碳酸鈣反應而破壞雕像，其反應式：

   $CaCO_3 + 2H^+ \rightarrow Ca^{2+} + H_2O + CO_2$。

   此外，若湖水和土壤的 pH 值太低，可以在湖水或土壤撒生石灰、氫氧化鈣提高 pH 值。

3. 當被蜜蜂或螞蟻螫咬時，蜜蜂或螞蟻會釋出蟻酸 (學名為甲酸，HCOOH)，因此可以在患部塗抹氨水予以中和，能有效減輕疼痛，其反應式：

   $HCOOH + NH_3 \rightarrow NH_4^+ + HCOO^-$

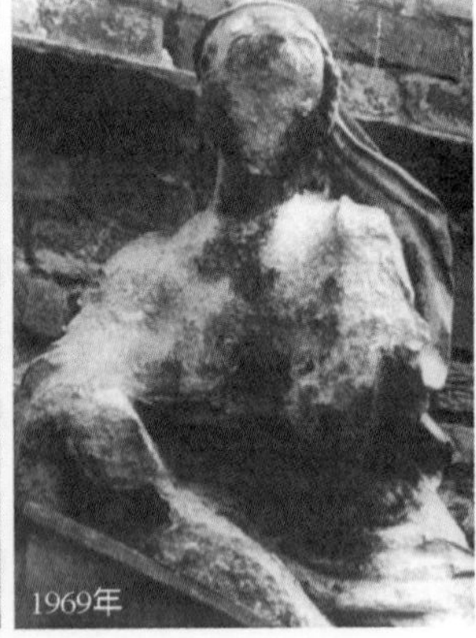

大理石雕像受酸雨腐蝕。

左圖為原先的雕像，右圖為受酸雨腐蝕後的結果

充電小站

常見指示劑

指示劑 (indicator) 是指顏色會隨溶液 pH 值而改變的物質，通常是一種有機弱酸或弱鹼，其得失 H^+ 前後，因分子組成結構改變，而呈現不同的顏色。常用的酸鹼指示劑名稱及其變色範圍整理如下表：

名稱	酸型顏色	pH 值變色範圍	鹼型顏色	pK_a	滴定終點顏色
瑞香草酚藍 (thymol blue)	紅	1.2 ～ 2.8	黃		
	黃	8.0 ～ 9.6	藍		
甲基橙 (methyl orange)	紅	3.1 ～ 4.4	黃	3.7	橙
甲基紅 (methyl red)	紅	4.2 ～ 6.3	黃	5.3	橙
石蕊 (litmus)	紅	5.0 ～ 8.0	藍	6.8	淡紫
溴瑞香草酚藍 (bromthymol blue)	黃	6.2 ～ 7.6	藍	6.8	綠
酚紅 (phenol red)	黃	6.8 ～ 8.4	紅	7.6	橙
酚酞 (phenolphthalein)	無	8.2 ～ 10	紅	8.8	粉紅
茜素黃 R (alizarin yellow R)	黃	10 ～ 12	紅	11	橙

酚酞是一種弱酸，其 $K_a \doteqdot 10^{-9}$，$pK_a = 9$，變色範圍約 pH 8 ～ 10 (無到紅)，即 $pH < 8$，該指示劑呈無色，$pH > 10$ 時，呈紅色，如果在 8 ～ 10 之間，則呈無～紅的中間色 (即粉紅色)，此為滴定終點。

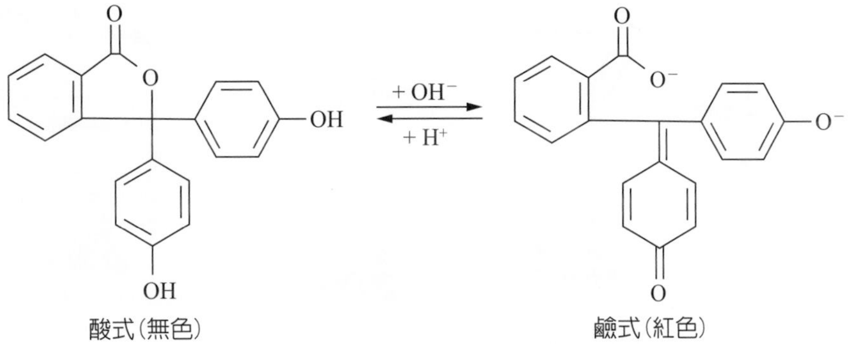

$+ OH^-$ ⇌ $+ H^+$

酸式(無色)　　鹼式(紅色)

酚酞結構式變換示意圖

例題 8-7

濃度 0.10 M 的某單質子弱酸溶液，以甲基橙測試呈黃色，以溴瑞香草酚藍測試亦呈黃色。已知此二種酸鹼指示劑變色的 pH 值範圍如下表，則該弱酸溶液的 pH 值可能為下列何者？

(A) 2.5　(B) 3.6　(C) 5.5　(D) 7.8。

名稱	酸型顏色	pH 值變色範圍	鹼型顏色
甲基橙 (methyl orange)	紅	3.1 ～ 4.4	黃
溴瑞香草酚藍 (bromthymol blue)	黃	6.2 ～ 7.6	藍

解 (C)

甲基橙呈黃色表示 pH 值 > 4.4；溴瑞香草酚藍亦呈黃色表示 pH 值 < 6.2，因此選擇 pH 值介於 4.4 ～ 6.2 的選項。

二、酸鹼滴定 (Acid-base titration)

酸鹼滴定是指用已知濃度的**滴定液** (titrant)(標準酸液或標準鹼液) 來測定未知濃度的鹼液 (或酸液)。在滴定過程中使用酸鹼指示劑的變色來指示滴定終點。酸鹼滴定的操作步驟，以鹼液滴定酸液為例 (圖 8-8)：

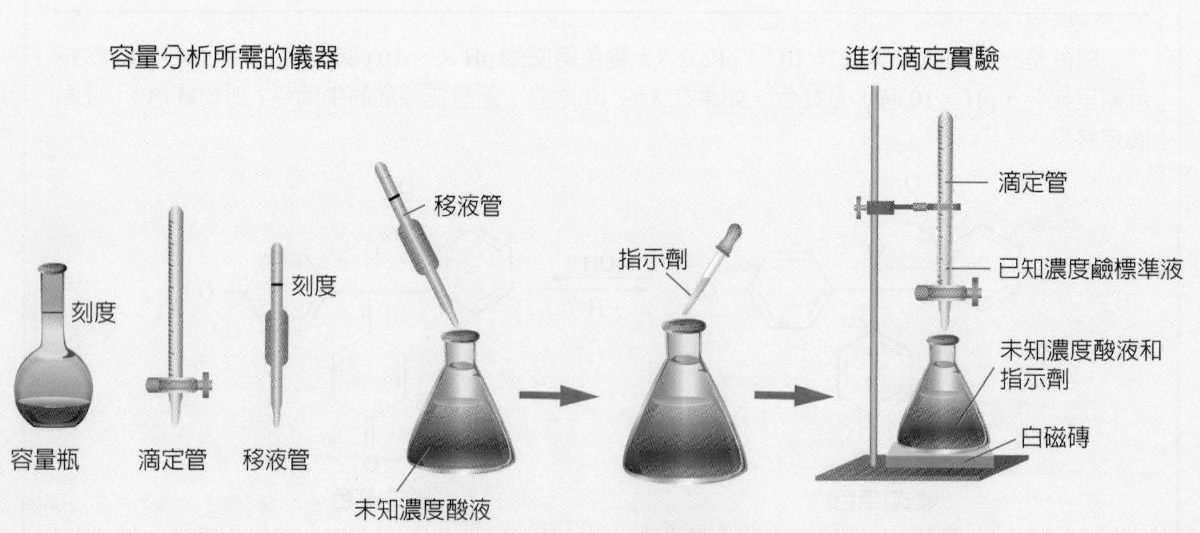

圖 8-8　容量分析所需儀器圖

1. 用移液管將固定體積未知濃度酸液裝於錐形瓶內。
2. 選取適當的指示劑，加數滴 (2 ～ 3 滴) 於錐形瓶中，並置於滴定管下。
3. 先用已知濃度的鹼標準液潤洗滴定管，再於滴定管中裝已知濃度的鹼標準液 (利用容量瓶配製)，並讀出其刻度。
4. 將標準液逐滴加入錐形瓶中，直到指示劑變色為止，變色瞬間即為滴定終點。
5. 此時由滴定管讀出加入標準溶液的體積，便可計算出酸的濃度。

一般而言，在選擇指示劑時，指示劑的顏色變化範圍，在滴定曲線的直線部分均可適用。強酸與強鹼的中和，因為直線區 (斜率無限大) 大概涵蓋了 6 個 pH 單位 (4 ～ 10)，因此無論是甲基橙、酚酞或溴瑞香草酚藍都可用來決定其滴定終點。通常選用酸鹼中和比較適當的指示劑如下：

1. 強酸 + 強鹼，指示劑用溴瑞香草酚藍。
2. 弱酸 + 強鹼，指示劑用酚酞。
3. 強酸 + 弱鹼，指示劑用甲基紅或甲基橙。

三、滴定三點 (neutral point, equivalent point and titration end-point)

酸鹼滴定過程中，酸鹼進行中和反應，常見的滴定三點分述如下：

1. 中和點：在 25 °C 進行酸鹼滴定，當溶液 pH 值 = 7 時成為中和點，又稱**中性點** (neutral point)。

2. 當量點：

(1) 酸鹼滴定時，酸中可解離 H^+ 的莫耳數 = 鹼中可解離 OH^- 的莫耳數，所形成的溶液是鹽和水，即為達**當量點** (equivalence point)。

酸中可解離 H^+ 的莫耳數 = 鹼中可解離 OH^- 的莫耳數

酸的價數 × 酸的莫耳數 = 鹼的價數 × 鹼的莫耳數

若酸和鹼皆為溶液時，酸和鹼的莫耳數可由酸鹼的體積莫耳濃度 × 體積 (公升) 而得。

(2) 達到當量點時，溶液不一定為中性：

強酸和強鹼滴定的當量點，pH = 7，溶液為中性。

強酸和弱鹼滴定的當量點，pH < 7，溶液為酸性。

弱酸和強鹼滴定的當量點，pH > 7，溶液為鹼性。

3. 滴定終點：滴定時，當溶液的指示劑變色之點，稱為**滴定終點** (titration end-point)。通常選擇適當指示劑使終點表示當量點，但事實上終點未必完全等於當量點。

例題 8-8

取 4.0 克氫氧化鈉溶於 500 毫升水中，反應完全時，至少需取 0.10 M 的 $H_2SO_{4(aq)}$ 多少毫升始能完全中和？ (NaOH = 40)

解

假設需要 0.1 M　H_2SO_4　X mL
完全反應時，H^+ 莫耳數 = OH^- 莫耳數

$$0.1\,M \times \frac{X}{1000} \times 2 = \frac{4.0}{40} \times 1$$

$\Rightarrow X = 500$ (mL)

四、酸鹼滴定曲線 (Acid-base titration curve)

酸鹼滴定可分為強酸－強鹼滴定、弱酸－強鹼滴定、強酸－弱鹼滴定及弱酸－弱鹼滴定四大類，由滴定曲線可以了解這四大類滴定的特性，並確認酸鹼指示劑的選擇是否正確。

1. 強酸 – 強鹼滴定：以強鹼標準液 $NaOH_{(aq)}$ 滴定強酸 $HCl_{(aq)}$ 所得之滴定曲線 (圖 8-9)，接近當量點時的 pH 值變化很大，約從 3 → 11，當量點時之 pH 值為 7，因此可由反曲點讀得 $NaOH_{(aq)}$ 滴定體積。

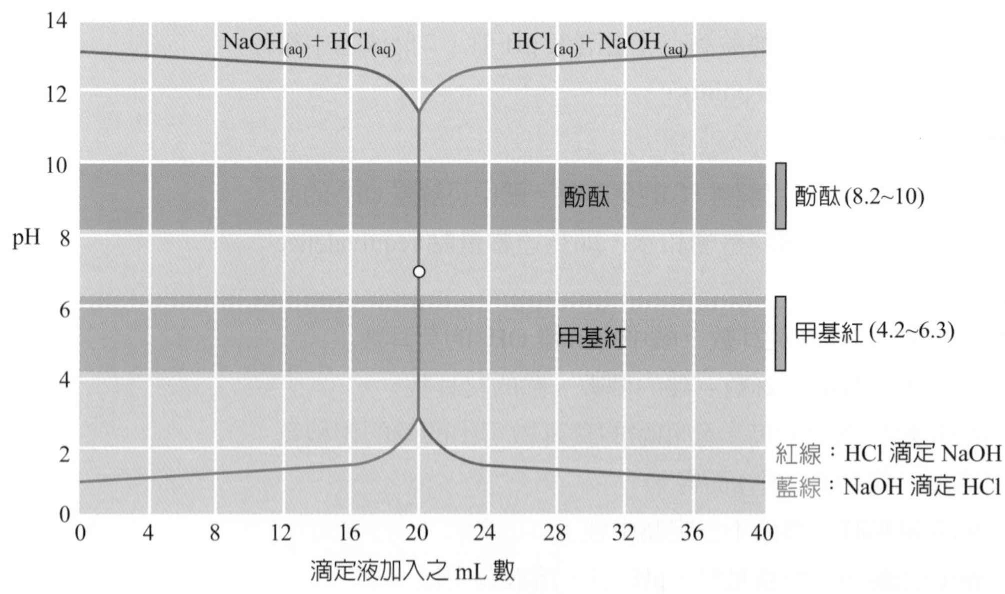

圖 8-9　強酸 – 強鹼滴定曲線圖

2. 弱酸 – 強鹼滴定： 以強鹼標準液 $NaOH_{(aq)}$ 滴定弱酸 $CH_3COOH_{(aq)}$ 所得之滴定曲線 (圖 8-10)。滴定液濃度愈稀薄，或是酸鹼性愈弱，滴定曲線垂直部分的範圍愈小。若是酸的強度太弱 (K_a 值太小)，滴定曲線無法有明顯反曲，也較無合適的指示劑。當接近當量點時，pH 值會由 6 快速變化至 11，當量點在 pH 值 9.0 左右，是因為溶液含有弱鹼性的 CH_3COO^-。

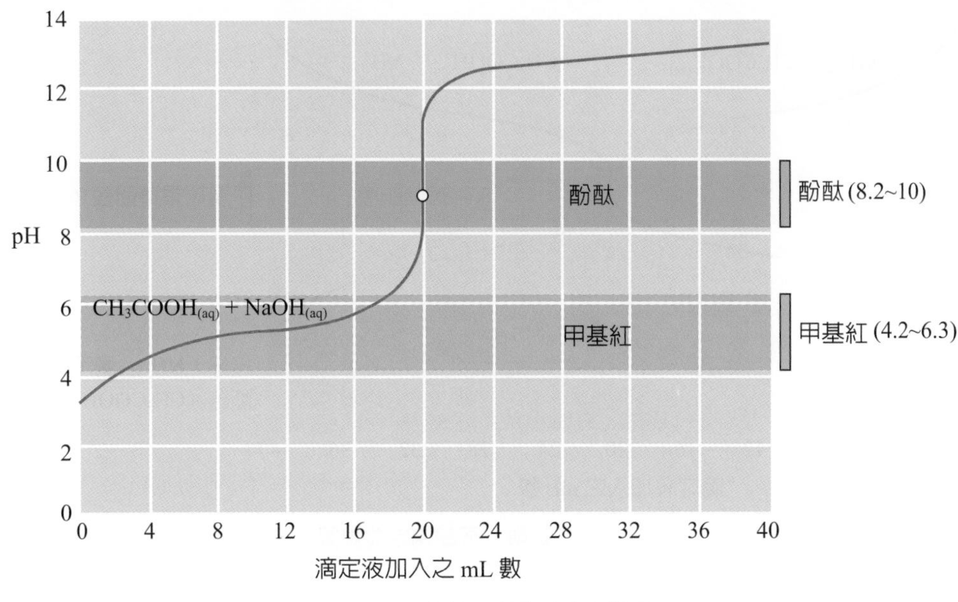

圖 8-10 強鹼 – 弱酸滴定曲線圖

3. 強酸 – 弱鹼滴定： 以強酸標準液 $HCl_{(aq)}$ 滴定弱鹼 $NH_{3(aq)}$ 所得之滴定曲線 (圖 8-11)。當接近當量點時，pH 值會由 9 快速變化至 5，當量點在 pH 值 5.5 左右，是因為溶液含有弱酸性的 NH_4^+。

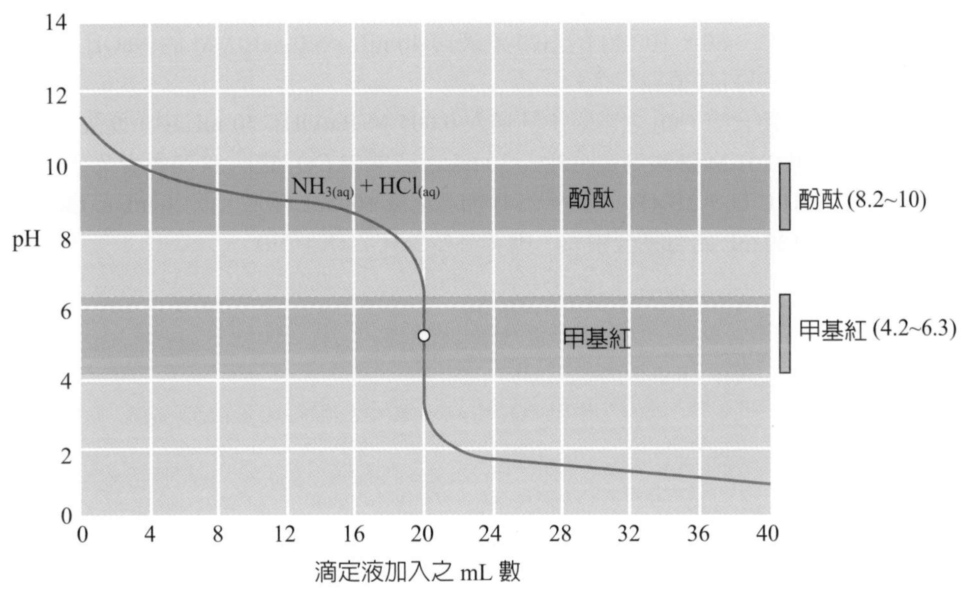

圖 8-11 強酸 – 弱鹼滴定曲線圖

4. 弱酸 – 弱鹼滴定： 以弱鹼 (弱酸) 滴定弱酸 (弱鹼) 溶液時，滴定曲線當量點附近，並無明顯反曲 (圖 8-12)，任何指示劑都無法敏銳的指示當量點，因此很少做此類滴定。

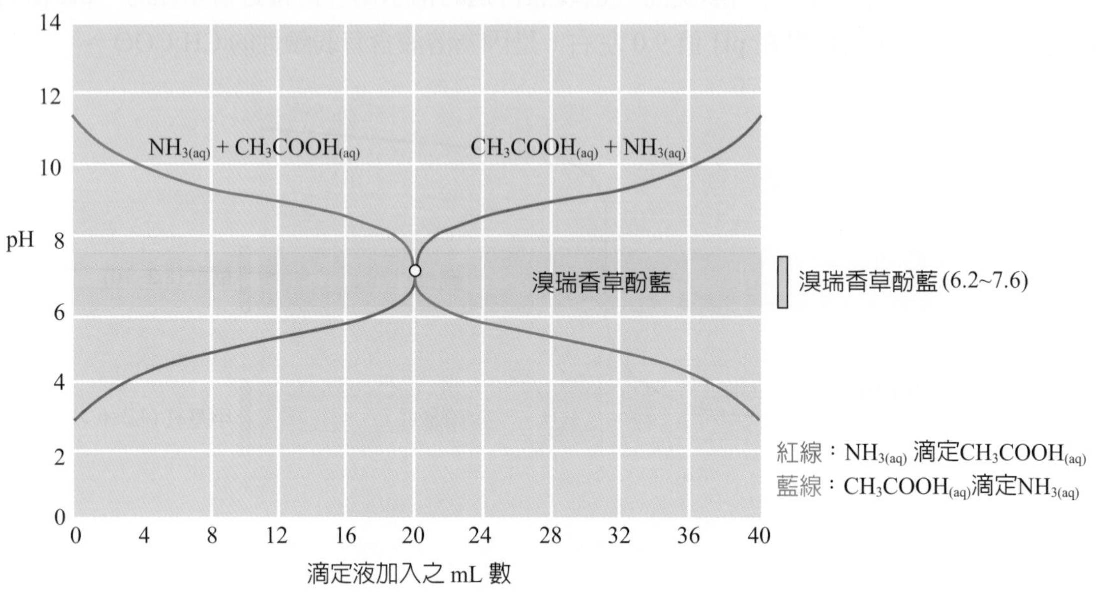

圖 8-12　弱酸 – 弱鹼滴定曲線圖

練習

1. 濃度同為 0.1 M 的三種溶液：(甲) HCl、(乙) CH_3COOH、(丙) H_2SO_4，分別加入 0.1 M NaOH 而達當量點時，溶液 pH 值大小關係為何？
2. 常溫下，某單質子酸溶液 35 毫升，其中含此酸 0.169 克，以 0.1 M 的氫氧化鋇 ($Ba(OH)_2$) 溶液滴定至當量點時，用去 20 毫升的氫氧化鋇溶液，則此酸的分子量為何？
3. 室溫時，若將 20 mL、4.0×10^{-2} M 的 HCl 溶液與 40 mL、5.0×10^{-3} M 的 NaOH 溶液，均勻混合，則混合後溶液的 pH 值為何？
4. 在 20 °C、1 atm 下將含有 CO_2 之空氣 1 升通入 0.005 M $Ba(OH)_2$ 50 mL 中，產生白色沉澱過濾除去後，濾液用 0.01 M 鹽酸滴定時耗去 30 mL，空氣中 CO_2 體積 % 為多少？
5. 取 x 克 $KHC_2O_4 \cdot H_2C_2O_4 \cdot 2H_2O$ (式量 = 254) 加水配成 100 mL 溶液。取 20 mL 該溶液須用 0.1 M 氫氧化鈉溶液 120 mL 始可完全中和，則 x 為多少克？ (K = 39)

8-6 鹽類 (Salt)

一、鹽的定義 (Definition of salt)

鹼中的陽離子與酸中的陰離子結合成的化合物稱為鹽。例如：氫氧化鈉的 Na^+ 與鹽酸的 Cl^- 形成氯化鈉 (NaCl)、氫氧化鈣的 Ca^{2+} 與硫酸的 SO_4^{2-} 形成硫酸鈣 ($CaSO_4$)、氫氧化銨的 NH_4^+ 與硝酸的 NO_3^- 形成硝酸銨 NH_4NO_3。

鹽類的形成常見的有以下三種方式：

1. 酸鹼中和：$HCl_{(aq)} + NaOH_{(aq)} \rightarrow NaCl_{(aq)} + H_2O_{(l)}$
2. 金屬與酸作用：$Mg_{(s)} + 2HCl_{(aq)} \rightarrow MgCl_{2(aq)} + H_{2(g)}$
3. 碳酸鹽與酸作用：
   $CaCO_{3(s)} + 2HCl_{(aq)} \rightarrow CaCl_{2(aq)} + H_2O_{(l)} + CO_{2(g)}$

二、鹽的種類與命名 (Definition of salt and naming of salt)

鹽的種類可分為正鹽、酸式鹽、鹼式鹽、複鹽及錯鹽：

1. **正鹽 (normal salt)**：酸中全部可解離之 H^+ 完全被金屬離子或銨根取代者，稱為**正鹽** (中性鹽)。即正鹽中無可再解離的 H^+ 或 OH^-。正鹽的命名若是含氧酸則稱為某酸某；若是非含氧酸則稱為某化某。
2. **酸式鹽 (acidic salt)**：鹽中尚含有可解離之 H^+ 離子者，稱為**酸式鹽**。即多質子酸中可解離之 H^+ 部分被金屬離子或 NH_4^+ 取代的化合物。例如：NH_4HSO_4 硫酸氫銨。
3. **鹼式鹽 (basic salt)**：鹽中尚含有可解離之 OH^- 離子者，稱為**鹼式鹽**。即多元鹼中可游離的 OH^- 部分被非金屬離子或酸根取代。例如：$Pb(OH)NO_3$ 硝酸氫氧鉛。
4. **複鹽 (double salt)**：由兩種或兩種以上的單鹽，依一定比例結合而成，溶於水可得原來單鹽之離子者，稱為**複鹽**。例如：$NaKCO_3$ 碳酸鉀鈉。
5. **錯鹽 (complex salt)**：一個金屬離子被酸根或中性分子包圍，形成一穩定的帶電原子團，稱為錯離子。錯離子與金屬離子或酸根所構成的鹽類，稱為**錯鹽**。例如：$Ag(NH_3)_2Cl$ 氯化二氨銀。

例題 8-9

下列關於鹽之種類的敘述，何者正確？
(A) KH_2PO_2 為酸式鹽
(B) $KAl(SO_4)_2 \cdot 12H_2O$ 為複鹽
(C) Na_2HPO_3 稱為亞磷酸氫二鈉，屬於酸式鹽
(D) $Bi(OH)_2(NO_3)$ 和 $Bi(OH)(NO_3)_2$ 皆稱為硝酸氫氧鉍，屬於鹼式鹽。

解 (B)

(A) KH_2PO_2 為正鹽。
(C) Na_2HPO_3 為正鹽。
(D) $Bi(OH)_2(NO_3)$ 和 $Bi(OH)(NO_3)_2$ 皆為鹼式鹽但是名稱不同，$Bi(OH)_2NO_3$ 的命名為硝酸二氫氧鉍；$Bi(OH)(NO_3)_2$ 的命名為硝酸氫氧鉍。

三、鹽的水解 (The hydrolysis of salt)

鹽類水溶液有酸性、中性、鹼性，必須視鹽類離子是否會起水解作用而定。因為部分鹽類離子會和水作用，改變水溶液氫離子 (或氫氧根離子) 的正常濃度，稱為**水解作用** (hydrolysis)。

1. **強酸和強鹼所形成的鹽，溶於水後呈中性**。此種鹽的陽離子來自強鹼的解離 (例如：Na^+、K^+、Rb^+、Cs^+、Ca^{2+}、Sr^{2+}、Ba^{2+} 等) 與來自強酸解離的陰離子 (例如：ClO_4^-、I^-、Br^-、Cl^-、NO_3^-、MnO_4^-、$Cr_2O_7^{2-}$ 等) 均不會產生水解作用，故水溶液呈中性。常見的鹽類包含 $NaCl$、KNO_3、$CaCl_2$、$BaCl_2$、$KMnO_4$。

2. **強酸和弱鹼所形成的鹽，溶於水後呈酸性**。此種鹽的陰離子來自強酸的解離 (例如：ClO_4^-、I^-、Br^-、Cl^-、NO_3^-、MnO_4^-、$Cr_2O_7^{2-}$ 等) 不會與水產生水解作用，但其陽離子是來自弱鹼 (例如：Li^+、NH_4^+、Be^{2+}、Mg^{2+}、Cu^{2+}、Zn^{2+}、Fe^{2+}、Al^{3+} 等)，會與水起水解作用產生 H^+，故水溶液呈酸性。以 NH_4^+ 與水起水解作用為例：$NH_4^+{}_{(aq)} + H_2O_{(l)} \rightarrow NH_{3(aq)} + H_3O^+{}_{(aq)}$。常見的鹽類包含 NH_4Cl、$FeSO_4$、$MgBr_2$、CuI。

3. **強鹼和弱酸所形成的鹽，溶於水後呈鹼性**。此種鹽的陽離子來自強鹼的解離 (例如：Na^+、K^+、Rb^+、Cs^+、Ca^{2+}、Sr^{2+}、Ba^{2+} 等) 不會與水產生水解作用，但其陰離子是來自弱酸 (例如：F^-、NO_2^-、CH_3COO^-、CO_3^{2-}、S^{2-}、$C_2O_4^{2-}$、HPO_3^{2-}、PO_4^{3-} 等) 會與水起水解作用產生 OH^-，故水溶液呈鹼性。以 CH_3COO^- 與水起水解作用為例：

   $CH_3COO^-{}_{(aq)} + H_2O_{(l)} \rightarrow CH_3COOH_{(aq)} + OH^-{}_{(aq)}$。

   常見的鹽類包含 Na_2CO_3、$Ca_2C_2O_4$、CH_3COONa、$Ca_3(PO_4)_2$。

4. 弱酸跟弱鹼所成的鹽，溶於水後可能呈酸性、鹼性、中性。因為來自弱酸的陰離子與來自弱鹼的陽離子均會起水解作用，因此需視弱酸 K_a 及弱鹼 K_b 而定。常見的鹽類為 CH_3COONH_4、$(NH_4)_2CO_3$、$Mg(CH_3COO)_2$。

弱酸 K_a > 弱鹼 K_b，水溶液呈酸性
弱酸 K_a = 弱鹼 K_b，水溶液呈中性
弱酸 K_a < 弱鹼 K_b，水溶液呈鹼性

當物質溶解的速率等於析出沉澱的速率時，即達**溶解度平衡** (solubility equilibrium)。以氯化鉛溶解於水為例 (圖 8-13)，其平衡反應式：$PbCl_{2(s)} \rightleftharpoons Pb^{2+}{}_{(aq)} + 2Cl^{-}{}_{(aq)}$，正反應為溶解，逆反應為析出，當氯化鉛達溶解度平衡時，$PbCl_{2(s)}$ 的沉澱量固定，$Pb^{2+}{}_{(aq)}$ 和 $2Cl^{-}{}_{(aq)}$ 的濃度也保持固定。

圖 8-13 $PbCl_{2(s)} \rightleftharpoons Pb^{2+}{}_{(aq)} + 2Cl^{-}{}_{(aq)}$ 的溶解度平衡

例題 8-10

下列何種鹽類的水溶液呈酸性？
(A) CH_3COOK (B) $Na_2C_2O_4$ (C) NaCl (D) AgI

解 (D)

(A)(B) 為強鹼和弱酸所形成的鹽類，因此為鹼性。
(C) 為強酸和強鹼所形成的鹽類，因此為中性。
(D) 為強酸和弱鹼所形成的鹽類，因此為酸性。

練習

1. 命名下列鹽類：
   (1) NaH_2PO_4 (2) NaH_2PO_3 (3) NaH_2PO_2 (4) $Bi(OH)_2NO_3$
   (5) $K_3Fe(CN)_6$
2. 寫出下列鹽類的中文名稱與種類：
   (1) $NaHSO_4$ (2) Na_2HPO_3 (3) $NaHCO_3$
   (4) NaHS (5) NH_4Cl (6) NaH_2PO_4
   (7) NaH_2PO_2 (8) $KAl(SO_4)_2 \cdot 12H_2O$
3. 定溫 25 ℃ 下，將 50.0 毫升 0.40 M 氫氧化鈉水溶液與 50.0 毫升 0.40 M 醋酸水溶液混合，則混合溶液的 pH 值為何？ (25 ℃ 時，醋酸的解離常數為 1.8×10^{-5})

8-7 緩衝溶液 (Buffer solutions)

當溶液受到外來的酸或鹼的影響時，藉著平衡的移動能調節其 pH 值，使 pH 值不會發生明顯的變化，此溶液稱為緩衝溶液，如血液的 pH 值，由數組緩衝溶液維持在 7.35 ～ 7.45 之間。

緩衝溶液的組成可分兩大類：

1. 弱酸 (HA) + 弱酸鹽 (A^-)

弱酸的解離平衡式：$HA_{(aq)} \rightleftharpoons H^+_{(aq)} + A^-_{(aq)}$

依平衡常數 $K_a = \frac{[H^+][A^-]}{[HA]}$，可得 $[H^+] = K_a \times \frac{[HA]}{[A^-]} = K_a \times \frac{[\text{弱酸}]}{[\text{弱酸鹽}]}$

因為是在同一個溶液系統中，所以濃度比 ($\frac{[\text{弱酸}]}{[\text{弱酸鹽}]}$) 可以用莫耳數比 ($\frac{\text{弱酸 mol}}{\text{弱酸鹽 mol}}$) 進行計算。

例題 8-11

CH_3COOH 的 $K_a = 1.8 \times 10^{-5}$，則 0.2 M CH_3COOH 50 mL 與 0.5 M CH_3COONa 40 mL 的混合溶液中，$[H^+]$ 為何？

解

弱酸 CH_3COOH mol 數 = 0.2 M × 0.05 L = 0.01 mol
弱酸鹽 CH_3COONa mol 數 = 05 M × 0.04 L = 0.02 mol
代入公式：

$$[H^+] = K_a \times \frac{\text{弱酸 mol}}{\text{弱酸鹽mol}} = 1.8\times10^{-5} \times \frac{0.01}{0.02} = 0.9\times10^{-5} = 9\times10^{-6}(M)$$

2. 弱鹼 (BOH) + 弱鹼鹽 (B^+)

弱鹼的解離平衡式：$BOH_{(aq)} \rightleftharpoons B^+_{(aq)} + OH^-_{(aq)}$

依平衡常數 $K_b = \frac{[B^+][OH^-]}{[BOH]}$ 可得 $[OH^-] = K_b \times \frac{[BOH]}{[B^+]} = K_b \times \frac{[\text{弱鹼}]}{[\text{弱鹼鹽}]}$

因為是在同一個溶液系統中，所以濃度比 ($\frac{[\text{弱鹼}]}{[\text{弱鹼鹽}]}$) 可以用莫耳數比

($\frac{\text{弱鹼 mol}}{\text{弱鹼鹽 mol}}$) 進行計算。

例題 8-12

一溶液中含有0.1 M的氨水和0.1 M的NH_4Cl，試求此溶液的$[OH^-]$為何？
(NH_3 的 $K_b = 1.8 \times 10^{-5}$)

解

弱鹼 $NH_{3(aq)}$ 的濃度為 0.1 M
弱鹼鹽 NH_4Cl 的濃度為 0.1 M
代入公式：$[OH^-] = K_b \times \frac{[BOH]}{[B^+]} = 1.8\times10^{-5} \times \frac{0.1}{0.1} = 1.8\times10^{-5}(M)$

練習

1. 取 0.2 M $CH_3COOH_{(aq)}$ ($K_a = 2.0 \times 10^{-5}$) 和 0.4 M $HCl_{(aq)}$ 等體積混合，平衡時 $[CH_3COO^-]$ 之值為何？
2. 在 25 ℃ 下，將 40 毫升 0.4 M 的氫氧化鈉溶液與 60 毫升 0.4 M 的醋酸溶液混合，則混合液的 pH 值為何？(25 ℃ 時，醋酸的解離常數為 2×10^{-5})
3. 弱酸 (A) 與弱酸鹽 (NaA) 可配製成緩衝溶液。有一弱酸的解離常數 $K_a = 1 \times 10^{-4}$，若配製成 pH = 5.0 的緩衝溶液，則溶液中的弱酸與弱酸鹽濃度的比值為何？(即 $\frac{[HA]}{[NaA]}$)
4. 將 0.02 mol 之弱酸 HA 配成 200 mL 的溶液，測得其 pH = 4.0；若再添加 0.08 mol $NaA_{(s)}$，則該溶液的 pH 值變為若干？(log2 = 0.3)
5. 人體血液的 pH 值可利用 H_2CO_3 和 HCO_3^- 的平衡系統控制，當 pH 值維持在 7.4，即 $[H_3O^+] = 4.0 \times 10^{-8}$ M 時，血液中 $[H_2CO_3]/[HCO_3^-]$ 的比值最接近下列何者？(已知 H_2CO_3 的 $K_1 = 4.3 \times 10^{-7}$，$K_2 = 5.6 \times 10^{-11}$)
6. 取 40.0 mL 的 0.10 M HA (單質子弱酸，$K_a = 1.0 \times 10^{-5}$) 置入錐形瓶，以 0.10 M NaOH 進行滴定，計算下列條件下，錐形瓶中溶液的 pH 值：
   (1) 尚未滴入 $NaOH_{(aq)}$ 前
   (2) 滴入 20.0 mL 的 $NaOH_{(aq)}$
   (3) 達當量點時

重點回顧

8-1 酸鹼的定義

1. 阿瑞尼斯學說：酸在水中可解離或與水作用，產生 H^+ 的物質；鹼在水中可解離或與水作用，可產生 OH^- 的物質。
2. 布忍斯特 - 洛瑞學說：酸為質子的提供者；鹼為質子的接受者。
3. 路易斯學說：酸為接受電子對的分子或離子；鹼為提供電子對的分子或離子。

8-2 酸鹼的種類與命名

1. 依一個分子在水中所解離出氫離子的數目可分為單質子酸、二質子酸、三質子酸。
2. 依一個分子在水中所解離出氫氧根離子數目可分為一元鹼、二元鹼、三元鹼。
3. 大多數的鹼是金屬的氫氧化物，常以「氫氧化某」命名。

8-3 酸鹼的解離

1. 酸鹼度大小通常是以在水中解離度大小為依據，解離度大的酸鹼稱為強酸、強鹼；反之，解離度小的酸鹼稱為弱酸、弱鹼。
2. 常見酸度大小比較：$HClO_4 > HI > HBr > HCl > HNO_3 > H_2SO_3 > HF > CH_3COOH > H_2CO_3$。

8-4 水的解離與 pH 值

1. 25 °C 時水的離子積常數 (K_W) 值 $= 10^{-14}$。
2. $pH = -\log_{10}[H^+]$。
3. 酸鹼性：$[H^+] = [OH^-]$ 時是中性溶液；$[H^+] > [OH^-]$ 時是酸性溶液；$[H^+] < [OH^-]$ 時是鹼性溶液。

8-5 酸鹼中和與滴定

1. 當酸與鹼相遇產生鹽類和水，並同時放出熱量，稱為酸鹼中和。
2. 酸鹼中和必放出熱量，而使溶液溫度上升。強酸與強鹼反應產生一莫耳的水，會放出 56 kJ 的能量。
3. 在滴定過程中使用酸鹼指示劑的變色來指示滴定終點。
4. 滴定三點：
   (1) 中和點：在 25 °C 酸鹼滴定時，溶液 $pH = 7$ 時之點。
   (2) 當量點：酸鹼滴定時，當酸中可解離 H^+ 的莫耳數 = 鹼中可解離 OH^- 的莫耳數之點。
   (3) 終點：滴定時，當溶液的指示劑變色之點。

8-6 鹽類

1. 正鹽：酸中全部可解離之 H^+ 完全被金屬離子或銨根取代者。
2. 酸式鹽：鹽中尚含有可解離之 H^+ 離子者。
3. 鹼式鹽：鹽中尚含有可解離之 OH^- 離子者。
4. 複鹽：由兩種或兩種以上的單鹽，依一定比例結合而成，溶於水可得原來單鹽之離子者。
5. 錯鹽：一個金屬離子被酸根或中性分子包圍，形成一穩定的帶電原子團，稱為錯離子。錯離子與金屬離子或酸根所構成的鹽類。
6. 弱酸和弱鹼所形成的鹽，溶於水後可能呈酸性、鹼性、中性。

8-7 緩衝溶液

1. 當溶液受到外來的酸或鹼的影響時，pH 值不會發生明顯的變化，此溶液稱為緩衝溶液。
2. 緩衝溶液分為二大類：
   (1) 弱酸 + 弱酸鹽。
   (2) 弱鹼 + 弱鹼鹽。
3. 緩衝溶液的定量計算：

$$[H^+] = K_a \times \frac{[HA]}{[A^-]}、[OH^-] = K_b \times \frac{[BOH]}{[B^+]}。$$

Chapter

9

氧化還原與電化學
Oxidation-reduction and electrochemistry

日常生活中隨處常見的蘋果氧化、木材燃燒、光合作用、呼吸作用都屬於氧化還原反應，甚至是現今常使用的電池也是應用氧化還原原理，透過本章的學習，可以了解氧化還原的定義及應用，進而認識常見的數種電池。

蘋果富含有多酚氧化酵素，因此將蘋果切開後，果肉接觸到氧氣發生氧化作用，產生褐變而變黃褐色。

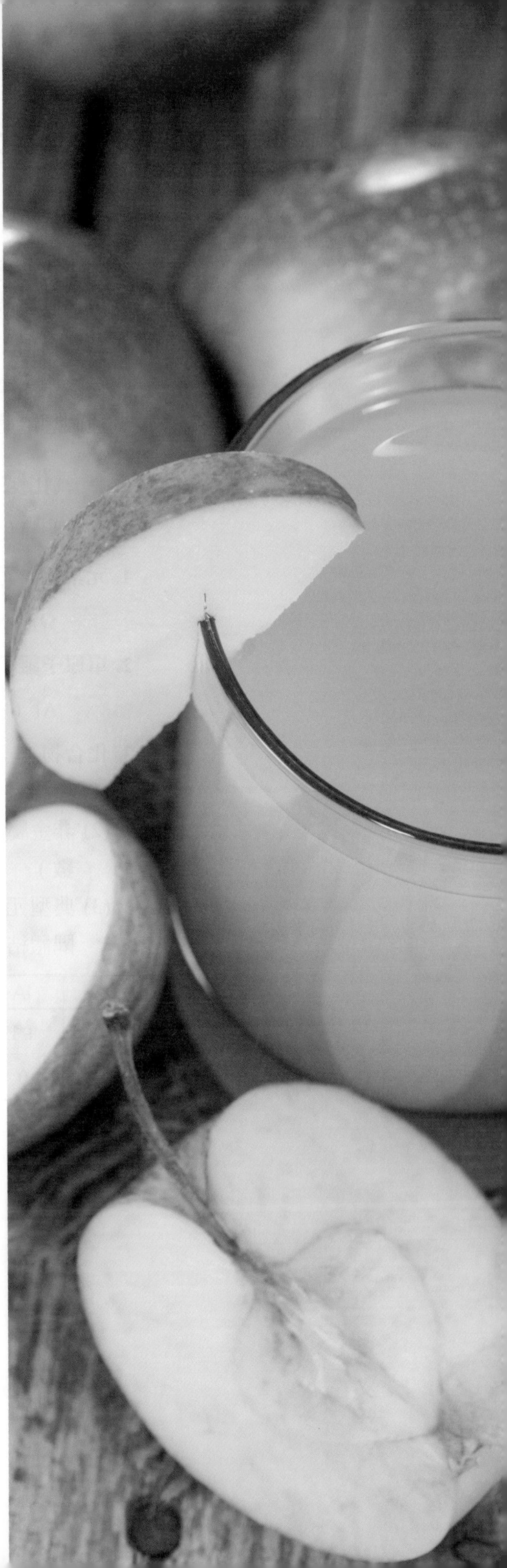

9-1 氧化數 (Oxidation number)

一、氧化數的定義 (Definition of oxidation number)

氧化數是指將鍵結的電子對完全分配給電負度較大的元素之後，各原子的電荷數。電負度大的原子得到電子，帶負電荷，氧化數為負值；電負度小的原子失去電子，則氧化數為正值。離子化合物中，氧化數是離子的電荷數。共價化合物中，氧化數則是一種假想電荷。

二、氧化數的通則 (General rules for oxidation numbers)

依照氧化數的定義，氧化數的判斷通則可以下列順序判斷：

1. 元素態：元素的氧化數為 0。

例 O_2、N_2、Mg、Cu、He、O_3、P_4 等。

2. 單原子離子：氧化數等於其所帶的電荷數。

例 $Al^{3+}(+3)$、$Mg^{2+}(+2)$、$Ag^{+}(+1)$、$Cl^{-}(-1)$。

3. 化合物：

(1) 金屬氧化數必為正值。

(2) 非金屬具有多種氧化數，但其氧化數不大於其族數 (價電子數)。

(3) 典型元素的族數即為其價電子數，一般物質化合會滿足八隅體結構。典型元素氧化數的上限與下限：

	IA	IIA	IIIA	IVA	VA	VIA	VIIA
最大	+1	+2	+3	+4	+5	+6	+7
最小	0	0	0	−4	−3	−2	−1

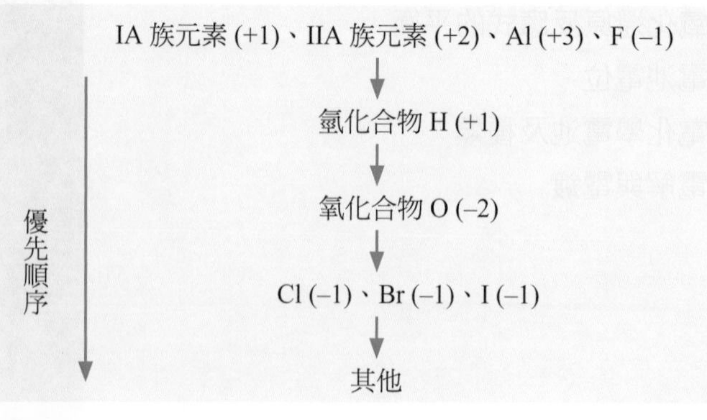

4. 原子團離子：離子中各原子的氧化數總和 = 離子之電荷數。

例 SO_4^{2-}(S = + 6，O = – 2)、$Cr_2O_7^{2-}$(Cr = + 6，O = – 2)。

5. 大部分化合物中 H 為 + 1，O 為 – 2，但下列化合物例外。

(1) 金屬氫化物 (H：– 1)：$Na\underline{H}$、$Ca\underline{H_2}$

(2) 過氧化物 (O：– 1)：$H_2\underline{O_2}$、$Na_2\underline{O_2}$、$K_2\underline{O_2}$

(3) 超氧化物 (O：$-\frac{1}{2}$)：$K\underline{O_2}$、$Rb\underline{O_2}$、$Cs\underline{O_2}$

(4) 氟化物：$\underline{O_2}F_2$(O：+ 1)、$\underline{O}F_2$(O：+ 2)

充電小站

1. 常見典型元素的氧化數

元素	化合物與氧化數
C (IVA) (+ 4 → – 4)	CO_2、$H_2C_2O_4$、CO、C_2Cl_2、C_{60}、C_2H_2、C_2H_4、C_2H_6、CH_4 (+4) (+3) (+2) (+1) (0) (–1) (–2) (–3) (–4)
N (VA) (+5 → – 3)	HNO_3、NO_2、HNO_2、NO、N_2O、N_2、N_2H_2、N_2H_4、NH_3 (+5) (+4) (+3) (+2) (+1) (0) (–1) (–2) (–3)
S (VIA) (+6 → – 2)	H_2SO_4、SO_2、$H_2S_2O_3$、H_2S (+6) (+4) (+2) (–2)
Cl (VIIA) (+7 → – 1)	$HClO_4$、$HClO_3$、$HClO_2$、HClO、HCl (+7) (+5) (+3) (+1) (–1)

2. 第一列過渡元素的氧化數

元素 / 氧化數	IIIB	IVB	VB	VIB	VIIB	VIIIB	VIIIB	VIIIB	IB	IIB
	$_{21}$Sc	$_{22}$Ti	$_{23}$V	$_{34}$Cr	$_{25}$Mn	$_{26}$Fe	$_{27}$Co	$_{28}$Ni	$_{29}$Cu	$_{30}$Zn
+7					MnO_4^-					
+6				CrO_4^{2-}	MnO_4^{2-}					
+5			VO_4^{3-}							
+4		TiO_2	VO^{2+}		MnO_2					
+3	Sc^{3+}	Ti^{3+}	VO^+	Cr^{3+}	Mn_2O_3	Fe^{3+}	Co^{3+}	Ni_2O_3		
+2		TiO	V^{2+}	Cr^{2+}	Mn^{2+}	Fe^{2+}	Co^{2+}	Ni^{2+}	Cu^{2+}	Zn^{2+}
+1									Cu^+	

例題 9-1

請寫出下列化合物畫底線原子的氧化數 $K\underline{Cl}O_3$、$K_2\underline{Cr_2}O_7$、$H_2\underline{S}O_4$、$H\underline{N}O_3$、$\underline{Ca}(OH)_2$、$\underline{Hg_2}Cl_2$

解

$$\underset{+1}{\overset{K}{\uparrow}}\ \underset{x}{\overset{Cl}{\uparrow}}\ \underset{-2}{\overset{O_3}{\uparrow}}\qquad +1\times1+x\times1+(-2)\times3=0\quad x=+5$$

$$\underset{+1}{\overset{K_2}{\uparrow}}\ \underset{x}{\overset{Cr_2}{\uparrow}}\ \underset{-2}{\overset{O_7}{\uparrow}}\qquad +1\times2+x\times2+(-2)\times7=0\quad x=+6$$

$$\underset{+1}{\overset{H_2}{\uparrow}}\ \underset{x}{\overset{S}{\uparrow}}\ \underset{-2}{\overset{O_4}{\uparrow}}\qquad +1\times2+x\times1+(-2)\times4=0\quad x=+6$$

$$\underset{+1}{\overset{H}{\uparrow}}\ \underset{x}{\overset{N}{\uparrow}}\ \underset{-2}{\overset{O_3}{\uparrow}}\qquad +1\times1+x\times1+(-2)\times3=0\quad x=+5$$

$$\underset{x}{\overset{Ca}{\uparrow}}\ (\underset{-2}{\overset{O}{\uparrow}}\ \underset{+1}{\overset{H}{\uparrow}})_2\qquad x\times1+[(-2)+(+1)]\times2=0\quad x=+2$$

$$\underset{x}{\overset{Hg_2}{\uparrow}}\ \underset{-1}{\overset{Cl_2}{\uparrow}}\qquad x\times2+(-1)\times2=0\quad x=+1$$

練習

1. 硝酸銨 (NH_4NO_3) 是一種易溶於水的鹽類，試計算 NH_4NO_3 中兩個氮的氧化數分別為何？
2. 錳具有多種不同的氧化態，計算下列物質中錳的氧化數。
   (1) Mn^{2+} (2) MnO_2 (3) MnO_4^{2-} (4) $KMnO_4$。
3. 漂白粉的主要成分為 Ca(ClO)Cl，其中 2 個氯原子的氧化數分別為何？
4. 下列化合物中的氧原子其氧化數均為 –2，試推出畫底線原子之氧化數值。
   (1) $H\underline{Cl}O_3$ (2) $\underline{As}_2O_3$ (3) $K_2\underline{Cr}_2O_7$。

9-2 氧化還原反應 (Oxidation - reduction reaction)

一、氧化還原反應定義 (Definition of oxidation - reduction reaction)

氧化還原反應可以分為廣義與狹義的定義，分述如下：

1. 氧化反應 (oxidation reaction)

(1) 狹義：物質與氧化合或失去氫的反應。

例 碳燃燒 $C + O_2 \rightarrow CO_2$、硫粉燃燒 $S + O_2 \rightarrow SO_2$、銅加熱變黑 $2Cu + O_2 \rightarrow 2CuO$。

(2) 廣義：物質失去電子或氧化數增加的反應。

例 將鋅片浸在硫酸銅水溶液中，

$Zn_{(s)} + CuSO_{4(aq)} \rightarrow ZnSO_{4(aq)} + Cu_{(s)}$，對鋅而言，

$Zn \rightarrow Zn^{2+} + 2e^-$ 稱為氧化半反應，Zn 失去兩個電子或氧化數由 0 變為 +2，因此稱 Zn 發生氧化反應。

2. 還原反應 (reduction reaction)

(1) 狹義：物質失去氧或與氫化合的反應。

例 氧化銅與氫反應 $CuO + H_2 \rightarrow Cu + H_2O$。

(2) 廣義：物質得到電子或氧化數減少的反應。

例 將鋅片浸在硫酸銅水溶液中，

$Zn_{(s)} + CuSO_{4(aq)} \rightarrow ZnSO_{4(aq)} + Cu_{(s)}$，對銅而言，

$Cu^{2+} + 2e^- \rightarrow Cu$ 稱為還原半反應，Cu^{2+} 得到兩個電子或氧化數由 +2 變為 0，因此稱 Cu 發生還原反應。

二、氧化與還原反應相關性 (Correlation between oxidation - reduction reaction)

在一個反應中，若有物質失去電子 (e^-) 或是氧化數增加，必有物質得到電子 (e^-) 或氧化數減少，故氧化與還原反應兩者必相伴發生。氧化還原反應均包含**氧化半反應** (oxidation half-reaction) 與**還原半反應** (reduction half-reaction)。

例 鋅片浸在硫酸銅水溶液中：

氧化半反應：$Zn_{(s)} \rightarrow Zn^{2+}{}_{(aq)} + 2e^-$

還原半反應：$Cu^{2+}{}_{(aq)} + 2e^- \rightarrow Cu_{(s)}$

全反應：$Zn_{(s)} + Cu^{2+}{}_{(aq)} \rightarrow Zn^{2+}{}_{(aq)} + Cu_{(s)}$

例題 9-2

下列方程式所代表之反應，何者是氧化 – 還原反應？

(A) $CuO_{(s)} + H_{2(g)} \rightarrow Cu_{(s)} + H_2O_{(l)}$

(B) $SO_{2(s)} + H_2O_{(l)} \rightarrow H_2SO_{3(aq)}$

(C) $2CrO_4{}^{2-}{}_{(aq)} + 2H^+{}_{(aq)} \rightarrow Cr_2O_7{}^{2-}{}_{(aq)} + H_2O_{(l)}$

(D) $HCl_{(aq)} + NaOH_{(aq)} \rightarrow NaCl_{(aq)} + H_2O_{(l)}$。

解 (A)

(A) $\underset{+2\ -2}{CuO_{(s)}} + \underset{0}{H_{2(g)}} \rightarrow \underset{0}{Cu_{(s)}} + \underset{+1\ -2}{H_2O_{(l)}}$ ⇒ 屬於氧化還原。（Cu：還原；H：氧化）

(B) $\underset{+4\ -2}{SO_{2(g)}} + \underset{+1\ -2}{H_2O_{(l)}} \rightarrow \underset{+1\ +4\ -2}{H_2SO_{3(aq)}}$ ⇒ 所有元素的氧化數均未改變，非氧化還原。

(C) $2\underset{+6\ -2}{CrO_4{}^{2-}{}_{(aq)}} + 2\underset{+1}{H^+{}_{(aq)}} \rightarrow \underset{+6\ -2}{Cr_2O_7{}^{2-}{}_{(aq)}} + \underset{+1\ -2}{H_2O_{(l)}}$ ⇒ 所有元素的氧化數均未改變，非氧化還原。

(D) $\underset{+1\ -1}{HCl_{(aq)}} + \underset{+1\ -2\ +1}{NaOH_{(aq)}} \rightarrow \underset{+1\ -1}{NaCl_{(aq)}} + \underset{+1\ -2}{H_2O_{(l)}}$ ⇒ 所有元素的氧化數均未改變，非氧化還原。

三、氧化劑與還原劑 (Oxidant and reductant)

氧化劑 (oxidant) 是能使另一種物質氧化者，本身由他種物質獲得電子作用而還原之物質。氧化劑能使他種物質氧化數升高，本身氧化數降低，發生還原反應。**還原劑** (reductant) 是能使另一種物質還原，本身失去電子之物質。還原劑作用時，本身氧化數增加，發生氧化反應，使他種物質氧化數減少。

例 $Zn_{(s)} + Cu^{2+}{}_{(aq)} \rightleftharpoons Zn^{2+}{}_{(aq)} + Cu_{(s)}$ 的反應中，在正反應時，$Zn_{(s)}$ 為還原劑，$Cu^{2+}{}_{(aq)}$ 為氧化劑。

常見氧化劑及其進行的反應如下：

氧化劑	反應條件	產物	氧化劑	反應條件	產物
H_2O_2	酸性溶液	H_2O	HNO_3	濃溶液	NO_2
	鹼性溶液	OH^-		稀溶液 (Zn、Al)	NH_4^+
MnO_4^-	酸性溶液	Mn^{2+}		稀溶液 (Cu、Hg、Ag)	NO
	中性或弱鹼	MnO_2	XO_3^-	還原劑過量	X^-
	強鹼性溶液	MnO_4^{2-}		還原劑少量 (酸性)	X_2
MnO_2	酸性溶液	Mn^{2+}	H_2SO_4	Zn	S
$Cr_2O_7^{2-}$	酸性溶液	Cr^{3+}		Cu、Hg、Ag	SO_2
X_2 (鹵素)		X^-	PbO_2	酸性溶液	Pb^{2+}

常見還原劑及其進行的反應如下：

還原劑	反應條件	產物	還原劑	反應條件	產物
H_2O_2	酸性溶液	O_2	X^- (鹵離子)	酸性溶液	X_2
一般金屬		M^{n+}	H_2S、S^{2-}	酸性溶液	S
Fe^{2+}		Fe^{3+}	SO_2、SO_3^{2-}	酸性溶液	SO_4^{2-}
Sn^{2+}		Sn^{4+}	$S_2O_3^{2-}(Cl_2、Br_2)$	酸性溶液	SO_4^{2-}
Ce^{3+}		Ce^{4+}	$S_2O_3^{2-}(I_2)$	酸性溶液	$S_4O_6^{2-}$
$C_2O_4^{2-}$	酸性溶液	CO_2	NO_2^-	鹼性溶液	NO_3^-

氧化數已達最高者，僅能當氧化劑，例如：$KMnO_4$ (Mn：+7)、$K_2Cr_2O_7$ (Cr：+6)、H_2SO_4 (S：+6)、HNO_3 (N：+5)。氧化數最低者，僅能當還原劑，例如：H_2S (S：–2)、HCl (Cl：–1)、NH_3 (N：–3)。若氧化數介於最高值與最低值之間，可以當氧化劑也可當還原劑，例如：H_2O_2 (O：–1)、SO_2 (S：+4)、HNO_2 (N：+3)。

例題 9-3

下列反應何者需加入氧化劑才可發生？

(A) $Cr_2O_7^{2-}{}_{(aq)} \rightarrow Cr^{3+}{}_{(aq)}$　(B) $Cl_{2(g)} \rightarrow 2Cl^-{}_{(aq)}$

(C) $H_2O_{2(aq)} \rightarrow H_2O_{(l)}$　(D) $C_2O_4^{2-}{}_{(aq)} \rightarrow CO_{2(g)}$。

解 (D)

需加入氧化劑才可發生反應，表示應選氧化的選項。

(A) $Cr_2O_7^{2-}{}_{(aq)} \rightarrow Cr^{3+}{}_{(aq)}$：Cr 由 +6 → +3，還原 (氧化數減少)

(B) $Cl_{2(g)} \rightarrow 2Cl^-{}_{(aq)}$：Cl 由 0 → −1，還原 (氧化數減少)

(C) $H_2O_{2(aq)} \rightarrow H_2O_{(l)}$：O 由 −1 → −2，還原 (氧化數減少)

(D) $C_2O_4^{2-}{}_{(aq)} \rightarrow CO_{2(g)}$：C 由 +3 → +4，氧化 (氧化數增加)

四、自身氧化還原反應 (self-oxidation-reduction reaction)

氧化及還原均在同一反應物發生，即反應物同時為氧化劑及還原劑，此種反應稱為自身氧化還原反應，又稱為不對稱氧化還原反應。如：

(1) $3I_2 + 6OH^- \rightarrow 5I^- + IO_3^- + 3H_2O$

(2) $2H_2O_2 \rightarrow 2H_2O + O_2$

練習

1. 下列物質進行反應時，何者需要氧化劑參與反應？
   (A) $KMnO_4 \rightarrow MnSO_4$
   (B) $KIO_3 \rightarrow KI$
   (C) $PbO_2 \rightarrow PbSO_4$
   (D) $H_2O_2 \rightarrow O_2$。
2. 下列反應何者需要還原劑的參與？
   (A) $K_2CrO_4 \rightarrow K_2Cr_2O_7$
   (B) $KI \rightarrow KIO_3$
   (C) $Pb \rightarrow PbSO_4$
   (D) $H_2O_2 \rightarrow H_2O$。
3. $Au_{(s)} + 3K^+_{(aq)} \rightleftharpoons Au^{3+}_{(aq)} + 3K_{(s)}$，此反應有利於向左，則下列敘述何者錯誤？
   (A) $Au^{3+}_{(aq)}$ 為比 $K^+_{(aq)}$ 更強的氧化劑
   (B) $K_{(s)}$ 是比 $Au_{(s)}$ 更強的還原劑
   (C) $K^+_{(aq)}$ 的氧化力大於 $Au^{3+}_{(aq)}$
   (D) 此反應為氧化還原反應。
4. 正二價的錫離子與碘酸根的氧化還原反應如下：
   $3Sn^{2+}_{(aq)} + IO_3^-{}_{(aq)} + 6H^+_{(aq)} \rightarrow 3Sn^{4+}_{(aq)} + I^-_{(aq)} + 3H_2O_{(l)}$
   試指出：
   (1) 被氧化的物質　(2) 被還原的物質　(3) 氧化劑　(4) 還原劑。
5. 已知 $A + B^{2-} \rightarrow A^{2-} + B$，$A + D^{2-} \rightarrow A^{2-} + D$ 均發生反應，但 $A + C^{2-}$ 及 $D + B^{2-}$ 均無反應，請就氧化劑之強度由大至小排列。

9-3 氧化還原反應式的平衡 (Balancing of oxidation - reduction reaction)

氧化還原反應式的平衡，可以利用觀察法或是代數法進行平衡，但若是較複雜的反應則需使用氧化數平衡法及半反應平衡法。

一、氧化數平衡法 (Balancing methods of Oxidation number)

氧化數平衡法是利用氧化劑與還原劑的氧化數得失進行平衡，其平衡步驟如下，並以 $H_2S_{(g)}$ 與 $MnO_4^-{}_{(aq)}$ 在酸性溶液中的反應方程式為例：

1. 預知產物： 找出氧化劑及還原劑，並預知產物。

$MnO_4^-{}_{(aq)} \rightarrow Mn^{2+}{}_{(aq)}$

$H_2S_{(g)} \rightarrow S_{(s)}$

2. 決定氧化數變化量： 找出氧化數變化之元素。

$$\underset{+7}{\underline{Mn}}O_{4(aq)}^- + H_2\underset{-2}{\underline{S}}_{(g)} \rightarrow \underset{+2}{\underline{Mn}}^{2+}{}_{(aq)} + \underset{0}{\underline{S}}_{(s)}$$

Mn：-5；S：$+2$

3. 決定平衡係數： 最小公倍數法平衡氧化數，使氧化數增減相同 (或電子得失相等)，以平衡氧化劑、還原劑及其產物之係數。

$$2\underset{+7}{\underline{Mn}}O_{4(aq)}^- + 5H_2\underset{-2}{\underline{S}}_{(g)} \rightarrow 2\underset{+2}{\underline{Mn}}^{2+}{}_{(aq)} + 5\underset{0}{\underline{S}}_{(s)}$$

Mn：-5×2；S：$+2\times5$

4. 電荷量守恆： 酸性溶液，以 $H^+{}_{(aq)}$ 平衡；鹼性溶液，以 $OH^-{}_{(aq)}$ 平衡。

$2MnO_4^-{}_{(aq)} + 5H_2S_{(g)} + 6H^+{}_{(aq)} \rightarrow 2Mn^{2+}{}_{(aq)} + 5S_{(s)}$

反應式左邊電荷原為 (−2)；右邊電荷原為 (+4)，因此在左邊加上 $6H^+{}_{(aq)}$，使左右電荷量相同。

5. 原子不滅： 以 $H_2O_{(l)}$ 平衡兩邊 H、O 原子數。

$2MnO_4^-{}_{(aq)} + 5H_2S_{(g)} + 6H^+{}_{(aq)} \rightarrow 2Mn^{2+}{}_{(aq)} + 5S_{(s)} + 8H_2O_{(l)}$

反應式左邊原有 16 個 H，8 個 O，右邊則沒有 H、O，因此在右邊加上 $8H_2O_{(l)}$，使左右原子數目相同。

例題 9-4

試以氧化數平衡法平衡下列方程式：

$H_2O_{2(aq)} + MnO_4^-{}_{(aq)} + H^+{}_{(aq)} \rightarrow O_{2(g)} + Mn^{2+}{}_{(aq)} + H_2O_{(l)}$

解

$$\overset{-1\times2=-2,\ -2\times5}{5H_2\underset{-1}{O}_{2(aq)} + 2Mn\underset{+7}{O}_{4(aq)}^- + 6H^+_{(aq)} \rightarrow 5\underset{0}{O}_{2(g)} + 2\underset{+2}{Mn}^{2+}_{(aq)} + 8H_2O_{(l)}}$$

-5×2

$\Rightarrow 5H_2O_{2(aq)} + 2MnO_{4(aq)}^- + 6H^+_{(aq)} \rightarrow 5O_{2(g)} + 2Mn^{2+}_{(aq)} + 8H_2O_{(l)}$

二、半反應平衡法 (Balancing methods of half reaction)

半反應平衡法是先分別寫出氧化與還原半反應，最後兩個半反應相加，消去電子得全反應，其平衡步驟如下，並以 $NO_3^-{}_{(aq)}$ 與 $H_2S_{(g)}$ 在酸性溶液中的反應方程式為例：

1. 預知產物：寫出氧化及還原半反應的主產物。

氧化半反應	還原半反應
$H_2S_{(g)} \rightarrow S_{(s)}$	$NO_3^-{}_{(aq)} \rightarrow NO_{(g)}$

2. 判斷電子的得失數：氧化 (或還原) 半反應式中，由原子的氧化數變化量再加減電子數進行調整。

氧化半反應	還原半反應
$H_2\underset{-2}{S}_{(g)} \rightarrow \underset{0}{S}_{(s)}$	$\underset{+5}{N}O^-_{3(aq)} \rightarrow \underset{+2}{N}O_{(g)}$
$+2$	-3
⇒ 氧化數增加，表示失去 2 個電子	⇒ 氧化數減少，表示得到 3 個電子
$\Rightarrow H_2S_{(g)} \rightarrow S_{(s)} + 2e^-$	$NO_3^-{}_{(aq)} + 3e^- \rightarrow NO_{(g)}$

3. 電荷量守恆：酸性溶液，以 $H^+_{(aq)}$ 平衡；鹼性溶液，以 $OH^-_{(aq)}$ 平衡。

氧化半反應	還原半反應
$H_2S_{(g)} \rightarrow S_{(s)} + 2e^- + 2H^+_{(aq)}$	$NO_3^-{}_{(aq)} + 3e^- + 4H^+_{(aq)} \rightarrow NO_{(g)}$

4. 原子不滅：以 $H_2O_{(l)}$ 平衡兩邊 H、O 原子數。

氧化半反應	還原半反應
$H_2S_{(g)} \rightarrow S_{(s)} + 2e^- + 2H^+_{(aq)} \cdots(1)$ 箭號左右的原子數已經相同，不需再做變化。	$NO_3^-{}_{(aq)} + 3e^- + 4H^+_{(aq)} \rightarrow NO_{(g)} + 2H_2O_{(l)} \cdots(2)$ 箭號左邊有 4 個 H，3 個 O 箭號右邊有 0 個 H，1 個 O 因此在箭號右邊補上 $2H_2O_{(l)}$

5. 將兩個半反應式各乘以適當倍數，使得相加後，所得到的全反應中不出現電子 (即得失電子數相等，左右可以消去)。

$$H_2S_{(g)} \rightarrow S_{(s)} + 2e^- + 2H^+_{(aq)} \ \ldots(1) \xRightarrow{\times 3} 3H_2S_{(g)} \rightarrow 3S_{(s)} + 6e^- + 6H^+_{(aq)}$$

$$NO_3^-{}_{(aq)} + 3e^- + 4H^+_{(aq)} \rightarrow NO_{(g)} + 2H_2O_{(l)} \ldots(2) \xRightarrow{\times 2} 2NO_3^-{}_{(aq)} + 6e^- + 8H^+_{(aq)} \rightarrow 2NO_{(g)} + 4H_2O_{(l)}$$

相加

$$3H_2S_{(g)} \rightarrow 3S_{(s)} + \cancel{6e^-} + \cancel{6H^+_{(aq)}}$$

$$+)\ 2NO_3^-{}_{(aq)} + \cancel{6e^-} + \cancel{8H^+_{(aq)}} \rightarrow 2NO_{(g)} + 4H_2O_{(l)}$$

$2H^+$

$$3H_2S_{(g)} + 2NO_3^-{}_{(aq)} + 2H^+_{(aq)} \rightarrow 3S_{(s)} + 2NO_{(g)} + 4H_2O_{(l)}$$

例題 9-5

請以半反應平衡法平衡下列方程式：

$Al_{(s)} + OH^-_{(aq)} + H_2O_{(l)} \rightarrow Al(OH)_4^-{}_{(aq)} + H_{2(g)}$

解

氧化半反應：$Al + 4OH^- \rightarrow Al(OH)_4^- + 3e^- \cdots (1) \times 2$

還原半反應：$2H_2O + 2e^- \rightarrow H_2 + 2OH^- \cdots\cdots (2) \times 3$

全反應：$2Al_{(s)} + 2OH^-_{(aq)} + 6H_2O_{(l)} \rightarrow 2Al(OH)^-_{4(aq)} + 3H_{2(g)}$

練習

1. 試以氧化數法平衡下列反應：
   (1) $Cr_2O_7^{2-} + Fe^{2+} + H^+ \rightarrow Cr^{3+} + Fe^{3+} + H_2O$。
   (2) $H_2O_2 + MnO_4^- + H^+ \rightarrow O_2 + Mn^{2+} + H_2O$。
2. 以半反應平衡法，來平衡 $MnO_4^- + H_2O_2 + H^+$ 的反應式。
3. 分別以氧化數法及半反應平衡法，來完成亞鐵離子與二鉻酸根離子，在酸性水溶液中的反應式。
4. 碘的直接滴定法應用較少，因為相較於碘，酸性的過錳酸鉀溶液為更容易操作並方便觀察的氧化劑。寫出 MnO_4^- 及 I_2 的還原半反應式。

NOTE

9-4 電池電位 (Cell potential)

一、標準氫電極 (Standard hydrogen electrode)

鉑絲浸在 1.0 M 鹽酸水溶液中，測定過程中氫氣通入電極附近，使氫氣壓力維持在 1 大氣壓。標準電極反應為：

$$\frac{1}{2}H_{2(g,\,1\,atm)} \rightarrow H^{+}_{(1\,M)} + e^{-}\text{，}E^{\circ} = 0 \text{ 伏特。}$$

氫電極電位經由 IUPAC (國際純化學和應用化學聯合會) 定為零伏特，此為標準氫電極。任何一個半電池與氫電池組成一個完整電池，所測得的電動勢即為該電極的電極電位。

二、半電池電位 (Half-cell potential)

氧化還原必相伴而生，因此電池的陰陽極反應不能單獨發生，必與另一極反應相伴發生，測量時一般以氫電極做為參考電極。

半反應逆寫時，其**半電池電位** (E° 值) 為原來的等值異號。

例
$$\begin{cases} Ag \rightarrow Ag^{+} + e^{-} \quad E^{\circ} = -0.80\ V \text{ (氧化電位)} \\ Ag^{+} + e^{-} \rightarrow Ag \quad E^{\circ} = 0.80\ V \text{ (還原電位)} \end{cases}$$

半反應的係數乘以 n 倍時，其半電池電位 (E° 值) 不變。

例
$$\begin{cases} Ag \rightarrow Ag^{+} + e^{-} \quad E^{\circ} = -0.80\ V \\ 2Ag \rightarrow 2Ag^{+} + 2e^{-} \quad E^{\circ} = -0.80\ V \end{cases}$$

半電池電位還可用在預測氧化還原反應是否自然發生，若全反應的 $\Delta E^{\circ} > 0$，反應自然發生；若全反應的 $\Delta E^{\circ} < 0$，反應不能自然發生。

例題 9-6

有關 ΔE° 值的說明，何項錯誤？

(A) $\Delta E^{\circ} > 0$，在標準狀態下反應可自然發生
(B) 方程式逆寫，ΔE° 的數值相同，但正負號相反
(C) ΔE° 值愈大，反應速率愈快
(D) 方程式各係數加倍，ΔE° 值不變。

解 (C)

ΔE° 值與反應速率沒有相關性。

三、氧化電位與還原電位 (Oxidation potential and reduction potential)

氧化電位 (oxidation potential) 是指物質放出電子或被氧化的傾向，以伏特數表示。氧化電位愈大者，為愈強的還原劑。

例 $Zn_{(s)} \rightarrow Zn^{2+}{}_{(aq)} + 2e^-$　$E° = 0.76$ V

$Cu_{(s)} \rightarrow Cu^{2+}{}_{(aq)} + 2e^-$　$E° = -0.34$ V

氧化電位 Zn ＞ Cu

還原電位 (reduction potential) 是指物質獲得電子或被還原的傾向，以伏特數表示。還原電位愈大者，為愈強的氧化劑。

例 $Zn^{2+}{}_{(aq)} + 2e^- \rightarrow Zn_{(s)}$　$E° = -0.76$ V

$Cu^{2+}{}_{(aq)} + 2e^- \rightarrow Cu_{(s)}$　$E° = 0.34$ V

還原電位 Cu ＞ Zn

金屬氧化電位順序 (即金屬離子化傾向、金屬還原力大小、金屬還原劑強度、金屬活性大小、金屬在溶液中失去電子的傾向)：

Li > Rb > K = Cs > Ba > Sr > Ca > Na > Mg > Al > Mn > Zn > Cr > Fe > (Cr^{2+}) > Co > Ni > Sn > Pb > H_2 > Cu > (I^-) > (Fe^{2+}) > Hg > Ag > (Br^-) > (Cl^-) > Pt > Au > (F^-)。

在標準狀態下，所測得的電位稱為標準電位。若為氣體，標準狀態是指 25°C、1 atm；若為液體，標準狀態是指 25°C 時最穩定型式；若為溶液，標準狀態是指 25°C、濃度為 1.0 M；若為固體，標準狀態是指 25°C、固體穩定狀態的標準晶型。

四、電池電壓 (Cell voltage)

電池電壓可利用**陽極** (anode) 的氧化電位與**陰極** (cathode) 的還原電位相加而得。

電池電壓 = E°(陽極氧化電位) + E°(陰極還原電位)

= E°(陽極氧化電位) – E°(陰極氧化電位)

= – E°(陽極還原電位) + E°(陰極還原電位)

以鋅銅電池為例，鋅當陽極，銅當陰極，因此鋅的氧化電位與銅的還原電位相加，即可得到鋅銅電池的電池電壓。

$$\begin{cases} Zn_{(s)} \rightarrow Zn^{2+}{}_{(aq)} + 2e^- & E° = 0.76\ V \\ Cu^{2+}{}_{(aq)} + 2e^- \rightarrow Cu_{(s)} & E° = 0.34\ V \end{cases}$$

鋅銅電池的電壓為 0.76 V + 0.34 V = 1.10 V

例題 9-7

已知 $Al^{3+} + 3e^- \rightarrow Al$，$E° = -1.66$ V；$Mg^{2+} + 2e^- \rightarrow Mg$，$E° = -2.37$ V，則化學反應 $2Al^{3+} + 3Mg \rightarrow 2Al + 3Mg^{2+}$ 的電池電壓為多少？

解

$Al^{3+} + 3e^- \rightarrow Al$，$E° = -1.66\ V \Rightarrow 2Al^{3+} + 6e^- \rightarrow 2Al$，$E° = -1.66$ V

$Mg^{2+} + 2e^- \rightarrow Mg$，$E° = -2.37\ V \Rightarrow 3Mg \rightarrow 3Mg^{2+} + 6e^-$，$E° = 2.37$ V

兩式相加 $2Al^{3+} + 3Mg \rightarrow 2Al + 3Mg^{2+}$ $\Delta E = -1.66\ V + 2.37\ V = 0.71\ V$

練習

1. 鉛與銀的標準還原電位分別為 $E°(Pb^{2+}/Pb) = -0.13$ 伏特、$E°(Ag^+/Ag) = +0.80$ 伏特，若以銀和鉛為兩極、相對應的電解質及鹽橋所構成的鉛銀電化電池，在標準狀態下其電動勢為多少伏特？
2. 在標準狀態下，已知 $Zn—Ag^+$ 電池電壓為 1.56 伏特，$Zn—Cu^{2+}$ 電池電壓為 1.10 伏特。若定 $Cu^{2+}{}_{(aq)} + 2e^- \rightarrow Cu_{(s)}$，$E° = 0.00$ 伏特為參考點，則 $Ag^+{}_{(aq)} + e^- \rightarrow Ag_{(s)}$ 之 E° 為幾伏特？
3. 已知四種金屬及其相對離子所組成之電池標準電壓為：$E°(A—C^{2+}) = 2.00$ V、$E°(B—D^+) = 1.05$ V、$E°(C—D^+) = 0.46$ V，則 $E°(A—B^{2+})$ 為何？
4. 已知 $PbO_2 \rightarrow Pb^{2+}$ 之標準還原電位為 +1.46 V，且 $Fe^{3+} \rightarrow Fe^{2+}$ 之標準還原電位為 + 0.77 V，則下列方程式之標準電池電壓為何？
   $4H^+ + PbO_2 + 2Fe^{2+} \rightarrow 2Fe^{3+} + Pb^{2+} + 2H_2O$
5. 已知下列半反應的還原電位：
   $H_2O_2 + 2H^+ + 2e^- \rightarrow 2H_2O$，$E° = 1.78$ 伏特
   $MnO_4^- + 8H^+ + 5e^- \rightarrow Mn^{2+} + 4H_2O$，$E° = 1.50$ 伏特
   $O_2 + 2H^+ + 2e^- \rightarrow H_2O_2$，$E° = 0.70$ 伏特
   $MnO_4^- + 2H_2O + 3e^- \rightarrow MnO_2 + 4OH^-$，$E° = 0.58$ 伏特
   則反應 $5H_2O_2 + 2MnO_4^- + 6H^+ \rightarrow 5O_2 + 2Mn^{2+} + 8H_2O$ 之電動勢應為若干伏特？

9-5 電化學電池及種類 (Electrochemical cells and types)

一、電化學電池的基本原理 (Basic principles of electrochemical cells)

電化學電池，簡稱為電池。利用氧化還原反應來產生電流的裝置，電化學電池是將化學能轉變成電能的裝置，屬於自發反應，即$\Delta E^\circ > 0$。

圖 9-1 丹尼爾

1836 年英國化學家丹尼爾 (John Frederic Daniell，圖 9-1) 發明丹尼爾電池又稱為鋅銅電池。將鋅片與銅片分別插入硫酸鋅與硫酸銅溶液中，並以導線及伏特計連接。再將鹽橋放入兩杯之間，其裝置如圖 9-2 所示，伏特計立即偏轉，表示電流通過，電子由鋅極流出經外電路至銅極。鋅銅電池使用一段時間後，銅離子濃度太低或是鋅片重量不足，將導致電流減小。此外，鹽橋中陰、陽離子的濃度也會逐漸減少，而使電池電阻增大，最後使電池的電壓及電流隨著使用時間而變小。

陽極：$Zn_{(s)} \rightarrow Zn^{2+}{}_{(aq)} + 2e^-$

陰極：$Cu^{2+}{}_{(aq)} + 2e^- \rightarrow Cu_{(s)}$

全反應：$Zn_{(s)} + Cu^{2+}{}_{(aq)} \rightarrow Zn^{2+}{}_{(aq)} + Cu_{(s)}$

陰極(Cu極或「+」極)：
$Cu^{2+}_{(aq)} + 2e^- \rightarrow Cu_{(s)}$

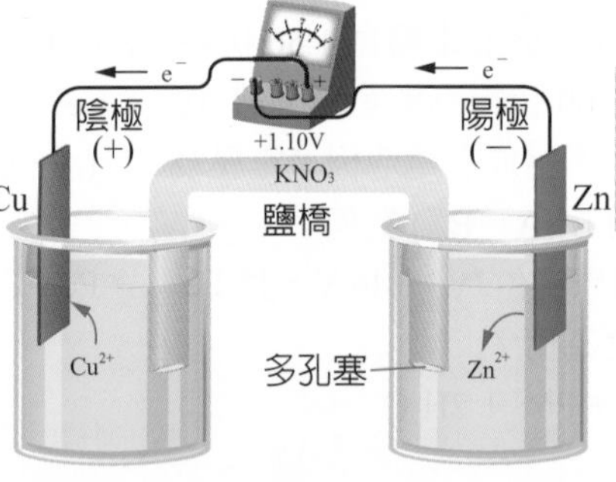

陽極(Zn極或「−」極)：
$Zn_{(s)} \rightarrow Zn^{2+}_{(aq)} + 2e^-$

鋅銅電池

全反應：$Zn_{(s)} + Cu^{2+}_{(aq)} \rightleftharpoons Zn^{2+}_{(aq)} + Cu_{(s)}$

鹽橋

1.組成：不與電池液反應的強電解質鹽類飽和溶液，常用KNO_3、KCl等。

2.功能：

a.藉由離子移動，形成導電現象。

b.維持溶液之電中性(陽離子往陰極移動，陰離子往陽極移動)，並避免兩溶液的混合。

3.維持電中性之原理：K^+可游向 Cu 極，NO_3^- 可游向 Zn 極以維持溶液的電中性，使反應能夠繼續進行。

圖 9-2 丹尼爾電池裝置圖

電池可以符號和簡單格線來表示，陽極在左，陰極在右，鹽橋以 ‖ 表示，兩邊各為陽極、陰極電解質。以鋅銅電池 ($Zn - Cu^{2+}$) 為例：

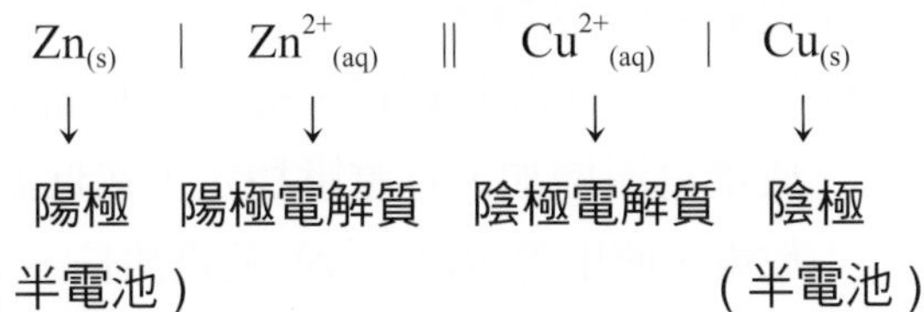

(1) **正極** (positive pole) 的定義是電流流出的電極。
(2) **負極** (negative pole) 的定義是電流流入的電極。
(3) 陽極是發生氧化反應的電極。
(4) 陰極是發生還原反應的電極。

例題 9-8

關於鋅銅電池的敘述，下列何者正確？
(A) 陽極反應為 $Cu_{(s)} \rightarrow Cu^{2+}{}_{(aq)} + 2e^-$
(B) 鹽橋的作用是使電子在其中流動
(C) 電池可表示為 $Zn^{2+}{}_{(aq)} \mid Zn_{(s)} \parallel Cu_{(s)} \mid Cu^{2+}{}_{(aq)}$
(D) 鹽橋移開後，則電壓為零。

解 (D)

(A) $Zn_{(s)} \rightarrow Zn^{2+}{}_{(aq)} + 2e^-$
(B) 鹽橋的作用是使離子在其中流動，維持電中性
(C) 正確寫法為：$Zn_{(s)} \mid Zn^{2+}{}_{(aq)} \parallel Cu^{2+}{}_{(aq)} \mid Cu_{(s)}$

二、常見的一次電池 (Common primary cell)

一次電池 (primary cell) 表示僅能使用一次，電池無法進行充電，又稱原電池。

1. 乾電池 (dry cell，又稱碳鋅電池、勒克朗舍電池，圖 9-3)

(1) 電極：陽極 (負極)：鋅殼。
　　　　陰極 (正極)：碳棒、石墨棒。
(2) 電解質：糊狀的氯化銨、氯化鋅、二氧化錳的混合物。
(3) 電壓：1.5 伏特。
(4) 特性：因攜帶方便、價格便宜，應用最廣。

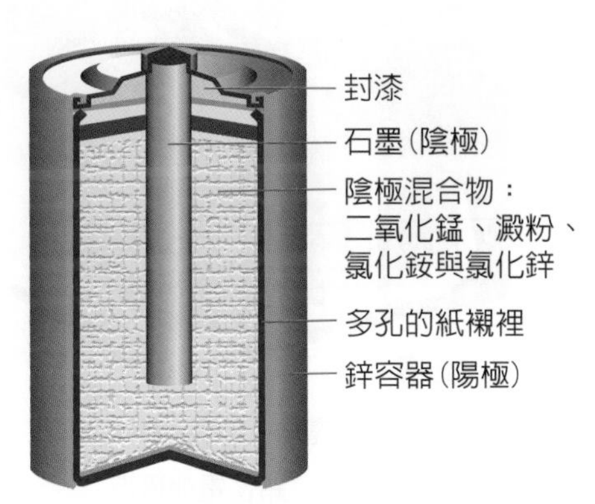

圖 9-3　乾電池構造

2. 鹼性電池 (alkaline cell，圖 9-4)

(1) 電極：陽極 (負極)：鋅粉。

陰極 (正極)：二氧化錳與石墨混合粉。

(2) 電解質：鹼性的氫氧化鉀糊狀物。

(3) 電壓：1.5 伏特。

(4) 特性：陽極改為鋅粉，提高反應面積，因此電池放電電流增加，且電壓穩定，在低溫時仍能正常放電，使用壽命較一般的乾電池長。

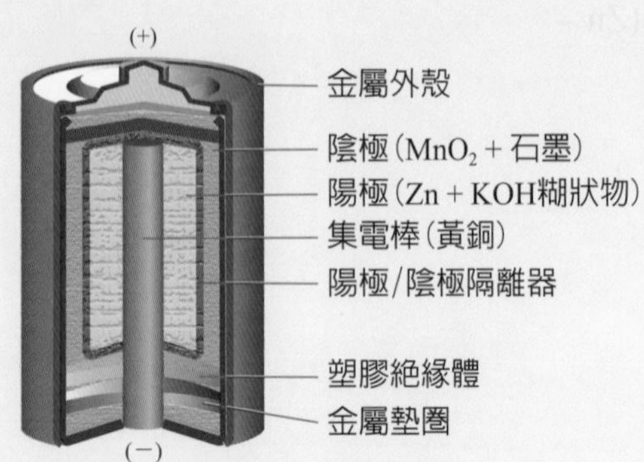

圖 9-4 鹼性電池結構

三、常見的二次電池 (Common secondary cell)

二次電池 (secondary cell) 表示該電池可以重複充電，又稱為可充電電池或蓄電池。

1. 鋰離子電池 (圖 9-5)

(1) 電極：陽極 (負極)：碳。

陰極 (正極)：鋰金屬氧化物

(例如：$LiCoO_2$)。

(2) 電解質：過氯酸鋰 ($LiClO_4$)、四氟硼酸鋰 ($LiBF_4$) 溶液。

(3) 電壓：可充電式的鋰離子電池電壓約為 3.6 伏特。

(4) 特性：優點為不含重金屬，重量輕，且可以提供高電壓、高電量，又無記憶效應，目前常用於手機的電池電源。

圖 9-5 充電式鋰電池外觀

2. 鉛蓄電池 (圖 9-6)

(1) 電極：陽極 (負極)：鉛。

陰極 (正極)：二氧化鉛 (PbO_2)。

(2) 電解質：比重為 1.2 ～ 1.3 的稀硫酸 (約 30% 的稀硫酸)。

(3) 電壓：每個電池輸出電壓約為 2 伏特，通常電瓶是由 3 ～ 6 個單位串聯而成，可提供 6 ～ 12 伏特的電壓。

(4) 特性：

a. 放電之後，兩電極均生成 $PbSO_4$，重量均增加。

b. 放電過程中，硫酸被消耗而生成水，故濃度降低，電壓也隨之降低。

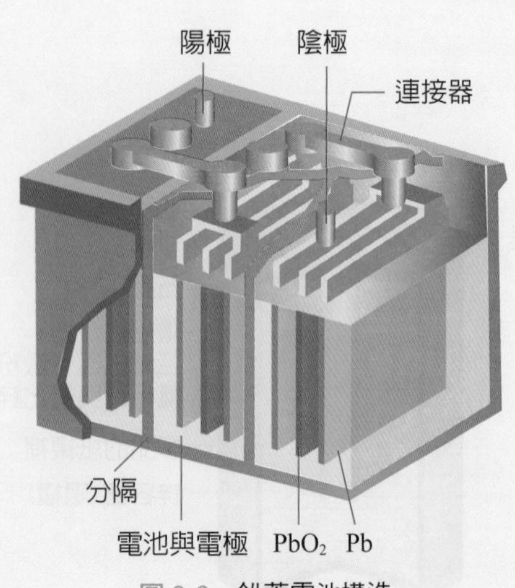

圖 9-6 鉛蓄電池構造

四、燃料電池 (Fuel cell)

燃料電池 (圖 9-7) 的電極是由含觸媒的多孔碳板製成，其孔隙能使氫氣逐漸穿透而進入電解質，但電解質則無法穿透外流。

1. 電極：
   陽極 (負極)：可燃性燃料，如氫氣、甲烷、乙醇與天然氣等。
   陰極 (正極)：氧氣。
2. 電解質：高濃度氫氧化鉀水溶液。
3. 電壓：僅 0.7 伏特。
4. 特性：優點是能將化學能直接轉換為電能，使能量轉換效率高達 70%。反應產物是水，無環境汙染。缺點是以白金為觸媒，造價高昂、三相接觸技術困難 (氣態燃料、液態電解質與固態電極)，常應用於太空船。

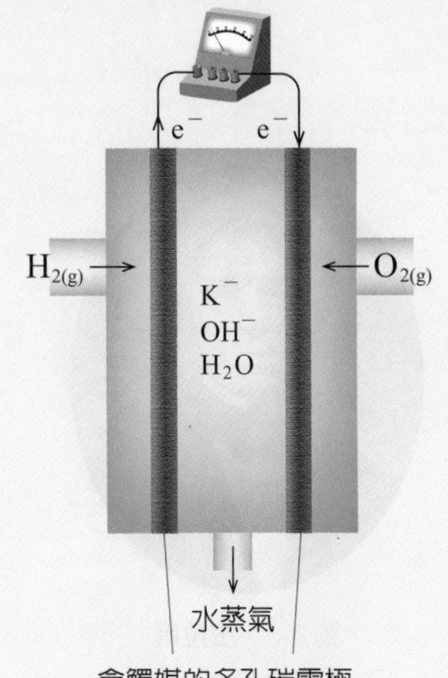

圖 9-7 燃料電池構造

練習

1. 已知：$PbSO_{4(s)} + 2e^- \rightarrow Pb_{(s)} + SO_4{}^{2-}{}_{(aq)}$，$E° = -0.35$ V
   $PbO_{2(s)} + 4H^+_{(aq)} + SO_4{}^{2-}{}_{(aq)} + 2e^- \rightarrow PbSO_{4(s)} + 2H_2O_{(l)}$，
   $E° = 1.68$ V
   則下列關於鉛蓄電池在充電過程中的敘述，何者正確？
   (A) 二氧化鉛的質量減少
   (B) 鉛的質量增加
   (C) 硫酸的濃度變小
   (D) 充電過程是將化學能轉變成電能。
2. 某種燃料電池已經被發展並使用，它是用兩個惰性金屬棒當電極插入氫氧化鉀水溶液中，然後將兩極分別通入甲烷和氧氣，其電極反應為
   X 極：$CH_4 + 10OH^- \rightarrow CO_3{}^{2-} + 7H_2O + 8e^-$
   Y 極：$4H_2O + 2O_2 + 8e^- \rightarrow 8OH^-$
   則關於此燃料電池的相關敘述中，何者正確？
   (A)全反應式為 $CH_4 + 2O_2 \rightarrow CO_2 + 2H_2O$
   (B)放電一段時間後，電解質溶液中氫氧化鉀的質量不會改變
   (C)通 0.25 莫耳氧氣並完全反應後，則有 1 莫耳的電子發生轉移
   (D)此電池可以再充電而重複使用。

9-6 電解與電鍍 (Electrolysis and electroplating)

一、法拉第電解定律 (Faraday's law of electrolysis)

圖 9-8 法拉第

19 世紀，英國科學家法拉第 (Michael Feraday，圖 9-8) 經由多次的電解實驗提出**法拉第電解定律**。

1. **法拉第電解第一定律：**電流通過電解質溶液時，物質的析出量 (莫耳數) 與通入的總電量成正比。
2. **法拉第電解第二定律：**以相同電量進行電解反應，各種不同的物質所析出之量，與各物質的化學當量成正比。化學當量是指分子量除以離子電荷數，也就是通入相同電量，不同的物質所析出的莫耳數與各物質的離子電荷成反比。

法拉第常數 (F) 為 96500 庫侖 / 莫耳，也就是每莫耳電子攜帶的電量，因此通入 e^- mole 數 = 析出物質 mole 數 × 析出物質的價數

$$\frac{I \times t}{96500} = n \times \text{價數}$$

I：電流強度 (安培)，t：電解時間 (秒)，

n：析出的莫耳數，價數：電子得失數目

例題 9-9

有一鉛蓄電池以 0.40 安培的電池放電 5 小時，總共消耗了多少克鉛？ (Pb 原子量 207)

解

$Pb_{(s)} + SO_4{}^{2-}{}_{(aq)} \leftrightharpoons PbSO_{4(s)} + 2e^-$

$$F = \frac{I \times t}{96500} = \frac{0.4 \times 5 \times 60 \times 60}{96500} = 0.075\ (\text{mol})$$

消耗 1 mol Pb (207 g)，需要 2 mol 的電子，

依題意，假設消耗 x g

$$\therefore \frac{207\ \text{g}}{x} = \frac{2\ \text{mol}}{0.075\ \text{mol}} \Rightarrow x = 7.72\,(\text{g})$$

二、電解 (Electrolysis)

電解是利用外加電流使電解質進行非自然發生的氧化還原反應。電解是將電能轉換成化學能的過程。電解時，使用直流電，電解槽陽極接電池陰極，電解槽陰極接電池陽極。通電時，陽離子會移向陰極，接受電池負極所提供的電子而發生還原反應；陰離子則移向陽極，放出電子而發生氧化反應。

使用直流電。
電解反應之電位 ΔE^0 為負值（不可自發），須由外界供給足夠電壓，使得（ΔE^0 + 外電壓）> 0時，電解才會發生。

陰極 (−)：
發生還原作用的電極，連接於電池的 (−) 極（陽極），陽離子游向陰極而獲得電子生成原子或分子。

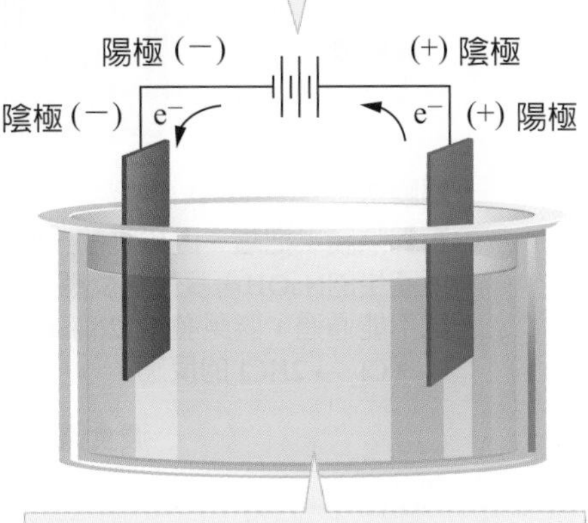

陽極 (+)：
發生氧化作用的電極，連接於電池的 (+) 極（陰極），陰離子游向陽極則失去電子而生成原子或分子。

離子晶體之熔融液或電解質的水溶液。

圖 9-9　**電解裝置圖**

例題 9-10

有關電解之敘述，何者錯誤？

(A) 電解反應為化學能轉換成電能

(B) 電解時與電源正極連接的電極產生氧化反應

(C) 電解時陽離子向電解池的陰極移動

(D) 外電源之電壓須高於電解反應電壓的絕對值。

解 (A)

電解反應為電能轉換成化學能。

Life

電解海水產氫

電解食鹽水溶液是一項重要的化學工業，俗稱鹼氯工業 (alkali-chlorine industry)，採用的是石綿隔膜電解法，電解所得到的產物包括氫氣、氯氣及氫氧化鈉。

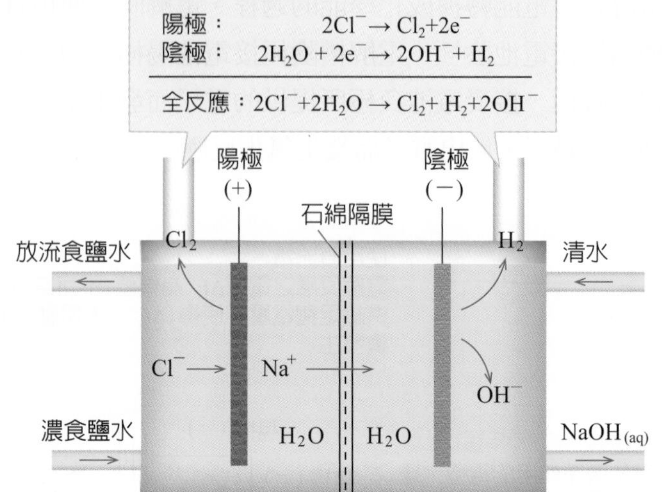

濃食鹽水電解裝置圖

三、電鍍 (Electroplating)

電鍍是利用電解原理及裝置，利用外加直流電源使溶液中的金屬離子還原為金屬，沉積在陰極表面。將擬鍍的金屬 (例如：鉻、銀) 接於陽極 (正極)，與直流電源的陰極 (正極) 相接，被鍍的器皿接於陰極 (負極)，與直流電源的陽極 (負極) 相接，並以擬鍍金屬的可溶性鹽類溶液作為電鍍液。以鐵板表面電鍍銅為例 (圖 9-10)，銅片為陽極，被鍍金屬鐵為陰極，置於電鍍液內，通電進行電鍍，總反應：$Cu_{(s)}$(純銅板) $\rightarrow$ $Cu_{(s)}$(鐵板上)。

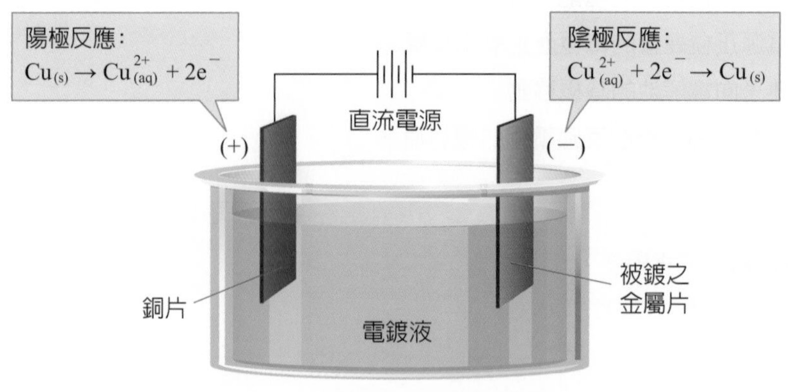

圖 9-10 鐵板表面電鍍銅裝置圖

例題 9-11

有關電鍍的敘述何者正確？

(A) 它是一種非自發性的氧化還原反應　(B) 電鍍不屬於氧化還原
(C) 一般擬鍍物置於陰極，而被鍍物置於陽極　(D) 操作時，可在交流電下進行。

解 (A)

(B) 電鍍為氧化還原的應用。(C) 一般擬鍍物置於陽極，而被鍍物置於陰極。(D) 操作時，僅可在直流電下進行。

充電小站

電化電池與電解裝置的比較

裝置	電化電池	電解裝置
作用	利用化學反應將化學能轉變為電能的裝置，稱為電池。屬於自發反應 ($\Delta E° > 0$)。	利用電能產生化學反應，屬於非自發反應 ($\Delta E° < 0$)。需外加電源，提供足夠電壓，迫使反應發生。
電極	(1) 陽極：電子流出，發生氧化反應，為負極。 (2) 陰極：電子流入，發生還原反應，為正極。	(1) 陽極：接於電源的正極，電子流出，發生氧化反應。 (2) 陰極：接於電極的負極，電子流入，發生還原反應。

練習

1. 用白金當惰性電極電解一定濃度的下列物質水溶液，電解結束後，原溶質成分不變，但溶液的濃度和 pH 值都增大的是？
   (A) $AgNO_3$　(B) H_2SO_4　(C) NaCl　(D) NaOH。
2. 某生做電化學實驗，通直流電於硫酸銨鎳溶液，欲於陰極電鍍析出 1.467 克的鎳 (原子量為 58.69)，需通多少庫侖的電量？
3. 通電於串聯之 $NaCl_{(l)}$ 電解槽、$CuBr_{2(aq)}$ 電解槽、$Al_2O_{3(l)}$ 電解槽，則析出元素莫耳數比 Na：Cu：Al 為若干？
4. 某一鉛蓄電池，電池液重 400 克，含硫酸 36%，用於電解硫酸銅水溶液，當硫酸銅電解槽中析出的銅 12.7 克時，鉛蓄電池中硫酸的濃度會降為多少？ (Cu = 63.5)
5. 工業上利用電解氧化鋁的方式來製備鋁金屬，若要生產 54 克的鋁金屬約需要多少庫侖的電量？ (Al = 27.0)

重點回顧

9-1 氧化數

1. 氧化數是指將鍵結的電子對完全分配給電負度較大的元素後，各原子的電荷數。
2. 元素狀態時原子的氧化數為 0。
3. 單原子離子的氧化數等於所帶電荷數。
4. 化合物中鹼金屬必為 +1，鹼土金屬必為 +2，F 必為 –1。
5. 大部分化合物中 H 為 +1，O 為 –2。
6. 離子化合物或離子團中，各組成原子的氧化數總合等於其所帶電荷數。

9-2 氧化還原反應

1. 氧化反應：
   (1) 狹義：物質與氧化合或失去氫的反應。
   (2) 廣義：物質失去電子或氧化數增加的反應。
2. 還原反應：
   (1) 狹義：物質失去氧或與氫化合的反應。
   (2) 廣義：物質得到電子或氧化數減少的反應。
3. 氧化與還原反應兩者必相伴發生。
4. 氧化劑本身氧化數降低，發生還原反應；還原劑本身氧化數增加，發生氧化反應。

9-3 氧化還原反應式的平衡

1. 氧化數平衡法是利用氧化劑與還原劑的氧化數得失進行平衡。
2. 半反應平衡法是先分別寫出氧化與還原半反應，最後兩個半反應相加，消去電子得全反應。

9-4 電池電位

1. 氧化電位：物質放出電子或被氧化的傾向。
2. 還原電位：物質獲得電子或被還原的傾向。
3. 電池電壓可利用陽極的氧化電位與陰極的還原電位相加而得。

9-5 電化電池及種類

1. 電化電池利用氧化還原反應來產生電流的裝置，屬於自發反應。
2. 乾電池：鋅殼為陽極，碳棒為陰極，糊狀的氯化銨、氯化鋅、二氧化錳的混合物為電解質。
3. 鋰離子電池：碳為陽極，鋰金屬氧化物為陰極，過氯酸鋰或四氟硼酸鋰溶液為電解質。
4. 鉛蓄電池：鉛為陽極，二氧化鉛為陰極，30% 的稀硫酸為電解質。
5. 燃料電池產物是水，無環境汙染。

9-6 電解與電鍍

1. 法拉第電解第一定律：電流通過電解質溶液，物質的析出量與通入的總電量成正比。
2. 法拉第電解第二定律：以相同電量進行電解反應，各種不同的物質所析出之量，與各物質的化學當量成正比。
3. 電解是利用外加電流使電解質進行非自然發生的氧化還原反應。
4. 電鍍是利用電解原理及裝置。將擬鍍的金屬接於陽極，被鍍的器皿接於陰極。

Chapter

10

核化學 Nuclear chemistry

核化學包含核分裂與核融合，核電廠是利用核分裂產生極大的熱量，而太陽一直在進行核融合因此可以發光發熱。在醫學上，^{60}鈷可應用於治療癌症。^{131}碘常用於治療甲狀腺機能亢進和甲狀腺癌。^{32}磷曾經用於治療真性紅血球增生症。

X 射線被應用於醫學影像，X 光通過人體時，由於骨頭密度較高，較難穿透骨頭，因此 X 光片骨頭部位的影像會產生黑色陰影。現今醫院裡常見非侵入性的方式進行患者相關的檢驗，即 X 光攝影。

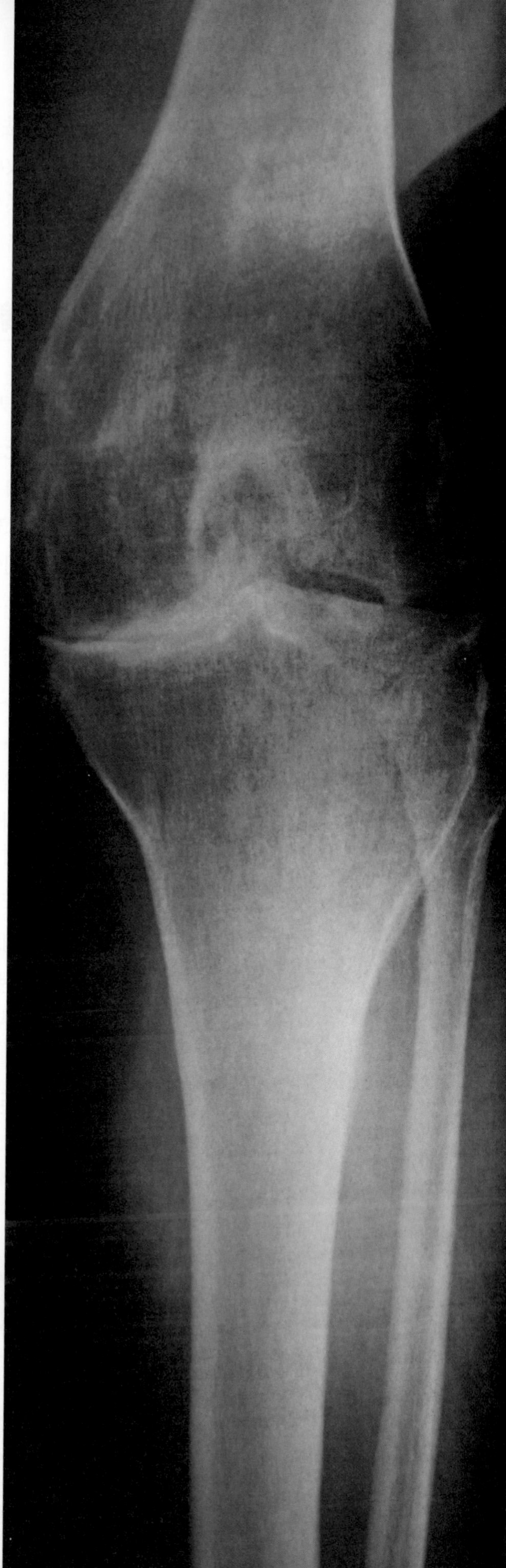

圖 10-1 貝克勒

1896 年法國物理學家貝克勒 (A. H. Becquerel，圖 10-1) 發現鈾礦晶體有放射性，可放出一種可使照像底片感光的一種射線，自此揭開一系列放射性元素的研究。放射性元素具有放射性，會自然地釋放出放射線。放射線共有 α 射線、β 射線及 γ 射線三種。

10-1 放射性元素 (Radioactive element)

一、放射性元素的種類 (The types of radioactive elements)

放射性元素是指該元素能自發地從不穩定原子核內部放出粒子或射線 (如 α 粒子、β 射線、γ 射線等)，同時釋放出能量。一般原子序在 83 以上的元素都具有放射性，原子序數在 83 以下的某些元素和同位素，也具有放射性。

放射性元素分為天然放射性元素和人造放射性元素兩類。

1. 天然放射性元素

原子序 83 ～ 92 的 10 種元素為天然放射性元素：鉍 ($^{209}_{83}Bi$) 、釙 ($^{210}_{84}Po$) 、砈 ($^{210}_{85}At$) 、氡 ($^{222}_{86}Rn$) 、鍅 ($^{223}_{87}Fr$) 、鐳 ($^{226}_{88}Ra$) 、錒 ($^{227}_{89}Ac$) 、釷 ($^{232}_{90}Th$) 、鏷 ($^{231}_{91}Pa$) 、鈾 ($^{238}_{92}U$) 為天然放射性元素以及 50 餘種的同位素 (例如：碳 ($^{14}_{6}C$)) 都具有放射性，即會釋放出放射線。

2. 人造放射性元素

原子序 92 以上的元素，稱為**超鈾元素** (transuranic elements)，為人造放射性元素，例如：錼 ($^{237}_{93}Np$) 、鈽 ($^{239}_{94}Pu$) 等，此類元素在自然界中，幾乎都不存在，僅部分超鈾元素在特定狀況下，有極少的量存在於地球上。此類元素都具有放射性，另外鎝 ($^{98}_{43}Tc$) 、鉅 ($^{145}_{61}Pm$) 等人工合成元素也同樣具有放射性。

二、原子核的穩定性 (The stability of the atomic nucleus)

原子核的穩定性與核內質子數 (Z) 和中子數 (N) 比值有關，統計目前已知近 300 種的穩定原子核，以其中的質子數 (Z) 和中子數 (N) 作圖，可以得到一穩定態 (圖 10-2)，在穩定態以外的原子核具有放射性。

當質子數 (即原子序) Z ＜ 20 時，N/Z 比值約 1.0 ～ 1.1；原子序 Z 介於 20 ～ 80 時，N/Z 比值漸增，但不超過 1.6；原子序 Z ＞ 82 以上都是放射性核種。

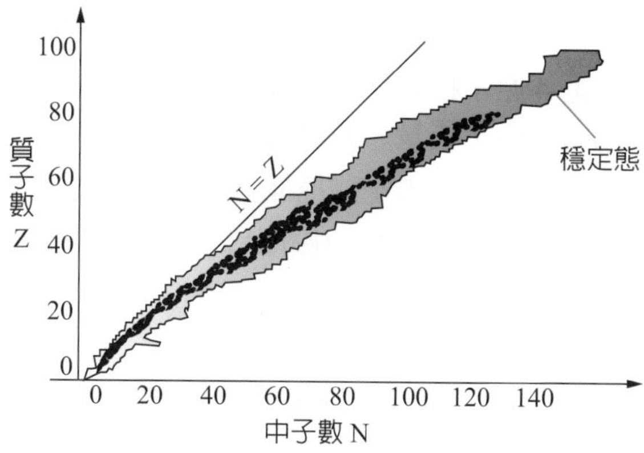

圖 10-2　穩定核的中子數與質子數比

練習

1. 關於放射性元素特性之敘述，何者不正確？
   (A) 反應之活化能為 0
   (B) 反應速率為一級反應
   (C) 反應為可逆
   (D) 放射 γ 射線時常伴隨著 α 射線和 β 射線的產生。
2. 放射性元素的強度與何者有關？
3. 一般而言，原子序多少以上的元素都具有放射性？

1986 年烏克蘭 (Ukraine) 的車諾比核電站反應爐發生嚴重事故，釋放了大量的輻射，為了保護人類和環境的安全，將該地區進行疏散並廢棄。

10-2 放射性衰變 (Radioactive decay)

放射性元素由不安定核種轉變成較穩定原子核的過程，為**衰變** (decay)。即在原子核內產生變化，放射出不同射線，以調整核內質子數 (Z) 和中子數 (N) 的比值，轉變成更穩定的核種。

一、α 衰變 (α decay)

α 衰變原子核放出 α 粒子 ($^{4}_{2}He$)，使原子序少 2，質量數少 4，例如：$^{240}_{94}Pu \rightarrow ^{236}_{92}U + ^{4}_{2}He$。位於穩定帶右上方且質量數大於 140 的原子核，會以 α 衰變放出 α 粒子，而移向穩定帶。

α 射線是氦 -4 原子核 ($^{4}_{2}He^{2+}$)，帶有正電的粒子，因此在電場中行進會偏向負極。質量、運動質量、游離氣體能力是三種放射線中最大的，但速度、電子碰撞能量損失、感光能力、螢光作用及穿透力則是最小的。僅需一張紙片即可擋住 α 射線。

二、β 衰變 (β decay)

β 衰變原子核放出 β 粒子 ($^{0}_{-1}e$)，使原子序多 1，質量數不變，例如：$^{228}_{88}Ra \rightarrow ^{228}_{89}Ac + ^{0}_{-1}e$。位於穩定帶右下方的不穩定核種，會以 β 衰變放出 β 粒子，而移向穩定帶。

β 射線是高速電子 ($^{0}_{-1}e^{-}$)，帶有負電的粒子，因此在電場中行進會偏向正極。運動質量、能量是三種放射線中最小的，其他各項能力均介於中間。需要 2 mm 厚的鉛板才能擋住 β 射線，穿透力約 α 射線的 100 倍。

例題 10-1

$^{238}_{92}U$ 衰變為穩定之 $^{206}_{82}Pb$ 共放出幾個 α 粒子？幾個 β 粒子？

解

假設放出 x 個 α 粒子，y 個 β 粒子

$^{238}_{92}U \rightarrow ^{206}_{82}Pb + x\,^{4}_{2}He + y\,^{0}_{-1}e$

$238 = 206 + 4x$

$92 = 83 + 2x - y$

$\Rightarrow x = 8，y = 6$

所以放出 8 個 α 粒子、6 個 β 粒子

三、γ 衰變 (γ decay)

γ 衰變原子核釋放出 α 或 β 粒子後，新的原子核處於激態，會把能量以電磁波的形式釋放，變為基態原子核。在原子核衰變過程中，每一次的衰變會同時放出 α、γ 射線或 β、γ 射線，但不可能同時放出 α、β、γ 三種射線。

γ 射線為高頻率及高能量的電磁波，呈電中性，因此不受電場與磁場的影響。γ 射線因為是電磁波，所以沒有質量。速度、電子碰撞能量損失、感光能力、螢光作用及穿透力都是放射線中最強的，但游離氣體能力最弱，僅 α 射線的 $\frac{1}{10000}$。1 公尺的混凝土才可擋住 γ 射線，約 α 射線的 10000 倍。

三種射線穿透力與偏折方向的比較，如圖 10-3 所示：

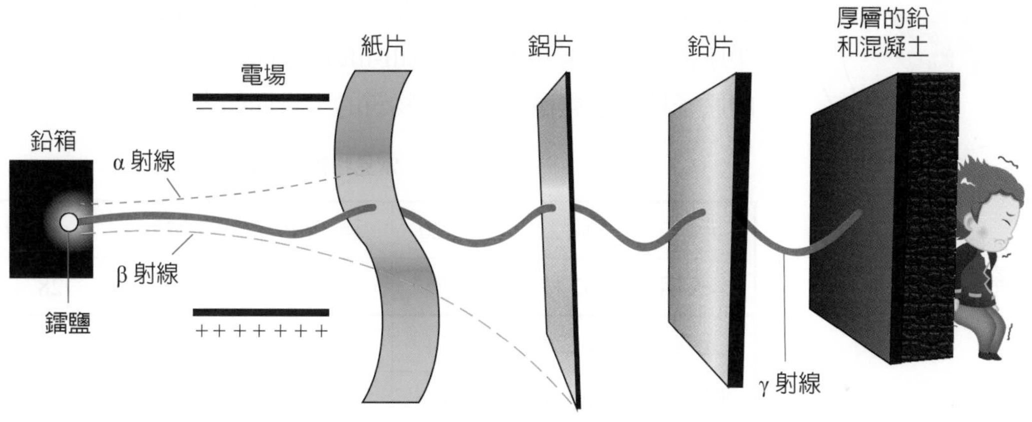

圖 10-3　三種射線穿透力示意圖

例題 10-2

下列敘述何者正確？

(A) α 射線的穿透力最好　(B) β 射線帶負電荷

(C) γ 射線的質量最大　(D) 感光能力次序為 α 射線 > β 射線 > γ 射線。

解

(A) α 射線的穿透力最差。

(C) γ 射線為電磁波，沒有質量。

(D) 感光能力次序為 γ 射線 > β 射線 > α 射線。

四、其他衰變方式 (Other types of decay)

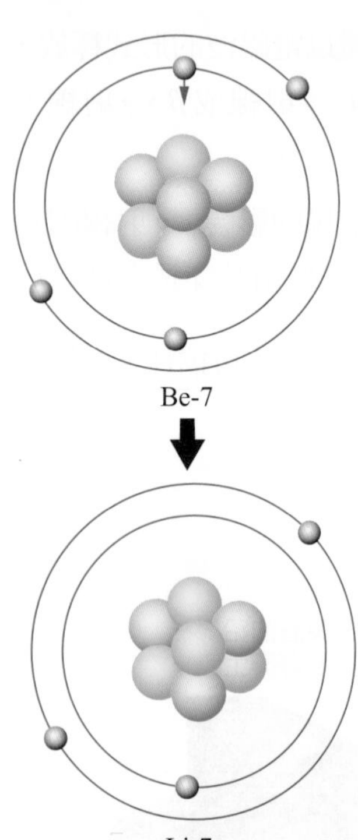

註：紅球代表質子，藍球代表中子。

圖 10-4 電子捕獲

正子放射是人造放射性元素衰變，原子核內的 1 顆質子轉變成中子，使原子序減少 1。

例 $^{13}_{7}N \rightarrow ^{13}_{6}C + ^{0}_{+1}e$

電子捕獲是人造放射性元素衰變，原子核中的 1 顆質子從軌道中捉到 1 顆電子，此質子與電子轉變成 1 顆中子，因此原子序減少 1 (圖 10-4)。

例 $^{7}_{4}Be + ^{0}_{-1}e \rightarrow ^{7}_{3}Li$

五、衰變速率 (Decay rate)

放射性元素原子核衰變為穩定原子核的速率稱為**衰變速率**，也就是單位時間內核子之衰變量。原子核衰變後數目僅剩原來一半所需的時間稱為**半衰期** (half-life)，屬於一級反應。半衰期愈長的原子核表示愈穩定，常見物質的半衰期如表 10-1 所示。

表 10-1 常見物質的半衰期

元素	硼 12	氡 220	碘 128	氡 222	鍶 89
半衰期	0.02 秒	52 秒	25 分	3.8 天	28 年
元素	鐳 228	碳 14	鈽 239	鈾 235	鈾 238
半衰期	1602 年	5730 年	24400 年	7.1×10^8 年	4.5×10^9 年

例題 10-3

若某放射性同位素經過 96 分鐘衰變後只剩下原來的 $\frac{1}{8}$，則此同位素的半衰期為何？

解

剩下原來的 $\frac{1}{8} = (\frac{1}{2})^3$，表示經過三個半衰期，因此 96 分鐘為三個半衰期的時間，所以每個半衰期為 32 分鐘。

六、放射強度 (Intensity of radio activity)

放射強度是每秒鐘衰變的次數，它的單位是貝克 (Bq)，或是每秒鐘衰變的次數 (s^{-1})。貝克的數字愈大，代表放出愈多的放射線。

輻射劑量表示輻射對人體影響的大小，劑量單位是西弗 (Sv)。人體接受地球上的自然輻射每年約為 0.4 ～ 4.0 毫西弗，一年內人體可接受的最大輻射量為 50 毫西弗，致命的劑量是 3000 毫西弗，生活中常見的輻射劑量比較如圖 10-5 所示。

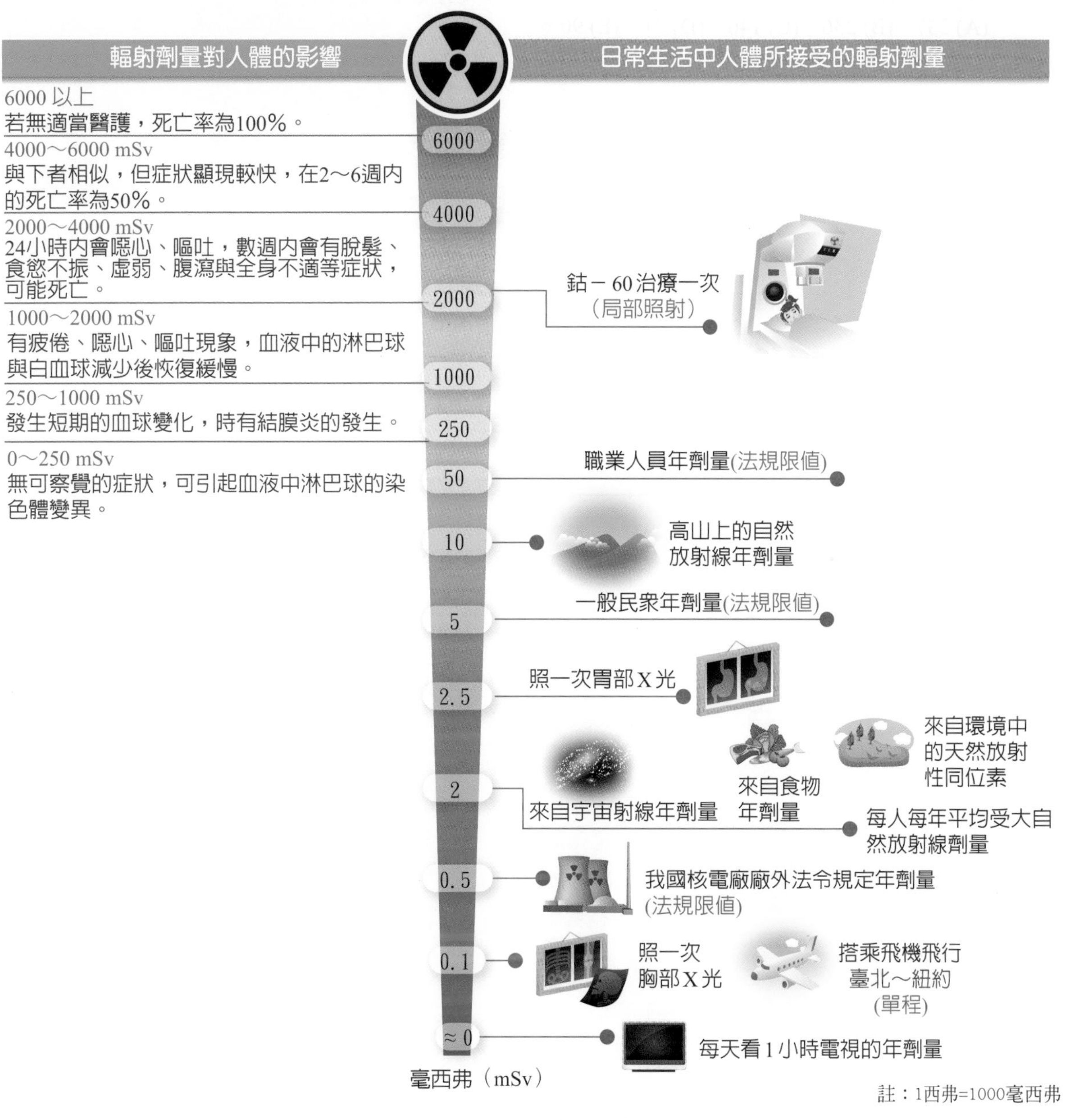

圖 10-5 輻射劑量比較圖

練習

1. 拉塞福在 1919 年以 α 粒子 ($^{4}_{2}He$) 撞擊氮原子核 ($^{14}_{7}N$)，產生核反應。若該反應產生的兩種粒子，有一為氧原子核 ($^{17}_{8}O$)，則另一粒子應為何者？
2. 以 α 粒子撞擊氮原子核 $^{14}_{7}N$，其反應可表示為 $\alpha + {}^{14}_{7}N \rightarrow O + p$ (α 是 $^{4}_{2}He$，p 是質子)，則產生的氧原子核為何者？
3. 在核反應式 $^{x}_{92}U + {}^{1}_{0}n \rightarrow {}^{138}_{56}Ba + {}^{92}_{y}Kr + 3\,{}^{1}_{0}n$ 中，x+y 之值為若干？
4. 以中子撞擊鈾原子核，其核反應式：$^{235}_{92}U + {}^{w}_{x}n \rightarrow {}^{y}_{z}Ba + {}^{92}_{36}Kr + 3\,{}^{1}_{0}n$，則 w、x、y、z 分別為多少？
5. 若 $^{238}_{92}U$ 的原子核放射出一個 α 粒子，則剩留的原子核內會含有幾個質子？
   (A) 237　(B) 236　(C) 146　(D) 91　(E) 90。

NOTE

10-3 質能守恆定律 (Law of conservation of mass-energy)

圖 10-6 愛因斯坦

愛因斯坦 (A. Einstein，圖 10-6) 在 1905 年提出物質是能量的一種形式，物質的質量 (m) 和能量 (E) 的關係為：

$$E = mc^2$$

m：核反應減損的質量 (kg)

c：光速 (3×10^8 m/s)

E：能量 (J)

即質量減少 1 (g)，會產生能量 E = 9×10^{10}(kJ)。經實驗得知，每公斤 ^{235}U 反應，當減損約千分之一的質量時，會產生約 8.5×10^{10}(kJ) 的能量，每公斤氫氣的燃燒放熱 1.43×10^5(kJ)，因此核能約為氫氣能量的 60 萬倍。

因此進行核化學反應時，減少的質量會轉換成能量，即質量與能量可以互相轉換。反應前質量和能量總和會等於反應後質量和能量的總和，此一性質稱為質能守恆定律。

例題 10-4

核反應時若損失 3 克的質量，則能產生多少仟焦的核能？

解

$$E = mc^2 = (\frac{3}{1000}) \times (3 \times 10^8)^2 = 2.7 \times 10^{14} (J) = 2.7 \times 10^{11}\ (kJ)$$

練習

下列有關能量的敘述，何者正確？
(A) 核反應遵守能量守恆定律
(B) 能量的形式可以互換，但必須遵守能量守恆定律
(C) 屬於自然發生的化學反應必為放熱反應
(D) 根據能量守恆定律，一般的化學反應是不吸熱且不放熱。

10-4 核反應 (Nuclear reaction)

核反應是指粒子與原子核碰撞時，使核的結構發生變化，形成新核，放出一個或數個粒子，並釋出巨大能量。

核反應與一般的化學反應不同。化學反應主要是原子重組及核外電子的變化，原子核本身並未發生改變，化學反應過程遵守能量守恆和質量守恆定律。但核反應會改變參與反應的原子核，遵守質量數守恆、電荷守恆、原子序守恆及質能守恆。

核化學反應式中，必須把元素的質量數和質子數列出，再依據核反應前後，質量數、原子序 (質子數) 相同的原則，寫出反應式。以 ${}^{238}_{92}U \rightarrow {}^{234}_{90}Th + {}^{4}_{2}He$ 為例，反應前質量數為 238，反應後質量數為 234 + 4 = 238；反應前原子序為 92，反應後原子序為 90 + 2 = 92，所以反應前後質量數及原子序相同。

例題 10-5

以 α 粒子撞擊氮原子核 ${}^{14}_{7}N$，其核反應方程式：$\alpha + {}^{14}_{7}N \rightarrow O + p$ (α 是 ${}^{4}_{2}He$，p 是質子)，則產生何種氧原子核？

解

核反應必須遵守兩原則：(1) 質子數不滅 (2) 質量數不滅

所以 ${}^{4}_{2}He + {}^{14}_{7}N \rightarrow {}^{y}_{x}O + {}^{1}_{1}P$ $\therefore \left.\begin{array}{l} 4+14 = y+1，y = 17 \\ 2+7 = x+1，x = 8 \end{array}\right\}$

因此氧原子核為 ${}^{17}_{8}O$。

一、核分裂 (Nuclear fission)

核分裂是中子撞擊重元素 (例如：鈾、鈽) 而分裂成為二個大小、質量相近之分裂產物，並釋出大量能量和數個中子。核反應式如下：

$${}^{235}_{92}U + {}^{1}_{0}n \rightarrow {}^{141}_{56}Ba + {}^{92}_{36}Kr + 3{}^{1}_{0}n$$

核分裂產生的多個自由中子會撞擊其他重元素，而引發更多的核分裂，如此不斷的反應下去，稱為**核連鎖反應** (chain reaction)，如圖 10-7 所示。

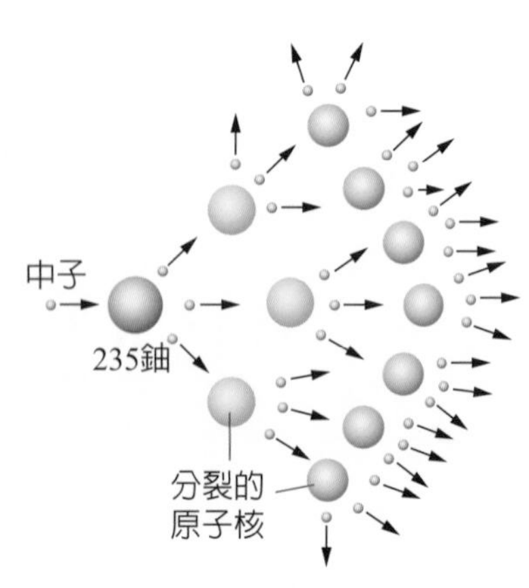

圖 10-7 核分裂連鎖反應

連鎖核分裂反應會產生極大的熱量，原子彈以及核電廠的能量來源都是核分裂。在核電廠中，其能量產生速率控制在一個較小的速率，而在原子彈中能量以非常快速不受控制的方式釋放。

原子彈是核武器的一種，是利用核分裂的能量來進行破壞的核子武器。歷史上僅有在 1945 年 8 月時，美國投擲兩顆原子彈於日本的廣島及長崎，造成死傷人數至少 25 萬人以上。當時所投擲的原子彈是由 ^{235} 鈾和 ^{239} 鈽所製造。

核能電廠通常是以 $^{235}_{92}U$ 為原料，進行核分裂連鎖反應，所產生的熱，會將水加熱成高溫高壓的蒸汽，用以推動汽輪機，再帶動發電機發電。原子爐中核分裂反應速率的快慢是由控制棒所控制，控制棒可吸收中子，若控制棒愈深入爐心，單位時間內便有愈多的中子被吸收，核反應速率減慢；反之將控制棒愈抽離爐心，則核反應速率加快。

核能發電的優點包含燃料體積小，容易運輸及貯存、發電量大，相較於化石燃料，不會造成空氣汙染，對環境影響小。但核能發電需製造核燃料、處理核廢料也同樣對大眾健康及環境汙染有相當大的風險。

例題 10-6

核能發電的能量轉換主要的過程順序為下列何者？

(A) 核分裂→熱能→機械能→電能

(B) 電子的動能→核分裂→熱能→電能

(C) 核分裂→機械能→熱能→電能

(D) 核融合→機械能→熱能→電能。

解 (A)

核能發電是先進行核分裂產生熱，再將水加熱成高溫高壓的蒸汽，推動汽輪機，再帶動發電機發電，因此順序為核分裂→熱能→機械能→電能。

Life

核廢料該放哪裡才安全？

最難處理的核廢料就是使用過的核燃料棒，根據放射性核種類不同，半衰期短則數百年，長則數百萬年。國際認可的最終處置作法是將核廢料封裝在耐腐蝕容器中，外層填充吸附性材質，埋到 300 ～ 1000 公尺的地底深處，場所必須是地質穩固、不會發生地震、沒有地下水流通的地層。想想看，臺灣哪個地方能符合安全標準？

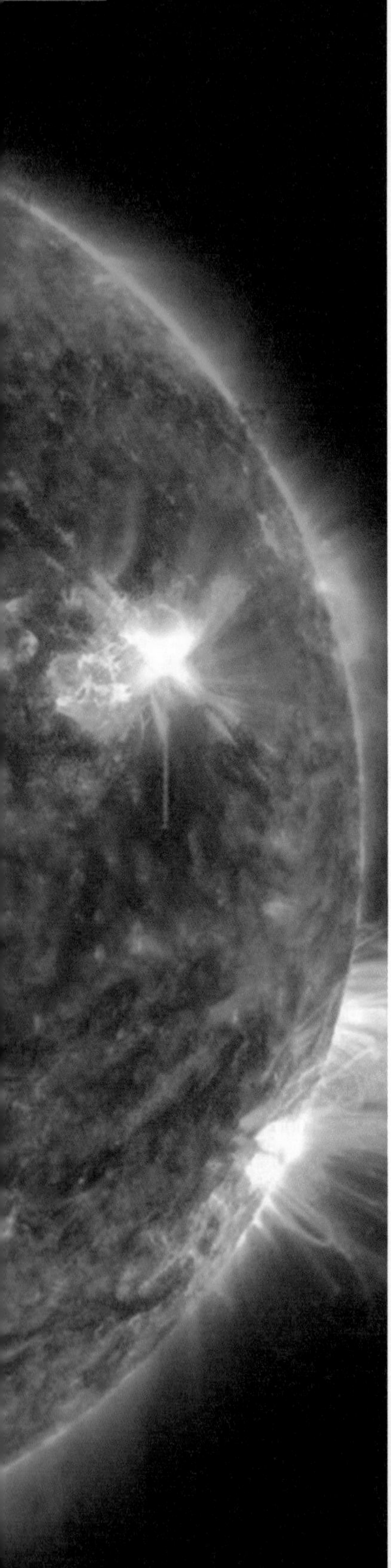

二、核融合 (Nuclear fusion)

核融合是將兩顆輕的原子核對撞後，產生出一顆較重的原子，並在過程中放出巨大的能量，這種反應即是星球發光發熱的原理 (圖 10-8)。核融合通常在極高溫下進行，溫度須高於 10^7 K，核融合放出的能量遠比核分裂更高。

以氘與氚的核融合為例，氘 ($^{2}_{1}H$) 和氚 ($^{3}_{1}H$) 皆為氫的同位素，氘核有一個質子和一個中子，氚核有一個質子和二個中子。當氘核和氚核融合時，產生氦核，並產生一個中子且釋放出能量。其反應式為：

$$^{3}_{1}H + ^{2}_{1}H \rightarrow ^{4}_{2}He + ^{1}_{0}n + 1.94\times10^{9}\ kJ/mol$$

目前核融合已經應用在氫彈的研發，1952 年 11 月 1 日，第一顆利用核融合的氫彈，在太平洋上的一處珊瑚環礁試爆成功，試爆後整個珊瑚環礁汽化消失。其爆炸的能量約為投擲於廣島的原子彈的 500 倍。此外，核融合是非常乾淨的能源，不會造成輻射性的汙染，所需的燃料氘可由海水中提煉，可說是取之不竭。但要利用核融合做為發電的民生用途，必須先能有效控制核融合反應，且核融合需要在極高溫下反應，所有的材料早已汽化，找不到任何材料可用來裝載數千萬度的融合反應物。

例題 10-7

關於核反應的敘述，何者錯誤？

(A) 目前的核能電廠是利用核分裂來發電

(B) 反應過程中若有質量損失，會遵守質能互換原理

(C) 反應前後原子種類會改變

(D) 反應前後會遵守質量守恆定律。

解 (D)

核反應後質量減輕，不遵守質量守恆定律。

圖 10-8　太陽的核融合

Life

農業、生活方面的應用

放射線在農業上的用途主要是用來改良品種，因為放射線會使遺傳基因產生突變，也會使細胞染色體遭到破壞。輻射照射也可處理農業廢棄物堆肥發酵，提供農作物栽培及添加飼料，亦可應用於自來水滅菌。

輻射照射食品 (food irradiation) 是指在食品加工過程中，利用游離輻射照射(例如：^{60}鈷)，以抑制發芽、殺蟲、滅菌或防腐、保鮮等，經過食品輻照處理的食物會以國際通用的 Radura 標章表示(右圖)。此外，γ 射線具有極強的穿透力，可以殺滅果實內部的害蟲及蟲卵，殺滅微生物的效果遠遠大於傳統方法。另外，還可以根據產品的要求任意調節輻照劑量，而達到不同的殺菌程度，直至完全滅菌。

輻射照射處理標章

練習

1. 關於核反應的敘述，何者錯誤？
   (A) 目前已有許多發電廠利用核分裂提供商業和家庭用電
   (B) 核反應包括核分裂和核融合
   (C) 核分裂產生的輻射性廢料比核融合嚴重
   (D) 核分裂和核融合均以中子撞擊核原料，放出大量能量。
2. 由 ^{66}Zn 和 ^{208}Pb 兩原子，經核融合，並放出一定數目的中子而製得某元素，其質量數為 272，則兩原子在核融合的過程中，所放出的中子數目為多少？
3. 太陽能是由何種反應而來？
4. 太陽內部進行核融合反應時，其主要產物為何？
5. 以中子撞擊原子核，使其生成兩個較輕的原子核和若干中子的反應，稱為何種反應？

充電小站

放射性碳定年

碳 14 定年法被廣泛應用於地質學、水文學、地球物理學、大氣科學、海洋學、古氣候學，碳 14 是不穩定和弱放射性的碳元素，而碳 12 和碳 13 是穩定的同位素。動物和植物都會由二氧化碳中吸收碳 14，當它們死亡後，就停止與生物圈的碳交換，其碳 14 含量開始減少，透過樣品中殘留的碳 14 含量，就可以推測有機物死亡的年齡。

重點回顧

10-1 放射性元素

1. 放射性元素是指該元素能自發地從不穩定原子核內部放出粒子或射線。
2. 原子序 83～92 的元素為天然放射性元素；原子序 92 以上的元素，稱為超鈾元素，為人造放射性元素。

10-2 放射性衰變

1. 放射性元素由不安定核種轉變成較穩定原子核的過程即為衰變。
2. α 射線是氦 –4 原子核 ($^{4}_{2}He^{2+}$)，帶有正電的粒子，因此在電場中行進會偏向負極。
3. β 射線是高速電子 ($^{0}_{-1}e^{-}$)，帶有負電的粒子，因此在電場中行進會偏向正極。
4. γ 射線為高頻率及高能量的電磁波，呈電中性，因此不受電場與磁場的影響。
5. 穿透能力次序為 γ 射線 > β 射線 > α 射線。
6. 天然放射性元素放射：
   (1) α 衰變：當原子核放出 α 粒子，原子序少 2，質量數少 4。
   (2) β 衰變：當原子核放出 β 粒子，原子序多 1，質量數不變。
   (3) γ 衰變：當原子核釋放出 α 或 β 粒子後，新的原子核處於激發態，會把能量以電磁波的形式釋放。
7. 原子核衰變後數目僅剩原來一半所需的時間稱為半衰期，屬於一級反應。
8. 放射強度是每秒鐘衰變的次數，單位是貝克 (Bq)。
9. 輻射劑量表示輻射對人體影響的大小，劑量單位是西弗 (Sv)。

10-3 質能守恆定律

1. 物質的質量 (m) 和能量 (E) 的關係為：$E = mc^2$。
2. 進行核化學反應時，反應前質量和能量總和會等於反應後質量和能量的總和，稱為質能守恆定律。

10-4 核反應

1. 核反應會改變參與反應的原子核，遵守質量數守恆、電荷守恆、原子序守恆及質能守恆。
2. 核化學反應式中，必須把元素的質量數和質子數列出，再依據核反應前後，質量數、原子序 (質子數) 相同的原則，寫出反應式。
3. 核分裂是由中子撞擊重元素所產生，產生的多個自由中子會撞擊其他重元素，會啟動更多的核分裂，成為核連鎖反應。
4. 核能電廠通常是以 $^{235}_{92}U$ 為原料，進行核分裂連鎖反應，所產生的熱，會將水加熱成高溫高壓的蒸汽，用以推動汽輪機，再帶動發電機發電。
5. 核融合是將兩顆輕的原子核對撞後，產生出一顆較重的原子，並在過程中放出巨大的能量。

Chapter

11

有機化學

Organic chemistry

有機化學與日常生活密不可分，衣食住行都離不開有機化合物。止痛藥、消炎藥、輪胎、文具、紙張等都是由有機化合物組成，因此有機化學是化學中極重要的一個分支，又稱為碳化合物的化學。

塑膠是最常見的聚合物，塑膠的優點是質量輕、具有可塑性、絕緣性和腐蝕抵抗性佳。塑膠產品已經成為日常生活中最方便與輕便的生活用品。

11-1　有機化合物 (Organic compound)

圖 11-1　謝夫路爾

圖 11-2　烏勒

有機化學的發展歷史較無機化學晚，直到 18 世紀末才有初步的發展，到 19 世紀才獲得重大突破並迅速成長。在 18 世紀前，人類已具有蒸餾酒的技術，能製備乙醚、醋酸、合成油氣等有機化合物。直至 19 世紀初，法國化學家謝夫路爾 (M. E. Chevreul，圖 11-1) 才明瞭將鹼和油脂反應可以製造肥皂，在這段期間化學家仍認為無法以人為方法產生有機物。1828 年，德國化學家烏勒 (F. Wöhler，圖 11-2) 從無機物中首次製得有機物－尿素 $[(NH_2)_2CO]$，才打破無法由人為方式產生有機物的說法，自此有機化學蓬勃發展，包含研究苯 (C_6H_6) 的結構、設立電石 (CaC_2) 工廠以生產乙炔，以及二次世界大戰期間問世的磺胺類藥物等，都讓有機化學的發展更廣闊。

一、有機化合物的定義 (Definition of organic compounds)

有機化合物包含碳氫化合物及其衍生物，其他常見的原子有氧、氮、硫、磷、鹵素等。煤、石油或天然氣等化石燃料為主要有機化合物的來源，截至目前種類已經超過 2000 萬種，遠高於無機化合物。

有機化合物常指的是含碳的化合物，但有些例外，如 CO_2、H_2CO_3、KCN 等，雖然含有碳，並不屬於有機化合物。

例題 11-1

下列關於有機化合物的敘述，何者正確？
(A) 無法由無機化合物製造出有機化合物
(B) 含碳元素的化合物都是有機化合物
(C) 一氧化碳雖然含有碳，但仍為無機化合物
(D) 有機化合物的組成元素較無機化合物少，故有機化合物的數目比無機化合物少。

解 (C)

(A) 可以，例如：尿素。
(B) 不一定，例如：CO、CaC_2 為無機化合物。
(D) 有機化合物的數目比無機化合物多。

二、有機化合物的物理性質 (Physical properties of organic compounds)

1. 熔點：分子愈大，熔點愈高。分子量相近時，具極性者或對稱性分子，熔點較高。

2. 沸點：分子愈大，沸點愈高。分子量相近時，具極性者或對稱性分子，沸點較高。分子間有氫鍵者，沸點較高。

3. 溶解度：相似者相溶，即極性化合物溶於極性溶劑，非極性化合物溶於非極性溶劑。

充電小站

有機化合物與無機化合物性質之比較

項目	有機化合物	無機化合物
主要元素	最主要元素為碳，其次為氫、氧、氮，再次為硫、磷、鹵素及微量金屬。	週期表上所有元素。
鍵結	共價鍵為主	共價鍵、離子鍵或金屬鍵
分子間引力	凡得瓦力 (少數如醇類、胺類分子間有氫鍵)	共價分子間為凡得瓦力。
比重	較小 (大多 $< 2\ g/cm^3$)	較大 (金屬、離子固體大多 $> 2\ g/cm^3$)
熔點與沸點	較低	金屬、離子固體較高，共價分子較低。
結構	較複雜，常有異構物。	較簡單，較少有異構物。
反應性	在空氣中多數會燃燒，產生二氧化碳、水及其他小分子，常有副反應發生。	在空氣中多數不燃燒，少有副反應的發生。

練習

1. 關於有機化合物與無機化合物的比較，何者正確？
   (A)有機化合物種類較無機化合物為少
   (B)組成有機化合物的元素種類較無機化合物為多
   (C)來自生物呼吸作用所釋出的 CO_2 是屬於有機化合物
   (D)碳原子不僅可與其他元素結合，並且碳與碳原子間亦可連結成鍵或環，因此有機化合物種類較無機化合物為多。
2. 西元 1828 年德國化學家烏勒首先由氰酸銨 (NH_4CNO) 合成何種化合物，開啟近代化學研究的新領域？

11-2 有機化合物的結構 (Structure of organic compounds)

一、鍵結 (Bonding)

單鍵是指含有 C—C 結構，每個碳原子以 sp^3 混成軌域與其他四個原子相連接，即每一個碳原子在四面體的中心，例如：甲烷 (CH_4)、乙烷 (C_2H_6)。雙鍵是指含有 C＝C 結構，碳原子以平面三角形的 sp^2 混成軌域與其他 3 個原子相連接，例如：乙烯 (C_2H_4)。參鍵是指含 C≡C 結構，碳原子以直線狀的 sp 混成軌域與其他 2 個原子相連接，例如：乙炔 (C_2H_2)。

二、官能基 (Functional group)

官能基是指決定有機物化學性質的原子或原子團。大部分有機反應僅牽涉到官能基的變化，其分子的碳骨架未改變。依照官能基分類，是將化合物具有相同官能基的分成一類，因為含有相同官能基的化合物，一般而言，其化學性質是相近的。常見的官能基整理如下表。

表 11-1 常見的官能基

官能基		類別	命名字尾	例子	
鹵素	–X X＝F、Cl、Br、I	鹵化物 (Halide)	無	三氯甲烷	H—C(Cl)(Cl)—Cl
烷基	—C— (四個單鍵)	烷 (Alkane)	-ane	甲烷	H—C(H)(H)—H
烯基	>C＝C<	烯 (Alkene)	-ene	乙烯	$H_2C=CH_2$
炔基	—C≡C—	炔 (Alkyne)	-yne	乙炔	H—C≡C—H
羥基	—OH	醇 (Alcohol)	-ol	甲醇	CH_3—OH
醚基	C—O—C	醚 (Ether)	-ether	甲醚	CH_3—O—CH_3
羰基	—C(＝O)—	接上不同原子形成不同的有機化合物	無	–	

官能基		類別	命名字尾	例子	
醛基	$-\overset{\overset{\displaystyle O}{\Vert}}{C}-H$	醛 (Alde hyde)	-al	甲醛	$H-\overset{\overset{\displaystyle O}{\Vert}}{C}-H$
酮基	$C-\overset{\overset{\displaystyle O}{\Vert}}{C}-C$	酮 (Ketone)	-one	丙酮	$CH_3-\overset{\overset{\displaystyle O}{\Vert}}{C}-CH_3$
羧基	$-\overset{\overset{\displaystyle O}{\Vert}}{C}-OH$	羧酸 (Carboxy lic acid)	-oic acid	甲酸	$H-\overset{\overset{\displaystyle O}{\Vert}}{C}-OH$
酯基	$-\overset{\overset{\displaystyle O}{\Vert}}{C}-O-$	酯 (Ester)	-oate	甲酸甲酯	$H-\overset{\overset{\displaystyle O}{\Vert}}{C}-O-CH_3$
胺基	$-\underset{\vert}{N}-$	胺 (Amine)	-amine	甲胺	$CH_3-\underset{\underset{\displaystyle H}{\vert}}{N}-H$
醯基	$-\overset{\overset{\displaystyle O}{\Vert}}{C}-\underset{\vert}{N}-$	醯胺 (Amide)	-amide	甲醯胺	$H-\overset{\overset{\displaystyle O}{\Vert}}{C}-\underset{\underset{\displaystyle H}{\vert}}{N}-H$
硝基	$-NO_2$	硝基化合物 (Nitro compound)	無	硝甲烷	$CH_3-\overset{\overset{\displaystyle O}{\Vert}}{N}-O$
氰基	$-C\equiv N$	腈 (Nitrile)	-nitrile	乙腈	$H-\overset{\overset{\displaystyle H}{\vert}}{\underset{\underset{\displaystyle H}{\vert}}{C}}-C\equiv N$

三、同分異構物 (Isomer)

同分異構物是指分子式相同，但鍵結方式不同或原子在空間的幾何位置不同的物質，簡稱為異構物。同分異構物彼此間的物理性質與化學性質都不同。同分異構物的分類如圖 11-3 所示：

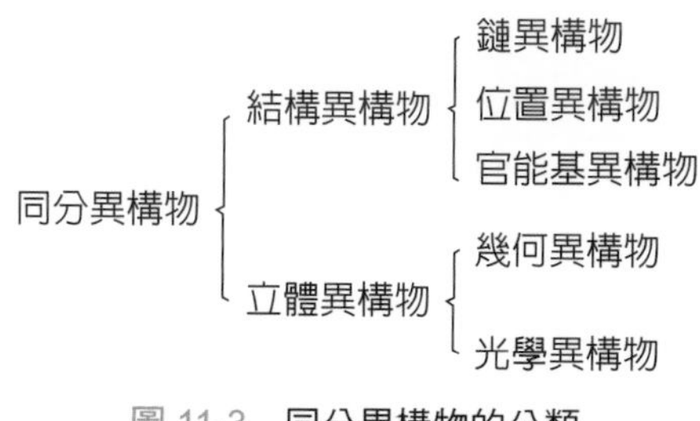

圖 11-3 同分異構物的分類

結構異構物 (structural isomer) 是指分子式相同，但原子連接方式或次序不同的化合物。結構異構物又可分為鏈異構物、位置異構物和官能基異構物三種。

1. **鏈異構物 (chain isomer)**：具有相同官能基，但碳鏈連接方式不同的同分異構體，例如：正丁烷與異丁烷 (C_4H_{10}，圖 11-4)。

$CH_3 — CH_2 — CH_2 — CH_3$

正丁烷

$CH_3 — CH(CH_3) — CH_3$

異丁烷

圖 11-4　正丁烷與異丁烷

2. **位置異構物 (position isomer)**：具有相同碳鏈和官能基的同分異構物，但是官能基的位置不同。因為位置異構物含有相同的官能基，所以異構物間具有相似的化學性質，例如：1- 丙醇與 2- 丙醇 (C_3H_7OH，圖 11-5)。

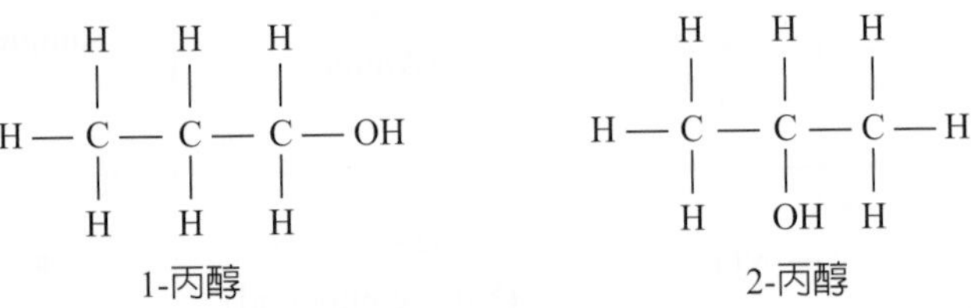

圖 11-5　1- 丙醇與 2- 丙醇

3. **官能基異構物 (functional group isomer)**：具有相同分子式，但官能基不同的同分異構物，例如：乙醇與甲醚 (C_2H_6O，圖 11-6)。

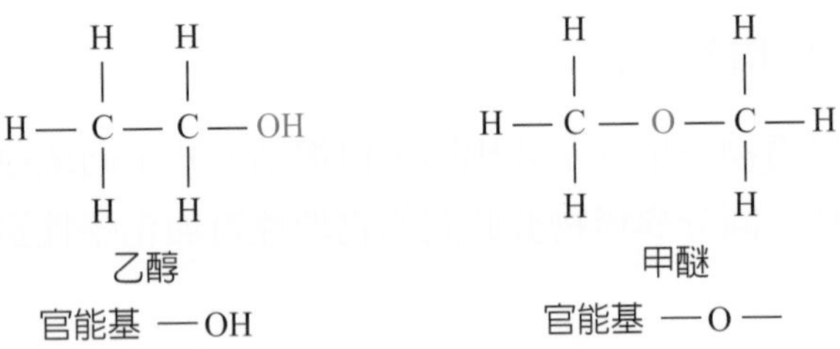

圖 11-6　乙醇與甲醚

例題 11-2

下列各對化合物，何者是結構異構物？

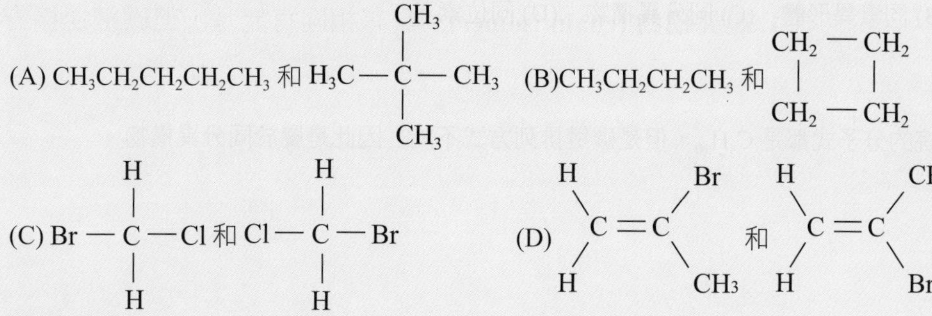

(A) $CH_3CH_2CH_2CH_2CH_3$ 和 $H_3C-C(CH_3)_2-CH_3$

(B) $CH_3CH_2CH_2CH_3$ 和 環丁烷（CH_2-CH_2 / CH_2-CH_2 環狀）

(C) $Br-CH(H)-Cl$ 和 $Cl-CH(H)-Br$（H 在上下）

(D) $H_2C=C(Br)(CH_3)$ 和 $H_2C=C(CH_3)(Br)$

解 (A)

(A) 為結構異構物中的鏈異構物。

(B) 兩個化合物的分子式不同，不是異構物。

(C) (D) 為同一物質，不是異構物。

立體異構物 (stereoisomer) 是指原子以相同的方式互相連結，但在空間上的排列方式卻有所不同，立體異構物可分為**幾何異構物**(geometrical isomer)和**光學異構物**(optical isomer)兩種。

幾何異構物是指分子式相同，但原子在立體空間的幾何排列不同之化合物，又稱為**順反異構物** (cis-trans isomers)。當取代基位於雙鍵的同側為順式異構物，當取代基位於雙鍵的異側時則為反式異構物 (圖 11-7)。

圖 11-7 常見的順反異構物

順反異構物因為結構不同，順反異構物會有不同的物理性質，通常可以由熔點與沸點觀察出來。順式異構物有極性，沸點較反式異構物高，而反式異構物對稱性高，熔點則較順式異構物高。

例題 11-3

正丁烷與異丁烷兩者之間的關係為？

(A) 同量素 (B) 同素異形體 (C) 同分異構物 (D) 同位素。

解 (C)

正丁烷與異丁烷的分子式都是 C_4H_{10}，但是碳鏈排列方式不同，因此是屬於同分異構物。

練習

1. 具有 $-\overset{\overset{\displaystyle O}{\|}}{C}-OH$ 官能基結構者，屬於哪一類化合物？
2. 依照鍵結理論，HCOOH 分子具有哪些官能基？
3. 下列化合物中，何者具有幾何異構物？

   (A) C_4H_{10} (B) C_2H_4

   (C) $CH_3CH_2CH=CH_2$ (D) $CH_3CH_2CH=CHCH_2CH_3$。

NOTE

11-3 有機化合物的命名 (Nomenclature of organic compounds)

有機化合物的命名主要有俗名與 IUPAC 系統命名法兩種，俗名是以總碳數命名，10 個碳以下的烷類，以甲、乙、丙……癸代表其所含之碳原子數；若碳數 11 以上者，則以中文數字表示，例如：十二烷。己烷以下的烷類，若有異構物，以「正」代表直鏈；第 2 個碳上有支鏈者，以「異」表示；第三種異構物，則以「新」表示，如表 11-2 所示。

表 11-2 戊烷的異構物

化合物	異構物		
戊烷 (C_5H_{12})	$CH_3-CH_2-CH_2-CH_2-CH_3$ 正戊烷	$CH_3-CH(CH_3)-CH_2-CH_3$ 異戊烷	$CH_3-C(CH_3)_2-CH_3$ 新戊烷

IUPAC (國際純化學暨應用化學聯合會) 系統命名法規則：

規則 1

先尋找含有官能基的最長的碳鏈為主鏈，若有兩個等長的碳鏈同時存在時，則選擇取代基較多者為主鏈。

例

$CH_3-CH_2-CH_2-CH_2-CH(CH_2-CH_3)-CH(CH_3)-CH_3$

主鏈　二個取代基

$CH_3-CH_2-CH_2-CH_2-CH(CH(CH_3)-CH_3)-CH_2-CH_3$

不是主鏈　一個取代基

規則 2

從最接近取代基或官能基的一端開始給予最長鏈 (主鏈) 標號 (用阿拉伯數字)。

例

$\overset{9}{H_3C}-\overset{8}{CH_2}-\overset{7}{CH_2}-\overset{6}{CH_2}-\overset{5}{CH}(CH_3)-\overset{4}{CH_2}-\overset{3}{CH}(CH_2CH_3)-\overset{2}{CH_2}-\overset{1}{CH_3}$ ⇒ 編號正確，取代基號碼較小

$\overset{1}{H_3C}-\overset{2}{CH_2}-\overset{3}{CH_2}-\overset{4}{CH_2}-\overset{5}{CH}(CH_3)-\overset{6}{CH_2}-\overset{7}{CH}(CH_2CH_3)-\overset{8}{CH_2}-\overset{9}{CH_3}$ ⇒ 編號不正確，取代基號碼較大

規則 3

依官能基類別選擇字尾，主鏈碳數在中間，取代基與其在主鏈之位置編號在字首，取代基的編號與取代基之間以短線隔開。

例

$$\overset{1}{CH_3}\overset{2}{C}H(CH_3)\overset{3}{C}H_2\overset{4}{C}H_2\overset{5}{C}H_3 \Rightarrow \text{2-甲基戊烷}$$

規則 4

有 2 個以上的相同取代基存在時，在取代基名稱之前加二、三……等國字數字表示，表示相同取代基的編號以逗號隔開。

例

$$\overset{1}{CH_3}-\overset{2}{C}H(CH_3)-\overset{3}{C}H(CH_3)-\overset{4}{C}H_2\overset{5}{C}H_3 \Rightarrow \text{2,3-二甲基戊烷}$$

規則 5

若有幾個不相同的取代基，碳數較少的取代基寫在前面，碳數較多的取代基寫在後面。

例

$$\overset{8}{C}H_3\overset{7}{C}H_2\overset{6}{C}H_2\overset{5}{C}H_2\overset{4}{C}H(CH_3)-\overset{3}{C}H(CH_2CH_3)-\overset{2}{C}H_2-\overset{1}{C}H_3 \Rightarrow \text{4-甲基-3-乙基辛烷}$$

規則 6

若有幾何異構物，則以順 - 和反 - 來表示。

例

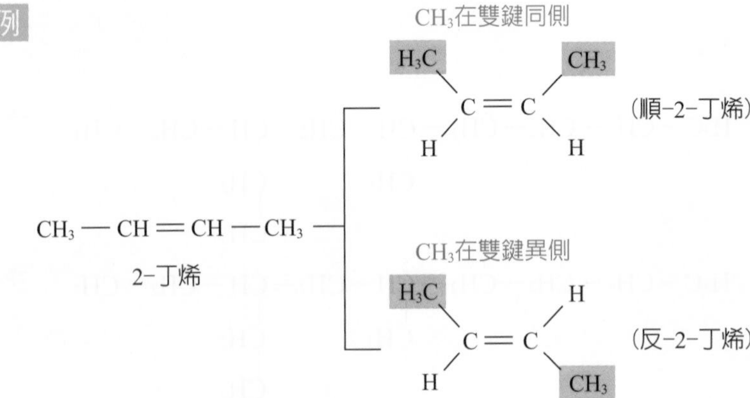

規則 7

環狀化合物命名與直鏈化合物相似，須加個「環」字。若有雙鍵，先設定為 1、2 號碳，再使取代基編號最小。

例

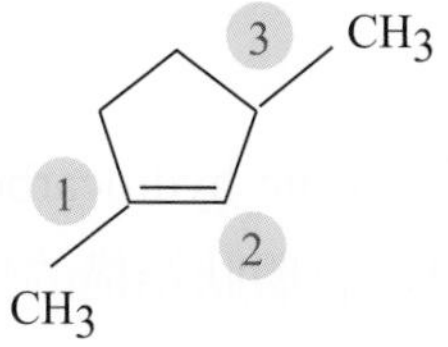

(結構圖：環戊烯，1 號碳接 CH_3，3 號碳接 CH_3，1、2 號碳間為雙鍵)

1,3-二甲基環戊烯

例題 11-4

請寫出下列化合物的命名：

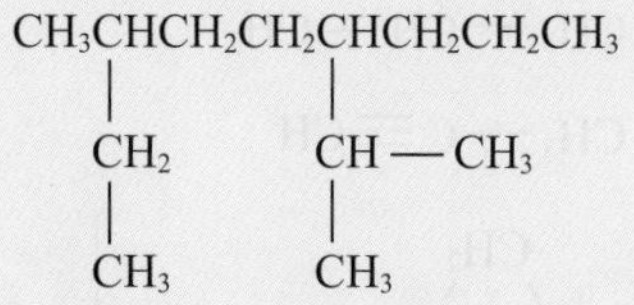

$CH_3CHCH_2CH_2CHCH_2CH_2CH_3$，2 號碳接 CH_2CH_3，5 號碳接 $CH—CH_3$（其下接 CH_3）

解 3- 甲基 -6- 異丙基壬烷

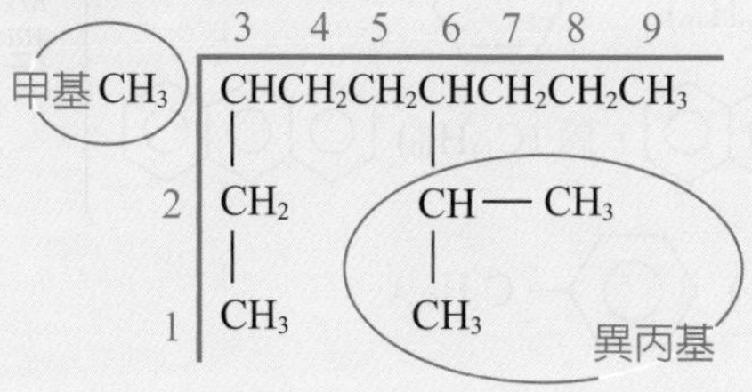

(主鏈編號：CH_3(1)—CH_2(2)—CH(3)—CH_2(4)—CH_2(5)—CH(6)—CH_2(7)—CH_2(8)—CH_3(9)；3 號碳接甲基 CH_3，6 號碳接異丙基 $CH(CH_3)—CH_3$)

甲基 CH_3　異丙基

練習

1. 請以 IUPAC 命名有機化合物：$(CH_3)_2CHCH_2C(CH_3)_3$。
2. 請以 IUPAC 命名下列環烷： 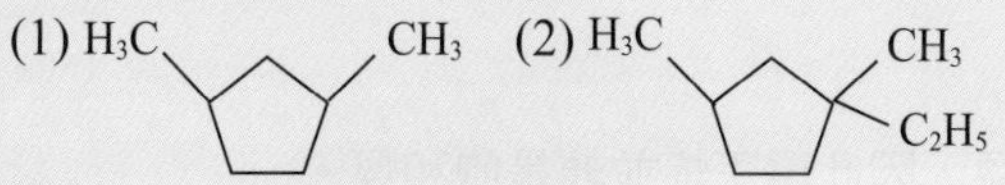
   (1) 環戊烷，兩個 H_3C、CH_3 取代基（1,3 位）
   (2) 環戊烷，H_3C 取代基，另一碳上同時接 CH_3 與 C_2H_5
3. 請以 IUPAC 命名有機化合物：

$CH_3—CH_2—CH—C—CH_2—CH_3$，CH 下接 C_3H_7，C 上接 CH_3、下接 C_2H_5

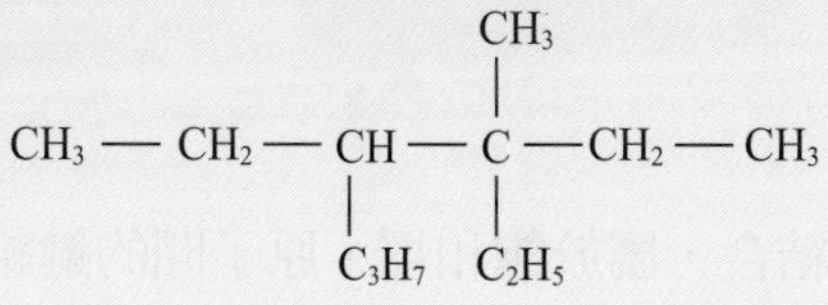

11-4 烴類 (Hydrocarbon)

一、烴的分類 (Classification of hydrocarbons)

烴是指只含碳和氫的有機化合物，也就是碳氫化合物。

1. 依有無苯的結構分為脂肪烴與芳香烴。
2. 依形狀可分為**鏈狀烴** (chain hydrocarbon) 及**環狀烴** (cyclic hydrocarbon)，鏈狀烴是指分子中碳原子為鏈狀鍵結的烴類；環狀烴是指分子中碳原子有環狀結構的烴類。
3. 依鍵結可分為飽和烴與不飽和烴，飽和烴是指碳原子間均以單鍵結合；不飽和烴是指碳原子間含有雙鍵或三鍵。對烴類而言，若化合物結構中多 1 個雙鍵，則化學式少 2 個氫，多 1 個參鍵少 4 個氫，多 1 個環則少 2 個氫。

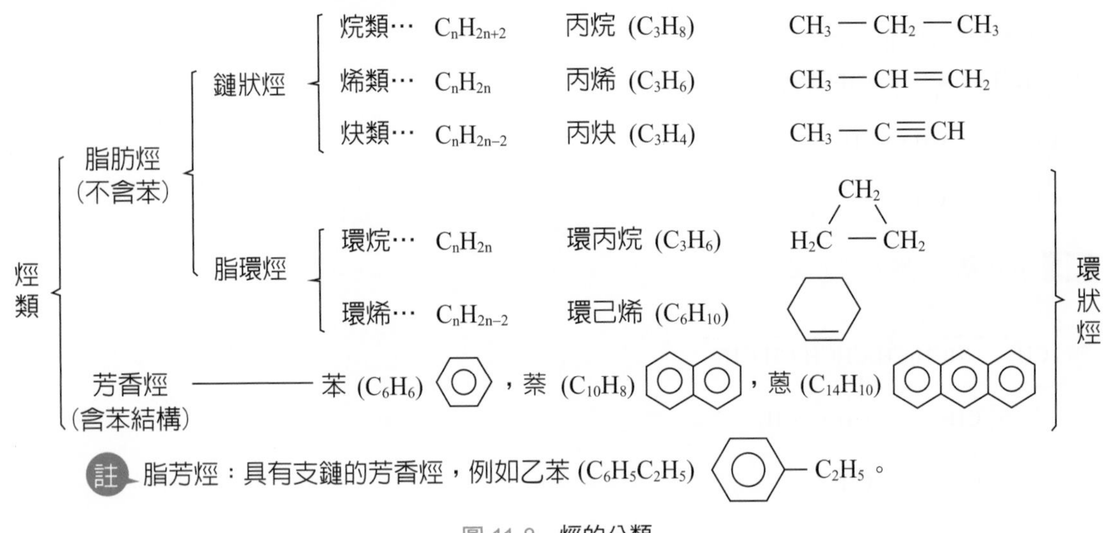

圖 11-8 烴的分類

例題 11-5

下列何者有機化合物並非是飽和烴？ (A) 乙烷 (B) 環丁烯 (C) 辛烷 (D) 環戊烷。

解 (B)

飽和烴是指全部皆以單鍵鍵結，包含烷類與環烷類，因此環丁烯並非是飽和烴。

二、烷類 (Alkane)

烷類為無色、無臭、無毒的有機物，碳原子以 sp^3 結合，屬於飽和烴，原子間的鍵結均為單鍵，且烷類均為非平面分子，最簡單的烷為甲烷 (CH_4)。

最簡單的甲烷又稱沼氣，厭氧細菌分解水中落葉、白蟻分解纖維素，均可產生甲烷。天然氣包含甲烷 (CH_4)、乙烷 (C_2H_6)；液化石油氣是由丙烷 (C_3H_8)、丁烷 (C_4H_{10}) 混合而成；罐裝瓦斯、打火機油則含有丁烷 (C_4H_{10})；汽油內含有戊烷 (C_5H_{12}) ～十二烷 ($C_{12}H_{26}$)。

1. 烷類的性質

(1) 在常溫常壓時，含 1 ～ 4 個碳的烷呈氣態，5 ～ 17 個碳的烷呈液態，18 個碳以上為固態，即常見之石蠟 (paraffin)，故烷類又稱為石蠟烴 (paraffinic hydrocarbon)。

(2) 所有烷類均不溶於水，但可溶於乙醚、甲苯等有機溶劑中。烷類的分子量愈大 (碳數愈多)、接觸面積愈大，沸點愈高；除乙烷和丙烷外，烷類分子量愈大 (碳數愈多)、對稱性愈好，熔點愈高。

(3) 所有烷類的密度均小於水，且碳數愈多的烷，密度愈大。

例題 11-6

下列有關烷類的敘述，何者錯誤？
(A) 為石油的主要成分 (B) 常溫常壓下均為無色、無臭、無味之氣體
(C) 不溶於水，而溶於乙醚、苯、氯仿等溶劑 (D) 沸點隨碳原子數的增加而升高。

解 (B)
低碳數的烷類才是氣體。

2. 烷類的製備

石油為多種烴類的混合物，可利用分餾方式得到烷類。在實驗室常見的製備方式有以下幾種：

(1) 烯類的氫化：烯類與氫氣進行加成反應 (氫化) 可製得烷類。

(2) 格任亞試劑 (Grignard reagent)：又稱格林納試劑，即烴基鹵化鎂 (R-MgX)，一般是由鹵化烷與金屬鎂在無水乙醚或四氫呋喃 (THF) 中反應製得。格任亞試劑會與水、醇、羧酸、氨、胺進行反應產生烷類 (RH)。

(3) 伍茲反應 (Wurtz reaction)：兩個鹵化烴與鈉在無水乙醚下反應，產生新的 C—C 鍵，合成具有更長碳鏈的烷類。

3. 烷類的反應

烷類分子均以單鍵結合，性質安定，不會與強酸 (H_2SO_4、HCl)、強鹼 (NaOH)、強氧化劑 ($KMnO_4$、$K_2Cr_2O_7$) 反應，但在較強烈的環境 (例如：高溫、照光) 下可發生下列反應：

(1) 鹵化反應：在紫外光照射或 250℃以上高溫時，分子中某原子或原子團可被鹵素取代，釋放出鹵化氫氣體。反應速率：$F_2 > Cl_2 > Br_2 > I_2$。

例 $CH_4 + Cl_2 \xrightarrow{h\nu} CH_3Cl$ (氯甲烷) + HCl

(2) 硝化反應：在高溫下，與濃硝酸產生的取代反應。

例 $CH_4 + HNO_3 \rightarrow CH_3NO_2 + H_2O$

(3) 熱裂解 (脫氫反應)：烷類置於無氧密閉容器中，高溫加熱或利用催化劑，使C—C與C—H鍵斷裂成小分子的混合物。

例 $\underset{\text{乙烷}}{H_3C-CH_3} \xrightarrow[Cr_2O_3]{500\,^\circ C} \underset{\text{乙烯}}{H_2C=CH_2} + H_2$

(4) 燃燒反應：烷類在空氣或氧氣中會進行燃燒反應，產物為二氧化碳和水，當空氣或氧不足時，則一氧化碳甚至碳也會出現在產物。烷類的燃燒伴隨著大量熱能的釋放，為重要的能源之一。

例 $CH_4 + 2O_2 \rightarrow CO_2 + 2H_2O$

例題 11-7

有關烷類的反應，下列敘述何者錯誤？
(A) 不受濃硫酸、強氧化劑、強鹼的作用
(B) 在高溫下會發生裂解反應
(C) 在高溫下，能與鹵素作用產生鹵化物，是加成反應
(D) 烷類會發生燃燒反應，在氧氣充足下的產物為二氧化碳與水蒸氣。

解 (C)

在高溫下，能與鹵素作用產生鹵化物，是取代反應。

充電小站

辛烷值

辛烷值 (Octane number，簡寫為 O.N.)，用以表示燃料的抗震程度，當汽油蒸氣在汽缸內燃燒時，常因燃燒急速而發生引擎震爆的現象，此不但損害引擎，且減低引擎動力。烴類的化學結構在震爆上有極大的影響，不同的烴類有不同的抗震性，燃料之抗震 (antiknock) 程度以辛烷值表示。正庚烷的震爆情形最嚴重，抗震性最差，定其辛烷值為零，即 O.N. = 0；異辛烷定為 100，即 O.N. = 100。

汽油辛烷值的標定是將待測汽油放入標準引擎中燃燒，若其產生的震爆與 95% 體積的異辛烷、5% 體積的正庚烷混合產生的震爆程度相同，則此汽油之辛烷值 O.N. = 95，目前市面上的 95 汽油即表示此種汽油的辛烷值為 95。

三、烯類 (Alkene)

烯類為含有C＝C官能基的烴類，碳原子以sp^2結合，屬於不飽和烴，可分為鏈狀烯及環狀烯，最簡單的鏈狀烯為乙烯($CH_2=CH_2$)，最簡單的環狀烯為環丙烯(C_3H_4)。乙烯的分子結構為兩個碳原子間以雙鍵結合，是化工原料年產量最多的有機化合物，可用以製備乙醇、乙酸、乙醛、氯乙烯、苯乙烯等化學原料。乙烯為植物荷爾蒙，會使種子發芽、花朵盛開、果實的成熟功能。烯類可聚合成塑膠材料，進而製造各種塑膠產品。

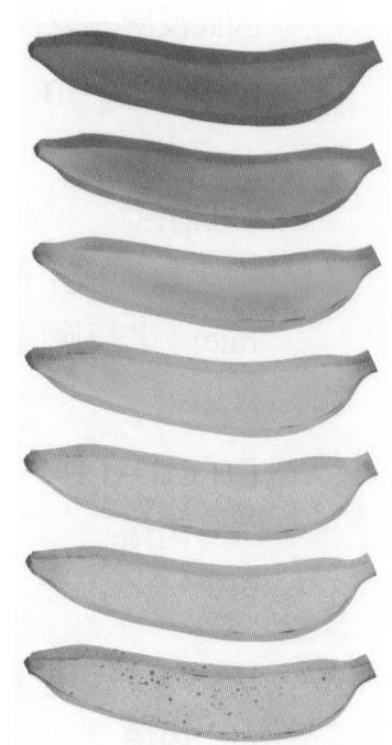

乙烯會催熟香蕉變黃

1. 烯類的性質

(1) 烯烴與烷類相似，密度均小於 1 g/cm^3，其分子在低溫時呈油狀而不易結晶。不溶於水而易溶於有機溶劑，例如：四氯化碳 (CCl_4)、氯仿 ($CHCl_3$)、苯 (C_6H_6) 等。

(2) 大致上烯烴的熔、沸點隨碳原子數的增加而上升。

(3) 烯烴活性較烷類大，易和鹵素反應，例如：烯和溴分子反應形成油狀的鹵化烴。

(4) 若烯類有順反異構物，順式異構物有偶極矩，沸點較高；反式異構物較對稱，熔點高。

2. 烯類的製備

在工業上，烯類的製備主要由石油的裂煉經分餾法提煉製取。在實驗室常以醇類分子內脫水及鹵烷的脫鹵化氫製得烯類。

(1) 醇類分子內脫水：在高溫及濃硫酸催化下，醇類會進行分子內脫水而形成烯類。

例 $CH_3CH_2OH \xrightarrow[180\,^\circ C]{H_2SO_{4(conc.)}} H_2C=CH_2 + H_2O$

(2) 鹵烷的脫鹵化氫反應：將鹵烷和鹼液一起加熱，以乙醇為溶劑下，會進行脫鹵化氫反應，產生烯類。

例 $CH_3-CH_2-\underset{\underset{H}{|}}{CH}-\underset{\underset{Cl}{|}}{CH_2} + KOH \xrightarrow{\text{乙醇}} CH_3-CH_2-CH=CH_2 + HCl$

氯丁烷　　　　　　　　1−丁烯

3. 烯類的反應

烯類的反應主要包含加成、聚合及氧化三種：

(1) 加成反應：有機化合物的不飽和鍵斷裂，其兩端 C 原子各連接上一個新的基團。

①氫的加成：在鉑或鎳催化下，烯類還原成烷類。

例 $H_2C=CH_2 + H_2 \xrightarrow{Pt\text{或}Ni} H_3C-CH_3$

乙烯　　　　　　乙烷

②鹵素加成：形成帶有兩個鹵素的鹵烷類，常溫下即可反應。

因此反應完成後，溶液會褪色，可藉此檢驗烯類的存在。

$H_2C=CH_2 + Br_2 \rightarrow BrH_2C - CH_2Br$

乙烯　　二溴乙烷

紅褐色　　無色

③鹵化氫加成：形成帶有一個鹵素的鹵烷類，會遵守馬可尼可夫法則 (Markovnikov's rule)；若反應時有過氧化物存在，則此加成反應違反馬可尼可夫法則。

例

$CH_3CH=CH_2 + HCl \rightarrow CH_3CHCl - CH_3$ (遵守馬可尼可夫法則)

丙烯　　2- 氯丙烷

例

$H_3CCH=CH_2 + HBr \xrightarrow{\text{過氧化物}} H_3CCH_2 - CH_2Br$ (違反馬可尼可夫法則)

丙烯　　1- 溴丙烷

④水的加成：烯類與水在酸催化下，加成反應形成醇，遵守馬可尼可夫法則。

例

$H_3CCH=CH_2 + H_2O \xrightarrow{H^+} H_3CCH(OH)-CH_3$

丙烯　　2- 丙醇

充電小站

馬可尼可夫法則

當鹵化氫或水加成在不對稱的烯類上，H 加在 H 較多的 C 上，鹵素或羥基加在較少 H 的 C 上。

$R(H)C=CH_2 \xrightarrow{HX} R-CHX-CH_3$

$R(H)C=CH_2 \xrightarrow{HOH} R-CH(OH)-CH_3$

(2) 聚合反應：同類分子因不飽和鍵打開，互相行加成反應，生成分子量很大的聚合物 (polymer)，稱為加成聚合反應。

例 乙烯在高溫高壓下，進行加成聚合反應生成聚乙烯 (polyethylene)，即為塑膠材料 PE

$$nH_2C=CH_2 \xrightarrow[\text{催化劑}]{\text{高溫高壓}} \left(H_2C-CH_2\right)_n$$

(3) 氧化還原反應：燃燒或氧化劑反應

①燃燒：烯類和烷類一樣，完全燃燒後產生二氧化碳和水，並放出大量的熱。

例 $H_2C=CH_2 + 3O_2 \rightarrow 2CO_2 + 2H_2O + 1410\ kJ$

②氧化劑反應：烯類在中性或微鹼性溶液中與 $KMnO_4$ 反應形成二元醇，反應後 $KMnO_4$ 的紫色會褪掉，此方法稱為**拜耳試驗法** (Baeyer test)。

例

$$\underset{\text{乙烯}}{CH_2=CH_2} \xrightarrow[\text{中性或微鹼性}]{\text{冷}KMnO_4} \underset{\text{乙二醇}}{\underset{OH\quad\ OH}{CH_2-CH_2}} + MnO_2\downarrow$$

例題 11-8

下列有關烯類之敘述，何者正確？

(A) 烯類雙鍵上的碳原子是以 sp^3 混成軌域參與鍵結

(B) 相同性質的取代基在雙鍵同一邊者，為反式異構物

(C) 常溫下烯類的碳－碳雙鍵不能轉動，因此 1– 丁烯有兩種幾何異構物

(D) 烯類在微鹼性溶液中與 $KMnO_4$ 反應形成一元醇，反應後溶液的顏色會褪掉。

解 (D)

(A) 碳原子是以 sp^2 混成軌域參與鍵結。

(B) 相同性質的取代基在雙鍵同一邊者，為順式異構物。

(C) 1－丁烯沒有幾何異構物。

氧乙炔焰常用來進行金屬切割或焊接

四、炔類 (Alkyne)

炔類為含有 C≡C 官能基的烴類，碳原子以 sp 結合，屬於不飽和烴。分為鏈狀炔及環狀炔，最簡單的炔類為乙炔 (CH≡CH)，最簡單的環狀炔為環辛炔 (C_8H_{12})。例如：乙炔為直線分子，可用於照明、果實催熟。乙炔的燃燒熱極高，與空氣或氧混合時具爆炸性，與氧混合燃燒時可達 3000 °C，形成氧乙炔焰，用於銲接金屬。丙炔則做為火箭的燃料。

1. 炔類的性質

(1) 炔烴與烷類相似，密度均小於 1，不溶於水而易溶於有機溶劑，例如：四氯化碳 (CCl_4)、氯仿 ($CHCl_3$)、苯 (C_6H_6)、乙醚 [$(C_2H_5)_2O$] 等；易燃但毒性低。

(2) 含 2 ～ 4 個碳的炔類為氣體，炔烴的熔點與沸點大致上隨碳原子數的增加而上升。

2. 炔類的製備

在工業上常使用以石油熱裂解或灰石 ($CaCO_3$)、煤與水反應而製得炔類。在實驗室則是利用電石 (CaC_2) 與水反應來製備。

3. 炔類的反應

炔類因具不飽和的參鍵，容易進行加成反應，此外也會進行聚合及氧化反應。

(1) 加成反應：

①氫的加成：在 Pt 或 Ni 的催化下，炔類會變成烯類或烷類。

例 $CH \equiv CH \xrightarrow[\text{Pt or Ni}]{H_2} CH_2 = CH_2 \xrightarrow[\text{Pt or Ni}]{H_2} CH_3CH_3$

②鹵素的加成：形成帶有鹵素的烯類或烷類。

例 $CH \equiv CH \xrightarrow{Br_2} CHBr = CHBr \xrightarrow{Br_2} CHBr_2CHBr_2$

(2) 聚合反應：乙炔通過 500 °C 石英管，聚合成苯。

例 $3HC \equiv CH \xrightarrow{500°C} C_6H_6$

(3) 氧化反應：

①燃燒：完全燃燒產生 CO_2、H_2O 和大量熱，容易爆炸。

例 $2HC \equiv CH + 5O_2 \rightarrow 4CO_2 + 2H_2O \quad \Delta H = -2600\ kJ$

②與過錳酸鉀反應：炔類在中性或微鹼性溶液中與 $KMnO_4$ 反應形成二酮。

例 $CH - C \equiv C - CH \xrightarrow[\text{微鹼性 或 } H_2O]{KMnO_4} CH_2 - \overset{\overset{\displaystyle O}{\|}}{C} - \overset{\overset{\displaystyle O}{\|}}{C} - CH_2$

例題 11-9

關於乙炔的性質，下列何者錯誤？
(A) 常溫常壓時為無色無臭的氣體
(B) 其碳以 sp^2 混成軌域鍵結，為直線分子
(C) 可使過錳酸鉀中性或微鹼性溶液褪色
(D) 可發生加成和聚合反應。

解 (B)

乙炔之碳以 sp 混成軌域鍵結成直線分子。

充電小站

烷、烯、炔的檢驗

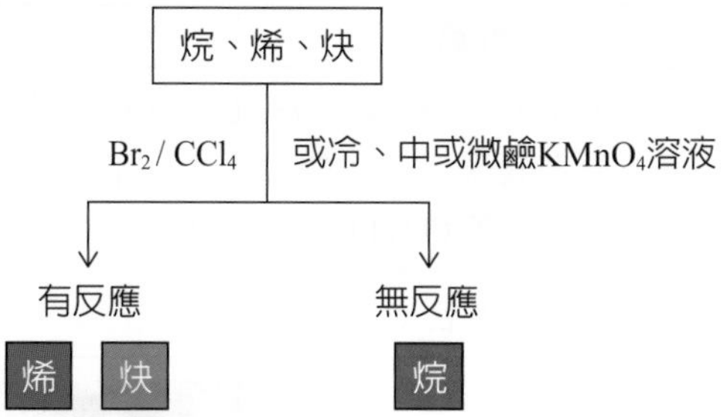

烷、烯、炔

Br_2/CCl_4 或冷、中或微鹼$KMnO_4$溶液

有反應：烯、炔

無反應：烷

- Br_2/CCl_4：加成反應，使褐色溶液退色。
- 冷、中或微鹼$KMnO_4$溶液：氧化還原反應，使深紫色溶液退色。

五、芳香烴 (Aromatic hydrocarbon)

含有苯環結構的烴，由於具有特殊氣味而稱為芳香烴，例如：苯、甲苯、萘、聯苯等。碳原子以 sp^2 混成軌域結合，鍵角 120°，形成平面六角形的非極性分子，其中 6 個 C—C 鍵均相同，其鍵長為 $1\frac{1}{2}$ 鍵，具有共振結構 (圖 11-9)，最簡單的芳香烴為苯 (C_6H_6)。

圖 11-9　苯的共振結構與簡化

例如：

種類	性質	
甲苯	無色有特殊氣味之液體，沸點 110.6 °C，凝固點 –95 °C，性質和苯類似。重要的有機溶劑，常用在塗料、印墨、醫藥實驗室及化學製程中。不溶於水，但可溶於乙醇、乙醚等有機溶劑，亦為三硝基甲苯 (TNT) 炸藥的原料。	
二甲苯	為塗料、油漆的溶劑，也應用在化合物的合成上。	
萘 (naphthalene)	俗稱焦油腦，為白色片狀之結晶，有特殊臭味、易昇華。不溶於水而易溶有機溶劑中，點火發多煙之火焰而燃。萘可作殺蟲 (市售萘丸)、防腐劑、染料。對於蠶豆症患者，會誘發急性溶血反應，目前已逐漸被其他產品 (對 - 二氯苯) 替代。	萘丸 Naphthalene Ball 萘丸

1. 芳香烴的命名

芳香烴的命名依取代基的差異，有不同的命名方式：

(1) 苯上接有烴基或簡單取代基，苯為主名。

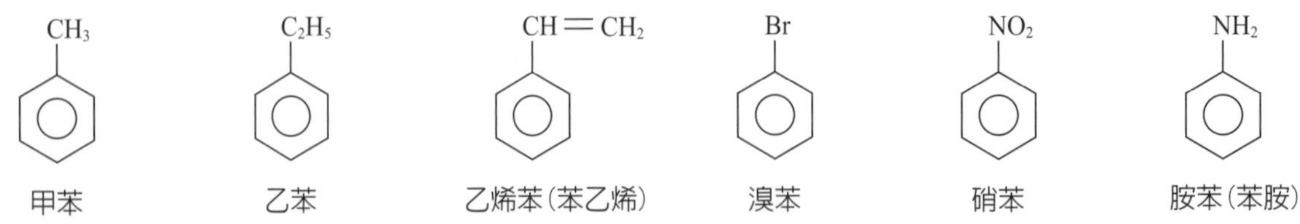

甲苯　乙苯　乙烯苯 (苯乙烯)　溴苯　硝苯　胺苯 (苯胺)

(2) 含有特殊取代基時的名稱。

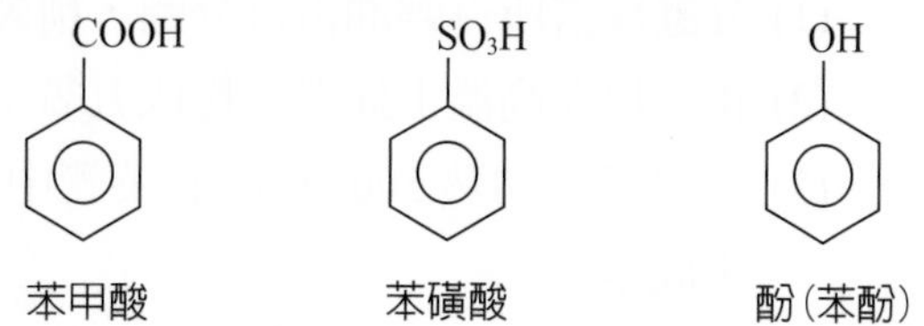

(3) 含有 2 個以上取代基時，需要標明取代基位置。其中取代基若為 1, 2 俗稱鄰位、1, 3 俗稱間位、1, 4 俗稱對位。

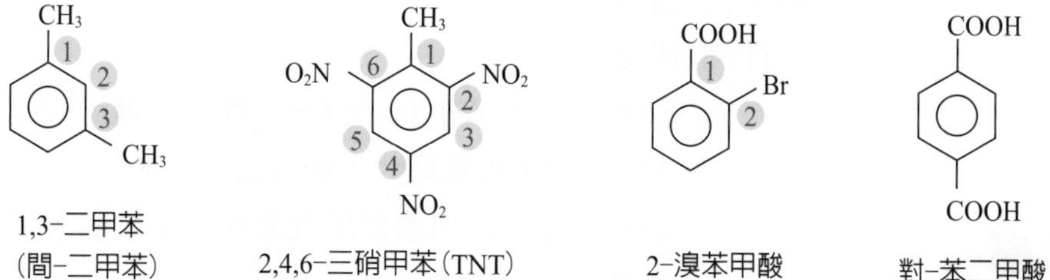

(4) 多環化合物：2 個或 2 個以上的苯環相聯結所形成。例如：2 個環的萘、3 個環的蒽。

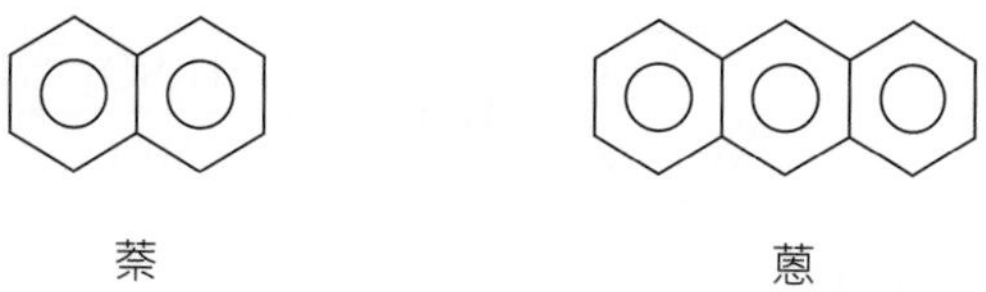

2. 苯的性質

(1) 苯 (benzene) 為最簡單的芳香烴，分子式為 C_6H_6，俗稱安息油，為無色有特殊氣味液體。

(2) 熔點 5.5 °C，沸點 80.1 °C，易著火，發光亮多煙的火焰，不溶於水，能溶解脂肪、石蠟及橡膠等有機物。苯與同碳數的烴比較，其熔點、沸點較高。

(3) 苯常做為萃取有機物的溶劑，但因為致癌物質，故漸被甲苯取代。

(4) 廣泛應用於醫藥、染料、塑膠及其他芳香族衍生物的製造，為有機化學工業重要原料。

例題 11-10

關於芳香烴的敘述，下列何者錯誤？
(A) 常溫常壓下的芳香烴化合物有固態、液態及氣態
(B) 難溶於水
(C) 具有特殊氣味
(D) 易溶於乙醚。

解 (A)

最簡單的芳香烴為苯，常溫常壓下為液態，因此芳香烴在常溫常壓下無氣態化合物。

3. 苯的製備

(1) 分餾煤溚所得輕油再行分餾，精製而得。

(2) 正己烷在高溫下通過鉑粉或五氧化二釩起脫氫反應製得。

(3) 乙炔通過加熱 500 °C 的石英管中，進行三分子的乙炔聚合生成苯。

4. 苯的反應

苯具有共振結構，性質較安定，不易進行加成反應，主要進行取代及氧化反應。

(1) 取代反應：

① 鹵化反應：苯在 Fe 或 $FeCl_3$ 催化下進行取代反應，苯的 1 個氫原子被氯取代，稱為氯化反應。

② 硝化反應：苯與濃硝酸混合加熱生成硝基苯，甲苯與濃硝酸混合加熱會生成 2,4,6- 三硝基甲苯，即炸藥的原料 TNT。

TNT 為常見的炸藥之一

$$C_6H_6 + HO-NO_2 \xrightarrow[50°C]{H_2SO_4} C_6H_5-NO_2 + H_2O$$

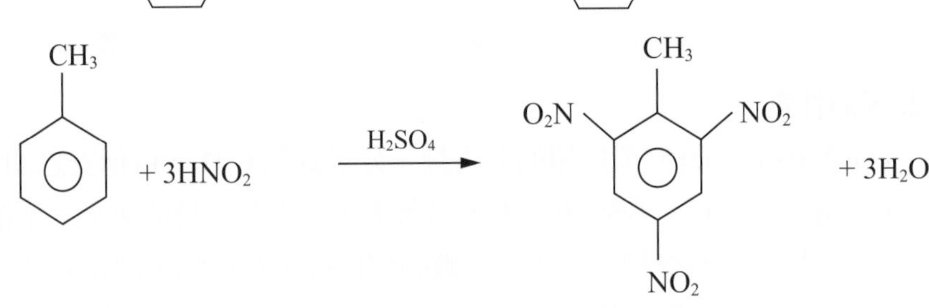

(2,4,6−三硝基甲苯，即 TNT)

③ 磺酸化反應：高溫時，苯可與濃硫酸反應生成苯磺酸，此反應在染料及清潔劑工業上很重要。

$$C_6H_6 + HO-SO_3H \xrightarrow[\triangle]{H_2SO_4} C_6H_5-SO_3H + H_2O$$

④ 烷化反應：苯與鹵烷在高溫及三氯化鋁(觸媒)的作用下，苯的一個氫原子被烷基取代，產生烷基苯，稱為烷化。

(2) 氧化反應：限於烷基苯或苯的取代物才發生。

① 強氧化劑能將甲苯或其他烷基苯氧化成苯甲酸。

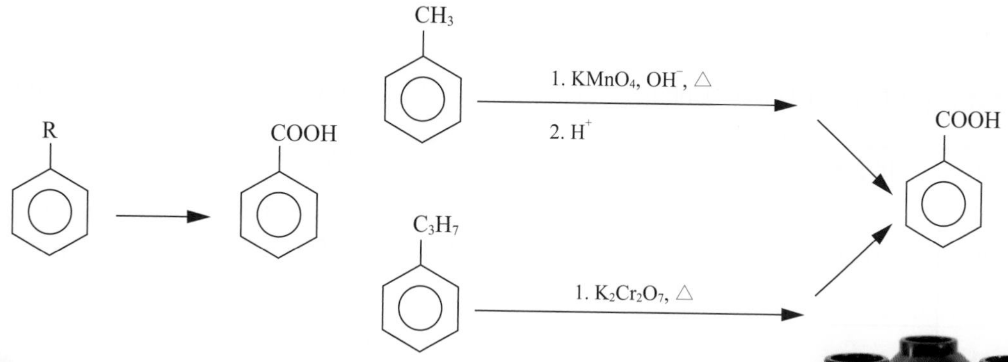

② 強氧化劑能將對－二甲苯氧化成對－苯二甲酸。

(3) 加成反應：苯和鹵素 (氯氣) 在紫外光照射下，會發生加成反應。

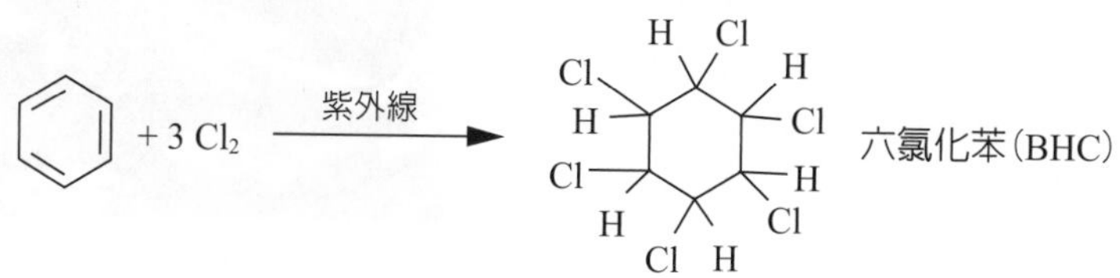

對－苯二甲酸是合成纖維達克綸的原料之一

例題 11-11

關於苯的反應，何者正確？

(A) 易被 $KMnO_4$ 氧化　(B) 易與鹵化氫進行加成反應

(C) 可與濃硫酸進行取代反應　(D) 易與鹵素發生加成反應。

解 (C)

(A) 苯不與 $KMnO_4$ 反應。(B) 苯不與鹵化氫反應。(D) 苯與鹵素需在催化劑 FeX_3 作用下發生取代反應生成鹵苯，加成反應需在紫外光照射下，苯和氯氣才會發生加成反應。

練習

1. 完全燃燒 x 莫耳正丁烷得 y 莫耳二氧化碳，則 x 與 y 間的關係式為何？
2. 如果沒有使用催化劑，僅用紫外光照射，則苯和氯反應的主要產物為何？
3. 在實驗室使用 0.1 莫耳甲烷進行氯化反應，得二氯甲烷、氯仿、四氯化碳，其莫耳數分別為 0.02、0.03、0.05。試問最少用了多少克氯氣？（Cl ＝ 35.5）
4. 含有丙烷 (C_3H_8) 和丁烷 (C_4H_{10}) 的混合氣體，完全燃燒得 CO_2 83.6 克、H_2O 43.2 克，則混合氣體中，丙烷、丁烷的莫耳數比為何？

11-5 醇、醚 (Alcohol and ether)

一、醇類 (Alcohol)

醇類為羥基 (– OH) 與烴類形成之有機化合物，以 R – OH 表示，R 為烷基。例如：

醇類	化學式	性質	
甲醇	(CH_3OH)	又稱為木精，最早是從木材乾餾而得，是一種無色液體，具揮發性，易燃，易溶於水。食入或吸入甲醇會危害身體，可能造成失明，甚至死亡。常用於溶劑、燃料及甲醇燃料電池。	
乙醇	(C_2H_5OH)	又稱為酒精，為無色的液體，具揮發性，易燃，易溶於水。工業酒精約含 95.6% 乙醇，其價格低廉，為了防止使用工業酒精於飲料，使政府稅收受損，常加入毒性較大的甲醇、汽油等成分使之不能飲用，又稱變性酒精，並另加紅色染料，以資識別。常用於酒精燈燃料、燃料、溶劑、消毒劑及化學原料。	酒類含有乙醇
乙二醇	[$C_2H_4(OH)_2$]	又稱為水精，為無色略帶甜味的黏稠液體，具低揮發性，能與水互溶，有毒性。常用於達克綸原料及抗凍劑。	乙二醇可做為汽車水箱的抗凍劑
異丙醇	(C_3H_7OH)	具有殺菌效果，常做為外用殺菌酒精噴劑或酒精棉片及製作丙酮。	
丙三醇	[$C_3H_5(OH)_3$]	又稱為甘油，為無色具甜味的黏稠液體，與水互溶，具強吸水性，有保溼效果。常做為保養品、化妝品、炸藥的原料及狹心症的急救藥。	

1. 醇類的分級

依羥基所接的碳與其他碳原子連接情況分類，如表 11-3。

表 11-3 醇類分級

分級	1° 醇	2° 醇	3° 醇
定義	– OH 連接之 C 與 1 個 C 相連	– OH 連接之 C 與 2 個 C 相連	– OH 連接之 C 與 3 個 C 相連
通式	$R_1-\underset{H}{\overset{H}{C}}-O-H$	$R_1-\underset{R_2}{\overset{H}{C}}-O-H$	$R_1-\underset{R_2}{\overset{R_3}{C}}-O-H$

分級	1° 醇	2° 醇	3° 醇
舉例	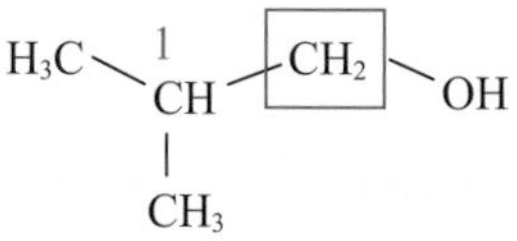 $H_3C-\overset{1}{CH}(CH_3)-\boxed{CH_2}-OH$ 2-甲基-1-丙醇	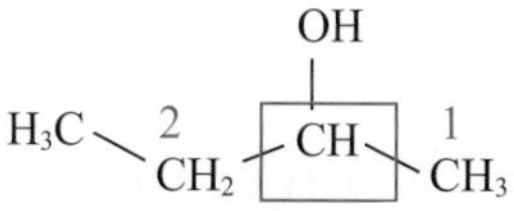 $H_3C-\overset{2}{CH_2}-\boxed{CH}(OH)-\overset{1}{CH_3}$ 2-丁醇	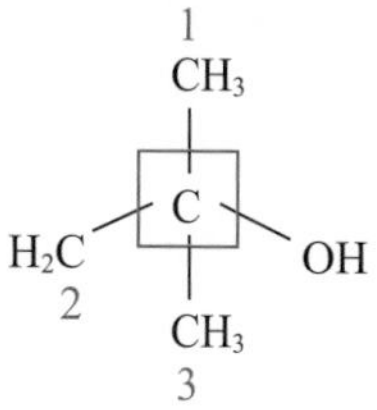 $\boxed{C}$ 連接 $\overset{1}{CH_3}$、$\overset{2}{H_3C}$、$\overset{3}{CH_3}$、OH 2-甲基-2-丙醇

2. 醇類的分類

依羥基數目區分，如表 11-4。

表 11-4　多元醇分類

分類	一元醇	二元醇	三元醇
定義	醇分子中僅含 1 個羥基者	醇分子中含 2 個羥基者	醇分子中含 3 個羥基者
實例	乙醇 (CH_3CH_2OH) CH_3-CH_2-OH	乙二醇 $(HOCH_2CH_2OH)$ 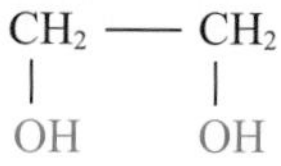 $CH_2(OH)-CH_2(OH)$	丙三醇 $(HOCH_2CHOHCH_2OH)$ 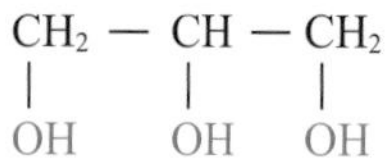 $CH_2(OH)-CH(OH)-CH_2(OH)$

3. 醇類的性質

(1) $C_1 \sim C_4$ 為透明液體，$C_5 \sim C_{11}$ 為油狀物，C_{12} 以上為固體。

(2) 醇類因可形成分子間氫鍵，熔、沸點較分子量相近的烴類高。

(3) 熔、沸點隨碳數增加而增加。

(4) 碳數少的醇類 (甲醇、乙醇、丙醇) 可與水形成氫鍵，以任何比例互溶。

(5) 碳數多的醇類微溶於水，易溶於正己烷等有機溶劑，因為羥基性質較不明顯、烷基性質明顯所致。

4. 醇類的製備

(1) 鹵烷與 KOH 作用

例 $CH_3CH_2I + OH^- \rightarrow CH_3CH_2OH + I^-$

(2) 酯類水解

例 $CH_3C(=O)-O-C_2H_5 + H_2O \xrightleftharpoons{OH^-} CH_3COOH + C_2H_5OH$

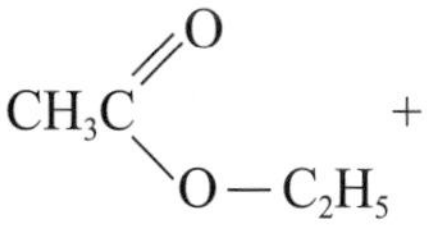

(3) 烯類與水作用

例 $CH_2=CH_2 + H_2O \xrightarrow{H_2SO_4} CH_3CH_2OH$ (乙醇)

(4) 合成法 (常用於製備甲醇)

例 $CO + 2H_2 \xrightarrow[350\sim400\,°C\ \ 500\,atm]{Cr_2O_3\ \ ZnO} CH_3OH$

(5) 羧酸、醛或酮還原

例 $CH_3COOH \xrightarrow{LiAlH_4} CH_3CHO \xrightarrow{LiAlH_4} CH_3CH_2OH$

乙酸　　乙醛　　乙醇 (1°醇)

$(CH_3)_2C{=}O \xrightarrow{LiAlH_4} (CH_3)_2CH{-}OH$

丙酮　　異丙醇 (2°醇)

(6) 醱酵作用

例 $C_6H_{12}O_6 \xrightarrow{酵母} 2C_2H_5OH + 2CO_2$

葡萄糖　　乙醇

5. 醇類的反應

(1) 氧化反應

① 一級醇

$R{-}CH_2OH \xrightarrow{K_2Cr_2O_7(H^+)} R{-}CHO \xrightarrow[K_2Cr_2O_7]{KMnO_4} R{-}COOH$

1°醇　　醛　　羧酸

$R{-}CH_2OH \xrightarrow{KMnO_4} R{-}COOH$

② 二級醇

$R_2CHOH \xrightarrow{K_2Cr_2O_7(H^+)\text{ 或 }KMnO_4} R_2C{=}O$

2°醇　　酮

③ 三級醇

$R_3C{-}OH \xrightarrow{K_2Cr_2O_7(H^+)\text{ 或 }KMnO_4\text{ (中性)}}$ 無反應

3°醇

(2) 醇與活性大的金屬 (Na、K) 作用，產生 H_2。

$$ROH + Na \rightarrow RONa + \frac{1}{2}H_2$$

(3) 醇的酯化反應

$$R'-\overset{\overset{\displaystyle O}{|}}{C}-OH(酸)+ROH(醇)\xrightarrow[\triangle]{H^+}R'-\overset{\overset{\displaystyle O}{|}}{C}-OR(酯)+H_2O(水)$$

(4) 醇的脫水反應：醇分子內脫水可產生烯類。

$$H-\underset{\underset{\displaystyle H}{|}}{\overset{\overset{\displaystyle H}{|}}{C}}-\underset{\underset{\displaystyle OH}{|}}{\overset{\overset{\displaystyle H}{|}}{C}}-H\xrightarrow[180°C]{H_2SO_4}\begin{matrix}H\\H\end{matrix}\!\!>C=C<\!\!\begin{matrix}H\\H\end{matrix}+H_2O$$

例題 11-12

關於醇類的敘述，何者正確？

(A) 甘油為三級醇 (B) 醇類因可形成分子間氫鍵，熔、沸點較分子量相近的烴類高 (C) 任何醇類皆可被氧化生成醛、酮或酸 (D) 因醇類的羥基可和水形成氫鍵，故可以任何比率相互混合。

解 (B)

(A)甘油是三元醇。(C)三級醇不會產生氧化反應。(D)碳數少的醇類才可以和水以任意比例互溶。

二、醚類 (Ether)

醚類是指一個氧原子同時接有兩個烴基的化合物，通式為 ROR′。R 與 R′ 若相同稱為對稱醚或單醚，若不同稱為非對稱醚或混醚，若兩個烴基形成環狀，則稱為環醚。鏈狀飽和醚之分子式為 $C_nH_{2n+2}O$。例如：

醚類	化學式	性質
乙醚	$[(C_2H_5)_2O]$	為無色液體，具高揮發性和可燃性，容易著火，應小心使用。與水相混會形成明顯的兩層，乙醚因密度小而在上層。乙醚具麻醉性，醫學上曾做為全身麻醉劑，但大量吸入乙醚蒸氣易致命，目前已很少使用。
甲基三級丁基醚	$[CH_3OC(CH_3)_3]$	簡稱為 MTBE，為無色透明、黏度低的可揮發性液體。具優良抗震性，可做為無鉛汽油的抗震劑。

1. 醚類的性質

(1) 醚類分子間無氫鍵，故醚類較同分異構物的醇類沸點低。醚類除甲醚、甲乙醚為氣體外，其餘多為揮發性液體，易著火。

(2) 醚類揮發性大，沸點低，故常用作有機溶劑、乾洗劑。

(3) 醚類具有芳香味，弱極性，甲醚易溶於水、乙醚略溶於水，其餘大多難溶於水。

(4) 化性很安定，不與鈉、酸、鹼、氧化劑和還原劑作用，是實驗室中常見的溶劑。

2. 醚類的製備

(1) 醇類脫水：製造單醚

例 $2C_2H_5OH \xrightarrow[130\sim140°C]{H_2SO_4} C_2H_5-O-C_2H_5+H_2O$

乙醇　　　　　　　　乙醚

(2) 威廉森合成 (Williamson synthesis)：可製造單醚和混醚

例 $C_2H_5I + C_2H_5ONa \rightarrow C_2H_5-O-C_2H_5 + NaI$

乙醚

$CH_3CH_2I + CH_3CH_2CH_2ONa \rightarrow CH_3CH_2-O-CH_2CH_2CH_3 + NaI$

乙丙醚

3. 醚類的反應

(1) 醚類是比較不具活性的化合物，化學性質安定，但容易燃燒，燃燒會生成二氧化碳及水蒸氣。

(2) 醚類的裂解：醚不易發生水解反應，但在酸性條件下 (例如：氫溴酸或氫碘酸)，可斷裂為醇。

例 $ROCH_3 + HBr \rightarrow CH_3Br + ROH$

(3) 醚類在光、金屬和醛的催化下，容易與氧氣反應產生過氧化物，在高溫或高濃度下具爆炸性。

例題 11-13

關於醚類的敘述，何者正確？

(A) 因醚類分子具有極性，故沸點較分子量相近之醇為高　(B) 乙醚的分子式為 C_2H_6O

(C) 乙醇中加入濃硫酸並加熱至 130 ～ 140 °C，可生成乙醚　(D) 醚類與水均能互溶。

解 (C)

(A) 醇類具有氫鍵，故沸點高。(B) 甲醚的分子式為 C_2H_6O，乙醚的分子式為 $C_4H_{10}O$。

(D) 醚類難溶於水。

練習

1. 關於醇的敘述，何者錯誤？
   (A)工業用乙醇常加入甲醇等，即所謂的變性酒精　(B)碳數低的醇易溶於水
   (C)甘油為油性，不易溶於水　(D)乙二醇可做為抗凍劑。
2. 乙烯與中性的 $KMnO_{4(aq)}$ 反應所生成的產物為何？
3. 某飽和一元醇 0.03 莫耳，完全燃燒後，將生成的氣體全部通入過量澄清石灰水中，產生 9.0 g 的白色沉澱 ($CaCO_3$)，求此一元醇為何？ (Ca = 40、C = 12、O = 16)

11-6 醛、酮、羧酸與酯 (Aldehyde, ketone, carboxylic acid and ester)

一、醛類 (Aldehyde)

醛類是指含有醛基 ($-\overset{\overset{\displaystyle O}{\|}}{C}-H$) 的有機化合物，其通式為 RCHO，R 代表烷基，甲醛例外，化學式為 HCHO。例如：

醛類	化學式	性質
甲醛	(CH_2O)	又稱為蟻醛，為一種無色、具刺激性臭味的氣體。甲醛毒性高，具有致癌性。易溶於水，也易溶於乙醇等有機溶劑。甲醛為平面分子。市售的福馬林 (formalin) 為甲醛飽和水溶液 (35 ～ 40%)，具殺菌、防腐效果，可作為動物標本的保存液。甲醛可做為合成樹脂 (例如：美耐皿) 與染料的原料。
乙醛	(C_2H_4O)	具刺激性臭味。工業上可以汞離子催化乙炔的水合反應製得。主要用途為製造乙酸。

1. 醛類的性質

(1) 醛類有極性，沸點較同碳數之烴類和醚類高。分子間不具氫鍵，沸點較同碳數之醇類、羧酸低。

(2) 可與水形成氫鍵，對水溶解度大，甲醛、乙醛可與水互溶。隨碳數增加溶解度遞減。

(3) 碳數較多 (尤其含有苯環) 的醛具有芳香味，例如：香草醛為香草冰淇淋香味的來源。

2. 醛類的製備

(1) 醇類氧化：一級醇氧化可得醛。

(2) 炔類水合：在硫酸汞的硫酸水溶液中，乙炔可與水加成，產生乙醛。

(3) 在鉑或銅催化之下，甲醇蒸氣氧化而得甲醛。

Life

曬過太陽的衣服為何香香的？

研究人員發現日曬香氣的成分是一些揮發性有機物，包括帶有花果香的醛和酮。來源是空氣中微量的臭氧，和衣服上殘留的洗衣劑發生反應所產生，或是衣服上的染料在紫外線照射下發生氧化反應，而溼衣服中的水分則加速以上反應。

3. 醛類的反應

(1) 醛類具有還原性—**斐林試液** (Fehling's solution)

① 成分：斐林試液為銅離子 (硫酸銅) 和酒石酸鉀鈉的鹼性 (氫氧化鈉) 溶液，即硫酸銅、氫氧化鈉與酒石酸鉀等物質的混合液。

② 反應：醛類與斐林試液混合時，銅離子被醛類還原成氧化亞銅，得到紅色沉澱 (Cu_2O)。酮類則無反應。

$$RCHO_{(aq)} + \underbrace{2Cu^{2+}_{(aq)} + 5OH^-_{(aq)}}_{\text{藍色}} \longrightarrow RCOO^-_{(aq)} + \underbrace{Cu_2O_{(s)}}_{\text{紅色沉澱}} + 3H_2O_{(l)}$$

③ 酒石酸鉀鈉與 Cu^{2+} 生成錯離子，避免生成 $Cu(OH)_2$ 沉澱。

(2) 醛類具有還原性—**多侖試劑** (Tollens' reagent)

① 成分：多侖試劑為硝酸銀之氨溶液，常表示為 $[Ag(NH_3)_2^+ + OH^-]$。配製方法為在 $AgNO_3$ 溶液中加入濃 NH_3 水，最初生成褐色 Ag_2O 沉澱，持續加入氨水，則沉澱溶解形成 $Ag(NH_3)_2^+$。

② 反應：多侖試劑與醛共熱時，二氨銀錯離子被醛還原成金屬銀析出於試管壁呈現銀鏡，稱為**銀鏡反應** (silver mirror reaction)。酮類則無反應。

$$R{-}C{\overset{\textstyle O}{\underset{\textstyle H}{\lessgtr}}} + \underbrace{2Ag(NH_3)_2^+}_{\text{無色}} + 3OH^- \longrightarrow R{-}C{\overset{\textstyle O}{\underset{\textstyle O^-}{\lessgtr}}} + 2Ag + 4NH_3 + 2H_2O$$

③ 芳香醛與斐林試液不反應，但與多侖試劑可反應，因此本試劑可用作脂肪醛 (RCHO) 與芳香醛 (ArCHO) 的檢驗。

(3) 還原反應：醛可被氫氣還原成一級醇

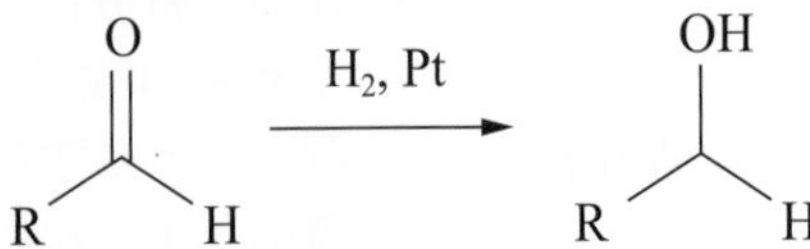

(4) 醛類具有還原性，常溫下在空氣中易氧化成酸

$$2HCHO_{(g)} + O_{2(g)} \rightarrow 2HCOOH_{(l)}$$

例題 11-14

關於斐林試液及多侖試劑的敘述，何者錯誤？

(A) 兩者皆為鹼性水溶液

(B) 斐林試液及多侖試劑與醛反應，其金屬離子分別被還原成 Cu_2O 與 Ag

(C) 兩者皆能與醛類發生氧化還原反應

(D) 遇醛類反應，斐林試液會產生銀鏡，多侖試劑會產生 Cu_2O 的紅色沉澱。

解 (D)

斐林試液產生 Cu_2O 的紅色沉澱，多侖試劑產生銀鏡。

二、酮類 (Ketone)

酮類也含有羰基，與醛為同分異構物。酮類的通式為 RCOR′，R 和 R′ 均代表烷基，兩者可以相同或不同。例如：丙酮 (C_3H_6O) 一種無色的液體，具高揮發性，有特殊氣味。能與水互溶，也能溶解許多有機物，常作為溶劑。市售的去光水含有丙酮成分，可溶解指甲油。常用於壓克力的接合、當冷劑及萃取樹葉中的葉綠素。

1. 酮類的性質

(1) 酮類的物理性質與醛類相似。

(2) 含有羰基 (C＝O)，分子具有極性，沸點較同碳數的烷、醚高，但比醇、酸低。

(3) 酮類的羰基可與水形成氫鍵，故丙酮與水完全互溶，但隨酮類碳原子數增加，在水中的溶解度降低。

(4) 化學性質安定，不與多侖試劑、斐林試液反應；不被氧化成酸。

2. 酮類的製備

(1) 二級醇可用酸性二鉻酸鉀水溶液或酸性過錳酸鉀水溶液氧化成酮。

(2) 工業上，可由 2- 丙醇在催化劑存在下氧化 (脫氫) 製得。

(3) 炔類水合：在硫酸汞的硫酸水溶液中，炔類 (除乙炔外) 可與水加成，產生酮。

3. 酮類的反應

(1) 酮類不具還原性，不與多侖試劑或斐林試液發生反應。

(2) 還原反應：酮可被氫氣還原成二級醇。

例題 11-15

關於醛、酮性質的比較，何者正確？

(A) 醛類和酮類均含有羧基

(B) 醛與酮均可被氧化成羧酸

(C) 醛遇斐林試液生成紅色沉澱，酮則否

(D) 丙醇和緩氧化得丙醛，劇烈氧化得丙酮。

解 (C)

(A) 醛類和酮類均含有羰基。(B) 只有醛可被氧化成羧酸。

(D) 正丙醇緩和氧化可得丙醛，劇烈氧化則得丙酸。

三、羧酸 (Carboxylic acid)

羧酸是指含有羧基 ($-\overset{O}{\overset{\|}{C}}-OH$) 的化合物，通式是 RCOOH，鏈狀一元酸分子式為 $C_nH_{2n}O_2$，羧酸基位於碳鏈的一端。連在苯環的芳香羧酸，通式則是 ArCOOH。例如：

羧酸類	化學式	性質
甲酸	($HCOOH$)	又稱蟻酸，為無色、具有刺激性氣味的液體。會刺激皮膚。具揮發性，易溶於水。因為含醛基具有還原力，所以會與多侖試劑或斐林試液反應，會使過錳酸鉀溶液褪色。常用於橡膠、染料和紡織等工業。 螞蟻的分泌液中含甲酸
乙酸	(CH_3COOH)	又稱醋酸，為無色有刺激性氣味的液體，具揮發性，易溶於水，會刺激皮膚。1 atm 下，純醋酸凝固點 16.6 °C，故在天冷時，易凝固成如冰狀固體，故稱為冰醋酸。乙酸為食用醋中的成分 (約含 3 ～ 6%)。常做為溶劑，也是重要的化學原料。
乙二酸	($H_2C_2O_4$)	為最簡單的二元酸，存在酢漿草中，俗稱草酸。含兩分子結晶水的無色晶體，易溶於水。分析化學中常用來標定 $KMnO_4$ 的濃度，草酸根為弱還原劑，能與強氧化劑進行氧化還原反應。常用於金屬除鏽去汙、皮革漂白以及染料工業。 乙二酸存在於酢漿草中
苯甲酸	(C_6H_5COOH)	為白色晶體，會昇華，微溶於水，俗稱安息香酸或卞酸。可用於製造染料，具防腐效果。
鄰 - 羥基苯甲酸	($C_7H_6O_3$)	可從柳樹的樹皮萃取出來，所以俗稱柳酸或水楊酸。為白色粉末，微溶於水，具有去角質與抗菌作用。可用以合成許多醫藥品，例如：乙醯柳酸與柳酸甲酯等。

1. 羧酸的分類

(1) 依羧酸分子所含羧基 (– COOH) 的數目分為一元酸、二元酸、三元酸等。

分類	一元酸		二元酸		三元酸
定義	含一個羧基者		含二個羧基者		含三個羧基者
實例	乙酸 (醋酸) $H_3C-COOH$	苯甲酸 (安息香酸) COOH	乙二酸 (草酸) O O C — C HO OH	對一苯二甲酸 (對酞酸) HOOC — — COOH	檸檬酸 $H_2C-COOH$ $HO-C-COOH$ $H_2C-COOH$

(2) 依羧基所連接烴基的不同，可分為脂肪酸、脂環酸和芳香酸。

分類	脂肪酸	脂環酸	芳香酸
定義	羧基連接於碳鏈的羧酸	羧酸分子具有環狀烴	羧基連接於苯環上的羧酸
通式	R − COOH	−	Ar − COOH
實例	乙酸 $H_3C - COOH$	3-甲基環戊基 甲酸 H_3C COOH	COOH 苯甲酸

(3) 可依按烴基是否飽和，分為飽和羧酸和不飽和羧酸。

2. 羧酸的性質

(1) 常溫常壓下，C1 ～ C3 的羧酸是具刺激氣味的無色液體，C4 ～ C9 是具有腐敗氣味的油狀液體，C10 以上的直鏈一元酸是無臭無味的白色蠟狀固體，脂肪族的二元酸和芳香族羧酸都是白色固體。

(2) 羧酸可與水形成氫鍵，故甲酸至丁酸能與水完全互溶；高級酸 (C10 以上者) 為固體，大多難溶於水 (低級醇、醛、酮、酸可溶於水)。

(3) 純液體間有氫鍵 (分子間氫鍵)，常成雙分子偶合，故沸點較同級醇或醛高。

(4) 脂肪酸不易被氧化，但甲酸、草酸均具還原性。

3. 羧酸的製備

(1) 由一級醇或醛類氧化而得

$$R-CH_2OH \xrightarrow{\text{氧化劑}} R-\overset{\overset{\displaystyle O}{\|}}{C}-H \xrightarrow{\text{氧化劑}} R-\overset{\overset{\displaystyle O}{|}}{C}-OH$$

(2) 由酯類水解而得

$$CH_3COOC_2H_5 + H_2O \rightarrow CH_3COOH + C_2H_5OH$$

(3) 由醯鹵水解而得

$$CH_3-\overset{\overset{\displaystyle O}{\|}}{C}-Cl + H_2O \longrightarrow CH_3COOH + HCl$$

4. 羧酸的反應

(1) 羧酸呈弱酸性，可與活性大的金屬產生氫氣。

例 $2CH_3COOH + Zn \rightarrow (CH_3COO)_2Zn + H_2$

(2) 羧酸不易氧化，但甲酸、草酸 (乙二酸) 具還原性，可再被氧化。

$$\boxed{5HCOOH} + 2MnO_4^- + 6H^+ \rightarrow 2Mn^{2+} + \boxed{5CO_2 + 8H_2O}$$

甲酸

$$\boxed{5H_2C_2O_4} + 2MnO_4^- + 6H^+ \rightarrow 2Mn^{2+} + \boxed{10CO_2 + 8H_2O}$$

乙酸

(3) 與醇類進行酯化反應

$$RCOOH + R'OH \rightarrow RCOOR' + H_2O$$

(4) 羧酸與還原劑作用生成一級醇。

例 $CH_3CH_2COOH \xrightarrow{LiAlH_4} CH_3CH_2CHO \xrightarrow{LiAlH_4} CH_3CH_2CH_2OH$

丙酸　　丙醛　　丙醇（1°醇）

(5) 二分子羧酸脫去一分子的水，即為酸酐。

例 $2CH_3COOH \xrightarrow[\triangle]{P_2O_5} (CH_3CO)_2O$

乙酸酐

充電小站

阿斯匹靈

阿斯匹靈 ($C_9H_8O_4$) 的學名為乙醯柳酸。具止痛、退熱等效果，但易引起過敏，並阻礙胃黏膜的再生，是非類固醇抗發炎藥物，具消炎、抗凝血的功能。

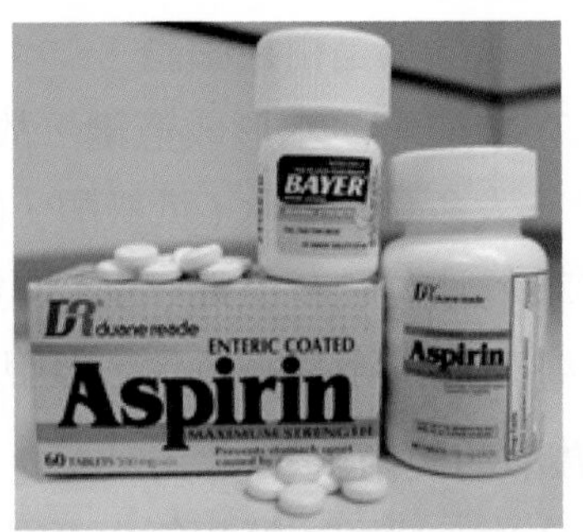

阿斯匹靈是常見的止痛藥

例題 11-16

關於羧酸的敘述，下列何者錯誤？

(A) 碳酸也是一種羧酸

(B) 碳數高的羧酸不易溶於水中

(C) 乙酸可與鈉反應產生乙酸鈉與氫氣

(D) 羧酸產生分子間氫鍵，所以沸點較同碳數的醛類高。

解 (A)

碳酸是屬於無機酸。

四、酯類 (Ester)

酯類是指羧酸中的 – OH 轉變成 – OR 所得的衍生物稱之，通式為 RCOOR′。R 和 R′ 均代表烷基，兩者可以相同或不同。例如：

酯類	化學式	性質
硝化甘油	$(C_3H_5N_3O_9)$	是由甘油 (丙三醇) 與濃硝酸酯化反應而生成，可做為炸彈的原料。 CH_2OH – $CHOH$ – CH_2OH（丙三醇） + 3 $HONO_2$ ⟶ CH_2ONO_2 – $CHONO_2$ – CH_2ONO_2（硝化甘油） + 3 H_2O
乙酸乙酯	$(CH_3COOC_2H_5)$	是一種有機溶劑，存在於水果酒中。
乙酸異戊酯	$[CH_3COOCH_2CH_2CH(CH_3)_2]$	又稱為香蕉油。是一種有機溶劑及香味劑，存在於香蕉、葡萄等許多水果。

1. 酯類的命名

酯的命名法是由其反應物的酸及醇之名稱而來，A 酸與 B 醇製得的酯，命名為 A 酸 B 酯，例如：丙酸與甲醇反應成丙酸甲酯。

2. 酯類的性質

(1) 低級酯易溶於水，其他酯難溶於水，比重小於水，易溶於乙醇、乙醚等有機溶劑。

(2) 低分子量的酯類具有花、果香，揮發性大，常用來做為香料，並為優良有機溶劑。

(3) 酯類是極性分子，但分子間不形成氫鍵，故沸點，熔點較同碳數之羧酸低，約和醛、酮相近。

(4) 甲酸具醛基，故甲酸所生之酯可使過錳酸鉀褪色，也可與多侖試劑、斐林試液反應。

3. 酯類的製備法

酯可由羧酸與醇在酸的催化下共熱，進行酯化反應而得。

$$H-C(=O)-O-H + H-O-CH_3 \xrightarrow[\triangle]{H^+} H-C(=O)-O-CH_3 + H_2O$$

甲酸　　甲醇　　甲酸甲酯

4. 酯類的反應

(1) 水解反應：在酸或鹼催化之下，酯類會分解形成酸及醇。酸催化屬於可逆反應，鹼催化則為不可逆反應。

(2) 皂化反應：油脂在鹼性液中加熱，發生水解反應，生成長鏈脂肪酸鹼金屬鹽和副產物甘油。

$$\begin{array}{l} H_2C-O-CO-R_1 \\ HC-O-CO-R_2 \\ H_2C-O-CO-R_3 \end{array} + 3NaOH \longrightarrow \begin{array}{l} H_2C-OH \\ HC-OH \\ H_2C-OH \end{array} \quad \begin{array}{l} Na-O-CO-R_1 \\ Na-O-CO-R_2 \\ Na-O-CO-R_3 \end{array}$$

油脂(三酸甘油酯)　　甘油　　脂肪酸鈉鹽(肥皂)

例題 11-17

附圖為某一酯類化合物，關於此化合物性質的敘述，何者正確？

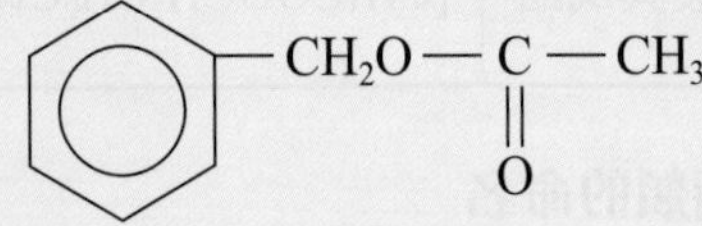

(A) 為一種酮類　(B) 可溶於水　(C) 具有分子間氫鍵

(D) 分子內有 7 個碳原子以 sp^2 混成軌域鍵結。

解 (D)

(A) 為酯類 (乙酸苯甲酯)。

(B) 酯類難溶於水。

(C) 不具有 OH 基，分子間無氫鍵，亦無分子內氫鍵。

(D) 苯環之 6 個碳原子以 sp^2 混成軌域鍵結，C = O 的碳原子亦以 sp^2 混成軌域鍵結。

練習

1. 下列何者為乙酸的同分異構物？
   (A) 甲酸甲酯　(B) 乙醇　(C) 乙醚　(D) 乙二醇。
2. 下列何種有機化合物能發生銀鏡反應？
   (A) 甲烷　(B) 氯甲烷　(C) 甲醛　(D) 甲苯。
3. 下列哪一種物質在酸性溶液中會被二鉻酸鉀氧化成酮類？
   (A) 丙醛　(B) 2- 丙醇　(C) 正丙醇　(D) 2- 甲基 -2- 丙醇。
4. 某種酯的組成可表示為 $C_mH_{2m+1}COOC_nH_{2n+1}$，其中 m + n = 5。該酯的一種水解產物經氧化可轉化成另一種水解產物，則此酯為何？
5. 某有機化合物含有碳、氫和氧，在氯氣中燃燒時，可將氫轉變為氯化氫，碳轉變為四氯化碳。若此化合物 1.93 克在氯氣中燃燒可得 15.4 克四氯化碳及 7.3 克氯化氫，且此化合物能使斐林試液反應產生紅色沉澱，則此化合物可能的示性式為何？ (Cl = 35.5、H = 1、C = 12)

11-7 聚合物 (Polymer)

聚合物是指由很多小分子的單元重複連結而成的巨大分子，分子量多達數萬甚至數十萬。聚合物分子中單元重複的數目稱為聚合度 (n)。單體與單體單元如表 11-5 所示：

表 11-5 單體與單體單元的比較

	單體	單體單元
定義	構成聚合物的小分子稱為單體 (monomer)	小分子存於聚合物中的部分稱為單體單元 (monomeric unit)
實例	$H_2C=CH_2$	$\cdots-CH_2-CH_2-\underbrace{CH_2-CH_2}_{\text{單體單元}}-CH_2-CH_2-\cdots$

一、聚合物的性質 (Properties of polymers)

1. 聚合物的分子量很大，且由聚合度不同的分子組合而成的，常以平均分子量來表示聚合物的分子量。
2. 聚合物鏈上的官能基保有原官能基的化性，例如：羧基會發生酯化；苯環上會發生磺酸化。但官能基的活性仍會受到鄰近官能基的影響。
3. 聚合物的分子間作用力大，具適當機械強度、硬度、撓曲性、彈性、延伸性等。
4. 聚合物分子中若有側鏈存在，將造成分子不易排列整齊，易影響比重、機械性質。

棉花的主要成分是纖維素，是常見的天然聚合物

二、聚合物的種類 (Types of polymers)

聚合物依單體種類、聚合方式及來源而有不同的分類。

1. 依單體的種類

	同元聚合物 (homopolymer)	共聚物 (copolymer)
定義	由一種單體聚合而成的聚合物，又稱為均聚合物。	含有兩種或兩種以上單體成分的聚合物，又稱為共聚合物。
示意圖	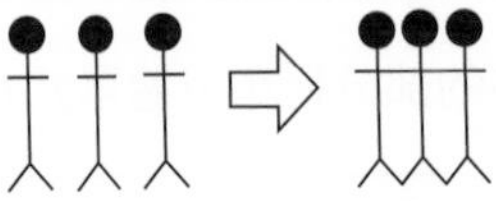 相同的單體 ⟶ 同元聚合物	 不同的單體 ⟶ 共聚合物
實例	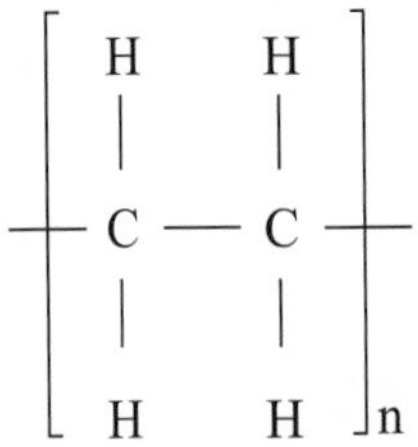 $\left[\begin{array}{c} H \quad H \\ \vert \quad\ \vert \\ -C-C- \\ \vert \quad\ \vert \\ H \quad H \end{array}\right]_n$ 聚乙烯	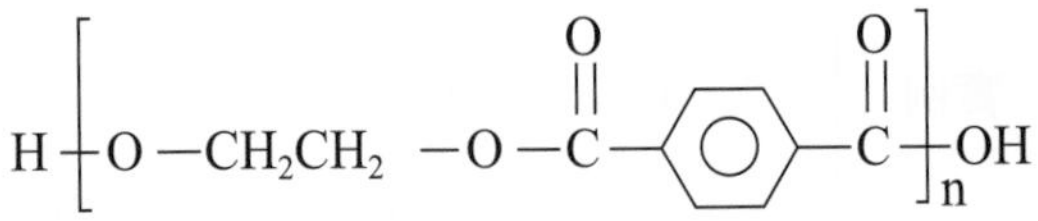 $H\left[O-CH_2CH_2-O-\overset{\overset{\displaystyle O}{\Vert}}{C}-C_6H_4-\overset{\overset{\displaystyle O}{\Vert}}{C}\right]_n OH$ 達克綸

2. 依聚合方式

(1) 加成聚合物 (addition polymer)

單體聚合時無小分子放出者，進行反應之單體應具有不飽和鍵，才能發生加成聚合。

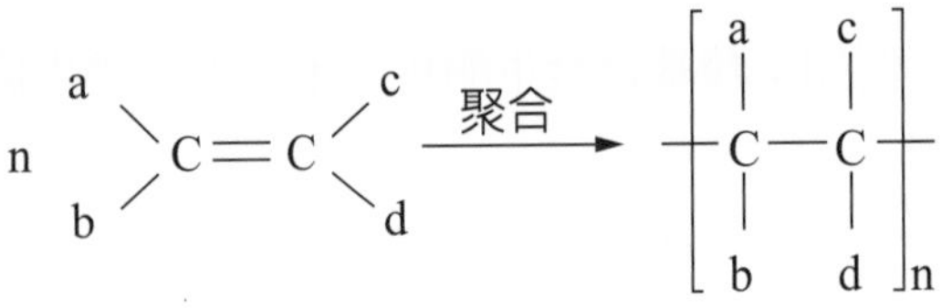

$$n\ \begin{array}{c} a \\ \\ b \end{array}\!\!>C=C<\!\!\begin{array}{c} c \\ \\ d \end{array} \xrightarrow{\text{聚合}} \left[\begin{array}{c} a \quad\ c \\ \vert \quad\ \ \vert \\ -C-C- \\ \vert \quad\ \ \vert \\ b \quad\ d \end{array}\right]_n$$

例

$$n\ \begin{array}{c} H \quad H \\ \vert \quad\ \vert \\ C=C \\ \vert \quad\ \vert \\ H \quad H \end{array} \longrightarrow \left[\begin{array}{c} H \quad H \\ \vert \quad\ \vert \\ C-C \\ \vert \quad\ \vert \\ H \quad H \end{array}\right]_n$$

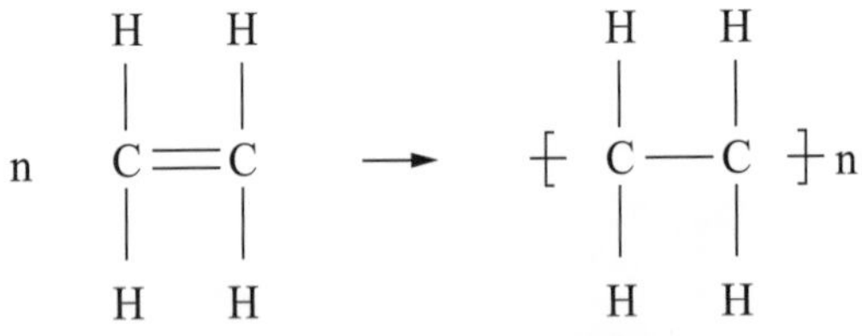

乙烯　　　　聚乙烯

(2) 縮合聚合物 (condensation polymer)

單體聚合時會放出小分子者。進行反應之單體應具有可失去 H_2O、HX 之官能基。

例

$$n\,HO-\overset{\overset{O}{\|}}{C}-(CH_2)_4-\overset{\overset{O}{\|}}{C}-OH + n\,H-\overset{\overset{H}{|}}{N}-(CH_2)_6-\overset{\overset{H}{|}}{N}-H$$

己二酸　　　　己二胺

$$\rightarrow H-O\left[\overset{\overset{O}{\|}}{C}-(CH_2)_4-\overset{\overset{O}{\|}}{C}-\overset{\overset{H}{|}}{N}-(CH_2)_6-\overset{\overset{H}{|}}{N}\right]_n H + 2n\,H_2O$$

耐綸 66

3. 依聚合物來源

	天然聚合物 (natural polymer)	合成聚合物 (synthetic polymer)
存在	天然聚合物大部分是存在於生物體中，而且是生命所必需的。	合成聚合物通常是高分子量的有機化合物，其結構較天然聚合物簡單，可含不同的單體單元。
實例	蛋白質、澱粉、橡膠、纖維素、去氧核糖核酸 (DNA) 等。	聚乙烯 (PE)、PVC、耐綸、達克綸、ABS、SBR 等。

例題 11-18

關於聚合物的敘述，何者正確？

(A) 單體分子量愈大，則其聚合物的分子量亦愈大

(B) 聚合物無固定的分子量

(C) 聚合物指的是藉由凡得瓦力聚集在一起的物質

(D) 聚合物中所含的官能基，已不具原本官能基的性質。

解 (B)

(A) 聚合物的分子量取決於單體的分子量及聚合度。

(B) 聚合物沒有固定的鏈長大小，因此無固定的分子量。

(C) 聚合物是單體間以化學鍵 (通常為共價鍵) 連結，形成的巨大分子。

(D) 聚合物中所含的官能基，仍具有官能基原本的性質。

Life

塑膠分類標誌

標誌與編號	縮寫	聚合物名稱	用途	特性及安全問題	常用的容器圖示
1	PETE 或 PET	聚對苯二甲酸乙二酯	膠帶與寶特瓶、市售飲料瓶、食用油瓶等塑膠瓶。	耐熱 60 ～ 85 °C 並耐酸鹼，過熱及長期使用可能會釋出塑化劑。	
2	HDPE 或 PEHD	高密度聚乙烯	瓶子、購物袋、保鮮膜、鮮奶瓶、運動場設備與複合式塑膠木材。	耐熱度 90 ～ 110 °C，耐腐蝕、耐酸鹼，不易徹底清洗殘留物，不應重複利用。	
3	PVC 或 V	聚氯乙烯	水管、雨衣、書包、建材、塑膠膜、塑膠盒。	耐熱 60 ～ 80 °C，過熱易釋放各種有毒物質，且添加許多塑化劑。	
4	LDPE 或 PELD	低密度聚乙烯	塑膠袋、各種的容器、投藥瓶、洗瓶、各種模塑的實驗室設備。	耐熱 70 ～ 90 °C，耐腐蝕、耐酸鹼，過熱易產生致癌物質。	
5	PP	聚丙烯	汽車零件、工業纖維與食物容器、食品餐器具、水杯、布丁盒、豆漿瓶等。	耐熱 100 ～ 140 °C，耐酸鹼、耐化學物質、耐碰撞、耐高溫，在一般食品處理溫度下較為安全。	
6	PS	聚苯乙烯	書桌佩飾、自助式托盤、食品餐器具、玩具、冰淇淋盒、泡麵碗、保麗龍。	耐熱 70 ～ 90 °C，吸水性佳、具有安定性。酸鹼溶液或高溫下易釋出致癌物。	
7	OTHER 或 O	其他塑膠，美耐皿樹脂不宜盛熱食；聚碳酸酯 (PC) 不適用鹼；壓克力不適用酒精	食品餐器具。	依原料特性而有不同。	

例題 11-19

有關塑膠之敘述，何者正確？
(A) 熱塑性塑膠是加成聚合而成，而熱固性塑膠是縮合聚合而成
(B) 聚乙烯、聚丙烯、聚苯乙烯均為熱塑性塑膠
(C) 熱塑性塑膠分子呈網狀結構
(D) ♳ 是指由聚氯乙烯合成的塑膠。

解 (B)

(A) 塑膠分子呈線狀結構，受熱會軟化，稱為熱塑性塑膠。塑膠分子呈網狀結構，受熱不會變形者，稱為熱固性塑膠。
(C) 熱塑性塑膠分子呈線狀。
(D) ♳ 是指由聚對苯二甲酸乙二酯合成的塑膠。

練習

1. 請寫出下列物質的主要化學聚合物：
   (1) 塑膠袋 (2) 保麗龍免洗餐具
   (3) 不沾鍋塗料 (4) 衣料的纖維。
2. 天然橡膠在硫化前，要將生膠加入碳黑的目的為何？
3. 請寫出下列各聚合物主要的單體為何？
   (1) 耐綸 -66 (2) PE (3) 達克綸 (4) 特夫綸。
4. 下列哪些聚合物是由縮合聚合反應生成的？
   (1) $\left[-\mathrm{CH_2}-\mathrm{C_6H_4}-\mathrm{O}- \right]_n$
   (2) $\left[-\mathrm{CH_2}-\mathrm{CH(C_6H_5)}- \right]_n$
   (3) $\left[-\mathrm{CH_2}-\mathrm{C(CH_3)(COOCH_3)}- \right]_n$
5. 聚乙烯的分子式可以 $\left(CH_2 - CH_2 \right)_n$ 表示之，若聚乙烯的分子量約為 20000，則 n 值為何？

重點回顧

11-1　有機化合物

1. 德國化學家烏勒從無機物中首次製得有機物－尿素 $[(NH_2)_2CO]$，才打破無法由人為方式產生有機物的說法。
2. 有機化合物常指的是含碳的化合物，但仍有例外。

11-2　有機化合物的結構

1. 單鍵是指含有 C－C 結構；雙鍵是指含有 C＝C 結構；參鍵是指含 C≡C 結構。
2. 同分異構物是指分子式相同，鍵結方式不同或原子在空間的幾何位置不同的物質。
3. 結構異構物：
   (1) 鏈異構物：具有相同官能基，但碳鏈連接方式不同的同分異構體。
   (2) 位置異構物：具有相同碳鏈和官能基的同分異構物，但是官能基的位置不同。
   (3) 官能基異構物：具有相同分子式，但官能基不同的同分異構物。
4. 幾何異構物是指分子式相同，但原子在立體空間的幾何排列不同之化合物，又稱為順反異構物。
5. 順式異構物的沸點較反式異構物高，而反式異構物的熔點則較順式異構物高。

11-3　有機化合物的命名

1. 含有官能基的最長的碳鏈為主鏈，若有兩個等長的碳鏈同時存在時，則選擇取代基較多者為主鏈。
2. 若有幾何異構物，則以順 - 和反 - 來表示。
3. 環狀化合物命名與直鏈化合物相似，須加個「環」字。

11-4　烴類

1. 烴是指只含碳和氫的有機化合物，也就是碳氫化合物。
2. 烷類分子均以單鍵結合，性質安定，不會與強酸、強鹼、強氧化劑反應，但在較強烈的環境 (例如：高溫、照光) 下可反應，包含鹵化反應、硝化反應、熱裂解 (脫氫反應) 及燃燒反應。
3. 烯類為含有 C＝C 官能基的烴類，碳原子以 sp^2 結合，屬於不飽和烴。
4. 烯類的製備在工業上，主要由石油的裂煉取得；在實驗室常以醇類分子內脫水及鹵烷的脫鹵化氫製得烯類。
5. 烯類的反應主要包含加成、聚合及氧化三種。
6. 當烯類與溴在有過氧化物的情況下，加成反應違反馬可尼可夫法則。
7. 炔類為含有 C≡C 官能基的烴類，碳原子以 sp 結合，屬於不飽和烴。
8. 炔類的製備在工業上常使用以石油熱裂解或灰石、煤與水反應而製得；在實驗室則是利用電石 (CaC_2) 與水反應。
9. 炔類因具不飽和的參鍵，故易行加成反應，也會進行聚合及氧化反應。
10. 芳香烴通常指含有苯環結構的烴，由於此類化合物具有特殊氣味而得名。
11. 苯具有共振結構，性質較安定，不易進行加成反應，主要進行取代及氧化反應。

11-5　醇、醚

1. 醇類為羥基 (– OH) 與烴類形成之有機化合物，通式為 R – OH。

2. 醇類因可形成分子間氫鍵，熔、沸點較分子量相近的烴類高。
3. 一級醇氧化會生成醛或羧酸；二級醇氧化會生成酮；三級醇則不氧化。
4. 醚類 (ethers) 是指一個氧原子同時接有兩個烴基的化合物，通式為 ROR'。
5. 醚類分子間無氫鍵，故醚類較同分異構物的醇類沸點低。
6. 醚類是比較不具活性的化合物，化學性質安定，但容易燃燒，燃燒會生成二氧化碳及水蒸氣。

11-6 醛、酮、羧酸與酯

1. 醛類是指含有醛基的有機化合物，其通式為 RCHO。
2. 醛類可與斐林試液產生紅色沉澱 (Cu_2O)；可與多侖試劑析出銀於試管壁呈現銀鏡，稱為銀鏡反應。
3. 酮類也含有羰基，與醛為同分異構物。酮類的通式為 RCOR′
4. 羧酸是指含有羧基的化合物，通式是 RCOOH。
5. 甲酸含醛基具有還原力，所以會與多侖試劑或斐林試液反應，會使過錳酸鉀溶液褪色。
6. 羧酸可與水形成氫鍵，故甲酸至丁酸能與水完全互溶。
7. 酯類是指羧酸中的 – OH 轉變成 – OR 所得的衍生物稱之，通式為 RCOOR′。A 酸與 B 醇製得的酯，命名為 A 酸 B 酯。
8. 甲酸具醛基，故甲酸所生之酯可使過錳酸鉀褪色，也可與多侖試劑、斐林試液反應。

11-7 聚合物

1. 由一種單體聚合而成的聚合物，又稱為均聚合物；含有兩種或兩種以上單體成分的聚合物，又稱為共聚合物。
2. 加成聚合物是指單體聚合時無小分子放出者，進行反應之單體應具有不飽和鍵；縮合聚合物是指單體聚合時會放出小分子者。

NOTE

英中名詞索引

圖照來源

CH1 章首圖 dreamstime.com
P1-3 pixy.org
P1-4、P1-5 鹽、P1-6 dreamstime.com

CH2 章首圖 https://reurl.cc/pxbja
P2-11 dreamstime.com

CH3 章首圖 NASA

CH4 章首圖 編輯部
P4-3、P4-9、P4-10 dreamstime.com

CH5 章首圖 富爾特
P5-7、P5-16、P5-18 dreamstime.com

CH6 章首圖 dreamstime.com
P6-5、P6-14、P6-15、P6-25、P6-29、P6-30、P6-31、P6-33、P6-34 dreamstime.com

CH7 章首圖 Wikipedia

CH8 章首圖 dreamstime.com

CH9 章首圖 dreamstime.com

CH10 章首圖 dreamstime.com
P10-2、P10-11、P10-13 dreamstime.com
10-8 NASA

CH11 章首圖 pxhere.com
P11-18、P11-37、P11-40 dreamstime.com
P11-22、P11-23、P11-32 Wikipedia

得 分

化學

學後評量

CH01 緒論

班級：

學號：

姓名：

一、選擇題：共5題

(　　) 1. 下列有關空氣汙染的敘述，何者不正確？

(A) 光化學煙霧主要是氮的氧化物

(B) 空氣汙染主要是由汽車和工廠排出的廢氣引起

(C) 空氣中過多的一氧化碳，因吸收太陽光中的紅外線而產生溫室效應

(D) 汽車排放廢氣，通常包含碳、氮的氧化物。

(　　) 2. 下列有關常見物質分類的敘述，何者正確？

(A) 食鹽由氯化鈉組成，所以是純物質

(B) 純水經由電解生成氫氣及氧氣，所以不是純物質

(C) 糖水為純糖溶於純水組成，所以是純物質

(D) 不鏽鋼不易生鏽，所以是純物質。

(　　) 3. 下列有關二氧化碳的敘述，何者錯誤？

(A) 乾冰是固態的二氧化碳

(B) 二氧化碳可能產生溫室效應

(C) 物質有固、液、氣三態，但對二氧化碳而言，物質有三態是不成立的

(D) 乾冰在常溫常壓下直接昇華變成氣體。

(　　) 4. 要從一杯糖水取得其中的溶劑成分，以下處理方式哪一種最適當？

(A) 過濾　(B) 蒸餾　(C) 沉澱　(D) 蒸發。

(　　) 5. 依據有效數字的運算法則，83.12 克 + 7.405 克的總和為多少？

(A) 90.5 克　(B) 90.52 克　(C) 90.53 克　(D) 90.525 克。

（請沿虛線撕下）

<背面尚有試題>

二、非選題：共6題

1. 空氣屬於哪一種物質？

2. 萃取、層析、結晶、蒸餾、過濾，以上數種化學分離法中，有哪幾項是利用物理性質的不同將物質分離？

3. 請舉出兩種可分離溶液中之沉澱物的方法。

4. 甲、乙、丙、丁四位學生分測真值為 18.40 之物質，得數據依序如下：18.42，18.40，18.45，18.39，則哪位學生的準確度最佳？

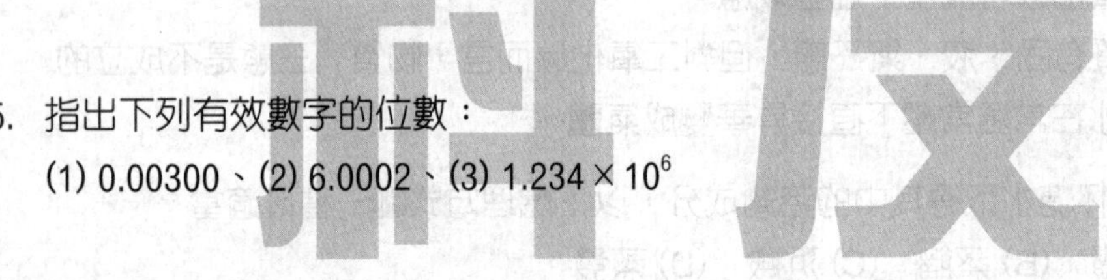

5. 指出下列有效數字的位數：

   (1) 0.00300、(2) 6.0002、(3) 1.234×10^6

6. 下列運算結果以適當的有效位數表示：

   (1) $12.12 + 9.28 + 145.1486$、(2) $25.587 - 7.26$、(3) 1.23×4.628

得 分

化學

學後評量

CH02 原子構造與週期表

班級：＿＿＿＿＿＿＿＿

學號：＿＿＿＿＿＿＿＿

姓名：＿＿＿＿＿＿＿＿

一、選擇題：共5題

(　　) 1. 氫原子之電子被激發到 n = 4 能階後，再回到 n = 1 能階時，產生光波之波長為

(A) 973　(B) 855　(C) 912　(D) 1216　Å。

(　　) 2. 波耳的氫原子模型中，若電子由 n = 2 提升到 n = 5 需吸收若干 kJ/mol 的能量？

(A) 276　(B) 1312　(C) 52　(D) 984　kJ/mol。

(　　) 3. 下列各種電子組態的填法，何者是激發態？

(A) $_{2}He$：$1s^2$　(B) $_{10}Ne$：$1s^22s^22p^6$

(C) $_{11}Na$：$1s^22s^22p^63p^1$　(D) $_{15}P$：$1s^22s^22p^63s^23p^3$。

(　　) 4. 19 世紀時，門得列夫的貢獻是

(A) 發現氧氣　(B) 提出原子說　(C) 發現元素週期律　(D) 提出質量守衡定律。

(　　) 5. 下列各原子或離子的半徑，何者最小？

(A) Na　(B) F^-　(C) Mg　(D) Al^{3+}。

二、非選題：共10題

1. 請寫出道耳頓、湯姆森、查兌克及拉塞福四位科學家所提出的觀念或發現。

（請沿虛線撕下）

2. 自然界中存有氖 -20 和氖 -22，而氖 -22 在自然界中含量約為 20%，由此推知氖的平均原子量為何？

3. 氫原子光譜中，紫外光區第一條線（頻率最低）與可見光區第一條線之波長比為多少？

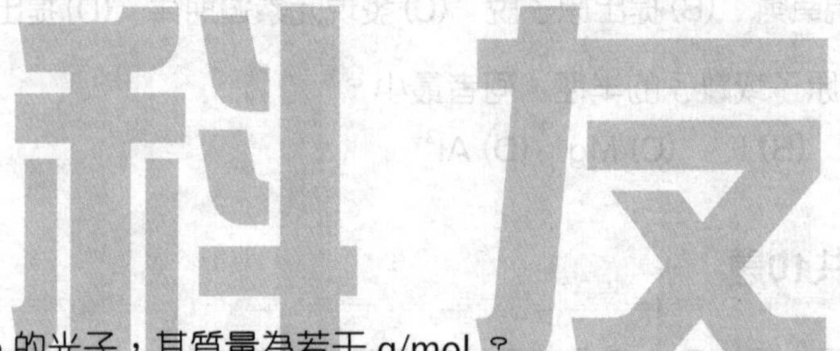

4. 波長 500 nm 的光子，其質量為若干 g/mol？

5. 寫出下列各離子的電子組態：

(1) ${}_{20}Ca^{2+}$、(2) ${}_{17}Cl^{-}$、(3) ${}_{8}O^{2-}$、(4) ${}_{4}Be^{2+}$、(5) ${}_{11}Na^{+}$

6. 下列各電子組態：

甲：$1s^2 2p^1$；乙：$1s^2 2s^2 2p^1$；丙：$1s^2 2s^2 2p_x^2 2p_y^1$；丁：$1s_2 2s_2 2p^6 2d^1$

(1) 何者為基態的電子組態？

(2) 何者為錯誤寫法？

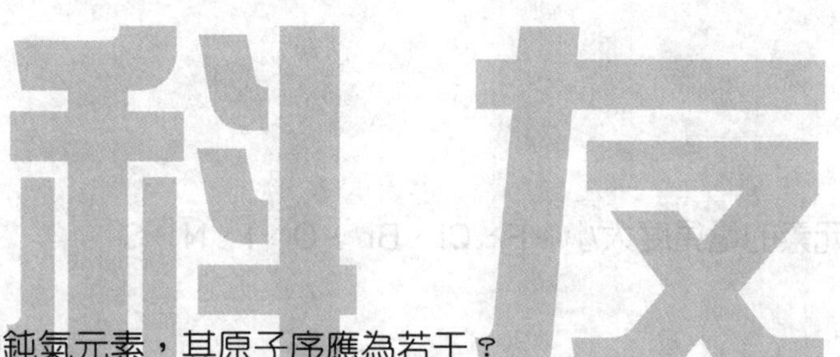

7. Og 是第七個鈍氣元素，其原子序應為若干？

（請沿虛線撕下）

<背面尚有試題>

8. 原子序 51 的元素，依 IUPAC 規定應為第幾族元素？

9. 下列各原子或離子的半徑，請由大到小排列：
(1) Na (2) Na^{+} (3) F^{-} (4) Al^{3+} (5) Mg。

10. 試排出下列元素的電負度大小：F、Cl、Br 、O、I、N、S

得分

化學
學後評量
CH03 化合物

班級：
學號：
姓名：

一、選擇題：共5題

(　　) 1. 下列化合物的重量，何者最重？（C = 12、N = 14、O = 16）
(A) 一莫耳的二氧化碳
(B) 44 amu 的二氧化碳
(C) 0.5 莫耳的二氧化氮
(D) 25 克的四氧化二氮。

(　　) 2. 關於 C_2H_4 及 C_3H_6 兩種化合物的敘述，何者不正確？
(A) 元素的重量百分組成相同
(B) 實驗式相同
(C) 等重量時，兩者含有原子的總數相同
(D) 等莫耳時，兩者重量比為 C_2H_4：C_3H_6 = 1：3。

(　　) 3. 有關化學鍵的形成，何者正確？
(A) 氯化銨為離子化合物，其中含有離子鍵、共價鍵及配位共價鍵
(B) 兩共價結合的原子間距離愈近，其位能愈低
(C) 元素之電負度相差愈大者，所形成之共價化合物為極性較強之分子化合物
(D) 離子晶體熔點一般高於分子晶體，是因為離子鍵能大於共價鍵能。

(　　) 4. 四位學生對於化學鍵提出他們的觀點，試問哪位學生的觀點是正確的？
(A) 甲：氯化鈉是以共價鍵鍵結而成
(B) 乙：氫氣分子間是以氫鍵相互吸引
(C) 丙：金屬鍵的強度比離子鍵小，而且不具方向性
(D) 丁：乾冰是極性分子，分子間以凡得瓦力相互吸引。

(　　) 5. 下列有關水的性質，何者無法以氫鍵的觀點來解釋？
(A) 水的莫耳汽化熱比 H_2S、H_2Te 大
(B) 冰熔化時體積減少
(C) 水的臨界溫度比 H_2S、CO_2 為高
(D) 水具有三相點。

（請沿虛線撕下）

二、非選題：共10題

1. 銅 2.00 克在空氣中加熱，可得氧化銅 2.50 克。另取銅 1.00 克溶於硝酸，加入氫氧化鈉生成氫氧化銅，再將氫氧化銅加熱使生成氧化銅，其重量為 1.25 克，此實驗可證明何種定律？

2. 等數目的 ^{12}C 原子與 X 原子質量比為 3：20，則 $^{12}CX_4$ 的分子量為何？

3. 試求出下列各物質所含的原子數目？(H = 1、C = 12、O = 16、P = 31、Cu= 64)
   (1) 31 克之 P_4
   (2) 0.5 莫耳的 H_2O
   (3) 6.4 克的 Cu
   (4) 6.02×10^{23} 個二氧化碳分子。

4. 鐵的氧化物中鐵占 70.0% 之重量，而氧占 30.0%，鐵原子量為 56，則此物的實驗式為何？

5. 醋酸化學式 CH_3COOH 的表示法，為何種形式的表示方法？

6. 丙炔 $CH_3-C\equiv CH$ 分子中有幾個 σ 鍵及 π 鍵？

7. MgO 的鍵能約為 NaF 鍵能的若干倍（假設兩者鍵長相同）？

（請沿虛線撕下）

<背面尚有試題>

8. 形成金屬鍵的主要原因為何？

9. 比較正戊烷、異戊烷、新戊烷之熔點。

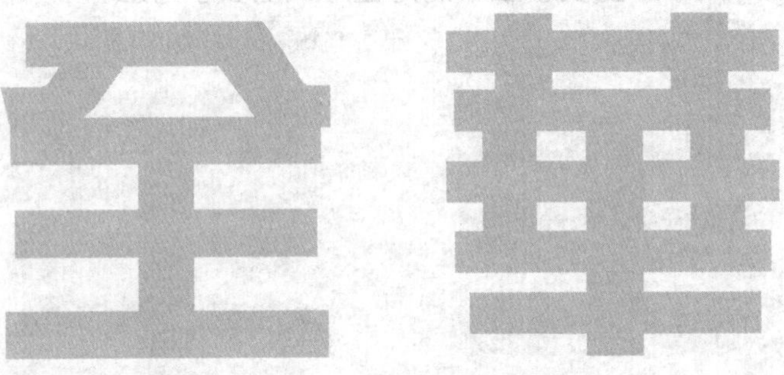

10. $CHCl_3$ 的主要分子間作用力為何？

得 分

化學

學後評量

CH04 化學反應與計量化學

班級：

學號：

姓名：

一、選擇題：共5題

(　　) 1. 平衡反應式 a Mg_3N_2 + b H_2O → c NH_3 + d $Mg(OH)_2$，a、b、c、d 為最簡整數係數，則 a + b + c + d 等於多少？
(A) 10　(B) 11　(C) 12　(D) 13。

(　　) 2. 45 克的葡萄糖 ($C_6H_{12}O_6$ = 180) 完全燃燒後，可得到多少克的水？
(A) 18　(B) 27　(C) 36　(D) 54。

(　　) 3. 欲使乙烯 (C_2H_4) 5.0 升完全燃燒成 CO_2 及 H_2O，需要同溫、同壓下的氧氣若干升？
(A) 15　(B) 75　(C) 5　(D) 25。

(　　) 4. 下列關於反應熱的敘述，何者正確？
(A) 二氧化氮的莫耳生成熱即為氮氣的莫耳燃燒熱
(B) 氫氣的莫耳燃燒熱即為水的莫耳生成熱
(C) 二氧化碳的莫耳生成熱與一氧化碳的莫耳燃燒熱同值異號
(D) 二氧化碳的莫耳生成熱與石墨的莫耳燃燒熱同值異號。

(　　) 5. 若 $C_{(s)}$、$H_{2(g)}$、$C_2H_{4(g)}$ 的標準莫耳燃燒熱分別為 a kJ、b kJ、c kJ，則 $C_2H_{4(g)}$ 的標準莫耳生成熱為多少 kJ？
(A) c − 2a − 4b　(B) 2a + 4b − c　(C) 2a + 2b − c　(D) c + 2a − 2b。

二、非選題：共12題

1. 由一種元素單質和一種化合物起反應，生成另一種單質和另一種化合物的反應是屬於何種反應？

（請沿虛線撕下）

2. 丙烷 (C_3H_8) 在空氣中燃燒的反應如下：$C_3H_8 + O_2 \rightarrow CO_2 + H_2O$（係數未平衡）。前述反應以最簡整數係數平衡後，各項係數之和為多少？

3. 請平衡下列反應式：
(1) $KIO_3 + Na_2S_2O_5 \rightarrow I_2 + Na_2SO_4 + K_2SO_4 + SO_3$
(2) $MnO_2 + HCl \rightarrow MnCl_2 + Cl_2 + H_2O$
(3) $KMnO_4 + FeSO_4 + H_2SO_4 \rightarrow Fe_2(SO_4)_3 + K_2SO_4 + MnSO_4 + H_2O$

4. 22 克的二氧化碳，為多少莫耳？（C = 12、O = 16）

5. 試寫出下列各項的莫耳量值？
(1) 1 克氫氣。
(2) 6.02×10^{23} 個二氧化碳中，氧原子的量。
(3) 2 莫耳鹽酸與足量大理石完全反應，所產生氣體的量。
(4) 1 大氣壓、0 ℃ 時，112 升乙炔的量。（1 大氣壓、0 ℃ 時，1 莫耳氣體的體積為 22.4 升）
(5) 6 克碳與 32 克氧燃燒所產生二氧化碳的量。

6. 水電解的反應式：$2H_2O \rightarrow 2H_2 + O_2$，欲收集 6 莫耳的氣體，則需有多少克的水被電解？

7. 將 15 克冰醋酸、12 克的丙醇，以及少量的濃硫酸加在燒瓶中加熱，以製備乙酸丙酯。實驗完成後，得到純酯 5.0 克，試問實驗產量百分率為多少？（反應式：$CH_3COOH + C_3H_7OH \rightarrow CH_3COOC_3H_7 + H_2O$）

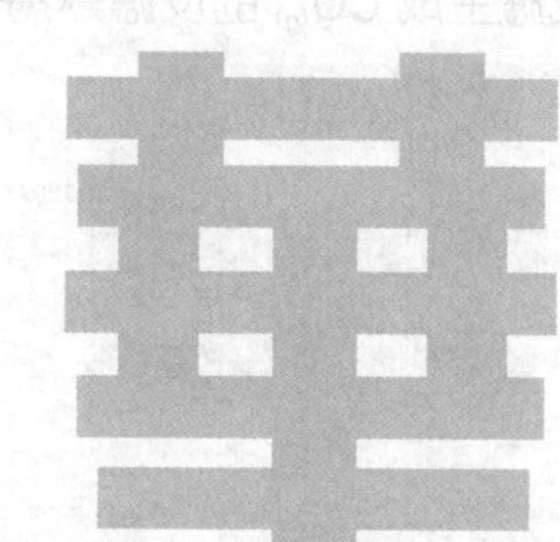

8. 下列各反應式：

$C_2H_5OH_{(l)} + 3O_{2(g)} \rightarrow 2CO_{2(g)} + 3H_2O_{(l)} + Q_1$；

$C_2H_5OH_{(l)} + 3O_{2(g)} \rightarrow 2CO_{2(g)} + 3H_2O_{(g)} + Q_2$；

$C_2H_5OH_{(g)} + 3O_{2(g)} \rightarrow 2CO_{2(g)} + 3H_2O_{(l)} + Q_3$；

$C_2H_5OH_{(g)} + 3O_{2(g)} \rightarrow 2CO_{2(g)} + 3H_2O_{(g)} + Q_4$；

其 Q_1、Q_2、Q_3、Q_4 為熱量，試比較 Q_1、Q_2、Q_3、Q_4 的大小關係？

9. 試寫出下列物質莫耳燃燒熱的熱化學反應式？

(1) $C_{(s)}$　(2) $H_{2(g)}$　(3) $CH_{4(g)}$。

（請沿虛線撕下）

10. 燃燒 2 克碳生成二氧化碳，使 1.567 公斤的水上升 10 °C，試寫出碳燃燒之熱化學反應式。(C = 12)

11. 已知 $CO_{(g)}$ 的莫耳燃燒熱為 –283 kJ，$CO_{2(g)}$ 的莫耳生成熱為 –393.9 kJ，則 0.5 莫耳石墨完全反應生成 $CO_{(g)}$ 的反應熱為多少 kJ？

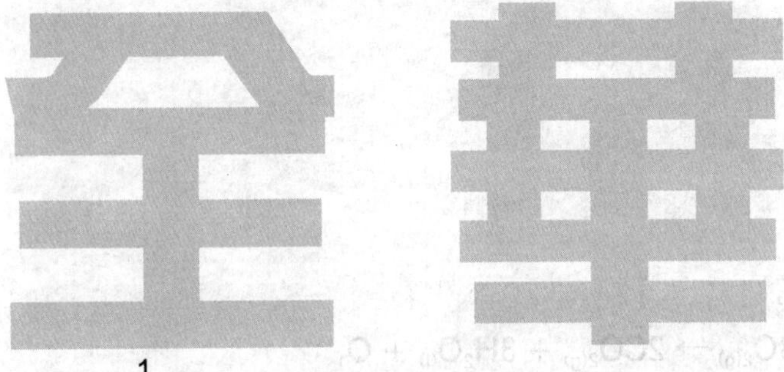

12. 已知 $H_2O_{(l)} \rightarrow H_{2(g)} + \frac{1}{2}O_{2(g)}$，$\Delta H = 286$ kJ

$C_{(s)} + O_{2(g)} \rightarrow CO_{2(g)}$，$\Delta H = -394$ kJ

$C_{(s)} + 2H_{2(g)} \rightarrow CH_{4(g)}$，$\Delta H = -76$ kJ

則甲烷 (CH_4) 的莫耳燃燒熱為多少 kJ？

得 分

化學
學後評量
CH05 氣態

班級：
學號：
姓名：

一、選擇題：共5題

(　　) 1. 取下列氣體物質各 1 克，在同溫同壓下，何者所占的體積最小？(H = 1，He = 4，C = 12，N = 14)
(A) He　(B) N_2　(C) C_2H_2　(D) H_2。

(　　) 2. 有關查理定律何項錯誤？
(A) 在定壓下，定量氣體時成立
(B) 在成立條件下，體積和絕對溫度成正比
(C) 在成立條件下，溫度每上升 1 °C，體積就增加 0 °C 時體積之 $\frac{1}{273}$
(D) 在成立條件下，溫度由 27 °C 上升到 28 °C 時，體積增加 27 °C 時之 $\frac{1}{273}$。

(　　) 3. 真實氣體在下列何種條件下，對理想氣體的偏差最大？
(A) 270 °C、0.5 atm　(B) 10 °C、1.2 atm
(C) –250 °C、15 atm　(D) –120 °C、2.5 atm。

(　　) 4. 有關物質之沸點與熔點的敘述，下列何者正確？
(A) 對不同物質，熔點愈高，莫耳熔化熱愈大
(B) 任何物質之沸點均隨壓力增大而升高
(C) 冰的熔點恆為 0 °C
(D) 同溫下，蒸氣壓愈高，其沸點愈高。

(　　) 5. 下列有關液體蒸氣壓與沸點的敘述，何者錯誤？
(A) 一般而言，定溫下，分子量相近時，分子間作用力愈大的，飽和蒸氣壓愈大
(B) 同一物質，溫度升高時，飽和蒸氣壓增大
(C) 飽和蒸氣壓等於 760 mmHg 之溫度稱為正常沸點
(D) 只要壓力控制得當，水在 80 °C 時亦可沸騰。

(請沿虛線撕下)

<背面尚有試題>

二、非選題：共7題

1. 水銀的密度約是海水的 13 倍。在海面下 5 公里深的海床上採取樣品的潛艇，所承受的海水壓力約是多少 atm ？

2. 取定量之某氣體，測得其在 27 °C、1 atm 下體積為 3 L。當溫度升至 177 °C 時，壓力增為 6 atm，試問其體積變為若干升？

3. 在 27 °C 和 1.00 大氣壓下，某氣體的體積為 3.50 升。若在定壓下，該氣體體積減為 2.80 升，則溫度應變為多少 °C ？

4. 在 27 °C 時，將 71 g 的 Cl_2 和 8 g 的 O_2 混在一起，若總壓為 200 mmHg，則 Cl_2 的分壓為多少 mmHg ？

5. 將等重量的氫氣與氦氣混合於一容器中，則其氫氣與氦氣的分壓比為何？(H =1，He = 4)

6. 已知在同溫同壓時，氣體的擴散速率 (R) 和氣體的分子量 (M) 的平方根成反比，此定律稱為格雷姆擴散定律。在同溫同壓時，若某氣體與甲烷的擴散速率比為 1：3，則該氣體的分子量為何？

7. 將 1.0 莫耳氫與 1.0 莫耳氧的氣體在容器中混合均勻後，使氣體自器壁的小孔向真空逸散，當氫剩餘 0.2 莫耳時，氧剩餘的量約為多少克？

得　分

化學
學後評量
CH06 溶液

班級：＿＿＿＿＿＿
學號：＿＿＿＿＿＿
姓名：＿＿＿＿＿＿

一、選擇題：共5題

(　　) 1. 下列有關物質狀態的敘述，何者正確？
(A) 固態物質受熱必先熔化成液態，繼而轉變成氣態
(B) 任何狀態的物質均具固定的體積
(C) 三態中以氣態粒子間的距離最大
(D) 定壓時，任何溫度下的液體均可發生沸騰。

(　　) 2. 定溫下，把 100 克 10 wt% 硝酸鉀水溶液的濃度增加到 20 wt%，可以採用的方法為何？
(A) 加入 10 克硝酸鉀固體
(B) 蒸發掉 45 克水
(C) 蒸發掉 50 克水
(D) 加入 20 克硝酸鉀固體。

(　　) 3. 游泳池的消毒方式通常是利用在水中添加氯氣，當氯氣濃度達 0.2 ～ 1.0 ppm 便可殺死細菌，1 ppm 指每公升水中含氯約幾克？
(A) 1　(B) 0.1　(C) 0.01　(D)0.001　克。

(　　) 4. 在 50 °C 時，乙醇、甲基環己烷的蒸氣壓依序為 150、200 mmHg，在此二物之混合液中，乙醇的莫耳分率為 0.6 時，蒸氣壓為 190 mmHg，則此溶液
(A) 為理想溶液
(B) 形成時不放熱也不吸熱
(C) 此為負偏差溶液
(D) 混合時，體積膨脹。

(　　) 5. 血液中平均滲透壓約為 7.5 atm，則下列哪些濃度之溶液可用於注射 (25 °C)？
(A) 0.16 M NaCl　(B) 純水　(C) 0.16 M $C_6H_{12}O_6$　(D) 0.31 M $C_6H_{12}O_6$。

（請沿虛線撕下）

<背面尚有試題>

二、非選題：共10題

1. 空氣是多種氣體的混合物。若將空氣視為氣態溶液，何者為溶劑？

2. 請舉出 3 個具有依數性質的量值。

3. 某溫度下，飽和硫酸銅水溶液的重量百分率濃度為 20 wt%，求此溫度下硫酸銅在水中的溶解度為多少克 /100 克水？

4. 在 25 ℃ 下，某氣體之壓力為 1 atm 時，100 g 水可溶解該微溶性氣體 1 mL，則於同溫時，該氣體壓力變為 2 atm，則 500 g 水能溶解該氣體多少 mL？

5. 取 20 mL 4 M H_2SO_4 加水稀釋成 100 mL 溶液，試問稀釋後之濃度為何？

6. 將濃度為 6.0 M 的某溶液 100 mL 倒掉 50 mL 後，在剩餘溶液中加水到 100 mL；又倒掉 40 mL 後，重新在剩餘溶液中加水到 200 mL；則溶液最後的濃度為若干 M？

7. 在苯 10 克中加入某有機物質 1.0 克時，苯的凝固點下降 2.56 ℃，則下列何者為此物質的分子量？（苯之 K_f 為 5.12 ℃/m）

（請沿虛線撕下）

8. 將 29.25 克的食鹽，完全溶解於 0.5 升的水中，則此溶液的凝固點為若干 °C？
(Na = 23，Cl = 35.5)

9. 有甲、乙兩種水溶液，甲為 27 °C、0.2 M 的尿素（$(NH_2)_2CO$）溶液 400 mL，乙為 57 °C、0.3 M 的葡萄糖溶液 200 mL。試求甲、乙兩種溶液的滲透壓比？

10. 人類血液的平均滲透壓約為 7.7 大氣壓 (37 °C)，若電解質完全解離，靜脈點滴食鹽水溶液之濃度約為多少？

得　分

化學
學後評量
CH07 反應速率與化學平衡

班級：＿＿＿＿＿＿
學號：＿＿＿＿＿＿
姓名：＿＿＿＿＿＿

一、選擇題：共5題

(　　) 1. 右圖表某一化學反應之反應位能圖，下列敘述何者正確？

(A) 圖中 X、Y、Z 分表反應物、中間物、產物
(B) 圖中 X、Y、Z 分表反應物、活化錯合物、產物
(C) 本反應的反應熱為 75 kJ
(D) 正反應的活化能為 150 kJ。

(　　) 2. 若有一化學反應：3 A + B → 2 C + 4 D，下列關於反應速率的表示法中，何者為最快之反應？

(A) r_A = 0.60 mol/s　　(B) r_B = 0.45 mol/s
(C) r_C = 1.20 mol/min　　(D) r_D = 0.40 mol/s。(s 表秒，min 表分鐘)。

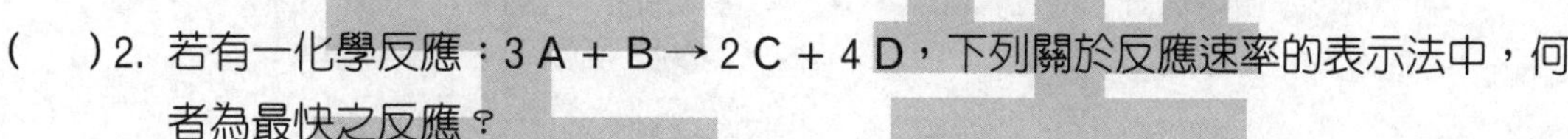

(　　) 3. 下列反應何者無法用【 】中之變化來測出其反應速率？

(A) $2\ KClO_{3(s)} \rightarrow 2\ KCl_{(s)} + 3\ O_{2(g)}$【定溫定容下測壓力】
(B) $Ba(OH)_{2(aq)} + H_2SO_{4(aq)} \rightarrow BaSO_{4(s)} + 2\ H_2O_{(l)}$【導電度】
(C) $N_{2(g)} + 3\ H_{2(g)} \rightarrow 2\ NH_{3(g)}$【顏色】
(D) $2\ Na_{(s)} + 2\ H_2O_{(l)} \rightarrow 2\ NaOH_{(aq)} + H_{2(g)}$【水溶液 pH 值】

(　　) 4. 下列選項中所描述的反應，何者可視為可逆反應？

(A) 切一小塊的鈉放入水中，劇烈反應且放出氫氣
(B) 木炭燃燒
(C) 黃色的鉻酸鉀溶液，滴入少許鹽酸後變橙色
(D) 鐵生鏽。

(　　) 5. 下列平衡，採（　）內的措施，達新平衡後，何者畫線部分物質的濃度增大？

(A) $CH_3COOH_{(aq)} \rightleftharpoons \underline{CH_3COO^-_{(aq)}} + H^+_{(aq)}$ +（加水）
(B) $2CrO_4^{2-}{}_{(aq)} + 2H^+_{(aq)} \rightleftharpoons \underline{Cr_2O_7^{2-}{}_{(aq)}} + H_2O_{(l)}$（加入 $NaOH_{(aq)}$）
(C) $2N_2O_{(g)} \rightleftharpoons 2N_{2(g)} + \underline{O_{2(g)}}$（在溫度及容器體積不變下，加入 $O_{2(g)}$）
(D) $NH_4Cl_{(s)} \rightleftharpoons NH_{3(g)} + \underline{HCl_{(g)}}$（加入 $NH_4Cl_{(s)}$）。

（請沿虛線撕下）

二、非選題：共11題

1. 假設反應 $C_2H_{4(g)} + H_2O_{(l)} \rightleftharpoons C_2H_5OH_{(l)}$ 中，C_2H_4、H_2O 及 C_2H_5OH 的莫耳生成熱分別為 a kJ、b kJ 和 c kJ，又其正反應的活化能為 d kJ，求此反應的逆反應的活化能為多少 kJ？

2. 某反應為一步反應，正反應之活化能為 20 kJ，逆反應之反應熱為 –10 kJ/mol，求 (1) 正反應之反應熱。(2) 逆反應之活化能。

3. 某溫度時，若 1 L 密閉容器中有 10 莫耳氫氣和 5 莫耳氧氣，反應生成水，10 分鐘後，容器中剩下 2 莫耳的氧氣，則氫氣的平均反應速率為多少 M/min？

4. 某反應之速率常數為 2.0×10^{-5} mol/L・s，則此反應為幾級反應？

5. 下列各反應可用哪些性質變化來測定反應速率？

(甲) $2\,CO_{(g)} + O_{2(g)} \rightarrow 2\,CO_{2(g)}$

(乙) $H_{2(g)} + I_{2(g)} \rightarrow 2\,HI_{(g)}$

(丙) $N_{2(g)} + 3\,H_{2(g)} \rightarrow 2\,NH_{3(g)}$

(丁) $CH_3COOH_{(aq)} + C_2H_5OH_{(aq)} \rightarrow CH_3COOC_2H_{5(l)} + H_2O_{(l)}$

(戊) $Pb(NO_3)_{2(aq)} + 2\,KI_{(aq)} \rightarrow PbI_{2(s)} + 2\,KNO_{3(aq)}$。

6. 在接近室溫時，溫度每升高 10 ℃，則反應速率加倍；若有一反應在 10 ℃ 時需要 64 分鐘完成，今想讓此反應在 4 分鐘完成，則溫度應為多少 ℃ ？

7. 若知鋅與鹽酸的反應級數為 H^+ 的二級反應，今將每邊長 4 cm 正立方體的鋅塊與充分的 1 M 鹽酸反應之反應速率為 S，今將該鋅塊切成每邊長 1 cm 的正立方體與 0.5 M 的鹽酸充分反應時，則此時反應速率應為多少 S ？

（請沿虛線撕下）

8. 定溫下將 0.16 mol 的 N_2O_4 裝入 2 公升的密閉容器中，反應式為 $N_2O_4 \rightleftharpoons 2NO_2$，若反應達平衡時，偵測出 N_2O_4 的濃度為 0.012M，試求 NO_2 的濃度為多少 M？

9. 在定溫下，將 1 莫耳的氮氣和 3 莫耳的氫氣共置於 1 升的真空容器中，使其反應達成平衡，測得產生 1 莫耳的氨氣。則反應 $N_{2(g)} + 3H_{2(g)} \rightleftharpoons 2NH_{3(g)}$ 的濃度平衡常數 K_C 為若干？

10. 在溫度為 400 K 時，$Br_{2(g)} + Cl_{2(g)} \rightleftharpoons 2BrCl_{(g)}$ 的平衡常數 $K_C = 9$，試求在相同溫度下，$Br_{2(g)} + Cl_{2(g)} \rightleftharpoons 2BrCl_{(g)}$ 的平衡常數 K_P 值為何？

11. 在下列的平衡系中，各加入何種措施，可使反應向右移以達平衡？

(甲) $I^-_{3(aq)} \rightleftharpoons I_{2(aq)} + I^-_{(aq)}$

(乙) $Ag^+_{(aq)} + Cl^-_{(aq)} \rightleftharpoons AgCl_{(s)}$

(丙) $FeSCN^{2+}_{(aq)} \rightleftharpoons Fe^{3+}_{(aq)} + SCN^-_{(aq)}$

(丁) $BaSO_{4(s)} \rightleftharpoons Ba^{2+}_{(aq)} + SO_4{}^{2-}_{(aq)}$。

得　分

全華圖書（版權所有，翻印必究）

化學

學後評量

CH08 酸鹼鹽

班級：＿＿＿＿＿＿

學號：＿＿＿＿＿＿

姓名：＿＿＿＿＿＿

一、選擇題：共5題

(　　) 1. 依布洛學說，下列何者可當布洛酸與布洛鹼？
(A) CH_3COO^-　(B) $H_2PO_4^-$　(C) SO_4^{2-}　(D) NH_4^+。

(　　) 2. $HClO_{4(aq)}$ 的濃度為 0.2 M，試計算此溶液的 $[H^+]$？
(A) 0.1　(B) 0.2　(C) 0.3　(D) 0.4。

(　　) 3. 1.0 M 鹽酸 50 mL 與 1.0 M 氫氧化鈉 60 mL 完全中和，放出 2.72 kJ 的熱量，則 $HCl_{(aq)} + NaOH_{(aq)} \rightarrow NaCl_{(aq)} + H_2O_{(l)}$ 之反應熱為多少？
(A) –54.4　(B) –45.3　(C) –56.0　(D) –136 kJ/mol。

(　　) 4. 有關鹽類的敘述，何項正確？
(A) NaH_2PO_2 為酸式鹽
(B) $Cu(NH_4)_2(SO_4)_2$、$K_4Fe(CN)_6$ 皆屬複鹽
(C) $Ag(NH_3)_2Cl$、$Cu(NH_3)_4SO_4 \cdot H_2O$ 皆屬於錯鹽
(D) 取適量明礬固體加水溶解，會解離出 K^+ 和 $Al(SO_4)^{2-}$ 兩種離子。

(　　) 5. 下列何組溶液混合後可得緩衝溶液？
(A) 0.1 M $H_2SO_{4(aq)}$ 100 mL + 0.1 M $NH_{3(aq)}$ 100 mL
(B) 0.1 M $HCl_{(aq)}$ 100 mL + 0.1 M $CH_3COONa_{(aq)}$ 200 mL
(C) 0.1 M $HCl_{(aq)}$ 100 mL + 0.1 M $Ba(OH)_{2(aq)}$ 100 mL
(D) 0.1 M $NaOH_{(aq)}$ 200 mL + 0.1 M $CH_3COOH_{(aq)}$ 100 mL

二、非選題：共14題

1. 以布－洛酸鹼學說判斷以下反應中，何者為酸？何者為鹼？
(1) $H_2S_{(aq)} + H_2O_{(l)} \rightarrow HS^-_{(aq)} + H_3O^+_{(aq)}$
(2) $HCO_3^-{}_{(aq)} + OH^-_{(aq)} \rightarrow CO_3^{2-}{}_{(aq)} + H_2O_{(l)}$
(3) $NH_4^+{}_{(aq)} + HS^-_{(aq)} \rightarrow NH_{3(aq)} + H_2S_{(aq)}$

（請沿虛線撕下）

＜背面尚有試題＞

2. 寫出下列鹼性物質之共軛酸：

(1) F^- (2) OH^- (3) NH_3 (4) CO_3^{2-}。

3. 下列酸鹼物質，請寫出化學式：

(1) 氫氟酸 (2) 次氯酸 (3) 氫氧化鐵 (III) (4) 過錳酸 (5) 亞磷酸。

4. 下列酸性物質，請給予中文命名：

(1) $HClO_{2(aq)}$ (2) $H_2S_{(aq)}$ (3) $H_2SO_{3(aq)}$ (4) H_3PO_3 (5) $H_2Cr_2O_{7(aq)}$。

5. 某單質子弱酸濃度為 0.10 M，試計算此弱酸的解離百分率為何？（$K_a = 4 \times 10^{-5}$）

6. 若 0.120 M 的弱鹼 (BOH) 其 $[OH^-] = 3 \times 10^{-4}$M，則 K_b 為何？

7. 某水溶液中 $[H^+]$ 為 $[OH^-]$ 的 10^4 倍，則該水溶液在 25 °C 時的 pH 值為何？

8. 某飲料在 25 °C 時 pH 值約為 4.0，則其溶液中的 $[OH^-]$ 約為何？

9. 維生素 C 的分子式為 $C_6H_8O_6$ (分子量 176)，是一種單質子弱酸。若取維生素 C 藥丸一錠，配成水溶液。以 0.05 M NaOH 溶液滴定，鹼液耗去 48.0 mL 時達終點，則此錠藥丸中含有多少克的維生素 C？

10. 某二質子酸 1.20 克溶於 100 mL 水後，以 0.20 M $Ca(OH)_2$ 滴定，當滴入 50 mL $Ca(OH)_2$ 時恰好達到當量點，則該二質子酸的分子量為何？

（請沿虛線撕下）

11. 在 25 ℃ 時，單質子弱酸的鈉鹽溶液其濃度為 0.01 M，且測得其 pH = 9，則該弱酸之解離常數 K_a 為多少？

12. 命名下列物質，並註明其為正鹽、酸式鹽或鹼式鹽？

(1) NH_4NO_3　(2) $Bi(OH)_2NO_3$　(3) NaH_2PO_4　(4) $Ba(OH)NO_3$　(5) CH_3COONH_4

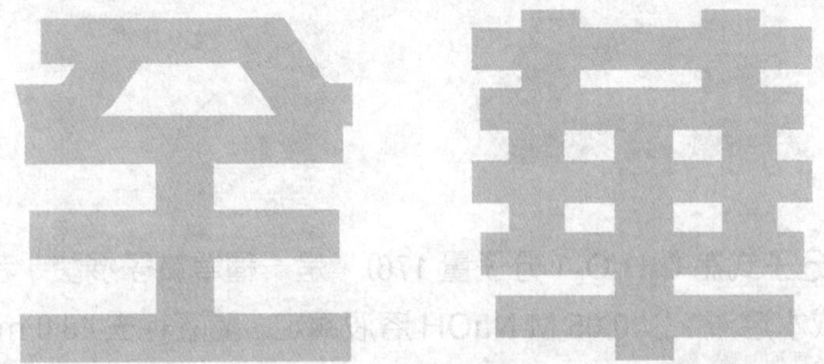

13. 弱酸 (HA) 與弱酸鹽 (NaA) 可配製成緩衝溶液。有一弱酸的解離常數 $K_a = 1 \times 10^{-5}$，若配製成 pH 6.0 的緩衝溶液，則溶液中的弱酸與弱酸鹽濃度的比值為何？(即 $\frac{[HA]}{[NaA]}$)

14. 某單質子弱酸 HA 的 $K_a = 2.0 \times 10^{-5}$，今取 25 mL 1.0 M 之該弱酸鹽 NaA 溶液與 50 mL 1.0 M 的 HA 溶液混合後，再加水稀釋至 150 mL，則此混合溶液的 pH 值最接近何值？(log2 = 0.30)

得 分

化學

學後評量

CH09 氧化還原與電化學

班級：＿＿＿＿＿＿

學號：＿＿＿＿＿＿

姓名：＿＿＿＿＿＿

一、選擇題：共5題

( ) 1. 下列化合物中，何者 S 原子有最大的氧化數？

(A) S_8 (B) SO_2 (C) H_2SO_4 (D) $S_2O_3^{2-}$。

( ) 2. 下列何者為非氧化還原反應？

(A) $2MnO_4^-{}_{(aq)} + 5H_2S_{(g)} + 6H^+{}_{(aq)} \rightarrow 2Mn^{2+}{}_{(aq)} + 5S_{(s)} + 8H_2O_{(l)}$

(B) $Cu_{(s)} + 4HNO_{3(aq)} \rightarrow 2NO_{2(g)} + Cu(NO_3)_{2(aq)} + 2H_2O_{(l)}$

(C) $H_2SO_{4(aq)} + 2NaOH_{(aq)} \rightarrow Na_2SO_{4(aq)} + 2H_2O_{(l)}$

(D) $Cu_{(s)} + 2AgNO_{3(aq)} \rightarrow 2Ag_{(s)} + Cu(NO_3)_{2(aq)}$。

( ) 3. 關於 $CuO_{(s)} + NH_{3(aq)} \xrightarrow{\Delta} N_{2(g)} + Cu_{(s)} + H_2O_{(l)}$（未平衡）反應中，下列敘述何者錯誤？

(A) 平衡後最簡整數係數和為 11

(B) 還原劑為 NH_3

(C) 氧化劑為 CuO

(D) CuO 被還原。

( ) 4. Zn^{2+} 的還原電位大於 Na^+ 的還原電位，則下列敘述何者正確？

(A) Na 當還原劑優於 Zn

(B) Na 將還原 Zn

(C) Na^+ 將還原 Zn^{2+}

(D) Na^+ 當還原劑優於 Zn^{2+}。

( ) 5. 有關電池及半電池的說明，何者錯誤？

(A) 鹽橋的功用是使離子通過

(B) 外導線是電子流動

(C) 半電池電位是以氫電極在 0 °C 及 1 atm 及 $[H^+]$ = 1 M 時訂為 0 伏特為參考值而得

(D) 氧化電位愈大的物質為愈強的還原劑。

（請沿虛線撕下）

二、非選題：共9題

1. 下列各組化合物中，畫底線元素之氧化數為何？

   (1) $\underline{O}F_2$、$\underline{O}Cl_2$。

   (2) $Na_2\underline{S_2}O_3$、$Na_2\underline{S_4}O_6$。

   (3) $H\underline{C}N$、$KS\underline{C}N$。

2. $K\underline{Cl}O_3$、$K_2\underline{Cr_2}O_7$、$\underline{S}O_3$、$H\underline{N}O_3$、$\underline{Ca}(OH)_2$、$\underline{Hg_2}Cl_2$，以上化合物中，畫底線原子的氧化數依次為何？

3. 請寫出下列各項反應，以 SO_2 為氧化劑？還是還原劑？

   (1) $SO_2 + H_2O \rightarrow H_2SO_3$

   (2) $SO_2 + NaOH \rightarrow NaHSO_3$

   (3) $SO_2 + Cl_2 + 2H_2O \rightarrow H_2SO_4 + 2HCl$

   (4) $SO_2 + 2H_2S \rightarrow 3S + 2H_2O$。

4. 請平衡下列反應式 $H_2O_2 + Cr_2O_7^{2-} + H^+ \rightarrow O_2 + Cr^{3+} + H_2O$，其最簡整數係數和為何？

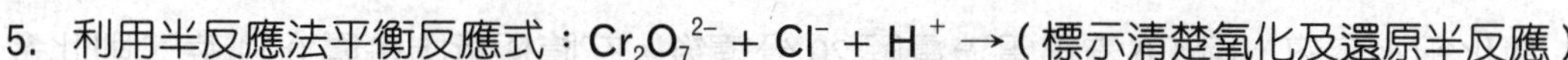

5. 利用半反應法平衡反應式：$Cr_2O_7^{2-} + Cl^- + H^+ \rightarrow$（標示清楚氧化及還原半反應）

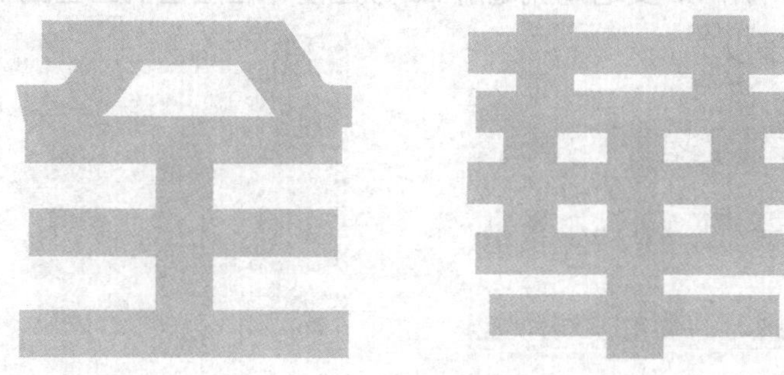

6. 若鎳的氧化電位為 0.25 V ($Ni_{(s)} \rightarrow Ni^{2+}{}_{(aq)} + 2e^-$　$E° = 0.25$ V)，試問鎳離子 (Ni^{2+}) 的還原電位為多少伏特？

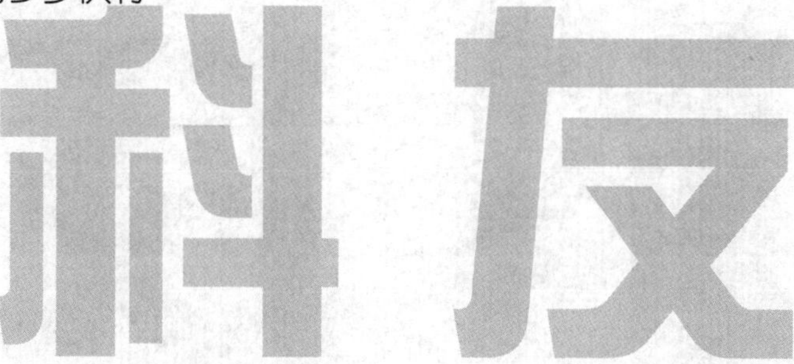

7. 已知 $Cu - Ag^+$ 電池的電壓值為 0.46 伏特，$Zn - Cu^{2+}$ 電池電壓值為 1.10 伏特，若定 $Zn \rightarrow Zn^{2+} + 2\,e^-$，$E° = 0.00$ 伏特，則 $Ag^+ + e^- \rightarrow Ag$，$E° =$ ？

（請沿虛線撕下）

8. 將分別盛有 Al^{3+}、Cu^{2+}、Ag^{+} 之三個電解槽串聯，通電後所析出的 Al、Cu、Ag 三物之莫耳數比為何？

9. 氯化鋁水溶液，用 1.0 安培電流電解 20 分鐘後，在陰極析出金屬 0.11 克，則此金屬之原子量為多少？

得 分

化學

學後評量

CH10 核化學

班級：＿＿＿＿＿＿

學號：＿＿＿＿＿＿

姓名：＿＿＿＿＿＿

一、選擇題：共5題

(　　) 1. 下列有關核化學反應之敘述，何者錯誤？
(A) 遵循質量數不滅　(B) 涉及質子和中子的轉移
(C) 遵循質量守恆　(D) 遵循電荷不滅。

(　　) 2. 關於核反應的敘述，何者正確？
(A) 天然放射線總共有 α、β 兩種
(B) 原子核衰變放出的 α 射線即為氦的原子核
(C) 原子序 72 以上為人工合成放射性元素
(D) 半衰期是屬於零級反應。

(　　) 3. 關於核分裂與核融合的敘述，何者正確？
(A) 均使用 ^{235} 鈾做為燃料
(B) 釋放之能量均來自於核反應時減少的質量
(C) 太陽輻射放出的巨大能量來自核分裂反應
(D) 核融合比核分裂有更嚴重的核廢料問題。

(　　) 4. 太陽能主要來自太陽內部的下列何種反應？
(A) 鈾核分裂　(B) 鈽核分裂　(C) 氫核融合　(D) 氦核分裂。

(　　) 5. 已知一核反應為 $^{235}_{92}U + ^{1}_{0}n \rightarrow ^{103}_{y}Mo + ^{x}_{50}Sn + 2\,^{1}_{0}n$ + 能量，則 (x, y) = ？
(A) (133, 42)　(B) (132, 40)　(C) (131, 42)　(D) (130, 40)。

二、非選題：共5題

1. 當 $^{226}_{88}Ra$ 放出一個 α 粒子，生成的新元素為何？

（請沿虛線撕下）

＜背面尚有試題＞

2. 自 $^{238}_{92}U$ 核連續放出 4 個 α 粒子及 2 個 β 粒子之後，所形成之新核為何？

3. 核反應時，若質量減少 0.2 克時，放出多少焦耳的能量？

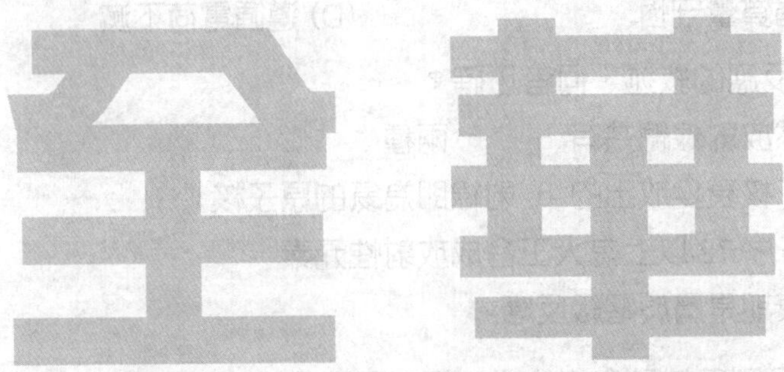

4. $^{214}_{83}Bi$ 半衰期為 20 分鐘，則 1 莫耳 $^{214}_{83}Bi$ 經過 2 小時放射後，剩下多少個？

5. 試平衡下列核反應式：

(1) $^{235}_{92}U + ^{1}_{0}n \rightarrow ^{141}_{56}Ba + ^{92}_{36}Kr$ ______ + 能量

(2) $^{235}_{92}U + ^{1}_{0}n \rightarrow ^{103}_{42}Mo + ^{x}_{50}Sn + 2\,^{1}_{0}n$ + 能量，x = ______？

得 分

化學
學後評量
CH11 有機化學

班級：＿＿＿＿＿＿
學號：＿＿＿＿＿＿
姓名：＿＿＿＿＿＿

一、選擇題：共5題

(　　) 1. 關於有機化合物與無機化合物的比較，何者正確？
(A) 組成有機化合物的元素種類較無機化合物為多
(B) 碳元素的活性較穩定，因此有機化合物種類較無機化合物為少
(C) 來自生物呼吸作用所釋出的 CO_2 是屬於有機化合物
(D) 有機化合物大多為非電解質；無機化合物則多為電解質。

(　　) 2. 下列何者為醇類的官能基？
(A) $-X$　(B) $-NH_2$　(C) $C-O-C$　(D) $-OH$。

(　　) 3. 下列有機化合物中，何者為正確命名？
(A) 2- 乙基丁烷
(B) 3- 甲基丁烷
(C) 2,2,4- 三甲基戊烷
(D) 2- 異丙基丁烷。

(　　) 4. 關於烷類的敘述，何者錯誤？
(A) 又稱石蠟烴
(B) 不溶於水，易溶於有機溶劑
(C) 碳原子均以單鍵鍵結
(D) 熔點隨碳原子數增加而升高。

(　　) 5. 等量下列試劑，滴入溴的四氯化碳溶液，直到橙色不再消褪，何者所需溴的四氯化碳溶液最多？
(A) 苯　(B) 丙烯　(C) 環己烯　(D) 己炔。

（請沿虛線撕下）

二、非選題：共10題

1. 西元 1828 年德國化學家烏勒首先由無機物合成哪一種有機化合物，開啓近代化學研究的新領域？

2. 依照鍵結理論，HCOOH 分子具有哪些官能基？

3. 請以 IUPAC 中文命名法命名下列化合物：

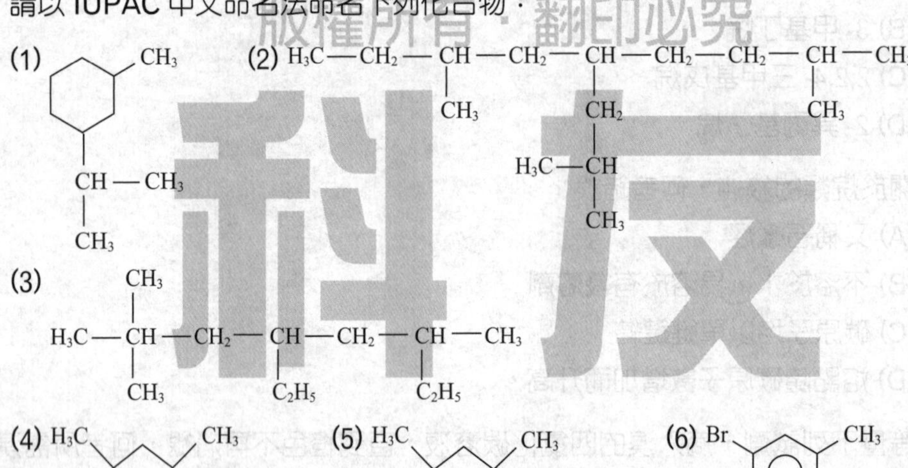

4. 將 1- 丁炔和過量的溴化氫反應，其主要產物為何？

5. 1 莫耳某鏈狀烷烴與 2 莫耳 Cl_2 經照光反應後所得產物中，Cl 含量為 62.83%，則該生成物可能的異構物有幾種？（原子量：Cl = 35.5）

6. 1- 丙醇與 2- 丙醇的混合物 4.8 克，將已酸化的 0.20 M 過錳酸鉀與之反應，加入 200 mL 時恰好反應完畢，則混合物中 1- 丙醇之含量百分率為多少？

7. 乙醇經濃硫酸脫水後，可能的產物為哪些？

（請沿虛線撕下）

8. 化合物 $C_5H_{10}O_2$ 經水解後可得 A 酸及 B 醇，則符合上述條件，所有可能的 B 醇共有幾種？

9. 某種酯的組成可表示為 $C_mH_{2m+1}COOC_nH_{2n+1}$，其中 $m + n = 5$。該酯的一種水解產物經氧化可轉化成另一種水解產物，則此酯為何？

10. PVC 會釋出可能致癌的物質。多位學者專家贊成環保署訂出法規，禁止食品或飲料的包裝膜及容器使用塑膠材質編號為 3 的 PVC。試問 PVC 的單體為何？

國家圖書館出版品預行編目資料

化學/洪鼎惟, 吳思霈,沈睿思 編著. -- 初版. -- 新北市 :
全華圖書股份有限公司, 2023.04

面 ; 公分

ISBN 978-626-328-441-8(平裝)

1. CST: 化學

340 112004942

化 學

作者 / 洪鼎惟、吳思霈、沈睿思

發行人 / 陳本源

執行編輯 / 林士倫、張雅琇

封面設計 / 戴巧耘

出版者 / 全華圖書股份有限公司

郵政帳號 / 0100836-1 號

印刷者 / 宏懋打字印刷股份有限公司

圖書編號 / 06497

初版一刷 / 2023 年 4 月

定價 / 新台幣 500 元

ISBN / 978-626-328-441-8 (平裝)

全華圖書 / www.chwa.com.tw

全華網路書店 Open Tech / www.opentech.com.tw

若您對書籍內容、排版印刷有任何問題，歡迎來信指導 book@chwa.com.tw

臺北總公司(北區營業處)
地址：23671 新北市土城區忠義路 21 號
電話：(02) 2262-5666
傳真：(02) 6637-3695、6637-3696

南區營業處
地址：80769 高雄市三民區應安街 12 號
電話：(07) 381-1377
傳真：(07) 862-5562

中區營業處
地址：40256 臺中市南區樹義一巷 26 號
電話：(04) 2261-8485
傳真：(04) 3600-9806 (高中職)
(04) 3601-8600 (大專)

歡迎加入 全華會員

● 會員獨享

會員享購書折扣、紅利積點、生日禮金、不定期優惠活動…等。

● 如何加入會員

掃 QRcode 或填妥讀者回函卡直接傳真（02）2262-0900 或寄回，將由專人協助登入會員資料，待收到 E-MAIL 通知後即可成為會員。

如何購買 全華書籍

1. 網路購書

全華網路書店「http://www.opentech.com.tw」，加入會員購書更便利，並享有紅利積點回饋等各式優惠。

2. 實體門市

歡迎至全華門市（新北市土城區忠義路 21 號）或各大書局選購。

3. 來電訂購

(1) 訂購專線：(02) 2262-5666 轉 321-324
(2) 傳真專線：(02) 6637-3696
(3) 郵局劃撥（帳號：0100836-1　戶名：全華圖書股份有限公司）
※ 購書未滿 990 元者，酌收運費 80 元。

全華網路書店 www.opentech.com.tw
E-mail: service@chwa.com.tw

※ 本會員制如有變更則以最新修訂制度為準，造成不便請見諒。

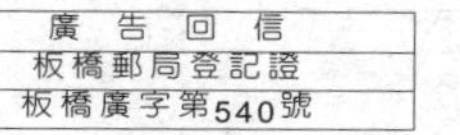

行銷企劃部　收

23671
新北市土城區忠義路 21 號
全華圖書股份有限公司

讀者回函卡

掃 QRcode 線上填寫 ▶▶▶

姓名：＿＿＿＿＿＿ 生日：西元＿＿＿年＿＿＿月＿＿＿日 性別：□男 □女

電話：（ ）＿＿＿＿＿ 手機：＿＿＿＿＿＿

e-mail：（必填）

註：數字零，請用 Φ 表示，數字 1 與英文 L 請另註明並書寫端正，謝謝。

通訊處：□□□□□

學歷：□高中・職 □專科 □大學 □碩士 □博士

職業：□工程師 □教師 □學生 □軍・公 □其他

學校／公司：＿＿＿＿＿＿ 科系／部門：＿＿＿＿＿＿

・需求書類：

□ A. 電子 □ B. 電機 □ C. 資訊 □ D. 機械 □ E. 汽車 □ F. 工管 □ G. 土木 □ H. 化工 □ I. 設計

□ J. 商管 □ K. 日文 □ L. 美容 □ M. 休閒 □ N. 餐飲 □ O. 其他

・本次購買圖書為：＿＿＿＿＿＿ 書號：＿＿＿＿＿＿

・您對本書的評價：

封面設計：□非常滿意 □滿意 □尚可 □需改善，請說明＿＿＿＿＿＿

內容表達：□非常滿意 □滿意 □尚可 □需改善，請說明＿＿＿＿＿＿

版面編排：□非常滿意 □滿意 □尚可 □需改善，請說明＿＿＿＿＿＿

印刷品質：□非常滿意 □滿意 □尚可 □需改善，請說明＿＿＿＿＿＿

書籍定價：□非常滿意 □滿意 □尚可 □需改善，請說明＿＿＿＿＿＿

整體評價：請說明＿＿＿＿＿＿

・您在何處購買本書？

□書局 □網路書店 □書展 □團購 □其他＿＿＿＿＿＿

・您購買本書的原因？（可複選）

□個人需要 □公司採購 □親友推薦 □老師指定用書 □其他＿＿＿＿＿＿

・您希望全華以何種方式提供出版訊息及特惠活動？

□電子報 □ DM □廣告（媒體名稱＿＿＿＿＿＿）

・您是否上過全華網路書店？（www.opentech.com.tw）

□是 □否 您的建議＿＿＿＿＿＿

・您希望全華出版哪方面書籍？＿＿＿＿＿＿

・您希望全華加強哪些服務？＿＿＿＿＿＿

感謝您提供寶貴意見，全華將秉持服務的熱忱，出版更多好書，以饗讀者。

填寫日期： / /

2020.09 修訂

親愛的讀者：

感謝您對全華圖書的支持與愛護，雖然我們很慎重的處理每一本書，但恐仍有疏漏之處，若您發現本書有任何錯誤，請填寫於勘誤表內寄回，我們將於再版時修正，您的批評與指教是我們進步的原動力，謝謝！

全華圖書 敬上

勘 誤 表

書 號		書 名		作 者	
頁 數	行 數	錯誤或不當之詞句		建議修改之詞句	

我有話要說：（其它之批評與建議，如封面、編排、內容、印刷品質等・・・）